中国石油重大科技成果中的创新故事

傅诚德 丛者峰 等编著

石油工业出版社

图书在版编目（CIP）数据

中国石油重大科技成果中的创新故事 / 傅诚德等编
著 . -- 北京 : 石油工业出版社，2024.6. --ISBN 978-
7-5183-6692-7

Ⅰ. TE-12

中国国家版本馆 CIP 数据核字第 2024D6D191 号

出版发行：石油工业出版社
　　　　　（北京安定门外安华里 2 区 1 号　　100011）
　　　　　网　　址：www.petropub.com
　　　　　编辑部：（010）64523707
　　　　　图书营销中心：（010）64523633
经　　销：全国新华书店
印　　刷：北京中石油彩色印刷有限责任公司

2024 年 6 月第 1 版　　2024 年 6 月第 1 次印刷
787×1092 毫米　　开本：1/16　　印张：30.75
字数：700 千字

定价：160.00 元
（如出现印装质量问题，我社图书营销中心负责调换）

《中国石油重大科技成果中的创新故事》
编写组

傅诚德	苏义脑	王大锐	牛　瑄	阎世信
姚逢昌	李希文	赵永胜	孙宴增	徐正顺
窦宏恩	杨天吉	汪海阁	陈为民	刘中晏
崔玉波	丛者峰			

>>> 前 言 >>>

石油工业是国民经济主要的支柱产业，七十年来迅速成长壮大，众多创新成果成为大国重器中不可或缺的重要成员。从 20 世纪 50 年代克拉玛依油田的发现，60 年代大庆油田的开发，70 年代渤海湾油田区的崛起，80—90 年代塔里木沙漠油田的成功建设、鄂尔多斯"三低"油气田的勘探开发到 21 世纪东西部地区深层、岩性、非常规油气田的突破，在这幅波澜壮阔的历史画卷中，可以清楚地看到石油技术创新的推动作用和重大贡献。

七十年来，中国石油创新发展的每一项科学技术成果都同生产经营发展息息相关。中国石油的科学家和研发团队于 20 世纪 60—70 年代发展了板块构造理论，深化了叠合盆地、断块油田的认识，在我国东西部地区发现了一批大型油气田；80—90 年代发展了现代沉积学、岩石学理论，引进和突破了砂岩、沙洲和三角洲等理论认识，又发现了一大批地层岩性油田；21 世纪初，发展了细粒沉积学，煤层气理论认识，指导发现的一大批页岩气、页岩油、煤层气非常规油气田，正在形成新的产业。

七十年来，有机地球化学的发展提高了地质体中有机化合物的分析技术水平，生物标记化合物的发现使地球化学研究进入了分子级阶段。一滴油可以鉴别深层油气状态，可以鉴别油源，也可以鉴别油气运移通道。计算机和信息技术的创新运用，为各学科技术发展带来新的生机，石油科技的新概念、新工艺、新方法每 5~10 年就迈上一个新的台阶，互联网、大数据和人工智能技术开始推动了新工艺、新技术研发呈现出短周期、全方位的快速发展局面。

七十年来，中国石油以产量贡献为主线，可大体分为八个阶段：1949—1952 年，艰难起步，全面恢复，组建队伍，初见成效；1953—1959 年，石油勘探实现了第一次突破，布局逐步展开，技术创新初露锋芒；1960—1965 年，发现大庆、渤海湾特大油田，石油工业实现历史性转变；1981—1985 年，原油产量持续增长，跻身石油大国前列；1991—1997 年，走出国门，多元发展，两种资源共推共进；1998—2005 年，天然气产量重大突破，西气东输管道全线贯通；2006—2010 年，大庆油田持续高产创奇迹，海外油气产量快速增长；2011—2019 年，建设世界一流综合性能源公司，上下游技术水平跻身世界先进行列。

七十年来，中国石油有近 5000 项成果获得国家和省部级科技奖励，其中大庆油田发现获国家自然科学一等奖，有四项成果获国家科技进步特等奖。陆相生油理论成为同"两弹一星"并列的国家重大科学成就，20 世纪 90 年代，中国石油六个企业连续十年论文位居全国前十名，被称为"石油现象"。七十年来，经过两次测评，中国石油的科技进步贡献率分别达到 47.8% 和 52.4%，科技实力位居央企前列。这些成就都在不同时间，不同阶段受到科技奖励，体现了国家对科技成果和研发团队的充分肯定。

在 5000 余项研究成果中，超过 2.8 万人次榜上有名，这些数字还不包括部分仅奖励单位不奖励个人的获奖成果的实际贡献者，他们是中国石油宏大创新队伍的灵魂和主体，是中国石油科技创新不可遗忘的贡献者。

从大庆油田的发现开发到征战塔里木盆地死亡之海，从长庆油田在磨刀石上建成第二个大庆到国内海外油气作业产量两分天下，七十年的技术积淀和 2.8 万人次技术创新的前仆后继是一笔丰厚的物质财富和精神宝藏。为了纪念中国石油科技创新的伟大成就，由傅诚德、李希文和丛者峰发起，王大锐、牛瑄、阎世信、李希文、杨天吉、赵永胜、徐正顺、窦宏恩、孙宴增、陈为民、刘中晏组织编写，傅诚德、丛者峰和崔玉波协调统稿，经过近两年的努力，编写了地质勘探、油气田开发、地球物理勘探、地球物理测井、采油、钻井、炼油化工、储运、综合九个方面 97 个科技创新故事，重点介绍了 200 余位人物，史料可靠、情节真实、事迹感人，让我们看到了艰苦创业的"难"和科学精神的"美"。

石油地质方面，有中华人民共和国成立初期使玉门油田重焕青春的孙健初、黄汲清、谢家荣、翁文波、陈贲，为发现克拉玛依油田做出突出贡献的唐克、沈晨、翁文波、张文彬、杜博民、张恺、史久光、王炳诚，为大庆油田发现做出重大贡献的石油部科学家翁文波、余伯良、邱中建、张文昭、李德生、田在艺、杨继良、钟其权，发现华北古潜山油田的重大贡献者阎敦实，发现辽河油田做出重大贡献者王涛、翟光明、刘兴材、袁炳衡，发现胜利油田的重大贡献者余伯良、李德生、童宪章、王纲道、王尚文、翟光明，渤海湾盆地复式油气聚集区（带）勘探理论建立与实践的开拓者阎敦实、翟光明、李德生、胡见义、邱中建、张文昭，柯克亚高产油气田发现的贡献者阎敦实、李敬，发展完善"中国陆相石油地质学"的黄第藩、程克明、张大江、李晋超、陈建平，科学探索井与吐哈盆地油气发现的突出贡献者翟光明、胡见义、张金泉、梅林森、柴桂林、黄树德、王昌桂，中国天然气地质学的开拓者戴金星，山地超高压气藏勘探技术的突出贡献者邱中建、贾承造、梁狄刚，低渗透储层中发现大气田的突出贡献者胡文瑞，煤层气勘探技术的开拓者赵庆波、吴国干、李景明，中国油气勘探技术在苏丹落地生根的突出贡献者童晓光、苏永地、窦立荣，在中低丰度岩性地层油气藏内找油（气）的突出贡献者贾承造、赵文智、邹才能。主要撰稿人王大锐、牛瑄。

油气地球物理勘探方面，有开辟高分辨率地震发展之路的李庆忠、孟尔盛、俞寿朋、钱荣钧、唐东磊等团队，创新物探地震仪的何国信、张在陆、罗维炳、叶梦生等，为地震数据采集作出突出贡献的梁秀文、赵瑞平、李培明、蒋先艺、杨午阳、何永清等，打造地震勘探处理解释软件"中国芯"的陈建新、王宏琳、赵振文、刘超颖、赵波等，攻关突破山地地震勘探技术的张玮、胡杰、杨举勇、李亚林等团队，开辟可控震源"低频勘探"先河的张幕刚、张汝杰、陶知非等，为开发地震技术作出贡献的凌云、陈树民、李彦鹏等团队，开辟鄂尔多斯盆地地震解释新技术的何自新、杨华、韩申庭、方成水、付金华等，为海外物探技术创新应用作出贡献的方甲中、金树堂、王燕琨等。主要撰稿人阎世信、姚逢昌。

测井方面，有多线式自动电测仪的开拓者刘永年及团队成员，定位射孔仪与跟踪射孔取心仪的发明者赖维民，实现从数字测井系统到数控测井系统跨越的李清超团队，开启中国石油测井计算机解释的测井分析家欧阳健团队，EILog-05 快速与成像测井系统主要贡献者李剑浩、汤天知等，高效快速 15 米一串测测井仪发明者陈宝团队，阵列阻抗相关产液剖面测井技术的发明人谢荣华、王玉普、刘兴斌等，DML 录井系列产品的领军者陶青龙，新一代大型复杂储层测井处理解释系统 CIFLog 的开拓者李宁，造出深穿透射孔弹的金时懋、姜彦丰。主要撰稿人李希文。

油气田开发方面，有大庆油田长期稳产注水开发技术的开拓者李虞庚，新疆风城浅层超稠油开发的创新者钱根葆，油田开发设计者秦同洛、童宪章、李德生、谭文彬，研究高含水后期剩余油描述技术的杜庆龙，攻克长庆油田致密气藏开发技术难关的张明禄，叩开苏里格气田规模有效开发之门的贾爱林，长庆油田特低渗透油气田开发的开拓者李忠兴，凝析气藏科学开发的探索者江同文，稠油蒸汽辅助重力泄油开采技术的开拓者刘喜林，大庆油田复合驱油技术的开拓者程杰成，大庆油田稳油控水系统工程总设计师王志武，大庆油田三次采油技术的开拓者王德民、张景存，大庆油田三元复合驱技术创新的突出贡献者伍晓林。主要撰稿人赵永胜。

油气开采方面，有蒸汽吞吐技术主要贡献者谢宏，"糖葫芦"封隔器的发明人刘文章，中国压裂技术的奠基者朱兆明，抽聚螺杆泵的研制人魏纪德，聚合物驱油的奠基者王德民，第四代分层注水的领军人刘合，中深层稠油 SAGD 技术产业化的开拓者杨立强，异形游梁式抽油机的发明人郭东，实现地下流体转向的发明人周福建。主要撰稿人窦宏恩。

石油钻井方面，有新型套筒滚子链条创新的贡献者王彦平团队，喷射钻井技术开拓者李克向，保护油层钻井液的开拓者罗平亚，钻杆失效分析技术奠基人李鹤林，步行坐底式钻井平台发明人顾心怿，我国第一代钻井工程水射流破岩技术开拓者沈忠厚，钻井液技术创新的突出贡献者张克勤、牛亚斌、樊世忠、徐同台，我国第一代钻井工程学科创建人刘希圣，定向井、丛式井、水平井钻井技术创新的突出贡献者许钰、刘希圣、叶蜚庭、刘乃震等，气体欠平衡钻井技术创新的突出贡献者陈刚、羡维伟、李德禄、魏武等，顶驱技术创新与产业化的突出贡献者刘广华，近钻头地质导向钻井系统发明人苏义脑，一万二千米特深井石油钻机科技创新王进全团队，推动水平井发展创新的突出贡献者刘乃震。主要撰稿人杨天吉、汪海阁。

油气储运方面，有萨尔图油气集输流程的发明者秦同洛、张英、宁玉川、冯家潮，含蜡原油纳米降凝剂制备与配套工艺发明人张冬敏，酸性天然气净化技术发明人温崇荣、陈昌介、何金龙、廖晓东、常宏岗，国内长输油气管道完整性管理体系创新者冯庆善，塔克拉玛干沙漠公路工程技术开拓者王炳诚、蒋其垲、金燕凯、徐新华、吴宝天、范社稳、文杰堂、陈建国，攻克高钢级钢管现场焊接技术隋永莉团队，攻克高寒油田低温集输难关宋承毅团队，攻克高清晰度管道漏磁检测技术的冯庆善，攻克管道安全性改造配套技术的刘玲莉团队，勇攀凝析气田地面工艺技术设计高峰的裴红设计团队，光纤管道安全预警系统的发明人王飞、李刚、张金权团队，大口径油气长输管线选用的科学决策者李鹤林团队。主要撰稿人孙宴增。

炼油化工方面，有中国炼油技术奠基人侯祥麟，中国催化材料技术创新先行者闵恩泽，中国炼油催化裂化工程技术奠基人陈俊武，环烷基稠油生产高端产品技术开拓者熊春珠，新一代降烯烃催化剂发明人高雄厚，清洁汽油生产成套技术开拓者兰玲，齿轮油极压抗磨添加剂和复合剂制备技术的发明者伏喜胜，大型乙烯装置成套工艺技术和关键装备创新者杨庆兰，高性能润滑油生产关键技术贡献者王斯晗，ABS 成套技术开发创新者陆书来，FCC 催化剂制备的知名专家秦松。主要撰稿人陈为民。

还有天然气价格市场化理论与实证研究的推动者白兰君、姜子昂、何春蕾、王良锦、段言志，以及高含水油田节能节水关键技术的开拓者李杰训。主要撰稿人刘中晏。

中国石油重大科技成果中的创新故事，充分体现出石油科技工作者崇高的科学精神和对科学技术的执着追求，他们的创新成果在中国石油工业的不同领域和不同阶段发挥了重大作用，是一代代石油科技工作者学习的榜样。石油工业出版社庞奇伟、刘俊妍对本书给予了大力支持和帮助；相信本书的出版，定会对激励石油精神和大庆精神，继承和发扬石油工业的光荣传统起到推动作用。

>> 目 录 >>>

>> 目 录 >>

>> 目 录 >>

>>> 开　　发 /203

>> **目 录** >>

>> **油气开采** /257

>> **钻井工程** /299

>> **目 录** >>

>> **目 录** >>

中国石油重大科技成果中的

*创新*故事 >>

地 质 >>>

大庆油田发现过程中七位石油工业部的科学家

1955 年，在中国东部的松辽盆地，地质部开始陆续加强石油普查工作，开展了地面地质、重磁力、电法和地震等普查工作，并进行了浅井钻探。1957 年，石油工业部开始派出地质队进行地质调查，1958 年，抽调物探队与地质部队伍一起进行构造详查，派出钻井队钻探了松基 1 井、松基 2 井两口参数井，石油工业部石油研究院和松辽石油勘探局研究人员组成松辽盆地地质综合研究大队开展地质综合研究。根据苏联专家建议，松辽石油勘探局和地质部地质专家编制了"1959 年松辽盆地总体勘探部署"，安排横贯盆地的 4 条区域综合大剖面，开展两个探区，详查 10 个构造，钻探 3 口基准井。

1958 年 9 月，松辽石油局和地质部有关人员综合地质、物探和钻井资料研究，认为盆地中央坳陷是含油最有希望地区，大同镇电法隆起是"坳中隆"对油气聚集更为有利，提出松基 3 井井位定在隆起上。进一步研究地质部的地震剖面，表明有明显的背斜与电法隆起相吻合；10 月，地质部提交了最新地震构造图，在隆起上圈出有局部构造，将井位移至隆起的高台子构造；11 月，石油工业部批准了松基 3 井井位。

1959 年春节，石油工业部召开会议，松辽石油局汇报了总体勘探部署，会议论证近几年勘探成果，总结出十大有利条件，认为松辽盆地大有希望，要求松基 3 井尽快开钻。同时，石油工业部和地质部协作会议同意松辽盆地勘探成果基本估计和 1959 年部署。

1959 年 4 月，松基 3 井开钻，设计井深 3200 米，按苏联经验，全井取心，自下而上分层试油。石油工业部决定 1000 米由浅钻代替取心，自 1051 米开始全取心。钻至 1461 米，油气显示明显，决定停钻试油。1959 年 9 月 26 日，松基 3 井喷出工业油流（定为大庆油田发现井），发现高台子油田，松辽盆地石油勘探取得重大突破。

1959 年中期，地质部地震资料在高台子构造以南发现 200 多平方千米的葡萄花构造，石油工业部决定重点勘探葡萄花构造，葡 1 井 10 月 1 日开钻。11 月，最新的地震资料显示出大庆长垣总体面貌，南北 120 千米，经过研究预测大庆长垣整体含油，认为是一个含油范围千余平方千米的大油田，制定"1960 年总体勘探部署"，确定在重点勘探葡萄花构造的同时，向北在杏树岗、萨尔图、喇嘛甸三个构造上各甩开钻一口探井（杏66、萨66、喇72），先后获得了工业油流和高产油流。提出扩大勘探方针并将探井分为三类：第一类不取心，快速钻进，迅速拿下含油面积；第二类只在油层部分取心，取得储量计算所需的参数；第三类为探边井，分层详细试油，找出油水界面和含油边界。1960年4月，提出取全取准20项资料、72个数据。经过大会战进一步勘探，证实大庆长垣是一个整体含油的大油田。

1960年的松基3井

下面着重介绍石油工业部的7位专家在发现大庆油田过程中的贡献。他们是《大庆油田发现过程中的地球科学工作》的完成人，同获得了1982年国家自然科学奖一等奖。

翁文波院士

翁文波经长期的摸索研究，建立了一套适应我国石油地球物理勘探的理论方法与实践。1948年，他撰写了《从煤炭定碳比看中国石油远景》一文，明确指出了包括东北、华北在内的低变质区可望找到油气，并划分出我国东部油气资源的分布位置，正是现在已经开发的松辽、华北、渤海湾和江苏含油气区。1949—1950年，写了《中国石油资源》等论著，对世界油气田的分布规律进行了宏观分析，并分述了我国四川、华北、东北、新疆、甘陕等地区油气分布的地质概况和资源认识。翁文波、黄汲清及谢家荣教授等编写的《中国含油气远景区划图》是我国最早的、系统的石油与天然气远景区划图，对非海相沉积生油、盆地评价、综合研究及天然气工业等方面进行了广泛的研究，表述了独到见解。此外，他还著有《介绍苏联从大地构造研究石油资源的理论》《我国十年来的石油天然气的地球物理勘探方法》《地球形态的发展》等论著。他的一系列成果，对于指导大庆油田的发现和勘探及对我国油气勘探战略布局具有指导意义。他作为发现大庆油田主要贡献者之一，与地质部、石油工业部和中国科学院等 23 名科学家完成了《大庆油田发现过程中的地球科学工作》共享了 1982 年国家科委颁发的国家自然科学一等奖。

翁文波院士

余伯良教授

早在 1957 年，余伯良就开始对大庆油田所在松辽盆地的含油气性进行了研究。他首先抓烃源岩研究，采集了岩样，做了岩石化学和沥青分析，撰写的《松辽盆地生油层地球化学特征》指出，盆地中白垩系青山口组具有良好的生油条件，油源岩厚度大，资源丰富，松辽盆地应当是中国东部有利的勘探地区。于是，他向上级提出了勘探建议。1958 年，石油科学研究院地质室组成研究队到松辽盆地继续进行研究工作，进一步肯定了青山口组具有良好的生油条件，提出白垩系姚家组及泉头组发育有良好的储集层，并初步搞清了白垩系岩相变化。

1958 年 11 月 24 日，余伯良作为技术领导者和组织者，在松辽盆地被认为含油气最有利的中央坳陷电法隆块上，审定了钟其权、张文昭、杨继良等拟定的松基 3 井井位。设计井深 3200 米，于 1959 年 4 月 11 日开钻。1958 年底，标出了为 1959 年 3 月全国南充石油勘探会议所编制的 1：300 万全国含油气评价图中松辽盆地的勘探方向，含油气最有利的地区是中央坳陷带。1959 年初，石油工业部任命余伯良为松辽石油勘探局总地质师，兼管综合研究大队。他指导地质勘探技术人员并亲自参与对松辽盆地全面系统的大规模的研究工作。

1959 年 8 月，该井钻至 1471.76 米时，苏联石油工业部总地质师米尔钦科在时任石油工业部康世恩副部长陪同下，带领考查组正在长春考查工作，余伯良代表松辽石油勘探局给考查组汇报地质工作。当谈到松基 3 井已取得的成果及下一步工作时，米尔钦科说："按照原苏联的规定，基准井应该坚决按照设计，克服困难，取心到底，不能中途改变设计。"康世恩在听取了余伯良及其他有关人员的不同意见后，果断决定松基 3 井就此完钻，立即转入试油，发现了工业油流，这是发现大庆油田决定性的一个技术决策。9 月 26 日，松基 3 井获得工业油流后，余伯良狠抓大庆长垣的整体钻探部署；在地质部提供的大庆长垣构造图基础上，他组织松辽局有关技术人员进行讨论，最后由他总结决定：整体钻探长垣，通过 7 个高点部位，形成几条探井剖面，以期有效地探明大庆长垣的含油范围。9 月底，他携带有关地震资料返回北京，向石油工业部领导汇报，按照准备石油大会战的要求亲自定了 46 口井位。国庆节过后，他留在北京石油科学研究院，认真落实仔细计算各井位的具体位置。在此期间，张俊和翁文波多次到地质楼叮嘱他，要根据地震、电法、重力、磁力、地质等资料反复研究，再部署井位。他认真复核了 46 口井位，向康世恩副部长汇报后，同意批准了这 46 口井位。10 月 9 日，余伯良速返松辽，亲自到野外现场标定了葡萄花构造的井位。10—11 月在杏树岗、萨尔图构造钻探结果表明，油层向北加厚，物性变好。经过和其他有关技术人员讨论，决定增加 10 口探井，加上原有的 46 口共计 56 口探井。

实施结果，56 口井均见到工业油流；有的井按原设计打到油水边界，证实了对大庆长垣整体含油认识的正确性，从而拿下了大庆油田。这是作为大庆油田重要发现者之一的余伯良和有关科技人员，为快速整体拿下大庆油田的又一重大贡献。1982 年，余伯良的名字与李四光、黄汲清等一起铭刻在松基 3 井的纪念碑上。

邱中建院士

1957 年，石油工业部西安地质调查处组成松辽平原地质专题研究队，编号为 116 队，奔赴松辽盆地现场调查油苗，观察岩心，实测典型地层剖面，搜集以往地质资料及地球物理资料，开展含油气综合研究及远景评价工作。邱中建担任队长，队部设在吉林省四平市石油八厂内，他们每天长途跋涉，栉风沐雨，白天采集岩石标本，晚上在农家村舍的土炕上点着煤油灯整理资料。他们有时去地质部松辽地质大队收集资料，并经常一起观察地层剖面，有时去地质部松辽物探队收集航磁图、重力图及横穿盆地的地球物理大剖面；有时与松辽野外小队一起深入到松辽平原北部小兴安岭的原始森林之中，请鄂伦春族兄弟作向导，穿越深山密林，广泛调查地质情况。工作虽然辛苦，但收获很大。经过一年的努力，邱中建在其执笔的《116地质研究队年度总结报告》中指出：松辽盆地是一个含油远景极有希望的地区，并提出可供选择的基准井井位，其中一个井位位于大庆油田南部葡萄花构造上。石油工业部勘探司同意该报告的主要论点，并于1958年全面部署了松辽平原的勘探工作，加速了大庆油田的发现。

邱中建院士

　　1958年6月，石油工业部决定成立松辽石油勘探局，邱中建任地质室地质师兼综合研究队队长，其间参与确定了松基1井、松基2井井位后，又参与提出在黑龙江安达县大同镇电法隆起上打一口基准井，力争贯彻既要探地层更要探油的原则。在松基3井井位议而未决之时，邱中建奉命调任石油工业部勘探司工作。他于8月底到北京石油工业部上班的第一件事，恰巧就是处理地质部松辽普查大队抄送给石油工业部的《关于松辽平原第三号基准井位位置的函》，该井位于吉林省开通县乔家围子附近。这个井位他和松辽局地质界的主要骨干都反对，并一致同意要定在大同镇附近的电法隆起上。于是他当机立断，签署了反对意见，并提出："井位未定在构造或隆起上，不符合基准井探油原则"。"南部已经有深井控制，探明深部地层情况不是平原南部最迫切需要解决的问题"。松辽石油勘探局也不同意松辽大队提出的第三号井位。后来，松基 3 井井位经过反复论证，得到了地质部松辽地震大队和普查大队的同意，以及石油工业部的批准得以确定。松基 3 井于 1959 年 8 月发现了油砂后，石油工业部极为重视，派赵声振、邱中建等 4 人组成工作组，奔赴松基 3 井现场蹲点，进行试油射孔。在长期的连续作业中，邱中建等夜以继日地和工人们一起在井口工作，衣服上沾满了油泥，仍始终坚持操作试油。9 月 26 日，松基 3 井排尽清水，终于成功地喷出了工业油流。

邱中建从 1957 年首批进入松辽平原开展地质调查综合研究开始，经过井位论证，蹲点射孔试油，到 1959 年国庆前夕松基 3 井喜获喷油，参与了大庆油田发现的全过程，是 23 位受奖人员之一。

张文昭教授

1958 年，中国石油勘探战略东移。同年 6 月，石油工业部成立松辽石油勘探局，任命年仅 27 岁的张文昭为主任地质师；7 月 1 日，张文昭即刻打点行装赴任，开始了新的人生。

张文昭报到后，第一件事就是组织制定第二个五年计划，拟定基准井井位。当时松基 1 号、松基 2 号基准井已经安装完毕即将开钻，松基 3 井的井位尚未确定。作为主任地质师，他深知基准井的分量。一定要把井打到盆地基底，打穿沉积岩，搞清生油层、储油层、盖层的基本情况。确定井位并非一帆风顺，张文昭、邱中建、杨继良、钟其权一致认为，松基 3 井应该定在大同镇（现大庆市）电法隆起上，因为不管是电测深平面图还是航空磁测成果图上都有一个明显的异常带，且又处于沉积最厚的中央凹陷区。

松基 3 井的井位一时成为争论的焦点。张文昭等人反复对比各种意见后充分阐述了自己的观点："不管是勘探的哪个阶段，最终的目的都是为了尽快发现大油田"。因此，基准井井位应定在油气最有远景的地区，既探地层又探油气，做到"一箭双雕"。他认为盆地东部松基 1 井完井后发现生油层较薄，而从地质条件综合分析看，中央坳陷大同镇地区沉积厚、地层完整、保存条件好，又是"凹中之隆"，应是油气生成、运移、聚集最有利的地区。

1958 年 9 月 3 日，张文昭同钟其权又和松辽普查大队的韩景行、长春物探大队朱大授就松基 3 井井位交换意见，一致同意把松基 3 井定在大同镇电法隆起上，并于 9 月 15 日向石油工业部拟发了《松辽平原第三口（松基 3 井）井位意见书》，谈了拟定此井位的五点依据。此时，通过太平屯、高台子地区的地震反射剖面已经处理出来。看着地震剖面，张文昭显得非常兴奋，因为大同镇电法隆起与地震成果吻合，看来这是个可靠的大型隆起。松辽局根据这一新发现的情况，又向石油工业部补报了《补充松辽盆地第三口基准井（松基 3

井）井位选定依据》。

1958 年 11 月 29 日，是石油工业决策者们终生难忘的日子。这一天，石油工业部批复同意松基 3 井井位。

1959 年 4 月 11 日，松基 3 井开钻。8 月下旬，在完井试油工作中，石油工业部和松辽局专门组成了工作组在现场蹲点，张文昭 3 个月没有离开过井场。这一年雨季特别长，两个多月一直是阴雨连绵，交通阻塞，生活和工作条件非常艰苦。但他们不敢有丝毫怠慢，日夜值班观测着井下的变化，并随时向北京汇报战况。

1959 年 9 月 8 日，清晨天刚蒙蒙亮，松基 3 井的井上值班工人叫醒了刚刚躺下休息的张文昭。他在井场仔细观察，见到捞桶捞出的水中先是一颗颗像黄豆大的油珠浮在水面上，随着液面下降捞出的油越来越多，计量罐中已经漂浮了一层暗绿色原油。"是原油，一定是油层里出来的原油！"张文昭激动得叫出声来。当时，黑龙江石油勘探大队正在井上开党委扩大会议，他马上用东北老乡的"葫芦瓢"捞了一勺原油，飞跑着向会场报捷。9 月 8 日当天累计捞出 3~4 立方米油。

根据石油工业部康世恩副部长的指示，要继续加深提捞，捞清井筒内的积水之后下油管关井憋压，套压上升到 11 个大气压，油压上升到 4 个大气压，于 1959 年 9 月 26 日开井放喷，日产原油 14.9 吨。让中国人扬眉吐气的大庆油田被发现了，全国人民为之欢呼。几天后的 10 周年国庆日，承担松基 3 井钻井任务的 32118 钻井队"司钻"王顺登上天安门向国家领导人报捷。1982 年，张文昭作为"大庆油田发现过程中的地球科学工作者"之一，获得国家自然科学一等奖。

1959 年 12 月，根据南部葡萄花油田初步成果分析，发现从高台子松基 3 井向南到葡 1 井，再向南，油层有规律地厚度减薄、层数减少。张文昭和杨继良等同志认为："从高台子再往北可能油层更厚，这就是说沉积来自北方，厚油层高产区应该在大庆长垣北部"。余秋里部长听完张文昭等人的汇报后，非常高兴，当即和李德生总地质师一起定下喇、萨、杏三个构造的预探井，即喇 72 井、萨 66 井和杏 66 井。

1960 年 2 月下旬，康世恩副部长正在哈尔滨主持大庆石油会战筹备会。萨 66 井上的同志手捧着油砂岩屑来到会场，喜形于色。康副部长立即叫李德生、余伯良两位总地质师于 3 月 4 日赶往现场主持电测、完井等工作。经电测井壁取心确定油气层总厚度达 80.8 米，比长垣南部油层增厚了 4~5 倍。

三口预探井捷报频传。萨 66 井于 3 月 11 日喜喷高产油流，4 月 8 日、25 日杏 66 井、喇 72 井也相继喜喷高产油流，日产量都在 100 吨以上。至此，大庆长垣北部比南部更为有利的推测得到证实，油田大局已定。后人称这三口预探井为"三点定乾坤"。

李德生院士

李德生院士

　　1959 年 12 月，李德生参加石油工业部工作组到大同镇参加大庆石油会战。他与松辽石油勘探局的地质师们根据沉积相的研究，认为大庆长垣北部构造面积大、近物源，储层厚度可能增大，积极建议向大庆长垣北部甩进勘探。经领导同意后，1960 年 1 月，李德生与地质司调度处处长邓礼让一起到野外，根据大庆长垣背斜带 1∶10 万地震构造图，测定了萨 1 井预探井的井位（在萨尔图穹隆构造顶部），接着他又去定杏 1 井预探井井位（杏树岗穹隆构造顶部）和喇 1 井预探井（喇嘛甸穹隆构造顶部）井位。萨 1 井完钻后测试获日产原油 200 吨，杏 1 井和喇 1 井测试获日产原油 100~200 吨。证实喇嘛甸、萨尔图、杏树岗 3 个构造的油水接触面均在海拔 −1050 米（井深 1200 米），含油面积连为一体，达 920 千米，证实了特大型的大庆油田。李德生为继续发现并扩大大庆油田的成果洒下了辛勤汗水。

　　1960 年 9 月，在吉林长春市举行的地质部与石油工业部联席会议上，李德生做了《大庆长垣石油地质特征》的工作报告，获得了地质部副部长矿伏兆、石油工业部副部长康世恩和与会专家的高度评价。李德生在报告中论证：大庆油田在很短时间内共完钻探井 63 口，基本探明了构造和含油面积，探井成功率达 90% 以上，这是我国石油勘探史上一个突出范例；大庆油田是一个地台型大油田，构造平缓而完整，油田分布广，南起敖包塔，北至喇嘛甸，在长达 120 千米的范围内，都存在有工业性的含油面积；储油层的性质良好，砂岩孔隙度、渗透率均为中上等，主要油层埋深适中，加上地层可钻性好，有丰富的地下水源，可加快钻井和油田开发速度；油层压力高，油井都能自喷出油。油层温度高，抵消了原油高含蜡对开采带来的困难，可使油田达到较高的生产水平。

勘探实践形成了松辽盆地下白垩统陆相沉积不仅可以形成石油，而且陆相的生储盖组合也可聚集形成特大型油田的石油地质新理论。李德生是大庆油田的重要发现人之一。1982 年，国家科委授予发现大庆油田的地球科学工作者国家自然科学一等奖，李德生和地质部、石油工业部及中国科学院的同行专家们分享了这份荣誉。

在人庆石油会战中，康世恩为了加强科研工作，成立了四个研究大队，李德生被任命为地层对比研究大队长。他和钟其权等同志研究大庆油田的储层特性，根据下白垩统湖相沉积三角洲和三角洲前缘相地层韵律变化，运用三级划分和正旋回对比的方法，将萨尔图、葡萄花储层划分为 5 个油组、14 个砂岩组和 45 个砂层，每个砂层绘出反映储层特性的各类等值线图，为正确划分开发层系及布置生产井网提供了重要的基础资料。

田在艺院士

田在艺院士

大学毕业后，田在艺先后在玉门油田、克拉玛依油田等地工作。1955 年至 1960 年，田在艺在前期一线找油实践的基础上，对陆相生油研究总结了一套规律：构造是主导、沉积是基础、生油是关键、保存是条件，完善和发展了陆相生油理论。

田在艺是国内较早倡导和发展陆相生油理论的地质家之一，于 1959 年撰写了《中国陆相地层的生油和在陆相地层中找油》，首次全面系统分析了准噶尔、塔里木、鄂尔多斯、松辽等 18 个主要沉积盆地陆相生油岩的形成环境和分布，并对伊犁、沁水、民和等 9 个中小型盆地石油地质条件进行了论述，为我国在陆相地层勘探油气提供了科学论据。

1960 年，田在艺随原新疆克拉玛依油田建设队伍，奔赴大庆参加石油会战。在广袤的松辽平原，野外勘探范围是 26 万平方千米的土地上，进行了大量的野外考察工作，搞地层对比，搜集、整理、研究资料。在"干打垒"里，白天、晚上进行小层对比，一天对比 300 多层，计算 3 万多次。

原华北油田总地质师吴华元回忆那时的情景仍历历在目。他说，"田在艺同志始终是大家的带头人，处处都是想在前、干在前。具有战略眼光和辩证思维能力，带领大家为石油会战作出了出色的贡献。"

1982 年，田在艺因"大庆油田发现过程中的地球科学工作"成为国家自然科学一等奖的获得者之一。1997 年，他当选为中国科学院院士。

杨继良

1958 年 4 月，石油勘探战略重点转移，杨继良从西安地质调查处辗转奔向东北这片亘古大草原，被分配在松辽石油局地质室参加踏勘工作。他和同事们走遍了从吉林到黑龙江松辽盆地中心各个地区，白天在野外，晚上在灯下阅读文献，分析材料。当时，他们最感到困难的，不是条件的艰苦，而是缺少资料。

为了打好这一仗，松辽石油勘探局调集了精兵强将，开始了更深入的勘探调查研究工作。杨继良和邱中建、张文昭、钟其权等几个年轻的地质师都从勘探一线调到设计攻关小组，参加设计部署松基 3 井的地理位置和起草设计方案。

1958 年 7 月，在石油工业部召开玉门会议期间，松辽勘探局把在大同镇附近钻松基 3 井纳入计划；9 月 3 日，石油工业部的松辽勘探局和地质部的松辽普查大队技术人员共同讨论，确定松基 3 井井位，在这次会议上，大家一致同意将这口关系全局的井定在杨继良等人提出的大同镇电法隆起上；9 月 4 日，由张文昭、钟其权拟稿，向石油工业部报告了"松基 3 井意见书"；9 月上旬，石油工业部复函，认为松基 3 井依据还不充足；9 月 24 日，又由钟其权拟稿，作了补充说明；10 月，井位稍加移动；11 月 14 日，由杨继良拟稿正式向石油工业部呈报新的高台子地区地震测量后的松基 3 井井位图；11 月 29 日，石油工业部以《油地字 333 号文件》正式批复同意松基 3 井井位。为慎重起见，12 月到次年 1 月，石油工业部请我国地质专家翁文波和苏联石油专家奥•依•布罗德到长春听取杨继良等同志的汇报，他们也认为："大同镇构造是松辽盆地内最有希望的地方"。该年 2 月，石油工业部和地质部联合召开松辽盆地石油勘探工作会议，两个部的领导一致同意在高台子构造上钻松基 3 井。

松基 3 井，这个中国石油史上的丰碑式的井位，就这样在 1959 年 4 月 11 日批准后，正式开钻了。松基 3 井每钻深一米，杨继良的心脏跳动仿佛就加快了一分。

为了早日见到油流，杨继良等人设计 1050 米以上不取岩心，取心工作另打浅井完成。从 1059 米以下开始取岩心，技术人员的眼睛就死死盯住了每颗砂砾变化，心也就愈加紧张了。1112.2 米，开始见到油浸砂砾；1115~1118 米，取出了 3 米长的油浸岩心。1959 年 7 月 27 日，返出的钻井液有气泡，点烧后两次见到蓝色火焰，这不是油层又是什么呢？人们的心激动不已，杨继良这一代找油人的梦想即将实现了。

松基 3 井原设计 3200 米，见到油层是 1112~1140 米，要不要继续往下打？当时的技术水平钻这样深的井需要一年多的时间。这种情况下，石油工业部康世恩副部长力排苏联专家意见，果断决定停钻射孔试油。1959 年 9 月 6 日，第一次射开 1.7 米厚的油层，但没见到油气显示，人们的心几乎凉了；7 日，开始提捞诱喷；8 日，发现有油气味和油花，甚至见到了原油，人们的心又开始沸腾了。这一情况汇报到石油工业部后，康世恩副部长指示："将捞筒深下，只捞水不捞油"，保证了油面渐渐上升。

1959 年 9 月 26 日，抢下油管，这一天的 16 时正式开井，喷出了工业油流，大庆油田由此诞生了。石油地质工作者们终于叩开了沉睡的石油宝藏大门。于是，一个辉煌不朽的名字出现在世界的东方——大庆；杨继良和其他同志的名字，也由此载入了大庆油田会战和中国石油发展的史册。

松基 3 井出油后，石油工业部肯定了大同镇长垣整个二级构造带都有可能含油的看法。1959 年秋，勘探地质工作发现，葡萄花往南油层越来越薄，杨继良他们这时来了一个逆向思维，既然如此，是不是高台子往北走油层会越来越厚呢？1959 年冬天，依据松辽勘探局的报告，从四川和新疆等油田抽调了 20 多部钻机，在方圆 400 平方千米的葡萄花一带寻找油田，终于在年底取得突破性进展。

1959 年 12 月，杨继良收到了地质部长春物探大队做出的地震构造图，证明与他们的推断一致，于是立即把这一情况向正在大同镇视察的余秋里部长作了汇报。余部长听后非常高兴，当即和李德生总地质师决定，在北部长垣即萨尔图、杏树岗、喇嘛甸三个构造上再布置三口井，于是便有了三口探井"三点定乾坤"的佳话。

钟其权

1958 年，中央主管石油工业的邓小平同志提出石油勘探重点战略东移，从西北向华北和东北全面铺开勘探。同年 4 月，钟其权随他所在的地质大队进入石油工业部松辽勘探局工作，并任基准井研究队队长。基准井研究队的任务是负责松辽平原内基准井井位的确定，指导编写基准井地质设计及钻井地质工作，收集和综合各基准井资料，研究含油气远景，指明勘探方向。工作是重要的，任务是繁重的。从那时起，在吉林、黑龙江两省广阔的松辽盆地上就有了钟其权和他的战友们的足迹。顶烈日、迎风雨，跑遍了每一处井场，观察和收集了大量的第一手资料，为综合研究、分析对比打下了基础。

在当时，虽然陆相生油理论证明了松辽盆地有油，但实际上有没有油呢？通过长期的野外调查，钟其权等人看到了大量的古生物化石，证明松辽盆地有生油的条件。1958 年 4 月，在地质部打的许多浅井中，见到了一些含油的岩心；同时，他们还发现松辽盆地西部齐齐哈尔以东、安达以西是个大凹陷区，也有生油的可能；经过物探资料解释，这一地区的许多地下隆起是很有希望的储油构造。综合表明：松辽盆地肯定有油，但油田在哪里呢？必须找到一个最有希望的地方找好这口基准井。当时，松基 1 井和松基 2 井都未见到油气显示，许多人便有了疑问："会不会像一些人所预料的那样，东北真的没有油？"面对这样的疑问，松基 3 井井位的拟定就显得尤为重要。

那段日子里，钟其权和他的战友们每天就是资料数据、数据资料，每时每刻都在研究分析，企盼着寻找出一个最佳突破点。多少个日日夜夜就在这样的寻找中过去了，终于在浩瀚复杂的资料数据里找到一个重要发现：电法资料上显示着在大同镇高台子和小西屯之间有一个电法隆起，重力图上也显示着这个地方是一个重力高带，又恰恰是 26 万平方千米凹陷区的中央——盆地的最深处。这一发现让大家异常兴奋，他们进行了反复的研究，认为这是一个突破口，并初步决定把井位定在这里。1958 年上半年，张文昭、钟其权拟稿向石油工业部呈报了"松基 3 井井位意见书"。为慎重起见，他们又去长春请地质部物探大队做大剖面试验地震测量，地震资料显示这里仍是个高点，由此，进一步肯定了井位。1958年 9 月 24 日，由钟其权拟稿又向石油工业部补充了井位拟定的依据和方案，受到石油工业部的肯定。

1959 年 3 月，松基 3 井开钻了。钟其权和他的战友们完成了大庆油田发现的第一步。

但他却因所谓"政治原因"被下放到乾安 1206 钻井队劳动改造去了，一直到松基 3 井喷油。这期间，他没有停止思考，他不服输，也不甘心放弃自己的选择，一边劳动改造一边想着他的地质，想着那块古老神奇的松辽盆地。"大庆长垣这个巨大沉积湖泊的油层物质来源在哪呢？长垣的构造是什么样的？有没有可能有小的构造？它们之间又是如何联系的呢？"这是他一直在思考的问题。

松基 3 井的喷油，预示着一个油田诞生了。摆在人们面前的首要问题是如何开发好这个油田。开发油田的第一步就是认识油层，弄清地下到底有多少油、分布在什么地方以及如何进行开发，这些都是地质工作所要完成的。1959 年 9 月 26 日，松基 3 井喷油后没几天，钟其权受命回到了研究队，重新投入到开发大油田的工作中。

1959 年 10 月，石油工业部批准在松基 3 井周围部署的第一批预探井陆续投入钻探，由钟其权带队的地质工作小分队进驻大同镇，收集整理第一批预探井的资料，进行地层对比和油田地质研究。他们白天到钻井队观察岩心，收集录井资料，随测井队上井看测井曲线；晚上回到大马车店，在摇曳的灯光下，把每一口探井的资料综合归纳起来，进行互相对比。两个多月过去了，他们终于搞清了长垣南部地区地层层序，发现了高台子油层和葡萄花油层，并确定了油层的位置。但另一个更为可喜的发现是张文昭、钟其权和地质室的同志在葡 1 井钻井岩屑中发现较多含油饱满的细砂，并把葡 1 井的测井资料与松基 3 井对比，发现从高台子向南到葡萄花方向，地层和油层厚度逐渐变薄，这可以推断从高台子构造向北，油层可能会逐渐增厚。他们大胆提出："油层厚度更大、产量更高的地区可能在大庆长垣北部"。钟其权、杨继良、张文昭等人马上把这一发现向正在大同镇检查工作的石油工业部余秋里部长作了汇报。余部长非常高兴，当即和李德生总地质师等相关同志决定在北部的萨尔图、杏树岗、喇嘛甸 800 平方千米的三个大构造顶部各钻一口探井，即萨 66 井、杏 66 井、喇 72 井。"三点定乾坤"，这三口井的钻探和试油显示证明这一推断是正确的。1960 年初，石油工业部松辽勘探局决定把会战重点转到长垣北部，一个特大油田真正地诞生了。

1960 年三四月份，继三口井的相继完钻、喷油，钟其权和他的战友们经过大量的地层对比和分析，继而又发现了一套新的油层——萨尔图油层。1960 年 3 月 25—27 日，石油工业部在哈尔滨召开了松辽会战第二次筹备会议，会议提出："全面完成准备工作，集中力量拿下萨尔图油田，打响第一枪，迎接大会战"。随后，几万人的会战大军开进了长垣北部，一场史无前例的大会战开始了！大庆油田在这里开始了自己辉煌的历程，钟其权也在这里开始走向了他的另一个辉煌。

1982 年 7 月，他与其他的主要贡献者《大庆油田发现过程中的地球科学工作》一起获得了国家科委颁发的自然科学奖一等奖。

自然科学一等奖获奖证书

突破古潜山　发现大油田

　　河北省的石油工业，可以说从 1975 年才开始起步。在那以前，虽然已经做了 20 年石油地质普查勘探工作，且先后在凤河营 1 号井、京参 1 井、河 1 井、雄县高家堡家 1 井见到了油气显示或油气流，但是并没有找到有工业开采价值的油田。

漫漫勘探史

　　1955 年，全国第六次石油工作会议以后，石油管理总局和地质部相继在华北进行重力、磁力地质勘查。1956 年 10 月，在南宫信县明华镇钻探了第一口基准井——华 1 井；同年 11 月，在冀中坳陷内最明显的隆起牛驼镇钻探了固 1 井。此后，又在这一地区相继钻探了华 2 井、华 3 井等，钻探目标都是古生界，但均未有收获。

　　1964 年，华北石油会战打响，河北探区的会战重点地区虽然在黄骅坳陷，但是石油人并没有放弃京津地区的勘探。先后又组织了 5 台钻机，沿京津铁路旁的廊坊—杨村一带部署了一批探井。同时，地质部在沧州—保定之间部署了 4 口探井，组成了一条横贯东西的钻井大剖面；但很可惜，这批探井在古生界都没有收获。

　　冀中地区的地震和地质研究工作从来没有间断，当时的研究已经认识到该区域虽然地下情况复杂，但地面情况优越，紧靠北京和天津，这一地区若有突破，对整个渤海湾的勘探意义非常重大。为此，大港石油会战指挥部于 1969 年在河北霸县设立冀中石油会战前线指挥部。勘探重点放在霸县、河间一带，勘探目的层为新近系，为此部署了一批探井，但钻探结果并不理想，仅有油气显示，单井产量很低。冀中石油勘探又一次陷入沉寂。

　　1972 年 10 月，在胜利油田召开的全国石油勘探工作座谈会上，讨论制订了华北地区下古生界找油的规划，确定了"大战凸起，猛攻石灰岩"的战略方针。1973 年 6 月，石油规划院副院长刘南子在河北徐水 646 厂（物探局的前身）召开了冀中地区勘探分析会，由于这次会议在日后所发挥的作用，人们习惯地称为"选择突破口会议"。参加会议的有大港油田、646 厂、石油工业部机关和规划院的地质人员等，还有特邀的河北省地质专家。会议选出了高阳、高家堡、任丘、留路作为下一步勘探重点，并部署了一批探井。

其中，家 1 井于 1974 年 6 月完钻，经过试油在古近系自喷油 70 余吨，这是冀中地区第一口高产井，这个消息令人振奋。1974 年 9 月，河北省地质局定的冀门 1 井在古近系见到多层含油显示。钻至近 3000 米的震旦系，取心时发现油气显示，但他们的目的层是古近系。按照原设计方案，把油层套管下到离古潜山还有 78 米的古近系，射孔后虽然也出了油，但却与发现大油田失之交臂。冀门 1 井最新的钻井资料引起了石油工业部领导的高度重视，1974 年 10 月，坐镇大港油田的石油工业部副部长张文彬要求尽快在任丘构造部署两口探井，即任 3 井和任 4 井。

巧布"功勋井"　发现古潜山油藏

任丘，位于河北省中部，以前是沧州地区所属的一个县，1986 年改县为市。

在任 4 井钻进之前，这个地区曾经打过任 1 井、任 2 井，其中任 2 井曾在第三系沙河街组地层中见到过较好的油气显示。冀门 1 井是河北省地质局石油普查大队 3505 钻井队打的，于 1973 年 12 月开钻，1974 年 9 月完钻，井深为 3000.3 米。它钻开了第四系—震旦系的全部地层；古近系—新近系的东营组、河街组中见到了良好的油气显示，从 2983 米深处取出的岩心中，见到了油斑油迹。那么，新布的任 4 井究竟应该打多深呢？当时的地质专家们心中没有底。

经过科学严谨的推断，时任华北油田会战副总指挥、总地质师的阎敦实要求设计井深一定要贯穿震旦系底部，具体的深度该是多少呢？大港油田处理的地震勘探数据还没有完成，没有任何参考数据，大伙十分着急。当时，河北地质局钻完的冀门 1 井在任 4 井设计井位的大约 4 千米之外刚完井，正在筹备搬家。阎敦实问那口井打了多深？几位负责人也不清楚。他笑道说："你不会派人去数数人家的钻杆有几根，一根钻杆 14 米长，侦察好了算一下就知道了嘛！"

负责钻井的是从江汉油田转战过去的咸雪峰，地质负责人是李赣生，咸雪峰立刻派了两位钻井工人，化妆成农民偷偷摸摸躲在冀门 1 井附近的一个小土包后面，以馒头和冷水充饥，数清了所有的钻杆数，咸雪峰兴奋地向闫总汇报：不多不少正好 3000 米深。领导当即拍板：咱就打到 3000 米以下！

1975 年 2 月 17 日，华北石油勘探部 3269 钻井队奉命到任丘第四号探区安机开钻，队长是张志奎，井队地质技术员冯泽臣。钻机轰鸣，飞旋的钻杆向地层深处挺进，3269 钻井队的地质人员和钻井工人密切配合，精心录井。5 月 27 日，在 3153 米处钻进震旦系雾迷山组地层（当时认为是奥陶系），地质技术人员在荧光分析中发现了八颗闪光的油砂。从井深

3162 米开始，在成千上万粒细碎的岩屑中，找到了闪烁着油脂光泽的白云岩含油岩屑。当钻至井深 3177 米时，几十吨的钻具突然失去了依托，一下放空了一米多，像掉进了空洞一样，井下出现了漏失泥浆的现象。这是地层中储集空间良好的反映，说明任 4 井白云岩层中缝洞发育具有一定的规模。经过激烈讨论，决定克服多重困难下油层套管，裸眼试油。6 月 27 日，这口位于任丘西南辛中驿附近的任 4 井喷出高产油流，日产原油 113 吨。9 月 7 日，酸化作业以后放喷，据测试日产达 1014 吨，一口千吨井诞生了！这口井喷油，不仅宣告任丘古潜山油田的诞生，也结束了河北省不产石油的历史。

任 4 井是华北油田的发现井，是其第一口日产千吨以上的高产油井。任 4 井的诞生，揭开了华北石油大会战的序幕，被誉为任丘油田的"功勋井"。这口高产油井，出现在我国石油勘探的从未涉足的一个新领域，标志着任丘这样的"古潜山"地质结构可以蕴藏丰富的石油资源，可想而知其意义之重大。

认识古潜山　拿下大油田

在地质历史上，元古代和古生代初期，华北大平原是一片汪洋。当时地壳不断下降，海盆里沉积了巨厚的碳酸盐岩地层。奥陶纪晚期，由于地壳的区域性抬升运动，海底缓慢上升，海水逐渐退去，岩层裸露在地面上。后来，在地质内力和外力的长期作用下，使原来平整的地面出现褶皱、断裂、隆起、坳陷和岩石体上许多大大小小的溶洞、裂隙。到了新生代初期，由于喜马拉雅运动的影响，平原地壳下降，在古老的岩层上面，又覆盖上新沉积的岩层。这种潜藏在新地层之下由古老地层组成的山，就是"古潜山"，当古潜山中储藏了丰富的石油时，就成了"古潜山"油田。

寻找油气藏，按过去的经验，无论在国内还是国外，几乎都是在新生代、中生代等比较新的地层中找到的。任丘及其外围的许多油气田，也有不少是在新地层中找到的，但其中绝大多数来自震旦系、寒武系、奥陶系等古老地层构成的古潜山式油田。地质学家们认为，这些古老地层中的油气，也是在新生代的地层中生成的，后来它之所以出现于古老地层中，是在复杂的地质条件下油气运移的结果。这种新地层生油、古老地层储油的现象，被称为"新生古储"。

"潜山"这个概念，早在 1922 年，在赛德尼·鲍尔斯发表的《潜山及其在石油地质学中的重要性》一文中就已提及，而"古潜山""古潜山油田"及"新生古储"的概念，则是 1975 年由当时在任丘地区进行石油勘探的中国石油地质工作者，根据任丘地区古老地层储油的特征第一次提出来的。面对古潜山喷油的情况，地质家们在任丘地质构造图前，产生了一个大胆的设想：任丘构造可能是下古生界—上元古界基岩风化块体大面积含油，这里有存在着一个大油田的可能性。据此，他们又在任丘布了五口井：任 6 井、任 7 井、任 9 井、任 11 井和任 13 井。前 4 口井各占一个山头，任 13 井的任务则是探边。这些井在 1975 年秋末先后开钻，到 1976 年初陆续完钻，结果任 6 井、任 7 井、任 9 井、任 11 井的日产量都在千吨以上，其中任 7 井日初产原油高达 4600 多吨，任 9 井日初产原油则比任 7 井还要高，达到 5400 吨，成为任丘油田历史上初产量最高的一口井。到现在为止，在全国范围内，也没有一口井的初产量能超过任 9 井。

这几口井出油以后，一个高产大油田的轮廓已初步被勾画出来了。随后，在任丘北面的霸县、文安、永清、安新、雄县、安次、大兴，任丘南面的河间、献县、肃宁、深县、束鹿、荆丘，西面的高阳等县，也陆续发现了一些油田，并先后投入开发。地质专家认为任丘油田是我国最大的一个古潜山油田。

任丘古潜山油田是继大庆油田发现以来，我国石油勘探的又一重大突破。大庆、胜利、大港、中原和我国其他许多油田，都是在新生代、中生代陆相砂岩地层中找到的，而任丘及其周围许多古潜山油田，则是在古老的海相碳酸盐岩地层中找到的。古老的海相碳酸盐岩，在我国境内无论是北方、南方，都有广泛的分布。任丘古潜山式油田的发现，为今后找油开辟了一个新的领域。

阎敦实和王尚文、唐智 1980 年发表在《石油学报》上的论文《华北扭转块断活动与古潜山油气田》中曾经有过精辟的论述：渤海湾盆地是在华北古陆台上发展起来的新生代断陷盆地。盆地基底是由前震旦亚界变质岩组成。以古潜山为主体的复式油气聚集带是渤海湾盆地的主要油气富集形式。这种富集形式的形成和发展，有规律地受第三系基岩断块体活动的控制。主要是新近纪以地壳区域性断陷和盆地内断块活动为特点的华北运动的产物。这一规律性的认识，有助于选准油气高产富集带，有助于把第三系、古生界、震旦亚界有机地联系起来实行综合勘探，迅速增加石油储量和产量。

"渤海湾含油气盆地，是一个以古潜山为主体的大型含油、气盆地。在短短的 4 年古潜山勘探中，不仅找到了'主断棱'型古潜山油田、'断阶'型古潜山油田、'坡上山'型古潜山油田，还找到了古潜山内幕油藏与不整合油藏，且在埋深 1000 余米的古山头中也找到了古潜山油藏。在有些地区古潜山勘探成功率达 30%。我们深信，随着古潜山勘探工作的进一步发展，能够找到更多的古潜山高产油、气田"。

这项研究还确认：华北运动的性质主要以差异升降断块扭转为特征，形成的主要格局是山凹相间单断单凹。据统计，渤海湾地区在第三系沉积时期与早期断层有联系，且控制第三系分布、厚度变化大的断层 50 多条，组成 81 个独立扭转单元的块体，在每个块体的上倾部位形成"单断"型的古潜山带，下倾部位形成"单断"型的生油凹陷，断块之间便形成凸凹相间的构造格局，在空间上构成凸、凹、断三位一体的关系，形成生油（深凹陷）、储油（古潜山）、供油（大断层）紧密配合，相互依存、新型的成油组合，古近系—新近系生成的油气，由于差异压实作用形成界面压差，沿着断面和不整合，直接向古潜山中运移聚集，形成古潜山油藏。

任丘油田发现后，勘探人员按照华北扭转断块的活动规律，具体分析了一些地区的断层、断块，预测了古潜山与古潜山油气藏的分布规律，提出了寻找古潜山油气藏的有利地区。通过勘探相继在十几个古潜山上发现了古潜山油气藏，不仅找到了与任丘"凹中山"型相类似的古潜山油气藏，还找到了"凹边山"型、"凹间山"型及古潜山内幕油气藏，通过不断地进行补充完善，为在渤海湾油区找到更多的古潜山油气藏提供了理论依据。

开发古潜山油藏　原油产量上台阶

1975 年 10 月 26 日，也就是第二口高产井任 6 井喷油的第二天，在任 6 井的井场上，召开了庆功大会，国务院副总理余秋里、石油化学工业部部长康世恩及河北省的有关领导，都亲临现场参加大会。康世恩在会上讲话，对冀中石油勘探给予很高评价，同时提议把这个新发现的油田定名为"任丘油田"。

1976 年 1 月 28 日，石油化学工业部向国务院呈报《关于组织冀中地区石油会战的报告》；1 月 30 日，国务院批准了这个报告。会战队伍共三万人，有很大一部分来自大港油田，还有一部分来自胜利油田、吉林油田、长庆油田、江汉油田、玉门油田和新疆油田。所有参加会战的队伍都成建制、携带设备，指挥机关和后勤辅助力量也都配套，因此，一到会战地区，就能投入战斗。

会战初期，国务院副总理李先念、谷牧等同志都曾在百忙之中抽出时间来油田视察工作。李先念还带领国家计委、经委、交通部、冶金部、物资总局五个部委的负责同志到任丘油田现场办公室，帮助油田解决某些紧缺物资和设备。其中有设备 2700 多台，钢材、水泥 20000 多吨，木材 3000 多立方米，石油专用器材 800 多吨，使石油会战得以顺利进行。

任丘油田从 1975 年任 4 井喷油的第一天起，就开始生产原油。当年生产原油 1 万吨；1976 年原油日产量连上一万吨、二万吨、三万吨三个台阶，这一年就生产原油 597 万吨；1977—1986 年，原油产量都在 1000 万吨以上，占主要地位的还是任丘古潜山油田，它的产量一般要占总产量的 80% 左右。

任丘油田从发现到建成 1000 万吨产能，只用了一年多一点的时间，这在中国石油工业发展史上，是没有先例的。1978 年，我国石油的年产量已达到 1.04 亿吨。这一年，任丘油田产油 1723 万吨，占全国产油量的六分之一。

任丘油田出油以后，为了尽快地把石油输向四面八方，以满足祖国社会主义建设急需。1976 年 4 月 1 日，任丘 1 号联合站（南大站）建成投产，一条从任丘—沧州的输油管线也同时建成投产；7 月 1 日，任丘 2 号联合站（北大站）也建成了，从任丘到北京长达 150 千米的输油管线，仅用了三个月就建成投产。就在任丘—北京输油管线建成后不到一个月，唐山发生大地震，从秦皇岛—北京的输油管线受到严重破坏，输油中断。北京东方红炼油厂（现名北京燕山石油化工有限公司）油的来源非常困难，情况十分危急。就在这时，任丘油田的油通过新建成的任丘—北京输油管线，源源不断地输进了北京东方红炼油厂，使这个厂顺利地渡过了难关。

任丘油田的开发，也使任丘的面貌发生了巨大的变化。现在，凡是油区所在的地方，那四通八达的柏油马路，星罗棋布的白色油井房，银光闪闪的万吨储油罐，密如蛛网的输油管线网，会战初期的帐篷、板房，如今已被鳞次栉比的高层楼房所代替。在任丘市会战大道两侧，高楼林立，公园、俱乐部、少年宫、商场、学校、医院……应有尽有，它已经成为名副其实的石油城了。

1977 年研究论证潜山开发方向

《华北扭转块断活动与古潜山油气田的形成》获 1978 年全国科学大会成果奖。

辽河两岸找油忙

如果把整个渤海湾盆地看成是一个硕大的葫芦的话，辽河坳陷就是顶部的一个葫芦把儿。它位于辽宁省中部，三面环山，一面向南深入辽东湾海域，总面积 15906 平方千米，其中陆地面积 12400 平方千米，占五分之四。在发现了胜利油田、大港油田之后，地质学家们最看好的是渤海湾北部的辽河坳陷。

自 1952 年地质部在辽河坳陷开始用地球物理方法进行普查勘探以来，到 2015 年已整整经历了 60 多个年头。辽河坳陷的油气勘探工作取得了令人瞩目的成果，已累计探明石油地质储量 23.148271 亿吨，天然气地质储量 2068.42 亿立方米，年产原油 1000 万吨以上，已稳产 30 余年，为我国的石油工业作出了重要贡献。

开展区域勘探　明确含油远景（1955—1964 年）

早在 1955 年，地质部松辽物探大队就在沈阳、鞍山一带进行了以找油、找煤为目的的物探普查。1963 年，石油工业部也开始在这一地区进行地震剖面测量。到 1964 年，这一地区已经完成重力、航磁电测普查，做了 3000 千米的剖面地震测线，初步查明了辽河坳陷的区域构造轮廓。这个地表一望无际的平原地区，地下分布着三个狭长的凹陷：东部凹陷、西部凹陷和大民屯凹陷，各凹陷之间的间隔被东部凸起、西部凸起和中央凸起所占据。地质专家们把东部凹陷列为最有希望找到油田的一类勘探区域。

1964 年，辽河坳陷的石油勘探揭开了新的一页，第一口基准井——辽 1 井就钻在东部凹陷的南端黄金构造带上开始。该井在古近系油气显示良好，但由于工程原因，这口井中途报废。

该阶段完成了对辽河坳陷的普查任务，基本查明了坳陷的分布范围、基底结构及埋藏深度、边界位置和接触关系，划分了次一级的构造单元（凹陷和凸起），初步查明了各凹陷内二级构造带的轮廓，并对辽河坳陷的含油气远景进行了初步评价。

区域预探局部详探阶段（1965—1969 年）

辽河坳陷区域勘探首先从东部凹陷的南部地区展开，由于这一地区前期勘探工作相对做得多一些，条件比较成熟，因此勘探的重心一直放在这一地区。第一口区域探井——辽1井虽因工程事故而报废，未达到预定的钻探目标，但可喜的是首次钻探就发现很好的油气显示，初步揭示了东部凹陷的含油气远景。1965年7月，在东部凹陷南部大平房构造上部署钻探的第二口区域探井——辽2井完井试油，首次获得工业油气流。

在大平房构造获得工业油气流后，迅速扩大勘探成果，先后在热河台、荣兴屯、欧利坨子等构造上获得工业油气流，从而进一步证实了辽河坳陷是一个大有希望的含油气区。从第一口区域探井开钻发现油气显示，到首次获工业油气流，仅用了一年时间就取得了很高的勘探成效。

1965年9月，同样位于东部凹陷的大平房构造上的辽2井喜获工业油流。勘探成果迅速扩大。截至1966年3月，地质部第一普查大队先后在东部凹陷钻探13口井，钻探了7个局部构造，全部见到油气显示，其中5口井获得工业油流，揭示了这一地区良好的油气勘探前景。

1967年，石油工业部应辽宁省经委和化工厅的请求，由大庆油田研究院副总地质师张文昭带队到辽河地区调查勘探，对辽河坳陷的油气勘探前景及经济地理条件进行分析，拿出了一个调查报告。翟光明等地质专家审查修改以后，向国家计委做了专题汇报，国家计委决定由大庆油田负责辽河地区的石油天然气勘探开发，随即组织了钻井、试油等近千人的专业队伍南下辽河。

截至1969年底，辽河勘探取得重大突破，34口探井中有19口获得工业油气流，共钻探12个局部构造，有9个含油气显示，热3井在气层下面发现了高产油层，兴1井、黄5井等都发现了高产工业油气流。1969年，在完钻的35口探井中，获工业油气流的探井19口，发现了兴隆台、黄金带、于楼、榆树台、欧利坨子、牛居具有工业开采价值的6个含油气构造，证实热河台和黄金带两个含油气构造为油气田。1970年发现桃园含油气构造。

这一阶段的地质研究主要是开展地层、构造等基础研究，是石油地质特征和油气分布规律的初步研究。由于对断块油田的成藏与油气分布、富集规律缺乏认识，本阶段的勘探效果较差，平均年储量增长250万吨，每口探井探明地质储量仅17万吨。

扩大勘探领域　发现大油田（1970—1980年）

1970年3月，经国务院批准，石油工业部正式决定加速辽河地区油气资源的勘探，唐克副部长率队到辽河探区进行调研，与地质学家们就辽河坳陷的勘探现状和前景进行分析。随后，石油工业部军管会决定，成立辽河石油勘探指挥部，指挥长由曹进奎担任，政委由刘长亮担任，参谋长由王涛担任。调集大港油田近万名勘探队伍与原大庆六七三厂的勘探队伍一起，组成辽河石油勘探会战指挥部。1970年3月22日，恰好是毛泽东主席批示的"鞍钢宪法"发表十周年纪念日，石油工业部不仅用这个日子为一个新的油田命名，并且要求在这个纪念日子里，参战队伍要正式鸣炮会战，因此，辽河油田就有了"三二二油田"的别称。

辽河石油勘探会战指挥部的成立，标志着一个新勘探阶段的开始，勘探队伍迅速扩大，钻井队由1969年的6个增加到1970年的21个，地震队伍也由原来的2个增加到11个，特别是在1970年冬至1971年春的地震勘探年度内，组织了一次地震勘探小会战，参加会战的地震队多达27个。地震技术装备也有很大改善，模拟多次覆盖逐步取代了单次测量，地震资料的精度和质量都有所提高。

辽河地区石油会战开始以后，由于勘探队伍的扩大、技术力量的增强、技术装备的更新、地震资料的精度和质量的提高，促使勘探工作产生了质的飞跃。区域展开达到一定程度，需要在最有利的部位集中力量进行整体解剖。因此，这一时期勘探的主导思想是：在重点地区，集中力量进行钻探，并以一定力量甩开进行区域预探，在有利的勘探领域继续扩大勘探成果。

1969年，开始钻探兴隆台构造，当时在兴隆台构造的高点部署了兴1井、兴2井两口预探井。同年9月，兴1井在沙河街组一段中部（黄金带油层）试油，首次获得百吨以上的高产油气流，8毫米油嘴自喷，日产油152.4吨，发现了兴隆台含油构造。此后一年多时间，主要是扩大含油面积，但在油田扩边上仍未完全摆脱"局部构造高部位含油"的思想约束，导致兴隆台油田沿轴线向北东方向的高部位追踪，虽然发现了陈家含油区块，却推迟了构造中南部低断块油气富集区的发现。

1970年，从大港油田转战而来的39岁的王涛出任辽河石油勘探局党委副书记、副局长兼总地质师。这位留学苏联的年轻学者型勘探家组织了翟光明、刘兴材、袁炳衡等石油地质和勘探专家们努力调查研究，科学有效地把握石油会战的主攻方向。1972年吸取前期的教训，解放了思想，取得丰硕成果：在于楼—黄金带东侧及兴隆台南部的低断阶钻探中，有6口井获工业油气流，其中于9井、于11井、兴15井、兴53井都是百吨级高产井，并在马1井、黄20井获厚油层。

1973年，决策部门制定了"区域甩开与重点解剖相结合，集中主要力量拿面积，夺高产"的勘探原则，加强高产规律的研究，提出"占断块，打高点，沿断层找高产，找到高产多打眼"的勘探方法。当年打出高产井28口，并相继出现兴411井、马20井等初试日产千吨和双千吨的高产油井。但是，由于过分强调夺高产，眼睛盯着小断块，忽视了解剖二级构造带，结果造成后备探区、后备储量跟不上油田开发需要，"多处出油无面积，找到高产无储量"的被动局面。1974年，进一步总结经验教训，提出着眼于二级带区域含油，狠抓二级带整体勘探的部署原则，以兴隆台构造带为主战场，集中优势兵力打歼灭战，探面积，建能力，成果显著，很快扩大了含油气面积，形成了生产能力。1975年底，全面拿下了兴隆台油田，年产原油从1970年的2152吨增长到1975年的245.4万吨，达到一个新的高度。兴隆台油田从开始勘探到油田建成全面投入开发，仅用了6年时间，这是辽河石油会战以来取得的一项重大成果。

油田会战初期的王涛（右1）

辽河油田的原油性质在各区变化大，有稀油、高凝油、低凝油等多种油品。由于当时的试油、试采工艺未过关，致使高凝油井均无法开发。同时，受当时的地震勘探技术的局限，得不到深层反射资料，对基底的形态结构缺乏认识。恰在此时，西部凹陷的西斜坡勘探取得重大突破，暂时中断大民屯凹陷的勘探。

西部斜坡带的预探开始于1973年，当时圈定的西部斜坡带（高升－西八千断裂鼻状构造带）构造面积只有710平方千米，约为目前确定的西部斜坡带面积的一半。1973年在该带南段完成了千1井和锦1井两口预探井，千1井位于斜坡的最高部位，未发现油气显示，但却钻遇了侏罗系的厚煤层；锦1井经过试油，首次在3128.8~3131.4米层段，沙河街组二段（兴隆台油层）获得少量油和气，数量虽少，但意义重大。

1974年，又在西部斜坡带上完成了锦2井、杜1井、杜2井、杜4井、曙1井等探井，勘探范围扩大到斜坡带的中段，普遍见到了油气显示，有的井测井资料综合解释有油气层。这些井钻探的发现，说明初探斜坡带已取得明显效果，证实了西部斜坡带具有良好的含油气前景。

1975 年 4 月，在斜坡带南段的欢喜岭地区，杜 4 井在沙河街组四段（杜家台油层）试油，获 100 吨以上的高产油流，该井在 2641.8~2659.0 米井段，射开 3 层 8.4 米，10 毫米油嘴求产，日产油 113.8 吨、天然气 13953 立方米。这是欢喜岭油田的第一口发现井，也是西部斜坡带的第一口发现井。

1975 年 5 月，西部斜坡带中段的曙光地区杜 7 井也在杜家台油层获得近百吨的高产油流，在 1946.4~2016.0 米井段，日产油 98.13 吨、天然气 6786 立方米，这是曙光油田的第一口发现井。

西部斜坡带勘探取得重大突破，开创了西斜坡石油会战的新时期。勘探力量迅速向西斜坡集中，在斜坡范围全面展开。1975 年 9 月下旬，石油化学工业部部长康世恩带领翟光明、邓礼让、朱兆明、邱中建等专家赶到辽河调查研究，决策西斜坡勘探会战。在局勘探技术座谈会上，认真总结前期勘探工作，深化了对石油地质规律的认识，通过兴隆台和西斜坡钻探实践所揭示的地质特征看，油气的聚集、富集，不仅受构造因素控制，而且还受岩相带的控制，明确提出构造岩相带是控制油气聚集的基本地质单元的观点。在勘探方法上，认真总结了兴隆台勘探的教训，认识到对一个二级构造带的早期勘探而言，没有一定的勘探程序，探一块，开发一块，不仅速度上不去，油田建设也十分被动。明确提出勘探必须地震先行，钻探应按预探、整体解剖、详探的程序进行。上述认识及时指导了西斜坡的勘探，确定沿斜坡轴向的中高部位部署 13 口预探井，垂直轴向（沿倾向）部署 14 条剖面，剖面尽可能过预探井，整体解剖斜坡带，成效显著。1978 年 10 月，西部斜坡带北段高升地区的高 1 井又在沙河街组四段（高升油层）试油获得工业油流。至此，整个西部斜坡带从南到北捷报频传、全面开花，勘探的形势越来越好。

1975 年底，石油工业部组织了曙光石油会战。大庆油田的石油队伍亦南下并肩作战，在曙光地区大约 200 平方千米的范围内进行全面勘探和开发，在不到两年的时间里就基本探明了石油及天然气储量，一举拿下曙光油田。

1977 年，高升油田进入全面勘探阶段，其主要含油目的层为莲花油层。莲花油层是发育在沙河街组三段内部的一个浊积砂体，油层厚而且集中，几乎没有明显的泥岩隔层，高点部位油气层的厚度可达 200 米以上，虽然含油范围仅有 16 平方千米，但却是一个油、气储量丰度很高的油田。经过一年勘探，就探明了含油面积和储量。

1978 年，勘探与开发的重心移到了西部斜坡带南段的欢喜岭油田。南部欢喜岭地区的构造面貌和断裂发育程度要比北部高升地区复杂得多。在欢喜岭地区，斜坡带又可以进一步分为上台阶、高垒带、下台阶等三个次级带，这三个带的特征由南向北一直可以延伸到曙光油田。由于上台阶主要是稠油分布的区域，而下台阶油层的埋藏深度又太大，因此从一开始就把着眼点放在勘探高垒带上。高垒带油层埋藏深度适中、油层巨厚、产量很高、储量丰富。会战指挥部首先集中勘探了高垒带上的锦16、欢26两个高产区块，以后以滚动勘探开发方式逐步扩展。截至1978年底，就基本探明高垒带的含油气面积和石油及天然气地质储量，取得非常明显的勘探效果。拿下高垒带以后，继续扩大成果，一方面大胆钻探下台阶低断块，另一方面集中勘探上台阶稠油富集区，并进行稠油开采攻关，很快取得经济效益。

西部斜坡带从开始预探发现油田到初步探明近3亿吨（1979年底为29820万吨）石油地质储量，全面投入开发，前后只用了5年时间，特别是1975年以后，基本上是一年勘探、开发一个大油田，三年跨出三大步，不但体现了较高的勘探速度和成效，而且也体现了勘探技术水平的提高。在这一阶段，石油地质储量大幅度增长，平均年增长为第三阶段的1.4倍，平均每口探井探明地质储量为168万吨，是前一阶段的1.5倍。

从"九二三厂"开启的胜利之路

胜利油田是胜利石油管理局所辖油气区的简称。山东省内主要有 5 个较大的中生代、新生代沉积坳陷，总面积为 65300 平方千米。主要勘探区为济阳坳陷，都隶属于胜利油田。

渤海湾地区的区域地质工作是从 1955 年开始的，首先由地质部和石油工业部联手作战，在华北平原上先后进行重力、磁力的区域普查，部分地区还做了电法和地震大剖面详查。1955 年，国家决定对华北平原地区展开区域性的石油普查。石油工业部华北石油勘探大队的两支钻井队——32104 钻井队和 32120 钻井队，1956—1961 年，奉命钻探华北地区第 1 号—第 8 号基准井。1956 年由中国科学院、石油工业部、地质部三个部门组成的石油地质委员会，选定在河北沧县—南明华镇隆起构造上部署了华北平原上的第一口基准井——华 1 井。这口井由石油工业部 32104 钻井队钻探，1957 年完钻，未发现油气显示。

一井定乾坤，"九二三厂"拉开石油会战序幕

在大庆石油会战的同时，20 世纪 50 年代后期开始的华北地区油气勘探也在坚持进行。1960 年，在济阳地区进行了 1∶10 万的重力详查，在东营地区完成了 1950 平方千米的电法面积测量，并进行地震普查，发现了东营构造带。

1960 年，为了解华北平原东部济阳坳陷的地层、构造及含油气情况，华北石油勘探处于惠民凹陷的沙河街构造进行了华 6 井、华 7 井的钻探，华 6 井于 1237.5 米处钻遇第三系孔店组红层。华 7 井终孔井深 2714.56 米，钻遇地层命名为古近系（原名老第三系）沙河街组。地质部山东省石油普查队于惠民凹陷林樊家构造上钻探了惠深 1 井，井深 1383 米，完钻层位为古近系孔店组。

1955 年，由地质部和石油工业部实施的石油地质普查工作在华北平原展开。勘探队伍连续打了华 1 井—华 6 井六口基准井，均未发现良好的油气显示。1960 年 5 月，在山东省商河县境内打的华 7 井发现生油层，华北勘探出现转机。

1960 年 9 月，地质部副部长旷伏兆和石油工业部康世恩副部长在长春召开了两部联席会议，商定石油勘探以松辽为重点，由石油工业部统一指挥，石油普查以华北为重点，由地质部统一安排。同年 10 月，地质部在天津召开华北石油普查勘探会议，何长工副部长主持会议，并作了《高举毛泽东思想伟大红旗，在华北找到油田》的报告，关士聪总工程师作了《华北石油地质与油气突破点的选择》的汇报。国家计委代表和石油工业部沈晨副司长率代表参加了会议。旷伏兆副部长作会议总结，并作出决定：首先选择含油远景最好的济阳、黄骅坳陷作为重点工区，围绕渤海湾选择东营、义和庄、羊三木、盐山、北塘、马头营六个局部构造或异常作为突击点，要求集中优势力量进行突破，积极努力争取在 1~2 年内突破出油关。根据李四光部长的意见，将条件最好的东营构造作为第一个突击点，经两部商定将该构造交给石油工业部华北石油勘探处率先进行钻探。会议还决定：以山东、河北两省石油队伍和天津海洋地质筹备处为基础组成由地质部直接领导的地质部第一普查勘探大队（简称一普），加强华北盆地的油气勘查工作。从此，全国石油普查勘探工作的重点由松辽转到了华北，华北油气普查勘探出现历史性的转折。

1961 年，地质部中原物探大队及华北石油勘探处的 701 队主要在东营凹陷北部，包括中央隆起带、坨庄—胜利村—永安镇地区，约 1000 平方千米内进行地震勘探。发现东营—辛镇构造有背斜轮廓，胜利村和广利构造有鼻状构造显示。

根据地质部航测大队提供的重磁力测量图和中原物探大队地震二队提供的地震资料，会战指挥部决定选择坳陷中圈闭条件较好的东营构造作为钻探找油突破口。由华北石油勘探处主任地质师安培树和综合研究队队长帅德福及地质师张启明、葛榕等共同研究确定第八口基准井——华 8 井井位，具体位置就设在山东省广饶县东营村东 1500 米处。

1961 年 3 月 4 日，华北石油勘探处在东营构造上布钻华 8 井。该构造是光点地震详查圈定的相当 T：反射层，构造轴部有一条断层穿过，井位是定在断层下盘高点上（小于 1950米等深线内）。

1961 年 4 月 5 日，在钻至井深 1755.88 米时，提前完钻试油。4 月 16 日，射孔一次成功，获得日产 8.1 吨的工业油流，拉开华北地区大规模石油勘探开发会战的序幕。该井首次用9 毫米油嘴求产，获日产 8.1 吨工业油流，成为当时东部渤海湾地区第一口见原油的探井，也是胜利油田的发现井。该井是在前七口井钻探资料的基础上，结合当时地矿部航测大队提供的东营地区重磁力测量图，构造图进行设计的。1961 年 2 月 26 日开钻，仅用 35 天就顺利完井，完钻井深 1755.88 米，全井共取心 50.2 米平均收获率 31.1% 井壁取心 25 处，成功率 68%；固井质量、井深质量均一次合格。石油工业部部长余秋里同志对这口井的钻探非常重视，在转入试油时专门做了重要指示，加上技术人员精心策划和实施，试油获得圆满的成功。华 8 井的钻探和试油的成功，实现了华北盆地早期找油的新突破，进而引出了华北石油大会战，并相继发现了大港、华北、冀东、中原等大油田，为我国的石油工业发展树立了新的里程碑。

华 8 井是在燕山以南，太行山以东，大别山以北，渤海湾以西 40 万平方千米的华北平原内进行石油资源普查的第八口探井，是胜利油田乃至整个华北油区的第一口发现井。它的钻探和试油的成功，实现了华北盆地早期找油的新突破，进而引出了华北石油大会战，从此揭开了华北油区大规模石油勘探开发会战的序幕。

东营成为石油会战的热土，这个地区面积约 7700 平方千米，位于齐鲁平原黄河入海口的三角洲上，被誉为"共和国最年轻的土地"。华北石油会战总指挥部的领导机关就设在东营，在一个叫牛庄的小村庄借了几间民房，办公桌和床都架在老乡的土炕上。从四面八方赶来参加石油会战的总人数很快达到了两万余人，其中钻井队 16 个，地震队 17 个，在东营四周摆开了石油大会战的战场。

1962 年 9 月 23 日，东营凹陷的营 2 井在沙三段发生强烈井喷，采取压井措施以后，井喷制服，经过试油，获得日产 555 吨的高产油流，这是当时全国第一口高产井。为了纪念这个喜庆的日子，对外便把东营探区称为"九二三"厂。当时，华北石油勘探会战有两个主战场，北边的主战场主攻黄骅坳陷，南边的主战场主攻济阳坳陷。因为华 8 井和营 2 井等十几口出油井都在这一地区，所以勘探部署和规模都比较大。

人拉肩扛的会战场面

1963 年 12 月，天津黄骅坳陷的勘探也取得突破，黄 3 井获得工业油流。

1965 年 1 月 25 日，余秋里部长定下井位的坨 11 井试油日产 1134 吨，成为新中国第一口千吨井。1966 年，正式命名胜利油田，一个石油巨人诞生了。

华 8 井实行不取心快速钻井，面对没有岩心、无法进行地质描述的全新挑战，华北勘探处以阎敦实、王涛、胡见义等为代表的地质师们在会战指挥员焦立人等的直接指挥下，开创性提出岩屑、钻时、钻井液、气测、电测"五一致"工作法，成功录准了油砂层，选准了试油层，创出当时地质录井工作的全国领先水平，奠定了中国石油工业钻录井相关标准的根基。

深入剖析——形成中国特色勘探开发技术

当石油会战者满怀信心地打下第一批探井之后，情况离人们预期的目标相差甚远。由于渤海湾地区的地质情况复杂，断块小而破碎，岩性变化大，加上运用在大庆会战中使用的甩开井距钻探的方法，许多探井落空了。

1964 年 1 月，石油工业部决定将当时集中在松辽盆地的石油勘探队伍调出，挥师南下，进军渤海湾盆地，开始组织胜利石油会战，从东营地区复杂的地质情况出发，制定了"区域展开、重点突破、各个歼灭"的勘探方针。

在一年多的勘探实践中，石油勘探人员发现渤海湾盆地的石油地质特征与松辽盆地有很大差异，这里的地层、构造、油气水性质变化很大，忽高忽低，交替频繁，一时难以找到规律。针对这种情况，石油工业部决定组织科技攻关，石油科技队伍发扬在大庆会战中的创新精神，敢想敢干，刻苦攻关，经过对国外 126 个类似油田的情况调研和实例分析，组织有经验的专家余伯良、李德生、童宪章、王纲道、王尚文、翟光明等分别担任研究室主任，带领年轻科技人员，锲而不舍地进行地层对比、岩性分析、构造和断层分布规律的研究，大体搞清渤海湾盆地属裂谷型盆地、断陷沉积，及其形成复杂断块油藏的基本规律。针对这种复杂地质结构，提出了一套先用地震测网和剖面钻井查清主要断层，后用加密地震测线查清断块，再以断块为单元部署钻探的勘探程序，很快就探明了渤海湾盆地的含油气情况，搞清了含油范围和石油储量。随后，又进一步将断块油田的详探工作与开发井网的部署结合在一起，创造性地提出了"滚动勘探开发"的程序，这是我国石油科技工作者在复杂断块油藏开发上的一大创造。

随着渤海湾盆地勘探的深入，勘探技术的提高，我国石油地质工作者逐渐发现，东部古近系—新近系断陷盆地结构和断裂活动控制了油气藏的形成和分布，油气聚集不是由单一层系、单一油气藏圈闭类型和统一的油水关系组成的油气田，而是由多个含油气层、多种类型油气藏圈闭和多个油水系统组成的，具有相同的油气源、相同的油气运移过程和相同的地质成因联系的油气藏群体，提出了"复式油气聚集（区）带"的观点。一个复式油气聚集（区）带是由多个含油气层系、多个油气藏类型和多个油气水系统组成的油藏（田）群集体。这些油气藏都从属于统一的断裂构造带或地层岩性带，其油气圈闭具有相同的地质成因，一般又有相同的油气源和相同的油气运移和聚集过程，形成了以一种油气藏类型为主、以其他类型油气藏为辅的多种类型的油气藏群体。它们在纵向上相互叠置，在平面上是由不同层系、不同圈闭类型的油气藏相互连片的含油气带。

对渤海地质条件的认识更深入、更全面。在 27 个构造单位（14 个大型正向构造带、13 个凹陷）内，发现了 231 个局部构造，总圈闭面积约 2300 平方千米；明确了东营组、沙河街组两套主要生油层系，有渤中、歧口、渤东、黄河口、辽口、辽西、秦南、莱州湾、南堡 9 个主要生油凹陷；发现了明化镇组、馆陶组、东营组、沙河街组、侏罗系、奥陶系、寒武系等 7 套含油层系；储集岩性有砂岩、火山岩及碳酸盐岩三种岩类。说明了渤海海域与周围陆地油区一样，是一个多生油层系、多储层、多油气藏类型的复式含油气区。

1961 年发现了胜利油田，1964 年发现了大港油田。事实证明，我国在陆相沉积盆地中的勘探是富有成效的，不断以新的发现来充实我国油气资源的后备储量，并保证了原油生产水平的持续增长。

1964—1965 年，集中勘探坨庄—胜利村构造带，获得重点突破，控制了胜利村构造含油面积，发现馆陶组、东营组、沙一段、沙二段、沙三段等含油层组，发现并探明了探区内第一个多含油层组富集高产的大油田。从此，石油工业部决定将"九二三厂"改名为"胜利油田"。

1965 年，开展"通—王—惠"会战。在基本了解胜坨油田的石油储量之后，1965 年会战指挥部集中 18 台钻机、16 个地震队，在东营坳陷和惠民坳陷东部地区，面积约 8000 平方千米的范围内，展开了"通—王—惠"会战，除了发现沙四段含油层系之外，还发现了陈家桥、八面河、高青、永安镇、滨南、宁海、郝家、金家等含油地区，扩大了东辛油田的含油范围。

1965—1966 年，在永安镇和滨南等地区进行区域勘探。7 个月内，永安镇地区共钻井 33 口，控制了永安镇油田，并发现了广利和新利村两个含油地区。滨南地区 1965 年 10 月完钻的滨 2 井发现了沙二段油层，日产原油 117 吨。

1969 年 6 月至 1971 年 10 月，针对石灰岩油层、凸起披覆构造、断裂带构造油藏进行勘探，发现埕东油田、渤南油田、单家寺油田和盘河油田，扩大了临邑断裂的含油范围。

在渤南油田所钻的义 11 井、义 47 井于沙三段获日产超千吨的高产油流。

通过对沾化、车镇、惠民三个坳陷进行勘探，发现了 18 个油田（孤岛、垦西、垦利、渤南、罗家、义东、大王庄、临盘、商河、玉皇庙、王家岗、曹桥、八面河、广利、梁家楼等），至此，济南坳陷内中浅层大中型构造油田大都被发现，圈定了现今胜利油田的分布范围。

1974 年 9 月 30 日，新华社首次在《人民日报》对外公开报道胜利油田

1976 年以后，胜利油田进入了深化勘探阶段。

胜利油田的勘探成果和深入细致的科学研究，特别是对该区域油气生成的深入而科学的认识，为由我国石油地质学家们创立并完善的"陆相油气生成"理论增添了详实的科学数据。

技术创新铺就胜利之路

胜利油气区隶属于新华夏系第二沉降折带次一级鲁西旋卷构造体系，该体系控制了济阳断陷的生成与发展。以断块运动为特征的构造运动控制了沉积建造和地质构造，沉积上以快速、稳定多旋回为其特色；各种同生构造形成油气富集。断陷式凹陷发育程序控制各类二级构造带的展布和油气运聚规律，洼陷与毗邻的二级构造带组成独立的油气生、移、聚、成油系统。多油源短距高侧向运移和长期多次纵向运移，形成多含油层系的复合油气藏，油气田围绕继承性洼陷，形成"向心式"油气富集区。

胜利油田的勘探实践丰富了我国陆相盆地石油地质理论，有效地指导了胜利油气区的勘探，探井成功率达60%，多快好省地发现和查明了14个油气田，为胜利油田的建设和进一步发展提供了资源。

针对渤海湾地区找油的有利条件和复杂的地质情况，余秋里部长亲自指挥，康世恩副部长调兵遣将，专门调来石油科技情报所地质师李国玉，负责一项"特殊任务"。李国玉在北京石油勘探研究院的图书馆里，翻译整理了大量资料，绘成图件，到会战前线巡回宣讲；李德生等地质专家对6.4万包岩屑进行了详细的观察分析，做了9万多次地质分析化验，掌握了第一手资料，逐渐理清了地层情况，成功地确定了9个标准层，建立了地层剖面的"铁柱子"井。

胜利油田的勘探区域是山东省经济贫困地区。胜利油田以其崭新的风姿，挺立在渤海之滨。1965年产油83.8万吨，1966年产油128万吨，并一举登上"油老二"的宝座。这一切，都与石油工业部领导、广大科技人员、石油工人的艰苦奋斗，特别是对科学技术的高度重视密不可分。

"胜利油田的发现及油气富集规律"获1978年国家科技进步奖。

寻找渤海湾油气勘探的"金钥匙"

渤海湾盆地是我国第二个主要产油基地。渤海湾盆地发育在华北地台东部，由华北地台结晶基底形成，面积近20万平方千米，是我国大型陆相含油气盆地之一作为一个发育在华北克拉通背景上的中—新生代裂谷盆地，在长期拉张应力环境下，渤海湾盆地形成多隆多坳的构造格局，一个坳陷就是一个独立的沉积单元，内部张性断层异常发育。

渤海湾盆地的普查勘探始于1955年，经历了一个从隆起转向坳陷的过程。大规模油气勘探开始于1964年，初期认为渤海湾盆地和松辽盆地一样，油气集中于大背斜中，有统一的油水界面，因此在勘探方法上也采用大剖面控制和等距离布井的方法，但结果却碰到了"五忽"现象（油气层忽有忽无、忽油忽水，油井产量忽高忽低，油层厚度忽厚忽薄，原油性质忽稀忽稠）。经过20多年的反复实践、反复认识，科技人员逐步掌握了渤海湾油区油气形成、分布和富集规律；从断块活动、箕状断陷及其成因机理，陆相油气生成、陆相湖盆沉积特征及其沉积模式、油气（田）藏和复式油气聚集（区）带的油气富集和分布规律等诸方面进行了深入系统研究。

专家学者进行渤海湾油气资源评价

渤海湾盆地特征与"渤海湾盆地复式油气聚集（区）带"勘探理论的提出

具有中国特色的复式油气聚集（区）带地质理论，是邱中建与其他同志合作于 1974 年 8 月在全国石油勘探座谈会上以《加速渤海湾油气勘探的几点想法》为标题的技术报告中首次提出的。这项地质理论，成功地指导了我国渤海湾石油天然气的地质勘探工作，打开了环渤海湾地区油气勘探的新局面，相继成功地发现了许多各种不同类型的油气田。

该理论是邱中建等专家学者结合他们从 1972—1974 年，多次野外工作，下现场，看岩心，查资料，进行环渤海湾石油地质勘探系统分析研究和对一些油田进行重点解剖后得出的理论观点。

渤海湾盆地复式油气聚集（区）带勘探理论形成与实践

该科研课题是在石油工业部于 1979 年统一组织下，各有关油田负责所属的坳陷的研究，由石油勘探开发科学研究院、胜利石油勘探局、辽河石油勘探局、中原石油管理局、华北石油管理局、大港石油管理局、石油地球物理勘探局等参与合作，研究工作主要集中在以济阳坳陷为重点的渤海湾油区油气形成、分布和富集规律研究等领域，历时 5 年完成。

该研究主要集中于胜利油田探区的济阳坳陷，该坳陷隶属于渤海湾盆地，是一个油气资源丰富、成油条件复杂的复式油气区，即济阳复式油气区。它是由不同层系、不同类型、不同成因的油气藏，纵向叠置、横向连片形成多种类型的复式油气聚集带，各类复式油气聚集带依成因联系而有规律展布，形成多套含油气层系、多种油气藏类型叠合的复式油气区。复式油气聚集（区）带理论明确了渤海湾盆地是一个多断陷、多构造带、多含油气层系和多种油气藏类型的复杂含油气盆地，油气资源十分丰富。

针对渤海湾盆地多断陷、多断块、多含油气层系和多种油气类型的特点，李德生、阎敦实、胡见义、张文昭等许多学者总结了断陷盆地油气藏形成条件和分布规律。概括起来，其主要内容是：在地质结构上，断块活动强烈，不同级别断块体发育，造成了油气藏类型多、层系多、埋深差异大、油气性质变化大、储量贫富不均。盆地总体上是由若干个箕状断陷组成的统一的断块沉降区。每一断陷自成一个独立的沉积体系和成油单元，是盆地油气生成、运移和聚集以及复式油气聚集（区）带形成的物质基础。在沉积上，具河湖沉积体系类型。在成油机理方面，具有多种类型的生油凹陷，不同类型的生油凹陷具有不同的有机质演化系列和模式。在油气藏展布上，具有"新生古储""自生自储""下生上储"等多种成油组合。在成油规律上，在断陷盆地中二级构造断裂带具有相同的油气运移和聚集过程，形成多油气水系统和多种油气藏类型的油气藏群体。它们具有成群、成带分布的特点，常常是数十至数百个大小不等、规模不一的油气藏，在纵向上互相叠置，在平面上则构成了不同层系、不同类型油气藏连片的含油气带，故称"复式油气聚集（区）带"。

这项石油地质理论对指导陆相盆地的油气勘探具有普遍意义。"复式油气聚集带"概念是陆相油气地质理论的重要组成部分。

针对复式油气聚集的特点，采用灵活的滚动勘探战术，取得良好的效果，在加快渤海湾油区的勘探中起到重要作用。20世纪80年代开始在复式油气聚集（区）带理论指导下，按照区带整体解剖和滚动勘探的思路，以各类正向二级构造带为主要勘探对象，发现了任丘、曙光、欢喜岭、静安堡和孤东等一批大型油田，勘探成效显著。其中胜利油田在20世纪80年代探明储量和产量出现翻番，1986年，年探明石油地质储量达到历史最高峰。

主要完成者之一的袁秉衡，对渤海湾地区各油田的勘探作出了较大贡献：设计了大港油田的发现井井位；为提供中原油田发现井做了许多地震工作；组织并领导了胜利、辽河等许多油田的地震工作，对油田的发现起了直接作用。特别是自1963年开始一直力排众议，认为冀中坳陷与济阳、黄骅坳陷类似，具有很好的含油气远景，组织了大量地质工作，和专家们一起选出任丘构造为冀中坳陷油气勘探的首要突破口，提供准确的构造图及发现井井位，助力发现了任丘古潜山大油田。

主要完成者刘兴材，致力于这项理论的升华，再接再厉完成了《复式油气田论文集》，于2002年由石油工业出版社出版。

复式油气聚集（区）带勘探理论与丰硕成果

复式油气聚集（区）带是陆相盆地油气富集的一种显著特征，主要受二级构造带、区域性断裂带、区域性岩性尖灭带、物性变化带、地层超覆带和地层不整合等多种因素控制，按其成因的主导因素，复式油气聚集带可以分为等12种类型。

复式油气聚集（区）带勘探理论有力地指导了包括济阳坳陷在内的渤海湾盆地的油气勘探，取得了极其丰硕的勘探成果。

形成了胜利油区储量和产量增长的高峰期。1982—1994年，济阳坳陷相继发现了埕岛、孤东、林樊家、盐家、老河口、邵家、王庄、大王北、郑家、红柳、河滩、花沟、英雄滩、大芦湖、飞雁滩、东风港、临南、曲堤18个新油气田，其中，埕岛、孤东2个油气田储量规模超亿吨。同时，东辛、临盘、渤南3个油田储量规模不断扩大，发展成为亿吨级大油田，东辛油田探明储量由0.69亿吨增加到2.34亿吨，临盘油田探明储量由0.49亿吨增加到1.32亿吨，渤南油田探明储量由0.27亿吨增加到1.19亿吨。在此期间，胜利油区累计探明石油地质储量20亿吨，其中，1984年新增探明储量3.5亿吨，达到胜利油田年探明储量的历史峰值，也迎来了胜利油田产量的辉煌时期。原油产量 1984 年突破 2000 万吨，1987 年突破 3000 万吨，并连续稳产 9 年。1991 年原油产量达到 3355 万吨历史高峰，胜利油田产量位居渤海湾各油田之首，居全国第二位，为我国经济发展作出了重要贡献。

促进了济阳坳陷勘探不断取得新突破。在济阳坳陷东部地区，通过"上坡、下洼、探边"深化勘探，在洼陷带，发现了五号桩、牛庄、樊家、梁家楼等岩性油藏；在陡坡带，相继发现了林樊家和单家寺等地层油藏；在凸起带，发现了王庄、平南等古潜山油气藏，并发现了高青中生界油气藏；在潜山披覆构造带，相继发现了桩西、五号桩、长堤和孤东等 4 个油田。1984 年 7 月 24 日，孤东 3 井测试日产油 62 吨，从而发现了孤东油田。至 1987 年底，孤东油田探明含油面积 57 平方千米，储量 25392 万吨，建成 500 万吨原油生产能力。

1988 年，位于滩海地区的埕北 12 井在馆陶组和东营组分别获日产油 49 吨和 87.5 吨的高产工业油流，标志着埕岛油田的发现，掀开了胜利油田海上油气勘探的新篇章，实现了胜利油田勘探由陆地向海上进军。

指导了渤海湾盆地的油气勘探，并取得显著勘探成果。渤海湾盆地根据指明的勘探方向，在利用地震—测井新技术和地层岩性古地理综合研究取得进展的基础上，在"中国东北部陆相盆地地层岩性油藏分布规律及远景预测"和有关油田的研究成果中指出了勘探方向，在这一地区开展了广泛的勘探，地层岩性油气藏探明储量在 1982 年只占当年探明储量的 2%~3%，1983 年上升到 10% 以上，1984 年上升至 30%。

该理论还广泛应用于渤海湾盆地其他地区的油气勘探，在中原、华北、辽河、冀东、大港等油田的勘探中发挥了重要的理论指导作用；相继发现了文留、濮城、卫城、文明寨、古云集、苏桥、东胜堡、静安堡等油田，并发现了张巨河、北堡和柳赞含油构造，1984 年渤海湾盆地年探明储量最高达到 4 亿吨，仅 1981—1984 年累计新增探明石油地质储量 16 亿吨，取得了十分显著的勘探成果。

在地质演化史研究和多含油结构层序研究基础上，广泛开展了不整合基岩油气藏的研究与勘探，开拓了这一全新的领域，先后在辽河坳陷和济阳坳陷发现杜家台、东胜堡、王庄等基岩变质岩等油田。

勘探成效有很大提高。1980 年平均每米探井进尺可获得 56 吨左右的石油储量，以后逐年增加，截至 1984 年，平均每米探井进尺可获得储量达 443 吨，成效提高 8 倍。1980 年平均每口探井获得地质储量 15.6 万吨，此后逐年增加。截至 1984 年，每口探井平均可以获得地质储量达 141 万吨，成效提高 8 倍。经济效益增加也是明显的，1981—1982 年每探明 1 亿吨石油储量，勘探投资约 4 亿元，1983 年探明 1 亿吨储量投资 2.7 亿元，而 1984 年为 2.52 亿元，1984 年获得储量 7.5 亿吨，即每吨石油储量比前几年减少投资 1.75 亿元，提高效益 12.5 亿元，取得了较好的经济效益。1984 年，全国石油产量比 1983 年增加 1000 万吨，其中渤海湾盆地增加 700 万吨以上。

1983—1984 年，华北地区增加天然气储量 340 亿立方米，完全符合预测分析，特别是京津冀一带增加约 124 亿立方米，使向北京供气成为现实。

在复式油气聚集（区）带勘探理论指导下，20 世纪 80 年代渤海湾盆地油气勘探取得了很好的成果，尤其是从 1981 年开始，优选了 20 个复式油气聚集（区）带作为滚动勘探开发的主攻方向，连续发现了 40 个油气田，其中亿吨级油田 2 个，在辽河和济阳等坳陷发现了一批隐蔽油气田。这一理论对渤海湾盆地滩海地区和海上油气勘探仍具有重要意义。

渤海湾盆地复式油气聚集（区）带勘探理论的建立和发展是我国对世界石油地质理论的重要贡献，它极大地丰富了陆相石油地质理论，对胜利油田乃至渤海湾盆地勘探具有决定性和根本性的意义，对陆相断陷盆地的油气勘探具有重要指导作用。

1985 年，"渤海湾盆地复式油气聚集（区）带勘探理论及实践" 获国家科技进步特等奖

打开南疆油气勘探的大门
——柯克亚高产油气田的发现

从新疆的版图可以看到，160万平方千米的土地面积，被绵延1700公里的天山等大型山脉切割为南疆、北疆、东疆。几乎要占新疆三分之一面积的塔里木盆地，雄踞南疆。它的南面是昆仑山脉，东面是阿尔金山，北面是天山。群山环抱的塔里木盆地腹部，是地球上的第二大沙漠——塔克拉玛干大沙漠。

中华人民共和国刚成立，就把广阔的西部作为勘探找油的重点战场，并在塔里木盆地开始勘探山前地带、初闯地台区。

勇探"死亡之海"

在世界各大沙漠中，塔里木盆地的塔克拉玛干沙漠是最神秘、最具有诱惑力的一个，沙漠中心是典型的大陆性气候，风沙强烈，温度变化大，全年降水少。这里风沙活动频繁，沙丘形态奇特，最高达250米，最奇妙的是两座红白分明的沙丘，名"圣墓山"，山顶经风蚀而形成"大蘑菇"，由于地壳的升降运动，红砂岩和白石膏构成的沉积岩露出地面，形成红白鲜明的景观。塔克拉玛干在维吾尔语中的意思为"走得进，出不来"，西方探险家斯坦因在100多年前面对浩瀚的大沙漠时，将其称为"死亡之海"。

塔里木盆地最早的石油勘探工作始于1950年，是由中苏石油公司进行的，而后自1955年起由石油工业部新疆石油公司（1956年7月更名为新疆石油管理局）进行。随后进行的区测、重磁力普查、钻探等油气勘探一直没有取得重大突破。

1957年，新疆石油管理局地质调查处成立了塔里木地质调查大队，组成504、505两个重磁力地质混合队，在和田以西的沙漠地区进行1∶100万重磁力普查，完成面积约13万平方千米。

1958—1959年，新疆石油管理局的505和506重磁力地质混合队，在和田河以东的塔克拉玛干大沙漠区，进行重磁力路线普查，测线间距为20~50千米，完成面积28.5万平方千米。当年九进九出塔克拉玛干大沙漠进行石油地质勘探，取得了重要的重磁力、地质、水文、气象等资料，这是中国人首次进入"死亡之海"从事石油勘探，是石油勘探史上的一次创举。1958—1961年，新疆石油管理局先后在塔里木盆地实施了地震勘探、垂向电测深勘探和重磁力详查等，1958年发现了依奇克里克油田，成为塔里木盆地油气勘探史上的第一个里程碑，该油田到1963年原油产量达4万吨。

1959—1960年，因石油工业部集中人力、物力开展大庆石油会战和新疆石油勘探的重点转向克拉玛依油田的开发等原因，塔里木盆地的石油勘探随之收缩和调整。

1964年，新疆石油管理局为在"三线地区"找到新的石油资源，暂停准噶尔盆地的石油勘探，把勘探力量转移到塔里木盆地。于1964年9月成立了南疆石油勘探会战指挥部。到1966年增加为9个钻井队，并配备了3200米的中型钻机，地震队也增加到9个。先后对柯吐尔、阿克苏、阿瓦提地区及巴楚、叶尔羌河及盆地东部进行了地震勘探，完成测线3496千米，并钻探了15口探井。

曙光初现

1970年，石油工业部为加速发展新疆石油工业，加强了南疆石油会战指挥部的力量，制订了新的部署方案。以盆地西南部为主要探区，集中地震和钻井力量进行综合勘探，1970—1971年，有11支地震队勘探西南地区，完成测线1959千米。

20世纪70年代中期，在和田地区皮山县南部玉力群构造的浅层古近系—新近系石灰岩缝洞中发现了轻质原油油苗，引起石油地质家们对塔里木盆地西南凹陷的重视，新疆石油管理局决定塔里木盆地的勘探重心向西南部转移。第一批4口参数井和探井布在克里扬、玉力群、柯克亚三个构造上。南疆勘探会战指挥部领导机关和部分后勤单位也自库车县城搬到皮山县城以南的公路边上，搭建起几个帐篷院落，就近指挥钻探。

1975年1月，石油工业部决定加速塔里木盆地的石油勘探，提出"在三年内一定要解决南疆的用油问题"。同年3月，新疆石油管理局决定把南疆石油勘探的重点转移到盆地西南地区，以叶城—和田凹陷为主攻方向，以昆仑山前一、二排构造为重点。

1976年，新疆石油管理局地调处112钻井队根据地面的零星地层露头，发现了西河甫背斜。1976年5月1日，西参1井开钻，由4075钻井队承钻，队长李双成，指导员王学庆，副队长加马力，副指导员郭俊峰，技术员刘叔华、陈建国，地质员刘蔚松、李先固。使用罗马尼亚生产的F-200型钻机，1976年5月1日开钻，直径324毫米表层套管下到78.71米。二开用直径245毫米钻头钻到2516米，换用直径197毫米钻头钻到3783.10米，钻穿地层属新近系，以棕红色泥质、砂质成分为主，俗称"红被子"。这套地层在盆地内分布很广很厚，因红层不是生油层，故其勘探前景不被看好。在钻进中用气测、电测、岩屑、钻井液录井的方法均未发现油气显示，因此人们认为即使是钻到设计井深能否出现古近系也很难说，普遍认为希望不大。这一看法甚至影响到指挥部机关，考虑是否需要再作勘探重点的战略转移。这口探井具有重要的探索意义。

1976年，新疆石油管理局地调处在叶城县西南进行石油地质调查时，发现了柯克亚构造（原称西河甫构造）；同年12月4日在柯克亚构造上定了一口参数井——柯参1井。1976年5月1日开钻，1977年5月17日在钻至井深3783.1米处进行事故处理时，发生强烈井喷，高压油、气、水携带砂石从井口喷出，高达40多米。初期最高日喷液量9500立方米，其中原油1000吨。日喷天然气350万立方米。其喷势之猛、压力之大、日喷液量之高，在新疆地区石油勘探史上所罕见。现已探明柯克亚是一个凝析油气田，柯克亚构造的发现结束了塔里木盆地南缘无油气田的历史，也结束了和田地区要从2000多千米外的吐鲁番大河沿拉运燃油的历史。

柯克亚是个村名，维吾尔语中是"刺破蓝天"的意思，一个富有诗意的名字。它位于喀什地区叶城正南近百千米的公路边。

1977年6月，新疆维吾尔自治区主席赛福鼎在视察时建议将西河甫构造改名为"柯克亚构造"。这样，西参1井也改名为柯参1井。从此诞生了柯克亚油田，成为塔里木油田勘探史上第二个里程碑。

柯参1井喷油

1977 年 11 月 5 日，柯 9 井发生强烈井喷，日产原油约 525 立方米，天然气约 140 万立方米。国务院对抢险下达了 10 项指示，石油工业部派去了抢险小组，副部长李敬任组长，抢险领导小组办公室就设在井喷现场井队工人住的帐篷里。一道道抢险命令，从李敬帐篷里发出……

柯参 1 井的喷油证明了塔里木盆地是一个油气资源极其丰富的聚宝盆，揭开了盆地油气勘探的新篇章。

拿下大油田

新疆石油管理局组织地震队在该区进行了地震详查。针对戈壁砾石层地震反射资料不好的问题，因地制宜地采用组合坑炮和多次覆盖等方法。以后还引进使用了可控震源数字地震仪新技术，获得了良好的地震反射资料，查清了柯克亚构造的地下形态和圈闭状况，为探明含油气情况提供了可靠的构造图。

为了迅速探明储量并扩大战果，新疆石油管理局成立了南疆勘探领导小组。1978 年 2 月，石油工业部先派出阎敦实，后以李敬副部长为组长的会战领导小组，组织了新疆石油管理局、四川石油管理局、华北石油管理局、石油物探局等单位共 148000 人，汇集南疆，新疆石油管理局也先后从北疆抽调 6000 多名成建制的专业队伍，参加南疆石油会战。到 1978 年底，钻井队增加到 26 个，地震队 17 个，各类设备 2000 多台（套）。特别新增了 13 台钻深能力 6000 米的 F-320 钻机，勘探队伍迅速扩大，勘探能力明显提高。南疆会战指挥部下设第一、第二两个钻井指挥部，钻井一部驻柯克亚，钻井二部驻库车大涝坝，勘探重点仍是西南凹陷。会战指挥部制订了"全局着眼，甩开勘探，择优主攻，相对集中"的勘探方针。

当地驻军 36123 部队 71 分队得知发生井喷后，立即派出战士到现场担任警戒；西河甫驻地消防车立即开赴现场；运输指挥部派出了 25 部车运物资；完井大队派出了 11 部水泥车为抢险打水，准备挤水泥的工作；指挥部医院负责人连夜带着 4 名医护人员奔赴现场，担任救护工作；依奇克里克消防队千里外增援，向叶城进发……

井喷第二天，突然一声闷响，一团大火照亮天空。放喷管线的强大油气流冲撞石子，引燃了大火，井场四周顿时变成了一片火海。在火海里同石油工人并肩战斗的解放军战士，冲向前去用撬杠把沉重的水泥墩、钻杆搬到一边，为消防车扫清了路障。经过消防队员齐心奋战，大火最终被全部扑灭。

在抢装井口最紧张的时刻，新疆维吾尔自治区党委第二书记周仁山代表自治区党委来现场视察和慰问。李敬正在指挥抢装井口，在油气嘶鸣声中，他用粉笔在黑板上写道："咱们南疆找油难度大，我们有信心一定要找到大油田！"周仁山十分激动，立即写道："双手鼓掌！工人万岁！"

11月27日下午18时50分，350个大气压大口径采油树抢装成功。11月30日，柯9井高压油气流顺利输入柯克亚油田一号计量站，抢险取得全胜，一口高压油气井诞生了。万名石油大军1978年10月在塔西南展开大会战，柯克亚凝析气田由此诞生。

1978年11月21日，位于柯克亚构造轴部的柯10井，由6039钻井队承钻，使用F-320型钻机，直径340毫米的表层套管下到302.37米，二开用直径311毫米钻头钻进。1978年11月21日17时钻至井深3772米，钻井液密度为1.37克/立方厘米，发生严重气侵，遂停止钻进，边循环边加重钻井液。储备的加重料用完后，关闭承压35兆帕的防喷器。井口压力先升后降，判断是长达3468米的裸眼井井塌，从而造成井漏。加重钻井液准备好后，11月23—25日，泵入密度为1.32~1.85克/立方厘米的钻井液309立方米，泵压17兆帕，井口不出东西，证实井塌并卡钻。遂用反扣钻杆倒扣，1979年1月6日套铣至1220米时，发现气侵，钻井液密度由1.43克/立方厘米降到1.04克/立方厘米，随即发生严重井涌。提出方钻杆关防喷器两次均无法关严，胶心被吹出落于井场，12时停机停电后随即发生剧烈井喷，喷高超过天车，喷出油、气、水的数量和柯参1井相近。初期日产原油525立方米，天然气140万立方米。由此断定，这里按照中国标准属于大型凝析油气田。

在柯参1井获得重大发现以后，国家地质总局责成石油地质综合大队赴塔里木调查石油勘探的进展，实地调研柯克亚油田。1977年8月，组成了塔里木石油勘探筹备组，编写了《塔里木盆地石油地质普查初步设计方案》，并于1978年1月经国家地质总局批准。

由于柯克亚油气田3口井连续井喷，损失了相当一部分油气能量，造成部分油、气、水层串通，给后来的开发造成复杂的影响。尽管如此，由此发现的柯克亚油气田却证明塔里木盆地是有着广阔前景的。一场塔里木盆地大规模的石油天然气会战正在酝酿。

对于柯克亚高产油气田的发现，石油工业部和新疆石油管理局十分重视，不但加强了勘探工作，而且还组成了南疆地质指挥部，抽调有经验的科技人员，组成南疆勘探指挥部塔里木盆地综合研究大队，全面开展了地层、生油、构造、油田地质等专题研究和综合研究，进行了遥感和地质综合观察与解释。从多学科研究了柯克亚油气田的原油、天然气特征，油源、油气藏特点，总结出柯克亚油气田是一个多油水系统的背斜型油气田，是一个油气来源于下伏地层的次生油气藏，是一个成熟度较高的凝析油气藏，并总结出六条油气藏形成条件。经过钻探证实，上述认识基本是正确的，为寻找新油气田提供了科学依据。另外还进行了特殊开发试验分析、数值模拟计算和经济评价分析，正式编制了开发方案。

由于高质量的地震构造成果，高压油气层探井钻探技术的提高，地质录井、测井等油层评价技术的改进，地质研究对勘探工作的及时指导等，仅用三年时间就探明了柯克亚油气田。

柯克亚油气田是在复杂困难的地面、地下条件下，采用地质、电法、地震和钻探等综合勘探技术（各项技术都有新的创造），应用多学科、先进分析化验方法，研究油气藏的成因、特点和所取得的重大发现，并且比较及时地加以探明，这对推动我国凝析油气藏勘探技术发展有积极作用。

此后，经 20 多年的勘探，截至 20 世纪末，塔里木盆地石油、天然气探明储量分别占全国已探明储量的 1/6 和 1/4。

柯克亚油气田向南疆"三项工程"供油供气，对繁荣南疆经济、巩固国防、加强民族团结具有重大意义。

"柯克亚高产油气田的发现"获 1985 年国家科技进步二等奖。

发展完善中国陆相石油地质学

石油有机成因说是在同无机成因说的争论中发展成熟起来的，而有机成因说本身又存在着陆相生油和唯海相生油之争。世界上绝大部分油气田产于海相地层中，因此在 20 世纪 50 年代以前，许多学者都怀疑或否定陆相沉积中油气生成的可能性，而把 "所有的油田都和在海底形成的沉积岩相伴生" 作为石油成因理论必须满足的条件之一。

中国的中生代—新生代陆相沉积盆地极为发育，并往往伴有强烈的断块作用和岩浆活动。因此，"陆相贫油、中国贫油"，代表了 20 世纪 50 年代前相当一部分学者对油气形成与分布的看法，甚至在 1950 年美国出版的《石油的实际资料和统计数字》中，仍然把中国同日本、澳大利亚和土耳其等国一起列入含油远景最差的国家之一。

如今我国年产 2 亿多吨的原油，其绝大部分（90%）都是从陆相地层中生成并产出的，这些原油普遍具有高蜡低硫的特点。陆相沉积能够生成石油并形成大规模聚集的理论，是我国石油工业赖以发展的地质理论基础。

1978 年，当时的西德地球化学家 D.H. 威尔特（Welte）在了解我国石油概况之后曾讲，"陆相生油" 只能让中国人来讲了！

1980 年 3 月，在北京举行的石油地质国际学术会议上，美国专家 M.T. 哈尔布蒂（Halbouty）即席发言，高度评价了中国的 "陆相生油理论"。他说，这一理论的发展，对于世界各地上百个陆相沉积盆地的石油勘探是有指导意义的。

"陆相生油理论" 是我国石油工业发展的理论依据。创立和发展 "陆相生油理论" 是我国石油地质工作者的职责。了解它的由来，展望它的发展，对于我国石油工业的持续发展是有指导意义的。

陆相石油地质学理论的萌发阶段（20 世纪 30—40 年代）

我国最早的有关石油地质学的专著是 1930 年谢家荣所著《石油》一书，当时他已经注意到陕北陆相地层中煤与石油的异物同源问题。在 20 世纪 30 年代以前，尽管我国有关油气矿产的著述甚少，但一些地质学家相信，陆相沉积盆地中可能赋存有丰富的油气资源，并对中国的找油前景作出了比较乐观的估计。正是在这一认识的基础上，又因抗日战争引起的对石油的迫切需求，1938 年在新疆的勘探中发现了陆相古近系—新近系的独山子油田。在我国杰出石油地质学家孙健初等人的努力下，于 1939 年发现了玉门老君庙油田。

1941 年，潘钟祥根据他在 1932—1935 年对我国陕北二叠系和四川侏罗系（当时定为白垩系）的实地考察结果，明确提出了"石油的非海相成因"，认为"石油不仅来自海相地层，也能够来自淡水沉积物"。我国第一个重要陆相油田（玉门油田）的发现者孙健初先生于 1943 年在浅海和湖相沉积生成石油的思想指导下，就拟定过"发展中国油矿计划纲要"，预测了 175 万平方千米的有利含油地区。

潘钟祥

1943 年，黄汲清、翁文波等在《新疆油田地质调查报告》中指出，新疆上二叠统、三叠系、侏罗系和古近系的湖相暗色泥岩均为可能的生油层，尤以上二叠统黑色页岩和油页岩的有机质丰富，具有良好的生油条件。在强调这种"多元成因"思想时，他们写道，"至少可以说某些新疆石油显然源于纯的陆相侏罗纪沉积"。

20 世纪 40 年代，我国不少石油地质学家，如李春昱、王日伦、黄汲清、杨钟健、程裕淇、周宗俊、卞美年和翁文波、阮维周、尹赞勋、陈贲、王尚文和高振西等，都相继论述过湖相沉积生油的观点，对我国的含油远景也都作了较乐观的估计。其中，陈贲、王尚文等都认为老君庙油田的生油层为白垩系深湖相黑色页岩，其化石丰富，定碳比低（55%~61%）。尹赞勋在中国地质学会第 23 届年会上提出，火山喷发导致白垩纪淡水湖泊中的大量生物暴亡，为玉门石油之来源。高振西进一步指出，玉门油田"湖相白垩纪地层为大规模之湖中沉积，为生成石油之最好环境……是可产生大量之石油……经迁流上升储于第三纪砂岩中"。他在分析了我国白垩系的分布之后指出："湖相白垩系为生油层的分布地区，均应为探寻石油对象"。

1866—1935 年，世界上绝大多数石油工作者都认为只有海相沉积才能生成石油，在这种氛围中，我国学者根据我国基本地质情况，在 20 世纪 40 年代就开始有了陆相石油生成说的萌芽。尽管这些认识带有朴素的直观性质，但为我国以后的陆相石油勘探奠定了思想基础。

陆相石油地质学理论初建阶段（1950—1965 年）

1949 年，中华人民共和国成立以后，立即着手在中国西北部、四川、松辽、华北、苏北和江汉等陆相沉积盆地及其他地区，展开了大规模的全国性油气资源勘探工作。仅十年时间，就从中生代—新生代陆相地层中发现了大批新油田，开拓了几个新油区。新疆克拉玛依大油田的发现（1955 年），柴达木（1955—1956 年）和川中（1958 年）这两个新油区的开拓，酒泉老君庙油田周围几个新油田的出现，特别是 1959 年 9 月 26 日，以松基 3 井喷出工业油流为标志，特大油田——大庆油田的发现，构成了陆相含油气盆地石油勘探史上举世瞩目的重大事件。这时，我国在陆相沉积盆地中的油气勘探实践，无论在深度和广度上都丰富得多，也是中华人民共和国成立前所无法比拟的。我国已经没有人怀疑陆相沉积能够生成石油，并彻底突破了唯海相生油的思想束缚，在陆相沉积盆地中大胆地部署勘探。正如 1957 年关佐蜀在《我国石油普查的回顾与展望》一文中所指出："中国是一个有石油远景的国家，它具有发展石油工业的良好条件"。1960 年，唐克在《中国陆相沉积生油和找油论文》（第一辑）的序言中也指出："我国不是含油少的国家，也不是什么含油重要的国家，而是一个含油远景很大的国家"。

进入 20 世纪 60 年代，我国又打开了华北陆相古近系—新近系油区的入口。1961 年发现了胜利油田，1964 年发现了大港油田。事实证明，我国在陆相沉积盆地中的勘探非常富有成效，不断以新的发现来充实我国油气资源的后备储量，并保证了原油生产水平的持续增长。

在1959年大庆油田发现之际，我国原油的产量已由十年前的7万吨增长到276万吨。大庆油田的发现，保证了我国原油生产水平以更高的速度增长。1963年12月25日，当我国政府宣布"石油产品已经基本自给，我国靠洋油的时代已经一去不复返了"的时候，我国原油产量已接近600万吨，天然气产量已达10亿立方米的水平了。1965年，我国终于突破了年产1000万吨原油的大关，而这些石油绝大部分仍然是从陆相中生代—新生代地层中开采出来的。

随着石油勘探的发展，我国大力加强了油气和烃源岩的地球化学研究，建立了一批实验室，极大地丰富和提高了对陆相沉积生油和找油的认识。如果说，在20世纪50年代大庆油田发现以前，我国石油地质和石油地球化学工作者主要侧重于认识陆相生油层系的特征的话，60年代前期则除了认识陆相生油层系特征之外，还在陆相生油理论上进行总结和建树；他们在探索陆相油气田形成和分布规律、预测有利含油区的同时，密切注意到了陆相生油岩系的特征和发育规律及其对油气田分布的制约。

这一时期，我们在石油地球化学实验技术上已有明显提高，其基本方法与苏联相同。陆相生油研究的水平也有明显提高，主要收获如下。

对我国当时主要陆相油气区或油田的生油岩系有了比较一致的认识。其中有：准噶尔盆地克拉玛依油田的上二叠统或上三叠统；齐古油田的中侏罗统—下侏罗统和独山子油田的古近系渐新统；塔里木盆地库车坳陷依奇克里克油田的中侏罗统—下侏罗统；酒泉盆地玉门油田的下白垩统；柴达木盆地冷湖油田的侏罗系、西部油田群的古近系—新近系和东部盐湖气田的第四系；鄂尔多斯盆地的上三叠统；四川盆地川中油田的中侏罗统—下侏罗统；松辽盆地的下白垩统；华北、苏北和江汉盆地的古近系。

陆相生油岩系发育于盆地的强烈坳陷时期，展布于坳陷中心。不同时代的生油岩系可能叠置在一起，也可能随坳陷中心的转移而转移，并制约着油气田的分布。

陆相生油岩是一种富含分散有机质（有机碳含量大于0.4%）和湖相、陆生植物化石的暗色泥质岩，碳酸盐岩少见，产生于各种不同类型的古湖之中，形成于还原环境之下。特别是深湖相沉积对生油尤为有利。生油建造常常与油页岩和煤构成一种相变关系。

从淡水至咸水，从潮湿气候到干燥气候都可以形成生油建造，早期认为淡水和潮湿气候有利于生油岩的形成，后期认为微咸或半咸水更为有利。

在湖相沉积物中，都观察到了随埋藏加深，分散有机质在还原环境和温度、压力影响下，沥青化系数增大，油质组分增多，C、H富集而O、N、S减少，发生了向成油方向的转化。即陆相生油岩中确实存在着石油生成的过程。

在陆相油气田的形成上，生、储、盖应是一个有机联系的整体。我国学者把这三个要素概括在"成油地层组合"这一概念之中，借以反映古气候旋回和构造旋回，即反映沉积相在时空上的变化对油气田形成的制约。

产于我国各油区的原油，几乎都是以高蜡、低硫为特征的陆相原油，且发现有镍、卟啉存在，具低V/Ni比。

根据我国中生代—新生代沉积盆地中油气生成和油气田分布规律，我国不少地质学家提出过颇有见地的进一步扩大油气田资源的见解。1954年，李四光从地质力学和西北大地构造形式的观点提出过中国石油勘探的远景，他把大地槽的边缘地带和较深的大陆盆地看作找油的有利地区。在20世纪50年代，对于东部他也多次强调过在新华夏沉降带中找油的重要意义。这一时期我国一些著名地质学家先后都著文论述过有关陆相生油的问题，如潘钟祥的"中国西北部陆相生油问题"，谢家荣的《石油地质论文集》，侯德封的"关于陆相沉积盆地石油地质的一些问题"，田在艺的"中国陆相地层的生油和在陆相地层中找油"及李德生的《甘肃石油地质》等。

谢家荣

1959 年大庆油田的发现，为陆相生油并能够形成大油田奠定了一块理论发展的磐石。

中国科学院兰州地质研究所黄第藩 1961—1965 年对青海湖进行了相当全面的陆相原油成因综合考察，发现了第四系湖相沉积物中存在着有机质早期向石油转化的现象，为陆相石油成因提供了一个将今论古的范例。此后，以黄第藩、程克明、戴金星、陈建平等学者为代表的多支科研团队，密切结合我国石油，特别是天然气的勘探实践，不断充实完善了"陆相生油理论"。

陆相石油地质学理论在该阶段受到实验分析技术水平所限，仍以宏观分析和地质研究为主，而对沉积有机化合物分子的检测和研究尚未展开，石油源于陆相沉积有机物质的直接地球化学证据不多，陆相沉积有机质生成和排驱原油的机理不清楚。尽管当时有关陆相生油的学说和海相生油的学说一样，都处在假说阶段，还没有建立起石油与母源之间直接的成因联系，从有机质到石油的地球化学反应机制仍有待查明，对陆相生油建造形成的地质条件也还有分歧。但是，应该看到，它的基本论点并不贬于当时的海相生油理论，它已经为自己开辟了道路，成功地指导着油气勘探实践，成为我国石油工业发展的理论依据，从而显示了旺盛的生命力。

陆相石油地质学理论的确立阶段（20 世纪 70—80 年代中期）

从 20 世纪 70 年代开始，我国的油气地球化学研究进入了分子级的研究领域，从而揭开了我国现代有机地球化学研究的序幕。在这一时期中，值得提出的对陆相生油进行了综合分析和理论概括的重要文章如下。

傅家谟等的《石油演化的理论与实践（Ⅰ）（Ⅱ）》。文中对有机质的成烃演化特征、阶段、机理和模型及其实践意义作了系统的阐述，指出："石油形成于沉积岩早期成岩作用阶段，有利于成油的各种有机化合物是以干酪根的形式存在，并经热催化裂解而形成石油"。

锦文的《我国陆相生油岩若干基本特征及其形成条件》。文中指出，陆相生油岩的形成是以古湖盆的存在和发展为前提，以丰富的生油母质（干酪根）为物质基础，以有机质保存良好的成烃转化为必要条件。

陈丕济等的《我国陆相生油岩与原油的地球化学基本特征》。文中讨论了陆相生油岩的有机质丰度、类型和演化程度，以及陆相原油的一般特征。同年，陆婉珍等对我国原油组成的特点作了深入的论述。

张义钢的《石油成因与微生物》（1979）。文中对"石油的成岩阶段微生物成因假说"作了系统的论述。

范璞等的《中国陆相油气的形成和运移（Ⅰ）（Ⅱ）》。文中讨论了陆相有机质成烃演化的阶段性和运移的多期性等问题。

1979 年 4 月，在成都召开的中国石油学会第一届年会上，黄第藩等发表了《中国中、新生代陆相沉积盆地中油气的生成》一文。文中从湖泊发育史、生物演化史和地质发展史等方面论述了陆相石油的生成，并且讨论了陆相有机质的丰度、类型和演化特征及油源对比。

这些成果，反映了 20 世纪 70 年代我国陆相生油的研究以有机地球化学为中心，在现代的技术水平上有所前进。对陆相有机质的类型及其成烃演化的基本特征有了相当深度的认识，并且大都支持干酪根热降解成油学说。在历届石油学会和历届陆相生油和有机地球化学学会上都有大量的有机地球化学论文交流（每届 120~180 篇），并就陆相生油问题进行了热烈而有益的探讨，会后有论文集出版。

在这一时期涉及陆相石油地质学的专著有：《石油地质实验基础》《中国陆相油气的形成演化和运移》《有机地球化学》《中国陆相油气生成》《陆相有机质的演化和成烃机理》。在20 世纪 80 年代，以有机地球化学为中心的陆相生油研究呈现一派生机勃勃的景象，不仅著述十分丰富，而且在研究的深度和广度上也是前所未有的，并有不少可贵的创见。在我国，陆相生油学说日趋成熟。

这一时期，我国学者在陆相石油地质及有机地球化学研究上的贡献，以下的主要几点是值得注意的。

将陆相石油地质学理论与湖泊类型和演化结合起来，认为"陆相石油可以产生于各种类型和富含有机质的湖泊沉积之中，并以非补偿型深水湖相最为有利"，并认识到生物化学进化对成油母质的影响问题，指出"陆相石油的生成是地质历史发展、湖泊演化和生物进化的必然结果"。

对现代石油有机地球化学的各种参数在陆相地层的应用条件有了相当深入的认识，并提出了一些新的观点和指标，如陆相烃源岩丰度的评价指标，陆相烃源岩类型的评价及建立在此基础上的对陆相烃源岩的综合评价。

生物标记化合物及油源对比的研究相当普遍地开展了起来，且卓有成效，已有不少的成果发表。有关生物标记化合物的分子参数，按其主要功能可以分为四类，即母质类型和油源对比参数、演化（成熟度）参数、运移参数及原油生物降解参数。

石油地球化学中不仅开展了以油源对比和天然气成因判识为主线的碳同位素地球化学研究，而且开展了一些稀有气体同位素研究。

油气排驱机理的研究（包括压实模拟、黏土矿物组合的演变和有效排驱厚度等）也已经开展。生油量定量评价也已经建立了一些方法，提出了与化学动力学、热解模拟和数学模拟等有关的计算原理和计算公式。

应用各种现代技术手段，如镜检、电镜、红外、元素分析、顺磁、同位素质谱、色质及热解分析（Rock—Eval）和热解—气相色谱—质谱联用技术等，对干酪根的组成、性质、类型及其产烃能力，已经作了相当深入的研究。同时，应用热失重等方法，从化学动力学的角度，模拟干酪根的成烃机理，也进行了比较深入的探索。

该阶段主要是随着有机地球化学分析测试手段的发展，从分子级水平上，从油源对比上，从油气生成演化机理上基本解决了从沉积有机质到油气之间的成因联系，从而确立了陆相生油学说的科学性。可以说，经过近十多年的努力，陆相生油学就已经从一种假说发展成为一种较为成熟的科学理论，构成了油气资源评价和指导油气勘探的科学基础之一。但是油气地球化学和陆相生油的研究是一个十分广阔的领域，尽管在该领域通过我国广大科研工作者的努力取得了显著的进步，但仍有许多问题在努力探求之中。

陆相石油地质理论的发展和完善阶段（1986 年至今）

陆相石油地质理论是我国石油工业赖以发展的石油地质理论基础之一。随着陆相生油理论的成熟和完善，在该理论的指导下，我国陆相油气的勘探和开发得到了长足的发展，不仅不断有新油区发现，老油区的探明资源量也在不断地滚动扩大，从而使我国在 1978 年原油产量上亿吨后到 1997 年达到 1.6 亿吨水平。同时在我国陆相油气勘探过程中也出现了一些新的与油气生成有关的现象，主要表现为未熟油及煤成油的发现上，从而促使人们突破以往的生烃模式，促进了整个生油理论和陆相生油理论的发展。

陆相生烃理论的发展——未熟油及有机质成烃演化模式

1982 年，史继扬等和江继钢等就分别报道了山东义和庄油田义 18 井和江汉广华寺油田主管 33 井的未成熟石油。未成熟石油引起了我国地球化学工作者的极大兴趣，先后在胜利、大港、辽河、江汉、泌阳、百色等油田发现未熟油，并对其地球化学特征、成油母质、形成条件和成因机理进行了广泛研究。研究表明，中国的这些石油主要分布在古近系—新近系，其次是白垩系，并且盐湖相和半咸水碳酸盐岩沉积环境对未成熟石油的形成显得更为有利。

关于未成熟石油的成因，1985 年傅家谟等研究了膏盐沉积盆地中的未成熟石油，并指出："膏盐沉积环境为强还原环境，有利于有机质的早期保存和早期转化；未成熟石油的存在是对干酪根成油理论的一个挑战"。1987 年黄第藩等指出："未成熟石油是从油源岩中可溶有机质在较低温度下直接降解而来的"。

王铁冠等人认为未成熟的油实际是低熟油，提出低熟油气低温早熟成因的五种机制和相应的生烃模式，即木栓质体、树脂体、细菌改造陆源有机质、藻类和高等植物生物类脂物及富硫大分子五种不同原始母质的早期生烃机制。

黄第藩根据自然成烃演化剖面和热模拟实验，建立了一种新的有机质成烃演化模式。在该模式中强调"在成岩作用阶段，岩石中的可溶有机质（或分散沥青、类脂物）一部分将直接转化为未成熟石油，另一部分将缩合到干酪根中去，即未成熟石油是在成岩作用阶段后期，由含生物合成烃类的可溶类脂物直接转化而来的……"

陆相生油理论的发展——煤成油的生烃机理

我国在煤系中找油也经历了一个漫长的过程，在 20 世纪 50—60 年代只发现过一些小油田，如鄂尔多斯盆地西缘的鸳鸯湖油田（石炭系—二叠系）、四川盆地西部的中坝凝析油气田（上三叠统）、柴达木盆地冷湖油田（侏罗系）、天山南、北山前坳陷的齐古油田和依奇克里克油田（侏罗系）及吐鲁番盆地的七克台和胜金口油田（侏罗系）等。但与这些煤系有关的勘探，长期没有获得显著效益。自 1989 年以来在吐哈盆地鄯善弧形构造带上，在煤系找油中获得重大突破，发现了一批与侏罗系煤系有关的油气田，展现了一个大油气区的良好前景。紧接着在准噶尔盆地东部、塔里木盆地北部、酒泉盆地东部、三塘湖盆地和天山中的焉耆盆地相继有重要发现。特别是对吐哈盆地、准噶尔盆地和库车前陆盆地的勘探，均有大型煤成油气田群发现，从而展现了煤系找油的良好前景。目前在我国发现的源于煤系（J_{1+2} 和 P_1—C_3）的石油储量约占总油气储量的 3%，并有继续增长的趋势。

20 世纪 70 年代中后期，戴金星将"煤成气"的概念引入中国的石油天然气领域并积极投身此项研究，在寻找陆相煤成气和煤成烃领域获得极大成功，也进一步丰富完善了"陆相生油"理论。

随着煤成油勘探的不断发展，煤成油理论的研究不断深入，相继出版了多本涉及煤成油的专著，有代表性的著作有傅家谟等的《煤成烃地球化学》、黄第藩等的《煤成油地球化学研究新进展》、程克明等的《吐哈盆地油气生成》及黄第藩等的《煤成油的形成和成烃机理》。

在上述著作及许多学者发表的文章中，对煤成油的特点、煤成油生烃母质、生油演化阶段、煤—油共生条件、油源对比、生排油机理及煤系生油岩的评价方法等进行了深入的研究，并取得了重要进展。此外，还值得提到的贡献如下。

金奎励等人根据沉积学、岩石学和有机地球化学的综合研究结果，将煤系地层分为干燥沼泽沉积有机相、森林沼泽沉积有机相、活水沼泽沉积有机相和开阔水体沉积有机相，并认为活水沼泽沉积有机相为有利煤成油发生的相带。

《煤成油的形成和成烃机理》封面

对煤成油及煤系烃源岩的地球化学特征有了较为深刻的认识，总结了煤系烃源岩与煤成油中常见的生物标志物，并根据这些生物标志特征可以区分源自煤系泥岩和源自煤层的原油。

刘德汉等、黄第藩等、钟宁宁等和陈建平等分别提出过不同的煤成烃源岩的划分方案。黄第藩等对含煤地层 S_1+S_2 与有机碳含量、氯仿沥青含量和烃含量分别进行了相关性研究，确定了各项指标的对应关系和生油岩的评价标准。

程克明等系统总结了吐哈盆地侏罗纪煤系的生烃特征，建立了煤系多阶段生烃和早生早排的成烃模式。黄第藩等采用各种先进的有机地球化学和有机岩石学测试技术，运用模拟实验与煤—油共生点地质、地球化学条件研究相结合的方法，对我国煤成油的形成机理作了深入的研究，认为煤成油初次运移相态和条件有从水相经油相到气相的阶段性发展。

回顾我国陆相石油地质学理论的进展，可以得出以下启示：石油工业的发展是与勘探实践分不开的，是与石油地质理论的发展分不开的，是与人们思想的解放分不开的；找油实践是石油地质理论发展的基础，而石油地质理论的发展又不断开拓新的勘探领域，推动勘探实践的进步；石油工业的发展是与新理论、新技术的发展分不开的。

黄第藩等人完成的《陆相油气生成和成烃机理》成果获 1991 年国家自然科学奖四等奖。

科学探索井与吐哈盆地油气发现

吐哈盆地南北分别与塔里木盆地和准噶尔盆地相邻。盆地东西长600千米，南北宽60~130千米，总面积5.35万平方千米。多为戈壁荒滩，一般海拔高度300~800米，有世界第二低盆地之称。1954年3月，吐鲁番盆地石油勘探列入"一五"计划，同年，石油管理总局组建吐鲁番地质大队，拉开了吐鲁番盆地石油勘探的序幕。1955年5月，新疆石油公司地质调查处组建浅钻队，开始在吐鲁番盆地七克台地区开始钻探工作。1958年3月，玉门矿务局组织了4个地质队、4个测量队、1个电法队和12个钻井队，4000余人奔赴吐哈盆地开展石油勘探，历经7年做了大量地面地质调查和少量地震工作，钻探138口井，发现了七克台和胜金口两个小油田，试采原油2万余吨。但吐哈盆地迎来真正的大开发，却是科学探索井项目实施之后。

科学探索井项目的实施

1983年8月，石油工业部在克拉玛依油田召开西部勘探会议，决定加强西部地区油气勘探，重上吐鲁番盆地。1986年4月，阎敦实在北京主持召开加快吐鲁番盆地勘探会议，参加会议的有胡见义、张金泉、梅林森、柴桂林、黄树德、王昌桂。会议决定加强盆地的综合评价，成立吐鲁番盆地综合研究联队，队长张金泉，副队长柴桂林、王昌桂。同年5月，石油部玉门石油局（原玉门矿务局）成立了吐鲁番盆地研究组。

与此同时，负责科学探索井的北京石油勘探开发研究院也为重上吐鲁番盆地做了大量工作。勘探院成立了"科学探索井"规划领导小组，翟光明任组长，组成了地质、钻井和管理等多专业的攻关管理团队。院长翟光明组织一批老专家，找来吐鲁番盆地原来的地质资料认真分析研究，提出走出二叠系，到有十几平方千米面积的台北凹陷侏罗系构造去找油的方案。为了选好第一口科学探索井，打好这口关键井，他们反复对比研究，制订了地质、工程、测井等6套设计方案。

科学探索井项目是1986年石油工业部党组交由石油勘探开发科学研究院（现称中国石油勘探开发研究院，简称勘探院）负责实施的重大科技工程项目，主要目的是为中国石油开拓新区、新层系、新盆地等"三新"勘探领域。由勘探院全权组织井位选择、钻探施工、钻后测试等工作。为此，勘探院成立了科学探索井项目领导小组，全面负责地质评价、井位优选、队伍优选、钻探实施、投资管理等工作。

科学探索井项目自 1986 年开始，2000 年停止，实施了 15 年，先后探索了西北侏罗系和石炭系—二叠系、华北古生界、南方海相、渤海湾盆地潜山与古近系—新近系盐下深层、塔里木盆地古近系海相等多个新领域的含油气性及石油地质与工程问题，开辟了西北侏罗系和华北下古生界两大勘探新领域，推动了吐哈盆地和鄂尔多斯盆地的天然气勘探，并直接影响了后来原中国石油天然气总公司勘探局西北侏罗系、南方海相勘探项目经理部的成立与新区勘探。

该项目累计钻探 14 口科学探索井，其中台参 1 井、陕参 1 井是科学探索井项目启动后最先实施的两口井，这两口井分别发现了吐哈油田与靖边大气田；酒参 1 井、冷科 1 井、五科 1 井、高科 1 井与鄂科 1 井获得低产油气流，坚定了在这些领域进行油气勘探的信心，后来经持续勘探相继发现了酒东油田、南八仙气田与牛东气田、安岳特大型气田与玉北油田；高参 1 井、沁参 1 井、英科 1 井、郝科 1 井、圣科 1 井、青科 1 井见油气显示，科学探索井的发现成功率为 28.57%。

第一口科探井——台参 1 井的发现与意义

1986 年 8 月，石油工业部要求联队集中在物探局，半个月内定出吐鲁番盆地的第一口参数探井井位。经过讨论，最后统一的意见如下。选定在台北构造的井位，设计井深 5600 米。石油工业部最终决定，在台北构造上钻探台参 1 井，作为 10 口科学探索井之一，投资 2000万元，由北京石油勘探开发研究院从科学探索井经费中支出，并对科学探索井的全过程负责指导和监督。地震采集、处理与解释工作由物探局负责。

根据科学探索井领导小组部署，第一口科学探索井必须在石油地质综合研究基础上提出，同时做好地质、钻井、钻井液、进度与财务 5 个设计，这成为随后各种探井选位与实施的蓝本。勘探院与物探局第三地质调查处密切合作，在烃源岩、沉积储层、圈闭与油气成藏研究的基础上，编写了吐鲁番坳陷勘探远景评价报告，成为支持台参 1 井选位的地质基础。

科学探索井领导小组决定将第一口科学探索井选在吐哈盆地台北构造。当时在构造位置与目的层系上存在很大争议，通过野外露头踏勘、老井复查、地震资料处理解释等大量基础工作，经过细致研究与深入讨论形成了 3 点认识的飞跃：吐哈盆地与北侧紧邻的准噶尔盆地仅一山之隔，有相似的油气成藏条件，而准噶尔盆地经过多年勘探已发现大油田，是一个油气资源十分丰富的盆地，类比研究认为吐哈盆地也有发现大中型油气田的可能性；准噶尔盆地发育石炭系—二叠系、三叠系—侏罗系多套生储油层系，通过野外调查发现这些沉积层在吐哈盆地都有发育，是重要的勘探新领域，吐哈盆地具有发现大中型油气田的可能；在台北、胜金台、柯柯亚3个构造中，研究认为台北1井侏罗系见油气显示，证明其发生过油气成藏事件，评价优选台北构造侏罗系—二叠系为勘探目的层，最终确定了台参1井井位。

台参1井于1987年9月22日开钻，由玉门石油局6052钻井队承钻，玉门录井处承担地质录井，西安石油仪器总厂测井公司负责测井，地质总监为北京石油勘探开发研究院地质所赵俭成。1988年9月2日，台参1井钻到4466.88米，在八道湾组的煤层卡钻，被迫完井，由北京石油勘探开发研究院负责电测资料解释，在侏罗系解释出7层46.4米油层，决定试油5层。1989年1月5日凌晨5时50分，台参1井在试油到第四层中侏罗统三间房组时，喷出高产油气流，经测定，日喷原油35立方米。台参1井喷油，揭开了吐哈盆地侏罗系找油的新一页。从此，在新疆东部的千古戈壁上，发现了第一个油田——鄯善油田。

台参1井喷出高产油气流

鄯善油田发现以后，即进入全面评价钻探阶段。1990 年 6 月，陵 3 井喷出高产油流后，发现了丘陵油田，这是吐哈盆地内最大的油田。1990 年 10 月，温 1 井喷油，发现了温吉桑 1 号油田。1991 年 4 月，温西 1 井喷油，温西 1 号油田诞生。从 1987 年上钻台参 1 井，截至 1990 年底，吐哈油气勘探开发取得五项成果：基本搞清了吐鲁番盆地的构造格局，解释出圈闭 60 个，总面积为 1400 平方千米，评价盆地油气资源量为 16 亿吨；继发现鄯善油田以后，又在鄯善弧形构造带获得了丘陵和温吉桑两个新的含油气构造的重大突破；勘探发现中侏罗统西山窑组含油气新层系；鄯善油田储量报告经国家储量委员会审批通过，探明储量 34.48 万吨，控制储量 968 万吨；在丘陵油田控制储量 5000 万吨，在温吉桑油田控制储量 1000 万吨；建成鄯善油田开发试验区并投产。相继发现的鄯善油田、依拉湖油田、丘陵油田、温吉桑油田，总含油面积 80 平方千米，探明加控制储油气量 1.58 亿吨，奠定了石油大规模会战的物质基础。

发现台参 1 井的意义

台参 1 井的钻探在于深入认识盆地油气地质规律，以推动油气勘探的发展，具体是认识地下，发现油气层，保护油气层及评价油气层，以较少的探井获得较多的油气储量，从而提高石油勘探的综合经济效益。

科学探索井（台参 1 井），是为了适应我国石油和天然气地质科学发展需要而产生的一种新的钻井类型，是石油勘探中的一项系统工程。它是一种战略性的钻探，其科学实践性要高于生产实践性，其属性的标志有：首先具有开拓性，它的钻探具有探索盆地（或坳陷）内新的含油气地区，新的含油气层系和新的油气田类型的意义；其次应对钻井剖面进行系统的多学科的研究，具有系统性；最后对科学探索井资料的分析研究，必须应用体现油气地质科学新进展的理论、观点和方法来进行，具有先导性。

这口科学探索井钻井工程使用了新的钻井技术，并采用了低密度优质钻井液，使用了两套钻井液体系，白垩系以上为聚合物低固相，增加钻井液的抑制性，侏罗系为氯化钾—聚合物—磺化沥青钻井液体系，降低高温高压滤失量，改善滤饼质量，提高防塌能力。这种体系在侏罗系大井眼、长裸眼、多煤层的地层中，有效地保证了钻井和中途测试，达到了发现油气层、保护油气层的目的。本井采用高压喷射钻井，使用 PC-150 计算机，优选水力参数，使高压喷射钻井得到了有效的发挥，取得了明显的经济效益。

这项科研成果全面收集了根据科学探索井的要求，系统取得的具有现代化水平的地质、钻井、测试等资料，经过细致的综合分析研究，对台北凹陷地层、古生物、沉积相、储层、生油岩、构造、圈闭油藏类型、区域地质等，获得了深入的、全面的认识，完成了台参 1 井地质综合评价，评价的基础资料丰富，研究工作扎实，应用了现代石油地质的理论，该成果达到国内同行先进水平。

科学探索井的意义不仅在于钻探了一口井，打开了一个领域或取得了新的资料，更在于它发挥了科学家勇于探索的潜能，并建立了一套新的管理体系和标准，很多油田借鉴了科学探索井项目的经验进行新领域研究、井位论证、钻后评价和探井管理等工作。同时，根据科学打探井是石油勘探中的一项系统工程的特殊要求，首次全面较好地完成了 12 项子系统，并且采用设计、现场监督施工、综合评价一整套综合研究方法，属国内首创。

吐鲁番—哈密盆地科学探索井台参 1 井综合评价研究于 1990 年获得中国石油天然气总公司科学进步一等奖。

台参 1 井纪念碑

吐哈盆地油气生成研究成果

在吐哈油田的开发过程中，石油勘探开发科学研究院地质所的程克明等人进行了"吐哈盆地油气生成"研究。他们通过大量的室内、室外工作和与油田生产第一线的密切合作，运用现代有机地球化学分析研究手段，不仅查明了吐哈盆地烃源分析和油气来源，而且认识到该盆地以大中型煤成油气田为特色，并从生烃机制等方面进行了深入研究，同时还通过资源量的科学计算和资源分布特征的研究，为该盆地和西北煤系盆地的油气勘探提供了理论依据和勘探方向。

在有机地球化学和有机岩石学研究的基础上，明确提出吐哈盆地主要分布有煤及煤系泥岩、湖相泥岩和碳酸盐岩三类烃源岩，主要烃源层系是侏罗系、三叠系和二叠系，其中侏罗系煤系烃源岩是台北凹陷（目前主要油气田分布区）主要烃源。在各层系烃源岩分布特征及展布规律的系统研究上，明确了盆地各凹陷的生烃范围和规模，并进一步确定了生烃中心与油气富集的关系。

在烃源岩常规有机地球化学的研究基础上，通过千余个烃源岩有机质丰度与生烃潜力的相关分析，首次建立了吐哈煤系泥岩有机质丰度评价标准。

在侏罗系煤岩有机岩石学的系统研究基础上，结合各显微组分生烃贡献的研究，明确了本区煤成油的主要生烃组分是煤岩中基质镜质体和木栓质体，其次是角质体和孢子体等，同时还认识到基质镜质体和木栓质体具早期生烃性（0.35%~0.7%）。

在油气水物理化学性质和类型划分研究方面，针对本区的油气特点，提出用姥植比和密度进行原油分类的方案，将原油分为三类；从同位素资料出发，将该区天然气分为三类。

在生物标志化合物和微量元素研究方面，认识到煤系烃源岩（煤和泥岩）及其相应的原油具反 "L" 形甾烷分布、姥鲛烷优势、同位素值较重、富含微量元素等特征，而湖相泥岩及其相应原油则具有 "V" 形甾烷分布等特点。

在油气源对比研究方面，根据生物标志、同位素特征及地质分析，确定出台北凹陷原油主要来自中侏罗统—下侏罗统煤和煤系泥岩，胜金口原油主要来自中侏罗统湖相泥岩，托克逊凹陷（托参 1 井）原油来源于二叠系、三叠系湖相泥岩，哈密坳陷（哈 2 井）主要来源于三叠系。

在煤系岩成烃机理研究方面，确定出各显微组分生烃的多阶段性及煤岩中内在水和孔隙分布变化规律，首次提出煤成油最有利排驱时期在镜质组反射率为 0.8% 以前，即煤成油的排驱具有早期性特点。

在油气资源研究方面，采用了 "数字化积分" 和 "热压模拟" 两种方法，分凹陷分层系地计算了总生烃量，同时通过地质类比，预测全盆地石油资源量 (16.2~31.3) 亿吨，天然气资源量（4811~6874）亿立方米。在生排烃机理研究和资源研究基础上，结合区域地质条件，科学地探讨了煤成油气藏条件，并提出今后的勘探方向。

《吐哈盆地油气生成》封面

程克明等人"吐哈盆地油气生成"研究于1996年获得国家科技进步三等奖。

中国天然气地质学的开拓者戴金星

从中华人民共和国成立后第六个五年计划开始，国家在四个五年计划期间连续组织天然气科技攻关，使天然气地质理论和勘探开发应用技术，从比国际先进水平晚 20~30 年的落后状态逐渐赶了上来。到 20 世纪 90 年代，大部分接近、达到国际先进水平，部分甚至达到国际领先水平。1970—2014 年，我国天然气产量从 30 亿立方米增加至 1345 亿立方米，这期间复合增速为 9.06%。从 2000 年开始，我国天然气消费量进入高速增长阶段，2000—2014 年复合增速达 11.83%。2016 年全国天然气产量达到了 1371 亿立方米，其中常规天然气年产量 918 亿立方米，非常规天然气年产量 453 亿立方米。我国天然气工业的迅速崛起，为中国特色的"天然气地质学"诞生与发展奠定了基础。

天然气地质理论的发展

从"六五"开始，国家计委和石油工业部加强了天然气科学研究的投入，连续组织了四轮天然气科技攻关，即："六五"中国煤成气的开发研究、"七五"油气田的地质理论和勘探研究、"八五"大中型天然气田形成条件、分布规律和勘探技术研究、"九五"中国大中型气田勘探开发研究，奠定了天然气勘探的地质理论基础，促进了天然气的勘探开发和利用。两轮部级攻关，即第一轮、第二轮"中国大中型气田勘探目标评价研究"两轮攻关，评选出 35 个大中型气田勘探目标，圈闭资源量达 2.3 万亿立方米，为"八五""九五"储量上增作出了重要贡献，而国家攻关则为此提供了理论基础。这些天然气地质理论的进步，可归纳为三个方面的发展：一是含油气盆地与成盆机制研究和大中型气田发育的基本地质条件认识的提高，尤其是克拉通、前陆盆地构造和地层岩性油气藏勘探理论的深化，促进了中西部天然气勘探理论的发展；二是成气机理的发展，尤其是煤成气地质理论的发展与完善，指导了全国含煤盆地天然气的勘探，使煤成气探明储量占天然气的 40% 以上；三是大中型气田的成藏机理与分布规律的研究，有力地指导了我国天然气的快速发展。

20 世纪 80 年代之前，我国主要以单一的油型气理论阐述天然气成因，指导天然气勘探。天然气成因理论的局限性和片面性，即仅以油型气一元成气论研究和指导天然气勘探，使我国失去了含煤盆地和含煤地层广大的找气有利地区和目的层。

20 世纪 80 年代之前，中国油气地质者认为天然气是由腐泥型烃源岩形成的，即天然气是海相碳酸盐岩和泥页岩及湖相泥页岩的产物，称之为油型气。没有看到煤系和亚煤系成气的巨大潜力和前景，不把含煤地层作为成气烃源岩和目的层。因此，天然气勘探进展慢、探明天然气储量不多。1950—1980 年只探明天然气储量约 2883 亿立方米，平均每年只有约 85 亿立方米。

以往中国的油气地质学认为，煤系不是工业烃源岩，不作为油气勘探对象。

戴金星

1979 年，戴金星在中国首先提出煤系和亚煤系是良好气源岩，并指出四川盆地、鄂尔多斯盆地、渤海湾盆地和塔里木盆地等是勘探煤成气的有利地区。使中国研究天然气成因和指导天然气勘探从一元成气论（即仅为油型成气论）走向二元成气论（即油型成气论和煤型成气论）。煤成气理论一经出现，就受到国家、石油工业部、地质矿产部、煤炭工业部和中国科学院领导的重视和支持。1983 年国家计委把"煤成气的开发研究"列为"六五"国家重点科技攻关项目，加速了理论和生产的结合，大大加强了中国天然气的研究和勘探。以二元成气论指导找气期间（截至 1998 年底），全国平均年探明气 1511.11 亿立方米。分别为一元成气论期间的约 9.4 倍和 17.8 倍。二元成气论指导找气期间探明气储量大幅提高，主要与煤成气探明储量大比例增加有关。如 1978 年时煤成气探明储量只占全国储量的 9%，截至 1994 年则上升为 38%。大中型气田发现速率加快。在中华人民共和国成立后一元成气论指导找气期间，中国仅发现 6 个中型气田，平均约 5 年发现 1 个中型气田；二元成气论，尤其是戴金星在从 20 世纪 70 年代末首先引进并提出的煤成气理论，使中国开辟了新的天然气勘探领域。同时由于国家对发展现代油气勘探开发理论技术给予高度重视和广大科技人员的努力，使我国的天然气勘探开发理论迅速接近并终于进入国际先进行列，从而大大促进了天然气储量的迅速增长，在 62 个大中型气田的发现中起到了不可替代的作用。

中国大中型气田成藏作用与分布规律的研究指导了天然气的勘探和开发

"七五"期间，戴金星开始大中型气田研究，提出了气聚集带、区理论，并为以后的勘探所证实。"八五"期间，戴金星领导和组织 3509 名科技人员，从事大中型气田形成规律研究，总结出煤成大中型气田形成的主控因素，为"九五"期间发现并探明我国丰度最大的克拉 2 大气田及平落坝、陕 141、呼图壁和春晓等一批煤成大中型气田提供了理论依据，社会效益和经济效益显著。

自"八五"攻关以来，对我国大中型气田形成的控制因素有了比较清楚的认识。首先，在生气中心及其周缘有充足的气源供给，这是形成大中型气田的首要前提。生气中心及其周缘不仅可以源源不断地获得大量气源，而且因为运移距离短，避免了天然气在长距离运移过程中的大量散失，从而富集形成大中型气田。其次，良好的区域性孔隙型储层的发育是大中型气田形成必不可少的条件，它不仅可以作为天然气富集的储集空间，也可以作为天然气运移的良好输导层。这种储层可以是沉积成因的各种岩层，也可以是成岩作用改造的次生孔隙发育带、白云岩化带等，甚至是各类风化壳。再次，有效的封隔层即发育良好的区域性盖层在大中型气田的形成中必不可少。当从气源岩中生成的天然气源源不断地进入储层时，储层上方的区域性盖层就可以在较大范围内阻止天然气逸散，使进入圈闭内的天然气得以保存，最终形成大规模的天然气聚集。最后，面积较大的圈闭与气源、储层、盖层等条件的适当配合，为大中型气田的形成准备了良好的圈闭条件。这些大中型圈闭包括构造（背斜）、岩性（或地层）圈闭。比如，煤系是公认的"全天候"气源岩，并能连续地供气，中、低煤阶是整个成煤作用过程中最有利于煤成气排出、运移和聚集的阶段，发育在煤系中或位于其上、下层位的大中型圈闭易于获得充足的煤成气，形成大中型气田。

我国主要盆地的资源丰度，由于各含气盆地面积大小不一，气源岩发育程度具不均衡性，此外气源岩的生气潜力具有很大的差异，因此各含气单元的单位面积天然气资源丰度也不相同。

四川盆地震旦系—三叠系，共发育震旦系、下寒武统、下志留统、下二叠统、上二叠统、中下三叠统及上三叠统七套气源岩，它们是四川盆地大中型气田（藏）天然气的主要贡献者。川东区块以上各套气源岩均发育，天然气总资源量在各区块中居首位，单位面积资源量为 0.499 亿立方米 / 平方千米，是各区块中丰度最高的。这些特点使川东区块成为四川盆地，也是全国各含气盆地中目前大中型气田分布最为密集、储量最大的关键因素。

鄂尔多斯盆地具有下古生界碳酸盐岩、上古生界海陆过渡相煤系和中新生界内陆碎屑岩三大套沉积岩系。其中，前两套沉积岩系对中部大气田的形成具有重要作用。伊陕斜坡不仅是奥陶系、石炭系—二叠系气源岩的沉积和生气中心，而且也是天然气资源的最富集区，资源丰度为 0.374 亿立方米 / 平方千米，鄂尔多斯最大的气田即位于伊陕斜坡的中部地区，该区探明储量已达 3127.9 亿立方米（截至 1998 年底）。其他构造单元上的资源丰度均较低，虽然已发现有工业性气流或见到良好的气显示，但仍未能找到具有工业价值规模的储量。

吐哈盆地发育有侏罗系、三叠系及二叠系气源岩，它们基本上都分布于北部坳陷的台北、哈密及托克逊凹陷中。台北凹陷预测的天然气资源量为 2920 亿立方米，资源丰度为 0.197 亿立方米 / 平方千米，居盆地首位。目前所探明的 685 亿立方米天然气均分布在台北凹陷，其中有 3 个储量大于 50 亿立方米的中型气田，储量占凹陷储量的 63.1%。

柴达木盆地东部是第四系气源岩发育的区域，东部第四系天然气资源量为 6000 亿立方米。按这一数据计算，其资源丰度为 0.162 亿立方米 / 平方千米。已在该区发现了 3 个中型气田，单个气田储量均大于 400 亿立方米。

渤海湾盆地济阳坳陷预测的天然气总资源量为 6421 亿立方米，资源丰度为 0.247 亿立方米 / 平方千米，气田规模以中小型及微型为主。辽河坳陷天然气资源量为 3018 亿立方米，资源丰度为 0.243 亿立方米 / 平方千米。探明天然气储量居全盆地首位，为 1552.36 亿立方米，也是以中小型气田为主，在探明的 6 个中型气田中，其储量占坳陷总探明储量的 54.7%。黄骅坳陷古近系的资源丰度为 0.328 亿立方米 / 平方千米，属高资源丰度区，已发现的 4 个中型气田（其中一个为气层气田）储量占坳陷总探明储量的 40.4%。东濮凹陷主要气源岩有古近系和石炭系—二叠系煤系，资源丰度为 0.608 亿立方米 / 平方千米，其中古近系资源丰度为 0.330 亿立方米 / 平方千米。已探明的天然气储量 967.5 亿立方米中，5 个中型气田的储量占据了 77.2%。冀中坳陷是天然气资源丰度较低的地区，目前在该坳陷只发现一个苏桥中型气田，气储量只占坳陷气总储量的 34.4%。

天然气藏早期成藏理论发展为多期成藏、晚期为主的成藏理论

形成大中型气田的首要基础为充足的气源，我国天然气气源岩分布层系多，主要气源岩有寒武系、奥陶系、志留系、二叠系、三叠系、侏罗系等，由于烃源层系多，而且天然气产气机理与产油机理区别较大，因此不能单纯从早期的高热力场促使油型气形成而发展起来的早期成藏机理去认识天然气。"八五"期间研究的"多源复合、主源定型、多阶连续、主阶定名"的成气机理，"九五"前期研究的我国陆上八大盆地主力气源的成气高峰期或二次成气高峰期都在印支运动以后，而且稳定的多旋回复合盆地（四川、鄂尔多斯）成气高峰期主要在侏罗纪—白垩纪；侏罗系煤系的成气高峰期在西部地区各盆地为古近纪—新近纪的基本认识，更符合天然气成气和成藏规律，有力地丰富了天然气的成藏理论，具体地针对不同盆地类型和不同的成气机理指出了该类天然气的成藏机理，并指出了晚期成藏有利于天然气的保存，是天然气的重点勘探对象，有力地指导了天然气资源的勘探。

在中国"天然气地质学"形成和产生的过程中，以下三部天然气地质学专著起到了重要的推动作用：1986 年陈荣书等的《天然气地质学》，1988 年包茨主编的《天然气地质学》和 1989 年戴金星、戚厚发、郝石生等的《天然气地质学概论》，都有力地推动了中国天然气地质学的进步。

我国天然气勘探的重大发现

近年来，中国的天然气工业得到了快速发展。到 2015 年底，我国天然气探明储量集中在十个大型盆地，依次为：鄂尔多斯、四川、塔里木、渤海湾、松辽、柴达木、准噶尔、莺歌海、渤海海域和珠江口。中国气田以中小型为主，大多数气田的地质构造比较复杂，勘探开发难度大。四川盆地几个新开发气田的主体已经扩展到致密砂岩储层，因而具有较高的地质储量未开发率，2013 年其地质储层未开发量为 2691 亿立方米，未开发率达 59.7%，其未开发量位居十大盆地之首。

2016 年，我国天然气剩余技术可采储量为 5.44 万亿立方米，比上年增加 2426.01 亿立方米，增长 4.7%。2016 年我国主要能源矿产煤炭、石油和天然气探明资源储量普遍增长，油气矿产新增资源储量主要分布在鄂尔多斯盆地、渤海海域、四川盆地和塔里木盆地。

塔里木盆地库车坳陷克依构造带发现 3 个大气田，证实库车坳陷是一个重要的天然气富集区。以 1998 年 1 月克拉 2 井中途测试获高产气流，发现克拉 2 大型气田为标志，塔里木盆地库车坳陷天然气勘探进入了一个新的历史时期。随后发现了克拉 3 中型气田和依南 2 大型气田。最近在大北 1 井中途测试获得工业气流，已经成为一个新的大气田。根据钻探情况分析预测，克拉 2 气田探明储量可望超过 2000 亿立方米，依南 2 气田、大北 1 气田储量都可望超过 1000 亿立方米。

塔里木盆地巴楚隆起和田河气田的发现，证实塔里木盆地克拉通领域具备形成大中型气田的条件。1997 年 9 月玛 4 井发生井喷，发现和田河气田。目前和田河气田已探明储量 616 亿立方米，单井产量（14~17）万立方米。巴楚凸起存在两种类型有利勘探对象：一是受断裂控制的含气区带；二是下古生界内幕气藏。其中受断裂控制的含气区带已被证实，先后发现了鸟山含气构造及和田河大型气田。和田河气田的发现，证实塔里木盆地克拉通领域残余古隆起具有形成大型天然气藏的条件，开拓了塔里木盆地天然气勘探的新领域。

鄂尔多斯盆地上古生界储量大幅度增长。鄂尔多斯盆地上古生界在"九五"前四年取得重要突破的主要原因是沙漠地区含气砂体预测技术取得重要突破。目前上古生界已成为鄂尔多斯盆地天然气勘探的主力层系。

四川盆地川东上二叠统长兴组生物礁、下三叠统飞仙关组鲕滩取得重大突破，即将成为川东石炭系天然气勘探的接替层系。1995 年底至 1996 年初，发现渡口河飞仙关气藏。随后在渡 3 井、渡 2 井、渡 4 井飞仙关组均获高产气流。在渡口河气田探明储量 271.65 亿立方米，在渡口河北区块 22 平方千米的范围内，预测天然气储量 170.15 亿立方米。1999 年在川东西北部的铁山坡构造，坡 1 井飞仙关组获日产约 34 万立方米的高产气流，预测储量 160 亿立方米。川东北地区除渡口河及铁山坡外，发现飞仙关鲕滩储层的分布区还有 14 个，面积为 371.27 平方千米，估算圈闭资源量为 2950 亿立方米。环开江—梁平海槽的陆棚边缘相带是长兴组生物礁气藏的有利勘探区带，该带在川东北部区延伸 240 千米，带宽 10~20 千米，预示川东北地区上二叠统长兴组生物礁与下三叠统飞仙关鲕滩具巨大的勘探潜力和良好的勘探前景，成为川东石炭系重要接替层系。

四川盆地川西白马庙侏罗系浅层及上三叠统须家河组取得重大进展。继 1995 年在白马 1 井侏罗系获工业气流，发现川西白马庙浅层气藏以来，"九五"期间在该区浅层和须家河组取得重要进展。川西白马庙地区是一个浅层和中深层均含气的多层系复合含气区。

柴达木盆地三湖地区第四系通过老井复查使油气储量大幅度增加。对柴达木盆地三湖地区涩北一、涩北二、台南气田重新认识，并钻少许扩边探井，使三湖地区新增探明储量 749.57 亿立方米。柴达木盆地三湖地区探明储量大幅度增加，是地质认识与天然气储层识别技术提高的结果。

柴达木盆地北缘发现侏罗系烃源岩气藏，预示柴达木盆地北缘具有良好的勘探前景。1996 年在冷湖—南八仙构造带发现南八仙气田，其烃源岩主要为侏罗系，证实了柴达木盆地北缘地区具备天然气藏形成的条件。侏罗系烃源岩的发现和南八仙气田的探明，证实柴达木盆地北缘地区有良好的勘探前景，开拓了柴达木盆地天然气勘探新领域。

准噶尔盆地南缘发现呼图壁气田，可能发展为一个规模可观的新气区。1996 年在准噶尔盆地南缘第三排构造带呼图壁构造呼 2 井紫泥泉子组获日产 70 万立方米的高产气流，发现呼图壁中型气田。呼图壁气田的发现，证实了南缘第三排构造具备中型气田形成的条件，给南缘勘探注入了新的活力，开拓了准噶尔盆地天然气勘探的新领域，有可能成为一个规模较大的新气区。

山西沁水盆地南部晋城地区的沁水煤层气田是一个大型整装煤层气田，面积为 1167 平方千米，探明储量为 474 亿立方米，探明 + 控制 + 预测储量为 2016 亿立方米。晋城地区发现千亿立方米的煤层气田。

"八五"期间我国探明天然气储量 6936.26 亿立方米，平均年增 1387.25 亿立方米，其中探明大中型气田 15 个，大大超过项目任务发现 1~2 个大型气田数。15 个大中型气田探明总储量 5701.95 亿立方米，"八五"期间成为我国天然气勘探史上最好的时期。为在鄂尔多斯、四川、柴达木及海南建设新的天然气工业基地提供了可靠的资源保证，为推动和促进我国天然气工业的发展起着重大的作用。

天然气在我国能源领域所占的比例日益增加，也为环境保护作出了重要的、不可替代的贡献。

"天然气地质学研究与实践（大中型天然气田形成条件、分布规律和勘探技术研究）"于 1997 年获得国家科技进步一等奖。

戴金星等著《中国大气田及气源》（上、下卷）

山地超高压气藏勘探技术重大突破

我国新疆塔里木盆地的石油勘探，始于19世纪20年代，但在中华人民共和国成立之前，只做过少量的工作。中华人民共和国成立以后，塔里木盆地的石油资源勘探进入了有计划的发展阶段。

依奇克里克是1958年在南疆发现的第一个油田。在相当一段时间里，它曾是一片废弃的油井和一座荒芜的油城，默默地藏身于天山南麓一条不知名的山沟。按地理方位算，它处在"塔北隆起带"的轮台、库车之间，正是岑参诗中"轮台九月风夜吼，一川碎石大如斗，随风满地石乱走"的地方。谁曾想到40年后，塔里木石油会战的大场面出现在这里。

新的里程碑

依奇克里克油矿位于新疆南部，塔里木盆地北缘、天山南麓大涝坝区域。1958年开始钻探依奇克里克构造，当年发现依奇克里克油田，是在塔里木盆地发现的第一个油田，也是塔里木石油勘探史上的第一座里程碑。1959年4月，依奇克里克建成了塔里木第一座炼油厂。在当时油品紧缺的年代里，依奇克里克炼出的油品，为支援塔里木油气勘探和部分解决南疆用油作出了不可磨灭的历史贡献。20世纪60年代，石油工业战略东移，勘探队伍大部分被调往东北参加大庆会战。

20世纪80年代初，由于资源枯竭等原因，这个名噪一时的石油小城人去楼空，成为一片历史的遗迹。它是新疆最早的油田，聚集过7000多石油人，最多时达到上万人。它是一所严酷的学校，培育了第一代新疆的石油人，人们都说，没有依奇克里克，就没有今天准噶尔和塔里木的广大油田。从这里走出去的人，遍布全疆，有的还远走江汉、胜利、大庆等油田。

依奇克里克油矿全面废弃两年后，国家从各地调集2万名石油员工，成立中国石油塔里木分公司，重新开始大规模开发塔里木油田。20世纪90年代中期，中国石油投入了10多亿元，重新勘探依矿矿区，但最终在1998年再次撤出。依奇克里克两次被放弃，原因是这里油源有限，地质条件过于复杂，开采成本过高，不适合大规模作业。

依奇克里克一号井

1987年，依奇克里克成为中国第一个被废弃的整装油田开发基地。

沉寂10余年后，依奇克里克重获新生。

1998年9月17日17时，从位于塔里木盆地库车坳陷北部直线背斜西段克拉苏—依奇克里克构造带上的克拉2井传出振奋人心的好消息：该井试油完毕，用7.94毫米油嘴求产，获得日产天然气66万立方米。

克拉 2 井由塔里木第二勘探公司（目前属于川庆钻探公司）6088 钻井队承钻，1997 年 3 月 25 日开钻，1998 年 5 月 24 日完钻，完钻井深 4130 米。1998 年 1 月 20 日在古近系白云岩段中途测试，6.35 毫米油嘴求产，折日产气 27.71 万立方米，9 月 14 日开始在白垩系砂岩 3587~3571 米完井测试，先后共试油 14 层，共获高产气流 7 层，最高日产气 416 万立方米，预测储量 1800 多亿立方米，从而实现山前白垩系的重大突破，发现克拉 2 大型气田。到 2000 年 4 月，上报该气田探明天然气地质储量 2840.29 亿立方米。克拉 2 气田的发现和探明，在塔里木油气勘探史上具有划时代的意义，标志着 1993 年提出的"油气并举"战略取得重大成果，促成了横贯我国东西大陆 4000 多千米的能源大动脉——"西气东输"伟大工程的建设。

克拉 2 气田圈闭面积 54 平方千米，含油气面积在 40 平方千米以上，当年发现气层厚度 283 米，预计探明储量（1600~2000）亿立方米。放喷之后，钻探工作者又在克拉 2 气田钻探了多口评价井，从而准确地探明了克拉 2 大气田总储量为 2506.1 亿立方米，相当于上海市所有家庭 1200 年的生活用气，是我国目前已发现的最大的单个整装天然气气田。

2011 年 12 月，距其不到 2000 米的迪西 1 井以氮气钻井在侏罗系阿合组获得重大发现，标志着塔里木油田重上依奇克里克并取得重大突破。2018 年又在依奇克里克西面发现了一个千亿立方米级的大气田。

先进技术的保障

自 1952 年起，中华人民共和国成立后的几代石油人走进塔里木盆地艰辛寻找油气，然而几十年间勘探却没有大的突破，专家认为这与技术、装备落后密切相关。因此，通过创新寻求新的勘探开发技术，成为几代石油人的共识，也成为 1998 年石油会战的主要内容之一。

位于新疆南部的塔里木盆地地表条件极其恶劣，地下地质构造极其复杂，是世界上油气勘探开发难度最大的地区之一。塔里木盆地的勘探开发史其实就是一部科技创新史。20 年来，塔里木油田按照现场生产难题、基础理论认识创新、超前技术储备研究 3 个层次，吸纳国内外优秀科研队伍和人才共同攻关，创新前陆盆地油气地质理论、海相油气地质理论、碳酸盐岩油气地质理论、凝析油气地质理论，形成了复杂山地油气勘探开发、沙漠油气勘探开发、复杂碳酸盐岩油气勘探开发、高压凝析气田勘探开发配套技术。

塔里木石油会战的 20 年间，在沙漠戈壁中艰苦创业的石油人通过不断创新，攻克了多项科技难题，科研成果转化率达到了 90%，为我国油气勘探开发积累了宝贵的理论和科技财富。

克拉苏构造带地表复杂，南部戈壁砾石区和山前冲积扇区冲沟较为发育，北部山体区地表起伏剧烈，山体高陡、断崖林立、沟壑纵横，相对高差可达 500~800 米，对地震资料的采集和静校正处理造成很大困难。构造带浅层广泛发育冲积扇，沉积了巨厚砾岩层。盐上层南部较为平缓，北部倾角迅速变陡，北部露头区局部地层近直立；膏盐层受多期构造揉皱作用，发生局部堆积和减薄，厚度横向变化大。浅层巨厚砾岩、高陡地层、巨厚塑性膏盐层使得地层的横向速度变化剧烈，速度建模困难，严重影响地震资料成像质量及偏移归位的精度，造成地震资料信噪比低、偏移归位难度大，使深层圈闭、断裂的落实十分困难。

由于受南天山强烈的挤压作用，克拉 2 构造所在的位置地面为山地，沟壑纵横，地下构造变形强烈，断层特别多，地质条件异常复杂，勘探难度很大。如果采用常规的地震勘探方法探测地下的地质构造会出现信号失真、数据不准等问题，影响勘探人员对地下油气藏的准确描述。为解决这一问题，石油工作者率先在这里开展了三维山地地震攻关。他们翻山越岭，在克拉 2 气田部署了总面积达 202 平方千米的地震勘探网点，这些网点中的每一炮点可同时获得 1000 多个反射信号。同时，为保证激发能量，他们对作为炮点的地震源采用了单深井与可控震源相结合的形式，从而获得了准确的地震资料。通过对资料的精细解释，科研人员详细描述出了克拉 2 井构造的面积、幅度、规模。

邱中建领导和参与了 1989—1999 年塔里木盆地油气勘探的全过程。邱中建认为，塔里木盆地天然气勘探的大突破，为西气东输提供了可靠的物质保障。这应归功于我们有一批非常坚强的长年累月在艰苦环境下信心十足的油气勘探工作者，依靠高科技和关键性攻关技术的大突破而获得的！这些关键技术包括山地地震勘探的突破，气藏模式的建立，复杂地层及超高压天然气层和水层的深井钻探、测井、试油取得成功。

1996 年底，塔里木石油勘探开发指挥部决定钻探克拉 2 井。时任塔里木石油勘探开发指挥部党工委书记兼指挥邱中建曾说，克拉 2 井井位的确定，是他石油勘探生涯中一次"非常艰难的抉择"。担任塔里木油气田会战的领导贾承造、梁狄刚等经过深入的地质调查研究，也坚持在克拉 2 井区布井，为发现这个重要的大气田作出了重要贡献。

当时，存在两张克拉 2 井的构造图，显示的构造高点并不一致。经过反复研究，大家认为尽管两张图的构造高点不一致，但足以确定这里存在构造，既然构造是确定的，就要敢于下决心、冒风险，这是地质学家不可或缺的勇气和胆识。之后，大家对两个构造高点作了适当偏移，克拉 2 井的井位由此确定。

1998 年 9 月 17 日，克拉 2 井完井测试，强大的天然气气流呼啸而出，终于发现了特高丰度、特高产、超高压、特大型优质气田。

克拉 2 气田

克拉 2 井是石油地质理论创新的结果，是地震和钻井技术创新进步的结果。库车地区是山区，山地地震技术经过艰苦攻关，取得了长足进步，为掌握地下构造特征作出了巨大贡献。钻井技术克服了异常高压、巨厚盐层等困难，在我国尚属首次。

该项目经过几年来的攻关和生产实践，解决了塔里木盆地库车地区因地表地形起伏剧烈、表层岩性多变、地下逆冲断层发育而引起的一系列复杂的山地油气勘探难题，通过石油地质、地球物理勘探、测井、钻井工程与测试技术等多学科专业联合攻关，研究发展了山地超高压气藏勘探技术系列，在此基础上发现和探明了克拉 2 大气田，带动了塔里木盆地库车前陆逆冲带天然气勘探的大发现、大发展。

利用前期气藏描述，解决了超高压气藏的评价问题，用少量的探井高效探明了天然气地质储量 2506 亿立方米。

形成了一套成熟的适合于库车前陆盆地的油气勘探技术系列，主要包括复杂山地、高陡构造及低信噪比区的地震勘探技术，复杂构造精细地质建模及圈闭描述技术，运用地表储层建模技术解决储层描述问题，形成高陡复杂构造防斜打快、复杂地层防塌防漏和高密度水泥浆配注工艺，并形成一套超高压气井钻杆试油技术。为提高超深复杂圈闭的落实程度，从地震采集、处理和建模 3 个方面进行了攻关，在复杂山地地区地震资料采集、复杂构造叠前深度偏移处理、复杂构造地质建模等方面取得了显著的技术进步，大幅提高了地震资料的品质和圈闭的落实程度，有效减少了目的层预测深度与实钻井深度之间的误差。进一步优化地震采集参数，推广应用宽方位、高覆盖、高密度的地震采集观测系统。高覆盖次数（炮道密度）是确保复杂高陡构造有效成像的前提，宽方位三维采集有利于深层及陡倾角地层的成像，优化后采集到的地震数据的品质较窄方位三维采集有较大程度的改善，为下一步的数据处理工作奠定了良好的资料基础。叠前深度偏移处理技术是改善复杂地区和强横向速度变化地区地震资料品质的理想成像技术，该技术的核心是速度建模，速度模型的精度直接决定了叠前深度偏移处理后地震资料成像的质量。

山前超深复杂构造地震资料品质差，导致构造解释的多解性强，加强局部构造的建模及整体规律性等研究显得尤为重要。在前陆盆地构造地质理论的指导下，结合露头资料、地震资料、Walkaway-VSP井周成像资料等辅助构造建模，再通过物理模拟和三维数值模拟进行构造模型验证，建立了含盐前陆冲断带构造发育模式。冲断带北部盐下层发育一系列基底卷入逆冲断层，形成阶梯状冲断构造或楔形冲断构造；冲断带南部盐下层发育一系列滑脱断层，形成滑脱冲断构造和突发构造。

系统总结了库车前陆逆冲带油气藏特征及其富集规律，突破了山前超高压区大型油气田的勘探，揭示了超高压气藏成藏规律，实现了地质研究与勘探技术的协同攻关。

通过该项目实施，在库车坳陷共发现、落实各类圈闭 46 个，提供钻探井位 26 口，探井成功率达 50%。

该项目形成的技术系列已在库车油气勘探实践中广泛应用，深化了地质认识，缩短了钻井周期，使勘探生产成本降低 30%~40%，油气勘探取得了重大突破，1998 年以来累计探明天然气 2506 亿立方米，预测天然气储量 3543 亿立方米，含气面积 47.1 平方千米，保证了塔里木盆地天然气储量资源稳定增长，为国家"西气东输"重点工程奠定了雄厚的资源基础。

新突破的重大意义

克拉 2 气田是世界少见的大型整装超高压干气气藏，克拉苏深层大气区的发现与理论技术创新，通过模拟实验与地震剖面精细解释，首次获得了盐下深层大构造清晰形态，使原始资料一级品率从单线 30% 提高到 70% 以上，为我国超深超高压高温气藏建立了同一应力机制下含盐前陆冲断带的构造样式，确定了深层盐下叠瓦冲断构造特征；建立了储层发育模式，创新认识了盐下白垩系砂岩 4500 米以下储层成因机理，并预测有效储层深度超过8000 米；建立了巨厚膏盐层下高效聚气的成藏模式和超深超高压气藏高效开发模式；形成了含盐前陆冲断带宽线大组合地震采集、三维各向异性叠前深度偏移、山前超深超高压高温钻井提速、超高压应力敏感性气藏产能评价、深层低渗裂缝性储层压裂等核心技术，有效提高了库车资料信噪比和构造落实精度，实现了安全高效钻进和规模高效开发。这些技术实现了规模化应用，为克拉苏超深层大气藏的发现、规模增储和快速上产提供了坚实的技术支撑。

克拉 2 气田的发现带动了塔里木地区的油气勘探，进一步确立了塔里木盆地作为我国油气战略接替区的地位。综合石油地质、地球物理勘探、钻井、测井与测试技术等多学科、多专业联合攻关的成果，解决了塔里木盆地库车地区因地形起伏剧烈、表层岩性多变、地下逆冲断层发育而引起的一系列复杂的山地油气勘探技术难题，形成了一套比较成熟的适用于库车前陆盆地的勘探技术。在地震信息采集、资料综合解释的各个环节，都有技术创新，提高了构造成图的精度；攻克了超高压层和膏盐层的钻井技术；研究了高陡复杂构造的地质建模和圈闭描述技术、前陆盆地的高压油气藏描述技术和石油地质综合评价技术等。进而，总结了库车前陆盆地逆冲带油气田（藏）特征及其分布规律，指导了该区的油气勘探实践。发现了克拉 2 大气田，以及依南 2、吐孜 1、大北 1、克拉 3 等一批天然气田，为"西气东输"工程奠定了资源基础。国内石油地质专家们普遍认为，如果没有克拉 2 气田，西气东输工程的实施或许要等若干年。

2000 年，克拉 2 特大型整装气田储量通过国家油气储委审核验收，确认是我国探明的最大的单体整装天然气田。气田储集性能好，分布稳定，气层平均有效厚度达 154 米。经过系统等时测试，克拉 2 气田的单井产能每天可达到 150 万立方米以上，气田的设计年产能力可达 100 亿立方米，可稳定生产 14 年，具有强大的抗风险能力。近年来，塔里木油田将克拉 2 气田百亿立方米稳产作为一项系统工程，对克拉 2 气田进行保护性策略开发，降低气田开发速度，降低单井生产压差，延缓气田水侵速度，确保气田气顺气长。

"塔里木克拉 2 大气田的发现和山地超高压气藏勘探技术"于 2000 年获得中国石油天然气集团公司技术创新特等奖。

低渗透储层中发现的大气田

苏里格气田位于鄂尔多斯盆地中北部的苏里格庙地区，北起内蒙古自治区鄂托克旗，南至陕西省吴起县，东临陕西省榆林市，西抵内蒙古自治区鄂托克前旗。蒙语"苏里格"是"半生不熟"的意思。传说成吉思汗大军西征到此，在肉煮到半生不熟的时候，打了一场胜仗，苏里格由此得名。

苏里格气田勘探面积4万平方千米。该地区地表主要为沙漠覆盖，含气层为上古生界二叠系下石盒子组的盒8段及山西组的山1段，气藏主要受控于近南北向分布的大型河流、三角洲砂体带，是典型的岩性圈闭气藏，气层由多个单砂体横向复合叠置而成，基本属于低孔、低渗、低产、低丰度的大型气藏。天然气总资源量3.8万亿立方米。

1999年初，苏2井石炭系下石盒子组试气获日产4万立方米的工业气流，拉开了苏里格地区天然气勘探的序幕。2000年8月，苏6井压裂后获得日产无阻流量120万立方米的高产工业气流，标志着苏里格大气田的发现。

陕甘宁天然气的勘探路

鄂尔多斯盆地早期的天然气勘探是伴随着石油勘探进行的，以寻找构造油气藏为出发点，在构造圈闭发育区勘探。从20世纪60年代末开始，先后在盆地西缘冲断带、南缘渭北隆起、东缘西晋挠褶带、盆地中央隆起和天环坳陷的背斜构造上共钻探井49口，最深探达太古宇。

西缘冲断带是盆地最早开展天然气勘探的地区。1969年在横山堡地区钻探刘庆1井，井深1079米，发现上古生界石盒子组、山西组等16个地层有含气显示，为扩大战果，又在不同构造不同部位钻探，均没有突破，显示出该区上古生界含气的复杂性。

进入20世纪70年代后期，长庆油田会战指挥部加大勘探力度，先后在盆地中央隆起、西缘冲断带和南缘渭北隆起钻探井4口。都发现含气显示，但均未获得工业气流，证实盆地上下古生界广泛生烃，但天然气成藏机理和富集因素还有待于探索认识。

1979年以前，指导中国天然气勘探的只有"油成气理论"，这种理论认为天然气只能由海洋和湖泊中的低等生物生成，由高等植物形成的煤系不可能形成可供开采的天然气。直到煤成气理论的建立，使我国天然气勘探开发工作迅速发展，煤成气理论也使寻找天然气矿藏的主战场从鄂尔多斯盆地的边缘转移到了鄂尔多斯盆地的中部，天然气理论研究的突破使勘探方向产生了战略性转移。

基于对煤成气理论的正确认识，负责勘探开发苏里格气田的长庆油田分公司勘探工程技术人员开始了大规模地寻找地下气藏的工作。苏里格地区复杂的鄂尔多斯盆地特有的河流相三角洲沉积体系，使苏里格气田开发成为一个世界级的难题，80% 位于沙漠区，南部有 20% 的区域位于黄土塬区，是世界第一大黄土塬，十几万平方千米的土地沟壑纵横，黄土平均厚度为 30~300 米，且地表、地质情况复杂，储气层厚薄不一，大部分气藏储存在砂岩里，不少世界知名的地震勘探专家曾来过这里进行几年的攻关，但是总得不到地震勘探的有效信息，结果是无功而返，他们称这里是"地震勘探的禁区"。一位勘测队员形象地说"在黄土塬上勘探，就好比一拳打在棉花上"。

根据低渗透油层上限和下限的分类，把渗透率为 0.1~50 毫达西的储层统称为低渗透油层。低渗透油气田在我国油气开发中有着重要意义。我国发现的低渗透油气田占到新发现油气藏的一半以上，而低渗透油气田产能建设的规模则占到油气田产能建设规模总量的 70%以上，低渗透油气田已经成为油气开发建设的主战场。仅 2008 年，低渗透原油产量就占全国原油总产量的 37.6%，低渗透天然气产量则占全国天然气总产量的 42.1%。人们形象地把这种非常致密的油气储层的岩石称为"磨刀石"。长庆探区就存在着大量的此类低渗透、超低渗透油气藏。

1999 年初，长庆石油局领导胡文瑞组织地质专家和科研人员，对 1992—1993 年在陕北靖边气田以西甩开预探下古生界风化壳的陕 56 井、陕 188 井和桃 1 井等进行重新评价，认为苏里格地区与乌审旗气田成藏条件类似，是上古生界二叠系下石盒子组 8 段及山西组 1段天然气勘探的有利地区。他提出了具有哲学内涵的"三个重新认识"，即重新认识鄂尔多斯盆地、重新认识长庆低渗透、重新认识自己。"三个重新认识"奠定了长庆"发展大油田，建设大气田"的思想基础，发现了中国最大的苏里格气田和西峰、姬塬等大型油田，有力地推动了勘探开发技术的创新，使油气勘探取得了三次具有重大战略意义的突破。长庆油田实现了油气产量两次跨越式的持续增长，2008 年末，在"磨刀石"上建成了 2560 万吨油气当量的大油气田，一跃成为我国陆上第三大油气田。"三个重新认识"，不仅解放了深埋地下的低渗透油气储量，更重要的是解放了多年来深受低渗透困扰的几代人的思想，带给人们无尽的启迪，也带来中国继大庆油田之后第二个 5000 万吨油气基地的崛起。

胡文瑞和他的研发团队创新发展了"双重介质渗流"理论，提出低渗透、特低渗透油田渗流遵循"孔隙渗流为主，裂缝渗流为辅"的新观点，揭示了低渗透、特低渗透油田采油、采液指数下降过快的根本原因；揭示了低渗透、特低渗透油田投产初期过后，油田保持较长时期稳产和长时期开采的根本原因；奠定了低渗透、特低渗透油田大幅度提高油田最终采收率的理论基础。鄂尔多斯盆地特低渗透油田的开发实践，特别是成功开发了中国第一个大型特低渗透的长庆安塞油田，已经证实了该理论的正确性。

我国第一个规模开发的低渗透油田——长庆安塞油田，1997年产量为100万吨，2008年产量为300万吨，11年间增产2倍，年均增长10.5%；而我国最大的天然气田——苏里格低渗透砂岩气藏，经过努力，实现了规模有效的开发，2008年建成80亿立方米的生产能力，总体开发规划将达到200亿立方米以上。在技术创新和体制创新中，长庆油田开创的"安塞模式""苏里格模式"被大力推广，为我国原油产量稳定增长和天然气产量快速发展作出了重大贡献，也为我国低渗透油气藏的开发积累了技术和经验。

苏里格，中国人的骄傲

苏里格气田从1999年开始进入大范围勘探，2000年8月26日，长庆传来振奋人心的好消息：长庆油田分公司部署在内蒙古苏里格庙区的一口天然气重点预探井——苏6井，在上古生界石炭系石盒子组喜获井口产量36.77万立方米、无阻流量120.16万立方米的高产气流。这标志着我国陆上第一大气田——苏里格气田的诞生。这是继长庆气田的发现井之一陕参1井之后，鄂尔多斯盆地天然气勘探的又一重大突破。苏6井获得高产气流证实，在中部气田西北方向存在大面积复合连片的高孔、高渗、高产的石英砂岩储层。到2001年，苏里格气田累计探明天然气储量5336亿立方米，成为我国陆上探明储量最大的整装气田。这一重大发现，使沉积万年的天然气宝库打开了"福气"之门，希望之门！

苏里格第二天然气处理厂

苏 6 井是发现苏里格气田的重要标志。长庆石油人用信心和毅力，找到了攻克难关的"金钥匙"。经过不断的实践，勘探和工程技术人员针对苏里格气藏的分布特点，总结出一套针对苏里格黄土塬地震勘探寻找气田的技术，发明了地震采集、地震处理、地震解释、储层预测等综合性方法，很好地解决了黄土塬地质勘探的世界级难题。苏 6 井的发现，拉开了苏里格气田大规模勘探的序幕。

苏 6 井发现之后，通过榆林、乌审旗气田的勘探，总结和完善针对上古生界大型岩性气藏较为成熟的技术，一批攻关成果的涌现，更坚定了在苏里格地区寻找大气田的决心。长庆油田公司应用地震、地质等多学科综合勘探技术，以盒 8 段为主要目的层，兼探石炭系山西组山 1 段。1999—2000 年在苏 6 井南北两侧钻探井 16 口，13 口获得工业气流。苏里格气田从 1999 年发现、2000 年上半年取得重大突破，到 2000 年下半年探规模、拿储量，在苏 6 井区探明天然气储量 2204.75 亿立方米。2001—2002 年在南北一线沿主体砂带开展评价勘探，完钻探井 23 口，16 口获工业气流。至 2005 年底，苏里格气田已经累计探明天然气储量 5336.525 亿立方米。至此，长庆气区形成中国第一个拥有探明储量上万亿立方米的大气区。

苏里格大气田的诞生，意味着在我国的能源体系中又增加了一个新的供应基地，意味着在迅速增长的天然气需求中又多了一道供应保障，也标志着为首都北京供气的陕京天然气管道有了更可靠的资源保证。从国家领导人到普通的石油职工，无不为此欢欣鼓舞。一时间，这片丰饶的热土成为社会关注的焦点，国内外主流媒体几乎在同一时间向世界发布在苏里格地区找到特大型整装气田这一重大消息。苏里格大气田的发现，为进一步扩大向北京、天津及整个华北地区、东部地区、陕甘宁地区和中原地区的天然气供应，奠定了可靠的资源基础。对加快上述地区燃料结构的调整、保护环境具有重大意义，特别是对改善北京的大气质量，保护环境，支持北京顺利承办了 2008 年奥运会具有重要意义。千里之外的鄂尔多斯盆地，紧密地和祖国的首都联结到了一起，长庆天然气在北京、在全国扬眉吐"气"。

2019 年，长庆油田年生产油气当量攀上 5701 万吨新高点，比上年净增 239 万吨。不仅实现 5000 万吨第七年稳产，还打破了 2014 年 5545 万吨的最高历史纪录。

2020 年 12 月 27 日，中国石油长庆油田年产油气当量突破 6000 万吨大关，标志着中国建成了年产油气当量 6000 万吨级特大型油气田，石油工业新的里程碑由此诞生。其中原油 2451.80 万吨、天然气 445.31 亿立方米，创造了我国油气田产量历史最高纪录。

2021 年，长庆油田全年生产石油 2536 万吨、天然气 465.23 亿立方米，折合油气当量达到 6243 万吨。这意味着我国最大油气田较 2020 年净增长 202 万吨，再创历史新纪录。

独创的综合勘探技术

鄂尔多斯盆地苏里格地区的勘探中，大量采用多波地震采集、处理和储层预测技术及应用的丰硕成果，尤其是多波勘探中的转换波处理成像、多波联合解释、多波叠前地质统计学反演、多波叠前同时反演及弹性参数交会等技术。科技人员们针对苏里格地区不同勘探阶段面临的实际地质问题，形成并推广了适用有效的多波岩性识别、储层预测和流体检测等关键技术，利用多波地震勘探成果大幅度提高了钻井的成功率，有力支撑了苏里格气田大规模储量提交和气田的有效开发，成为低渗透气藏勘探和多波地震技术的应用典范。

这些配套的科技攻关是与油气勘探生产紧密结合的科技工程，同时也属于地球科学与油气勘查技术领域，涉及油气地质、地球物理勘探、钻井工程、测井及测试等多学科多专业，在鄂尔多斯盆地苏里格特大型气田的发现和探明过程中，针对盆地气藏控制因素复杂、储层非均质性强、地表条件差等一系列技术难题，以国内外相关学科的先进理论为指导，开展了勘探各个环节的技术试验和攻关研究，形成一套适合盆地上古生界气藏特点的综合勘探配套技术系列，快速探明了苏里格气田，取得了丰硕成果。同时，也解决了复杂地表条件下隐蔽岩性气藏的勘探难题，形成了一套适合我国同类盆地砂岩岩性气藏特点的综合勘探配套技术系列。

以煤系生烃理论为基础，运用先进的盆地分析模拟技术重新评价鄂尔多斯盆地，提出盆地上古生界广覆式生气、大面积含气的科学论断，预测古生界天然气资源量为 10 万亿立方米，为"九五"资源评价古生界资源量的 4 倍。

以三角洲成藏理论为指导，开展了陆相层序地层学研究，通过沉积体系、沉积物源和沉积相模式分析，确立了四大沉积砂体带，指出了苏里格为天然气勘探的有利目标。

通过储层沉积和成岩作用的攻关，首次确立了火山碎屑溶蚀对储层储集能力的主导作用，提出了沉积、成岩和构造演化是形成苏里格高孔渗的重要条件，找到苏 6 井、苏 10 井、苏 20 井等多个高产富集区。

针对复杂地表条件，自创了碱滩淤泥区"压力平衡式打井激发"黄土塬区"多炮多线（2.5 维）"等采集方法，使地震资料主频由 30 赫兹提高到 50~60 赫兹。

自主研制了一套交互静校正及多域去噪处理技术，开发了 6 种独具特色的储层横向预测技术，砂岩厚度预测符合率达 81.6%，AVO 和吸收衰减技术预测储层含气性取得突破性进展。

采用 ATLAS5700、米 AX500 等先进测井系列，自主开发了适用于苏里格低孔、低渗、低阻气层测井解释模型，综合判识了储层流体性质，气层解释符合率达到了 100%。

针对低压气层，采用了低密度、无固相钻井液，研制并应用泥浆暂堵液钻井技术，有效地减轻了气层伤害。

采用 CO_2 增能压裂、大砂量压裂和液氮伴注排液技术，攻克了低渗、低压、水敏性气层的改造难关，使气井产量普遍提高 4~6 倍。高速度、高效益发现、探明中国最大的大气田——苏里格气田，探明天然气储量 6025.27 亿立方米，投资 8 亿元，储量价值 195 亿元，探明每千立方米天然气可采储量的成本为 1.9 元，为全国天然气勘探平均成本的 1/20。

"苏里格大型气田发现及综合勘探技术" 于 2002 年获得国家科技进步一等奖。

助力煤层内的"清洁能源"开发

煤层气的学名是"煤层甲烷",也叫"瓦斯",是一种在煤层形成过程中在物理、化学、生物化学等复杂的作用下产生并被封存在煤层内的天然气。煤层气的主要成分是燃烧能力很高的甲烷,燃烧热值极高,是一种良好的"清洁燃料"。

煤层气的生成机理和赋存状态有别于常规天然气(特别是我国的煤层赋存状态更有一些独特的特点),要把它经济安全地开采出来就需要研究它的生成和赋存规律,摸清资源分布和有利区块并不断地研究开发出实用的高新技术和装备以实现稳产、高产、高效、安全和经济的目标。煤层气科技攻关要服务于实现产业化的目标。

我国煤层气资源丰富,居世界第三。每年在采煤的同时排放的煤层气在 130 亿立方米以上,合理抽放的量应可达到 35 亿立方米左右,除去现已利用部分,每年仍有 30 亿立方米左右的剩余量,加上地面钻井开采的煤层气 50 亿立方米,可利用的总量达 80 亿立方米,约折合标准煤 1000 万吨。如用于发电,每年可发电近 300 亿千瓦·时。煤层气勘探开发是世界上发展较快的非常规天然气产业。我国必须深度参与国际标准的制定,才能与世界第三大煤层气资源储备国的地位相匹配。无论从资源开发利用,弥补能源缺口,改善能源供应消费结构,保证 21 世纪国民经济的可持续发展,提高国民生活质量方面考虑,还是从保护生态环境,减少和杜绝煤矿瓦斯事故考虑,进行煤层气研究、勘探开发活动都是十分重要的。

中国石油天然气集团公司 1992 年开始在我国进行煤层气勘探,以中国石油勘探开发研究院廊坊分院赵庆波为首的科技攻关团队,夜以继日地奋战在山西晋城、河北大城、陕西吴堡建成了 3 个试验区,并先后在山西大宁—吉县和陕西黄陵建成两个试验点,共钻井试气 20 口。培养了一批多学科专业化高水平研究队伍。组建了 1 个煤层气钻井队,1 个压裂队,2 个试气队,1 个测试队,2 个取心队,先后有 18 个单位约 250 人参加了科研攻关,完成研究报告 117 项,其中"九五"中国石油科技攻关项目 18 项,共完成技术情报调研 800份,收集综合资料 7000 余份、钻孔 1200 口,分析化验 50 余项 15000 多块,编图 4600 余幅,解释地震测线 90 条 2920 千米，特殊处理 130 千米，测井特殊处理 20 口，研制现场专用设备 8 套、室内测试设备 18 套、解释软件 8 套，引进国外先进设备 3 套、解释软件 3 套，获专利 3 件，编写专著 6 部，发表学术论文 54 篇。并与国外有名的阿莫科、诺威尔、阿科、菲利浦等煤层气勘探公司及国内煤炭系统保持密切联系和合作，经中国石油天然气集团公司各油田协同攻关，煤层气勘探技术研究与试验项目从无到有，不断发展。

赵庆波、吴国干、李景明等人经过数年的艰苦努力，摸清了中国煤层气的主要规律。煤层气成藏模式可划分为自生自储吸附型、自生自储游离型、内生外储型；煤层气成藏期可划分为早期成藏、后期构造改造成藏和开采中二次成藏，特别指出了开采中二次成藏的条件。利用沉积相分析厚煤层的层内微旋回，细划分出优质煤层富含气段；进一步利用沉积相探索成煤母质类型及其对煤层气高产富集的控制作用；阐述了构造应力场及水动力对煤层气成藏的作用机理。总结了煤层气开采特征：煤层气井开采中的阻碍、畅通、欠饱和三个开采阶段，并认为欠饱和阶段可划分为多个阶梯状递减阶段；由构造部位和层内非均质性的差异形成自给型、外输型和输入型三类开采特征。根据地质条件分析了二维地震 AVO、定向羽状水平井、超短半径水力喷射、"U" 形井、"V" 形井钻井技术的适用性及国内应用效果。

煤与瓦斯突出矿井基本上构成了高瓦斯矿区；反之是低瓦斯矿区。依据区域地质背景和矿区瓦斯地质特征进行瓦斯分布大区、瓦斯带的划分。

东北地区：2 个瓦斯分布大区，其中高瓦斯分布大区 1 个、低瓦斯分布大区 1 个；13 个瓦斯带，其中高瓦斯带 6 个、低瓦斯带 7 个。其中，煤与瓦斯突出的矿区 7 个，占全国总数的 8.9%；煤与瓦斯突出矿井 21 对，占全国总数的 7.6%。

华北地区：7 个瓦斯分布大区，其中高瓦斯分布大区 5 个、低瓦斯分布大区 2 个；27 个瓦斯带，其中高瓦斯带 13 个、低瓦斯带 14 个。其中，煤与瓦斯突出的矿区 23 个，占全国总数的 29%；煤与瓦斯突出矿井 67 对，占全国总数的 24.1%。

华南地区：7 个瓦斯分布大区，其中高瓦斯分布大区 4 个、低瓦斯分布大区 3 个；35 个瓦斯带，其中高瓦斯带 16 个、低瓦斯带 19 个。其中，煤与瓦斯突出的矿区 46 个，占全国总数的 58.2%；煤与瓦斯突出矿井 181 对，占全国总数的 66.3%。

西北地区：4 个瓦斯分布大区，全为低瓦斯分布大区；13 个瓦斯带，其中高瓦斯带 3 个、低瓦斯带 10 个。其中，煤与瓦斯突出的矿区 3 个，占全国总数的 3.8%；煤与瓦斯突出矿井 5 对，占全国总数的 2%。

东北地区的大地构造归属于天山—兴安活动带，三叠纪以前几乎没有形成有价值的煤炭。印支运动以后，东北地区进入滨太平洋构造域发展阶段，燕山运动晚期—喜马拉雅运动早期，挤压作用逐步被拉张所取代，在大兴安岭—太行山链以东，郯庐至抚顺—密山断裂带以西形成了众多的大小不等的地堑、半地堑式裂陷盆地，在裂陷盆地中广泛沉积了我国东北地区最重要的晚侏罗世—早白垩世含煤地层，煤炭资源量 2564 亿吨，煤种主要以低、中变质烟煤为主。在大兴安岭隆起带上，受隆起作用，主要为褐煤和低变质烟煤控制的低瓦斯矿井、矿区。在黑龙江、吉林、辽宁中部和东部的含煤盆地，构造受挤压、剪切和岩浆热变质作用强烈，煤层以中、高度变质烟煤为主，并受大面积的低透气性火山碎屑岩覆盖作用，瓦斯生成、保存较好，多为高瓦斯和煤与瓦斯突出矿井、矿区。

我国滇藏地区主要受喜马拉雅期构造作用的控制，煤炭资源仅为 11 亿余吨，主要为新近纪含煤盆地的褐煤和低变质烟煤，目前全为低瓦斯矿井。

山西煤层气处理中心

赵庆波等人的研究推动了我国第一个大型煤层气田——沁水大气田的发现。钻井 11 口，口口获工业性气流，获地质储量 1829 亿立方米，单井日产气平均 3700 立方米，最高 9780 立方米。在大宁—吉县地区首次发现我国高压、高渗、高含气量煤层气藏：吉试 1 井煤层压力系数 1.15，渗透率 12~14 毫达西，含气量 18 立方米 / 吨。初步预测含气面积 3000 平方千米，煤层气远景资源量 1 万亿立方米，类似于美国圣胡安盆地，可望获高产煤层气大气田，发明了绳索式煤层取心技术，注入 / 压降试井技术，煤层气测井评价技术。煤层气地质理论认识的突破：建立了中国煤层气高产富集特点的选区评价原则，并开展了三个层次的评价，大区评价全国 39 个盆地煤层气远景资源量 27 万亿立方米，并指出八大有利选区；目标评价优选出晋城、吴堡、大宁—吉县、合水—宁县、韩城、黄陵、格目底 7 个有利勘探目标；区块评价发现晋城目标区樊庄区块、大宁—吉县目标区午城区块为最有利区块，已获商业性开采价值。

沁水煤层气大气田按目前探明储量计算，20 年内平均年产气 5.0 亿立方米，气价按 0.7 元 / 立方米计算，销售收入 57 亿元，静态投资回收期 2.37 年，营业利润 18 亿元，年营业利润率 7.3%。大宁—吉县地区煤层物性好，煤层气产量高，效益更可观。这均可说明，搞清本区资源分布，寻找高产富集区，解决技术上的难关，建立示范工程，进行效益性开发非常重要。特别是该区块为太行山、吕梁山革命老区，这对拉动地方国民经济增长事关重大。

赵庆波等人完成的"煤层气勘探技术研究与试验"于 2003 年获得国家科技进步二等奖。

中国油气勘探技术在苏丹落地生根

苏丹位于非洲大陆东北部，矿产资源丰富，具有形成大型油田的地质条件。从 20 世纪 50 年代初，一些国际知名石油公司就在当地开展了石油地质勘探工作。经过长达几十年的勘探，苏丹虽然发现了石油，但由于缺乏资金和技术，无法依靠自己的力量发展本国的石油工业，石油成为苏丹经济发展的一个主要制约因素。

苏丹自然环境恶劣，北部为沙漠，南部为热带雨林，号称"世界火炉"，夏季气温高达 50 摄氏度以上，野外的一年有效作业时间仅有 60%。苏丹也是联合国宣布的经济极不发达国家之一，工业特别是石油工业基本是一片空白。由于种种原因，西方石油公司一直难圆石油开采梦，苏丹人民生活在贫困中，政府靠举债过日子。

为寻求国际帮助，1995 年 9 月，苏丹总统巴希尔访华时，向江泽民总书记提出，希望中国参与苏丹的石油勘探开发，帮助苏丹建立石油工业。中国政府同意了这一请求。同年 9 月 25 日，经外贸部批注，中国石油天然气总公司与苏丹政府签订了 6 区石油合同，开始了与苏丹的石油合作。该项目在 1996 年初第一口探井即获得高产油流。

1996 年 10 月，苏丹政府宣布，对苏丹 1/2/4 区进行国际招标。

非洲，中国石油人来了

1997 年 3 月 1 日，中国石油天然气总公司和其他伙伴公司与苏丹政府签订产品分成合同，各合作伙伴公司之间签订了联合作业协定，并在毛里求斯注册成立作业公司，于当年 6 月 1 日正式运作。为了使苏丹 1/2/4 项目高产稳产，要有新的探明储量作补充，在开发建设的同时，展开了大规模的勘探。

由作业公司勘探部具体负责石油地质研究和勘探部署，由各伙伴公司派出专家协助。中国石油天然气总公司海外公司（CNODC）专门成立苏丹项目组，进行石油地质研究。

苏丹 1/2/4 区所在的穆格莱特盆地是一个受中非剪切带诱导产生的被动大陆裂谷盆地，形成于非洲板块中，从寒武纪以来没有接受沉积而且经历了长期准平原化的过程。穆格莱特盆地一系列的地质特点不同于主动裂谷盆地（如我国的渤海湾盆地），油气聚集规律也很有特色，需要建立被动裂谷盆地的地质模式和成藏模式来有效指导勘探。苏丹4区是勘探的难点，其面积占整个1/2/4区块的65%，包括国际著名的美国雪佛龙公司在内都没有重要发现，因此，必须深入研究该复杂地质地区成藏规律，找出勘探的关键因素，才能使该区的勘探早日取得突破。

除了研究普遍适用的成藏规律和一般裂谷盆地的成藏规律外，中国石油科技人员对苏丹1/2/4区块还必须开展针对性研究，包括突出精细的构造制图、断层封闭性研究和优质储层分布规律研究。

童晓光、苏永地、窦立荣研发团队考虑到跨国勘探的特点，严格按照合同条款的规定来制定勘探原则和勘探部署，强化待钻圈闭的资源量计算、风险分析和经济评价，对勘探目标做出定量评价；并制定严格的储量计算规范，开展投资和资金回收的策略研究，实现技术与经济的紧密结合。

精心设计，努力实施

对比分析世界上不同裂谷盆地的地质特征和成藏特征，建立穆格莱特被动裂谷盆地的地质模式。第一次提出了穆格莱特被动裂谷盆地的地质模式和成藏模式，成功地指导了苏丹1/2/4区块的勘探；总结了穆格莱特盆地的地质特征，发展了裂谷盆地的地质模式。与主动裂谷盆地（如渤海湾盆地）相比，断陷结构为多旋回且断陷位置发生时空迁移，陡断面正断层，拉张量小，以断块圈闭为主（断块山幅度低、潜山圈闭、披覆背斜不发育、滚动背斜规模小），发育张扭断层控制的断背斜，裂谷初始期无火山岩，地温梯度较低；发育了四套成藏组合（或储盖组合），Bentiu组是主要的含油层系；断块圈闭，特别是反向翘倾断块是油气聚集的主要圈闭类型；断层侧向封堵具有十分重要的作用；大多数单个圈闭的规模小，但在一定构造背景下成群分布；断层的封闭性较弱，使油藏内的油气比低，地层压力多处于静水压力；古近纪—新近纪裂谷发育区是油气聚集比较复杂的地区。

综合运用重力、地震、钻井、测井及多种分析化验资料，对1/2/4区的构造、地层层序和沉积相、含油气系统、成藏组合（带）和有利目标等进行了深入细致的分析，建立穆格莱特盆地的油气聚集模式，总结1/2/4区油气分布规律。苏丹4区是勘探的难点，通过深入研究该复杂地区成藏规律，确认勘探关键因素，指出勘探有利地区；应用和发展了一批与地质条件相适应的勘探技术，包括提高探井成功率的精细二维构造制图技术、有利成藏带连片三维地震及变速构造成图技术，低电阻油层的识别技术等，大大提高了探井成功率；以经济效益为工作目标，建立适合该区的圈闭评价方法，强化待钻圈闭的资源量计算、风险分析和经济评价，对每一勘探目标都做出经济评价的方法和流程，总结形成一套高效勘探的理论和方法。对断块圈闭的侧向封堵性研究和与油柱高度相关性进行了系统研究；对优质储层分布规律的研究，确定有效储层的深度界限，确保了所发现的油田全部为高产油田；经济有效地使用勘探投资，强化待钻圈闭的定量评价和风险分析，实现了技术和经济的紧密结合。

针对中国第一次跨出国门进行大规模油气勘探，在资源国合同的严格制约下产生了新的勘探原则、勘探思路和勘探方法。对跨国勘探必须受合同条款的制约、有严格的时间限制，以及勘探作业投资和成本的回收都以区块为单元的特点，研制与跨国勘探相适应的勘探思路和勘探原则。

1997 年，中国石油天然气集团公司中标苏丹 1/2/4 区项目之后，急需对油田地质资料进行综合研究分析。当时还在中原油田研究院工作的苏永地等人接受了在两个月的时间内完成该油田 126 平方千米的三维地震解释，并提供 10 口优质探井井位的任务。苏永地和他的同事们凭着具有油田精细解释的实际经验及对 IESX 地震交互解释软件的熟练应用，凭着为国争光的强烈意识和敬业精神，夜以继日，拼命工作，仅用一个月的时间就完成了尤尼体三维地震 5 个目的层的解释工作，编制出了 Aradeiba 和 Bentiu 等五层构造图，为 1/2/4 区确定 1000 万吨产能建设方案立了头功。

苏永地的研究成果得到了合作伙伴专家们的重视。1997 年 7 月，他被点名调入苏丹 1/2/4 项目勘探部工作。苏永地与其他地质专家一道，在完成地震解释、编制构造图的基础上，根据该区油藏特点进行了详细的地质综合分析，以 Bentiu 和 Aradeiba 为主要目的层进行精心设计，针对 9 个断块提出了 9 口野猫井的设计井位，成功率 100%。而当年其他伙伴公司中，加拿大专家确定的 11 口井位，包括野猫井、评价井和开发井，仅成功 8 口；马来西亚的专家确定的 1 口野猫井，以失利告终。这次成功，改变了加拿大和马来西亚公司对中方技术水平的怀疑和不信任，为 1/2/4 项目在制定勘探开发技术方案的主导地位奠定了基础，为中国人争了气。

苏永地在联合作业公司勘探部负责地震资料精细解释工作。他发现公司急需 1/2 区地质构造图，就下决心攻破这个难关。美国雪佛龙公司十几年的地震资料和联合公司自己采集的地震资料堆积如山，要把每一份资料、每一条测线理出头绪来，是一件非常艰苦的工作。苏永地从早到晚，每天工作到深夜，反复地翻看和研究这些资料，进行分类消化吸收，分析所有已钻井的成功与失利原因，探寻成藏条件和油气富集规律。在不到两个月的时间里，他就完成了 1∶10 万的囊括 1/2 区主体部位的 Bentiu 顶面构造图。这也是联合公司 1996 年底组建以后的第一张区域构造图。

2002 年，1/2/4 区勘探难度越来越大，风险也越来越高，苏永地通过细致工作和综合地质分析，滚动发现了 7 个复杂断块油藏，占 GNPOC 勘探新发现的 70%，其中 Wizeen North-1 和 EI Nar North-1 分别试油，自喷日产 3500 桶和 4000 桶高产油流，连续打破联合作业公司勘探单砂层试油最高日产量纪录。

苏永地参与了苏丹 1/2 区所有三维地震资料、大部分二维地震资料和 4 区部分二维地震资料的解释成图，精细解释了 22000 千米二维地震资料和 1730 平方千米的三维地震资料。截至 2003 年底，由他直接确定的预探井井位 35 口，发现 28 个断块油藏，探明石油地质储量约 9 亿桶，折合可采储量 3 亿桶，占勘探所发现储量一半以上，为苏丹 1/2/4 项目建成 1500 万吨大油田提供了储量基础。

苏丹 4 区是大尼罗作业公司勘探的重点和难点，美国石油公司早期经过近 20 年勘探，仅发现一个很小的次生油田。童晓光、苏永地等中国专家在该区组织技术人员开展技术攻关，经过不懈努力，实现了 4 区勘探重大突破。继 2003 年在 Diffra 地区获得发现，建成产能 100 万吨之后，2004 年又在 Neem 地区取得重大发现。9 月 18 日 Neem east-1 井 Bentiu 组试油，获得日产 4700 桶高产轻质油，再创 1/2/4 区试油历史最高产量。该地区估算石油地质储量 1.2 亿桶，可采储量 3000 万桶以上，可建成年产 100 万吨以上的规模。这一发现，为 4 区勘探投资回收和 1/2/4 区整体效益的进一步提高，作出了突出的贡献。

中苏合作，互利双赢

在苏丹，中国石油先后获得了这两个盆地的三个区块，在童晓光指导下勘探取得突破。苏丹穆格莱特盆地六区块是中国石油最早进入的区块，此前一家美国公司勘探十年，共打了 32 口探井，把 22 口井集中在一个构造单元，由于没有重大发现而放弃，童晓光研究了这家公司勘探失败的原因，把勘探的重点转移到不被重视的另一个凹陷，一举勘探成功。1/2/4 区块是又一个勘探项目，先前的作业公司在 1/2 区块虽取得了较重要发现，中国石油进入后短短几年时间发现的储量是过去的两倍，特别是 4 区块，过去一点没有发现，在童晓光指导下，正确确定主要勘探目的层，很快突破了 4 区的勘探。迈卢特盆地一家美国公司经十年勘探仅发现一个小油田，认为没有经济效益而放弃，中国石油进入后，通过研究确定了主力凹陷和主力成藏组合，并选出钻探目标，一举发现了世界级大油田。

中国石油天然气集团公司自 1997 年 3 月进入后，成立了专门的研究项目组，在童晓光教授（后当选为中国工程院院士）的领导下，对该区块进行了深入细致的石油地质综合研究和快速评价。在取得地质认识重大突破的同时，形成了高效勘探技术系列。

项目创造性地提出和建立了被动裂谷盆地的地质模式与油气成藏模式，集成了一套高效勘探的技术和方法，实践中形成的跨国勘探思路，有效地指导 1/2/4 区的石油勘探。截至 2014 年底，项目探明地质储量从 12 亿桶增加至 67.16 亿桶，探明可采储量从 3.9 亿桶增加到 18.25 亿桶；可采储量单位发现成本 0.98 美元 / 桶，远低于国际石油大公司平均值，为项目建成年产原油 1500 万吨奠定了物质基础。2002 年项目回收全部投资，进入效益发展阶段。储量的发现和油田的开发也带动了 1506 千米管线的建设，带动了 500 万吨 / 年加工能力炼厂的建设。项目还带动了中国石油服务企业劳务、设备、物资的出口，中方劳务反承包收入超过 40 亿美元。

苏丹 1/2/4 项目解决的关键技术难题有：提高探井成功率的精细二维构造制图技术；压制面波、相干噪声和随机噪声的提高信噪比技术；折射波静校正、野外静校正及剩余静校正的静校正技术；有利成藏带连片三维地震及变速构造成图技术提高圈闭的可靠性；低电阻油层的识别技术使油层识别率比雪佛龙公司提高了 10 个百分点，进一步增加了储量。这一系列技术进一步提高了探井成功率。通过采用上述技术，在预探阶段二维地震区探井成功率由美国雪佛龙公司作业时的 30% 提高到现在的 65%。评价阶段在三维区的钻探成功率由美国雪佛龙公司作业时的 60% 提高到现在的 90% 以上。

勘探效果十分显著。项目接管以来至 2001 年底，新探明石油地质储量 21.4 亿桶，可采储量 5.73 亿桶，超过接管前 20 年的总储量。新增可采储量的发现成本为 1.17 美元 / 桶，大大低于国际大公司的平均发现成本，取得了巨大的经济效益和社会效益。

穆格莱特被动裂谷盆地的地质模式和成藏模式的建立，丰富和发展了中国具有原创性的陆相石油地质理论，不仅对苏丹 1/2/4 区的勘探有重大的指导作用，对苏丹 6 区、苏丹 3/7 区、西非乍得项目和尼日尔项目、哈萨克斯坦 PK 项目均有重要的指导意义。项目实施过程中，研制的针对跨国勘探特点的勘探思路和勘探原则，不仅适用于苏丹地区的勘探，也适用于全球其他类似地区的勘探，对后来的跨国勘探有重要的指导作用；项目研究过程中建立的一套适合该区的圈闭评价方法，强化待钻圈闭的资源量计算、风险分析和经济评价，不仅是跨国勘探的重要举措，也对国内勘探有指导意义。

苏丹 1/2/4 项目的成功，推动了中国石油在苏丹再次获得苏丹 3/7 区项目，经过 3 年的勘探，快速发现了 Palogue 世界级大油田，石油地质储量超过 5 亿吨，在苏丹又建成了一个 1500 万吨的油田。

与此同时，中国石油天然气总公司还与苏丹政府合资，在喀土穆建设一座 250 万吨的炼油厂。这是中国在海外承建的第一个 250 万吨成套燃料型炼油厂，该炼油厂采用中国技术、中国标准、中国制造的设备，由中国公司施工，建成以后，油品不但满足苏丹国内需求，还有部分出口。

从 1997 年开始，中国石油天然气总公司各路大军云集苏丹，展开了声势浩大的石油会战，高质量、高速度和高效益开发苏丹石油资源。他们在苏丹大地写下了中国石油天然气总公司的创业辉煌，也立下了一座中苏友谊的丰碑。

在苏丹 1/2/4 项目成功建设的鼓舞下，中国石油天然气总公司乘胜前进，又一举中标了苏丹 3/7 项目，并使得中国石油天然气总公司在西非乍得和尼日尔获得新项目，很快获得 15 亿吨的储量发现，具备了建成 1000 万吨／年的生产能力，已投产 400 万吨／年，推动了两个炼厂的建设，带动了当地的经济发展。

该项目在苏丹的巨大成功，彻底打开了中国油公司进入非洲的大门，成功闯出了一条保证国家石油安全的新途径，大大促进了苏丹经济的发展，进一步巩固和发展了中苏关系，加深了中苏友谊，被胡锦涛总书记称为"中苏合作的典范"；苏丹总统巴希尔说："苏丹石油工业的开创，作出最大贡献的是中国，干得最好的是中国石油"。

苏丹 Muglad 盆地 1/2/4 区董晓光、苏永地等人完成的"高效勘探技术与实践" 2003 年获得国家科技进步一等奖。

中低丰度岩性地层油气藏内找油记

中国石油工业经过半个多世纪的发展，取得了举世瞩目的成就。已在 32 个沉积盆地获得了商业油气储量和产量，先后建成了新疆、大庆、渤海湾、四川、长庆、塔里木、南海等十几个重要油气生产基地，有力地支撑了我国国民经济建设和发展。

近 20 年来，我国石油产量持续稳定增长，2006 年达到 1.84 亿吨，位列世界第五大产油国；2000 年以来，天然气产量每年以两位数的速度快速增长，2006 年天然气产量达到 586 亿立方米，已进入世界产气大国的行列。

中低丰度岩性地层油气藏大面积成藏地质理论的提出

关于油气藏的分类，一直存在争议，国内外对非构造油气藏分类，种类繁多、名称不一，尚无统一的分类原则和标准。在文献中常可见到各种非构造油气藏名称。岩性油气藏和地层油气藏分为两个不同的类型：在苏联的文献中，岩性圈闭定义为储层沿尖灭带或上倾方向储油物性变差所形成的圈闭。

我国大部分学者都将岩性油气藏从地层油气藏中分出来。但是有一部分学者把地层油气藏和岩性油气藏统称为地层油气藏，如辛仁臣等在 1998 年把隐蔽圈闭分为两大类，即地层圈闭和隐蔽构造圈闭。进一步将地层圈闭分成 3 类：原生或沉积地层圈闭、与不整合面有关的地层圈闭和次生地层圈闭（成岩地层圈闭）。1981 年张万选将油气藏类型分为构造油气藏和地层油气藏两大类，其中地层油气藏细分为砂岩原生地层油气藏、地层不整合遮挡油气藏、地层超覆油气藏和生物礁块油气藏。

我国陆上岩性地层油气藏剩余资源量十分巨大，占总剩余资源的 60% 以上，是未来油气储量增长的最重要领域之一。但要想把岩性地层油气藏探明并开采出来，十分困难。过去，国内外学者主要提出了岩性地层油气藏的概念和分类，但是没有形成能指导这一勘探领域的系统理论，没有开发出专门针对这一勘探领域的工业化技术和方法。

进入 21 世纪，我国陆上高丰度的构造油气藏越来越少、也越来越小，目标变得更加隐蔽，勘探难度大大增加；但是，随着国民经济快速增长，油气需求压力增大，油气勘探出路在哪里？

近年中国陆上发现的一批中、低丰度大型油气田具有低孔渗、小油（气）柱、低储量丰度和规模大等特点。中、低丰度油气藏大面积成藏的有利条件是：大型敞流湖盆腹地发育大型牵引流成因砂体，与烃源岩呈"三明治"结构大面积间互为成藏奠定了基础；小油气柱、常压—低压系统降低成藏对盖层质量的要求；储集体内部非均质性强烈，气藏整体连通性差，降低了气体逸散能量，保证油气在包括地质条件相对劣质区的大范围成藏；抬升卸载环境导致气源岩解吸面状排烃，有利于晚期大面积成藏。

面对我国构造油气藏勘探一度陷入"找米下锅"的被动局面，中国石油天然气集团公司在"十五"期间，组织实施了"岩性地层油气藏地质理论与勘探技术"重大科技攻关。在我国陆上构造油气藏勘探难度加大、油气储量递减的形势下，大规模发现岩性地层油气藏成为缓解矛盾的必然选择。

中国石油天然气集团公司精心部署，组织中国石油勘探开发研究院、中国科学院、中国石油大学（北京）等科研院校和大庆油田、吉林油田、华北油田、辽河油田、冀东油田、大港油田、塔里木油田、新疆油田、长庆油田、玉门油田、青海油田、吐哈油田、西南油气田等 13 个油气田公司，开展"产、学、研"一体化攻关，调集公司内外科技精英 300 余人，由中国科学院院士贾承造、中国工程院院士赵文智等牵头，组织科研攻关团队，勇于创新，将研究重点立足于陆相断陷、坳陷、前陆和海相克拉通四类盆地，针对砂砾岩、碳酸盐岩、火山岩三类油气储集体，展开科技大会战。经过历时 5 年刻苦攻关，取得了重大理论突破和勘探技术创新。

以贾承造、赵文智、邹才能等中国石油勘探开发研究院和中国石油长庆油田分公司的石油地质学家和勘探学家们组成的攻关团队，在充分调研国内外相关领域最新勘探研究进展的基础上，提出了中低丰度岩性油气藏大面积成藏的理论基础：成藏要素的大型化发育与规模变化是油气大型化成藏的物质基础，决定了油气藏分布的区域性；海相烃源灶内分散液态烃裂解规模生气与煤系烃源灶抬升期规模排气是大型化成藏的重要条件，决定了烃源灶整体进入主生气阶段的规模性；体积流和扩散流是大型化成藏的主要运聚机制，保证了烃源输入的充分性；薄饼式、似层状和集群式成藏是大型化成藏的主要形式，保证了成藏的规模性。中低丰度油气资源成藏分布有近源性、成藏组合有主体性、成藏时机有晚期性、成藏类型有单一性特点。海相克拉通盆地古隆起围斜区、陆内坳陷盆地广大斜坡低部位—坳陷区及前陆盆地缓翼斜坡区等是油气大型化成藏的主要部位，表现为大面积和大范围成藏两种类型。中国中低丰度油气资源大型化成藏认识的提出，提升了叠合盆地中深层和坳陷盆地斜坡低部位—坳陷区油气资源发现潜力，扩大了勘探范围，实现了油气勘探"由局部二级构造带向以主力烃源灶为中心的全盆地"和"由中浅层向深层、超深层"的推进发展。

科研团队针对立项时中低丰度岩性地层油气藏勘探形势和研究面临的重大科学问题和技术瓶颈，确定了项目攻关的总体思路：按照陆相断陷、陆相坳陷、陆相前陆、海相克拉通四种类型盆地，砂砾岩、碳酸盐岩、火山岩三种类型储集体，源上、源内、源下三种成藏组合，系统开展中低丰度岩性地层油气藏地质理论和针对性的勘探技术攻关。

具体分为三个层次：首先，系统开展岩性地层油气区带、圈闭与成藏地质理论研究，揭示陆相断陷、陆相坳陷、陆相前陆和海相克拉通四种类型盆地中低丰度岩性地层油气藏的富集规律；其次，研究中低丰度岩性地层油气藏大面积成藏地质理论；最后，开发集成地震采集处理、储层预测、快速钻井与油气层保护、井筒评价与压裂改造等岩性地层油气藏勘探配套技术。项目攻关目标是形成具有中国特色的中低丰度岩性地层油气藏大面积成藏地质理论，建立先进、配套的中低丰度岩性地层油气藏勘探核心技术与评价方法，为全面推进我国陆上中低丰度岩性地层油气藏勘探、制定中长期发展规划部署提供科学依据。

中低丰度岩性地层油气藏勘探的核心技术与成果

项目选择中国陆上勘探潜力大的松辽、渤海湾、鄂尔多斯、四川、塔里木、准噶尔等重点盆地，分为断陷、坳陷、前陆、克拉通四种盆地，发育了砂砾岩、碳酸盐岩、火山岩三类储集体，源上、源内和源下三种成藏组合，科研人员按照储集体、区带、圈闭、成藏四个层次系统开展石油地质基础理论研究，创新集成地震采集处理、储层预测、油气层保护与改造等配套技术，并采取研究新成果及时培训推广与勘探部署同步推进的"产、学、研"一体化方式展开。

系统建立了岩性地层油气藏圈闭、区带与成藏地质理论。创建了岩性地层油气藏圈闭、区带成因理论，提出了14种"构造—层序成藏组合"模式，突破了传统二级构造区带勘探思想，拓展了新的勘探领域。

在陆相盆地发现了大型浅水三角洲砂体，创建了中低丰度岩性地层油气藏大面积成藏地质理论。鄂尔多斯石油勘探从湖边向湖盆中心推进，发现了（3~5）亿吨级整装规模储量。在松辽、鄂尔多斯盆地中央坳陷区和鄂尔多斯盆地北部发现了分布面积达（2~4）万平方千米的特大油气区。在松辽、鄂尔多斯等盆地深层发现了新的勘探层系，扩大了勘探范围，区带资源量超过20亿吨，指导了四川盆地须家河组大气区的发现与评价。

揭示了陆相坳陷盆地三角洲"前缘带大面积成藏"、陆相断陷盆地富油气凹陷"满凹含油"、陆相前陆盆地"冲断带扇体控藏"、海相克拉通盆地"台缘带礁滩控油气"的岩性地层油气藏富集规律，有效指导了油气勘探部署；有效指导了渤海湾、松辽深层勘探，在松辽盆地深层火山岩勘探取得重大突破，开辟了我国陆上的第五大气区；指导了松辽、鄂尔多斯盆地的石油勘探；指导了准噶尔盆地西北缘老区的勘探，使我国在20世纪50年代最早发现的克拉玛依大油田重新焕发了青春；指导了塔中台缘带勘探思路由大构造向大面积岩性地层油气藏的重大转变。

提出了以油气系统为单元的"四图叠合"区带评价新方法，形成了陆相层序地层学工业化应用、地震叠前储层预测两项核心勘探技术，攻克了火山岩气藏钻采等开发技术，共获得21项国家发明或和实用新型专利。形成了快速钻井、气层保护、井筒评价、高效压裂等配套技术，提高了勘探效率。

该项目创建的地质理论与勘探技术，已成功地指导了岩性地层油气藏的大规模勘探和技术的工业化应用，取得了重大油气勘探发现，在松辽深层、鄂尔多斯西峰、四川川中、塔里木塔中、准噶尔西北缘等地区发现了多个亿吨级油气田。中国石油探明储量中岩性地层油气藏已占60%以上；2004—2006年，共探明中低丰度岩性地层油气藏石油储量10.7亿吨、天然气储量5633.2亿立方米，经济效益与社会效益显著。

勘探重大发现的经济社会效益与科学价值

"岩性地层油气藏地质理论与勘探技术"的成果是与中国陆上油气勘探阶段发展相适应，而在勘探重点对象从以构造油气藏为主转入以岩性地层油气藏为主以后，经过若干年的理论升华与实践检验之后形成的具有里程碑意义的成果。

这项成果创新的核心是与经典的隐蔽油气藏相区别，瞄准中低丰度岩性地层油气藏这个单元，以大面积和大型化成藏为重点，在成藏机理、分布特征、评价技术与评价程序建立以及推进勘探实践等方面都有原创性进展，是一份有高含金量的重大成果。

"岩性地层油气藏地质理论与勘探技术"项目实施以来，新理论有效指导勘探部署，新技术强有力支撑了勘探实践，取得了四个显著经济效益和社会效益。

中国石油"十五"期间在松辽盆地深层、四川盆地川中广安地区、准噶尔西北缘和塔里木盆地中部等取得一系列重大发现，形成了（5~10）亿吨级储量规模的三大油区、三大气区和一个潜在大气区，为我国陆上开辟出七大主要储量增长区。

中国石油每年新增探明岩性地层油藏储量（2.5~3）亿吨，所占总探明储量比例从45%上升到67%，这一比例还在逐年上升。2004—2006年，新增可采地质储量6.5亿吨油气当量，取得了巨大的经济效益，为国家能源安全作出了突出贡献。

岩性地层油气藏
地质理论与勘探技术

贾承造　赵文智　邹才能　袁选俊　陶士振　等著

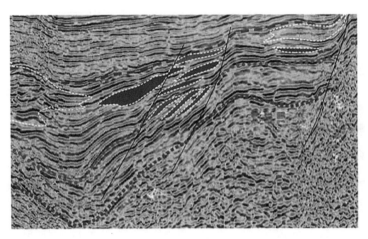

石油工业出版社
地质出版社

《岩性地层油气藏地质理论与勘探技术》成果封面

　　岩性地层油气藏地质理论的系统建立与核心勘探技术的创新,强有力地推动了中国石油从构造勘探向岩性地层勘探的重大转变,对我国目前和未来岩性地层油气藏勘探提供了重要的理论指导和强有力的技术支撑,保障了我国油气储量的稳定增长。

　　地质理论的系统建立与核心勘探技术的创新,强有力地推动了中国石油从构造勘探向岩性地层勘探的重大转变,在东、西部地区的富油气凹陷(区带),实现整体部署,构造与岩性同步勘探;在中部地区实现了岩性的大面积工业化勘探。

进入 21 世纪，中国陆上油气勘探已进入了构造与岩性地层油气藏并重的新阶段，部分盆地已进入岩性地层油气藏勘探的新时代。通过中国石油天然气集团公司组织实施的岩性地层油气藏理论与技术攻关，成功实现了我国陆上油气勘探地质理论的换代、勘探技术的升级，不仅填补了我国石油勘探理论与技术的空白，开创了我国岩性地层油气藏油气勘探重大接替新领域；而且，还将对我们"走出去"，在中东、非洲等全球的油气勘探产生积极和深远影响，具有十分重大的指导意义。

岩性地层油气藏理论是继以陆相生油与复式油气聚集带理论为核心的陆相石油地质学之后的又一次重大地质理论与技术创新。

"中低丰度岩性地层油气藏大面积成藏地质理论、勘探技术及重大发现"获 2007 年国家科技进步一等奖。

中国石油重大科技成果中的

创新故事 >>

物　　探 >>>

地震采集自主创新之路

地震勘探是"找油找气"的主要手段，地震资料采集是地震勘探取得成效的基础和保障。研发具有自主知识产权的地震采集软件是一个地震勘探公司乃至一个国家的物探技术实力体现。1998年，东方地球物理勘探公司（简称东方物探）汇集各专业人才成立专家办，正式启动大型地震采集工程软件系统 KLSeis 项目研发；2000年6月 KLSeis V1.0 版本成功发布，9月通过中国石油天然气集团公司专家鉴定，被评为"国际领先水平"；2010年 KLSeis V5.0 版本成功发布，成为当时同领域中功能最齐全的地震采集软件；KLSeis 填补了国内地震采集软件的空白，受到国内外石油公司青睐，在东方物探国内外各探区被广泛应用，成为了国际知名的地震采集软件。

随着时代和科技的迅猛发展，地震勘探技术的需求也上升到新的高度。对地震采集软件在性能和大数据量的适应性方面提出了更高的要求，采集软件的研发步伐持续加速。为了满足海量数据、高效采集的技术需求，2012年东方物探公司决定，由物探技术研究中心、采集技术中心、国际勘探事业部等单位成立 KLSeis 联合项目组，正式启动新一代的地震采集工程系统 KLSeis Ⅱ 的研发。2014年1月，具有开放性、高性能、跨平台的新一代软件平台和强大应用功能的新一代地震采集工程软件系统 KLSeis Ⅱ 顺利推出。2014年5月，由刘光鼎等多名院士和教授组成的专家组鉴定为：新一代地震采集工程软件系统 KLSeis Ⅱ 的软件平台和应用功能处于国际领先水平。

经过30多年的发展，东方物探 KLSeis 研发团队申请发明专利72项，软件著作权53项，技术秘密3项，制（修）订企业标准9项。在石油勘探领域取得了举世瞩目的成绩，冲破了西方的封锁，打破了少数寡头的垄断地位。为提高地震采集工程质量、推动地震采集技术进步发挥了重要和关键作用。如今，KLSeis Ⅱ V3.0 最新版发布，嵌入了节点采集技术、实现了每日5万炮的混采质控能力，它标志着地震勘探智能高效的时代即将到来。

纵观 KLSeis 的发展历程，分起步、追赶、超越、领跑4个阶段。每个阶段都有它的重要成果，分别是"地震采集应用系统研究与推广""地震采集工程软件系统（KLSeisV1.0）""地震采集设计新技术集成配套""KLSeis Ⅱ V1.0 地震采集工程软件系统与应用"。

在起步阶段,"地震采集应用系统研究与推广"是 KLSeis 的雏形,是一套功能覆盖整个野外地震采集全过程的计算机应用软件,由采集参数论证分析、测量内业计算、表层静校正分析与计算、现场质量监控四大部分组成。该系统集最新技术与软件为一体,实现了方法论证科学化、采集设计交互化、工程计算自动化、质量监控多元化,并在国内、外探区推广应用,取得了显著的地质效果和较高的经济效益,被物探局专家誉为国内地震采集领域绝对领先的应用软件系统。此项成果由原石油物探局地调二处采集方法软件开发研究所独立开发研制,于 1997 年被中国石油天然气总公司评为十大优秀推广项目之一,并获得中国石油天然气集团公司科技进步二等奖。

在追赶阶段,KLSeis 系统已可以替代国外同类软件。"地震采集工程软件系统(KLSeis V1.0)"是一套集国内外先进物探采集方法与技术于一体的具有独立版权的国产化软件系统。整个系统包括:从室内参数论证到 2D/3D 理论观测系统设计,从野外测量到实际观测系统的实时处理,从野外表层静校正的处理到辅助数据处理系统提供标准化的 SPS 格式数据,以及地质模型的正演模拟分析,基本上包括了整个地震野外数据采集的全过程。该系统包含了以下 8 个创新功能软件:采集参数论证、二维观测系统设计、三维观测系统设计、二维静校正计算、三维静校正计算、二维地质模型模拟、测量数据处理、SPS 标准数据生成。该成果荣获 2001 年中国石油天然气集团公司技术创新一等奖和 2002 年国家科技进步二等奖。

在超越阶段,KLSeis 系统在同行业中已处于领先地位。"地震采集设计新技术集成配套",也就是地震采集工程软件系统 KLSeis V5.0 版本,是中国石油天然气集团公司科技发展部立项的"十一五"重大科研项目之一。项目包含三方面的主要研发内容:即针对山地等复杂地表区地震勘探采集设计难题的基于真地表的三维观测系统设计软件研发,针对多道数、高覆盖、大工区的大数据量观测系统高效设计软件研发,针对多波多分量三维地震勘探的三维转换波静校正计算软件研发。通过项目研发与完善,填补了三维转换波静校正的空白,使 KLSeis 软件总体功能和性能继续保持国际领先水平。同时,在中国石油西北分院和集团公司物探重点实验室共同努力下,"地震资料采集质量分析与评价系统研发及应用"项目研发成功,促进了地震采集质量监控由人工、定性、主观向自动、定量、客观等方向转化,进而提高野外地震资料采集质量,降低勘探成本,提高勘探实效。

在领跑阶段,KLSeis Ⅱ 软件系统已遥遥领先竞争对手,成为行业的风向标。"KLSeis Ⅱ V1.0 地震采集工程软件系统与应用",成功地创建了开放式、跨平台、高性能的软件平台,并在此平台上研发与完善了能满足"两宽一高"地震采集技术发展需求的采集设计、模型正演与照明分析、数据采集质控、可控震源、静校正五大类共 13 个应用软件，为"两宽一高"与可控震源高效采集技术实施提供了技术保障。该成果共申请技术发明专利 28 件，授权专利 18 件，软件著作权 13 项，发表论文 19 篇。2017 年荣获中国石油天然气集团公司科技进步二等奖。目前，KLSeis Ⅱ 已升级到 V3.0 版，新增采集质控、气枪激发实时质控、模型静校正、近地表面波反演、三维波动正演等特色软件，使 KLSeis Ⅱ 软件系统的适用范围拓展到深海 OBN 的地震采集生产，成为功能更强、性能更优，全面引领行业的风向标。

如果说 KLSeis 是中国物探行业的一座丰碑，那么在碑体上，写下了一系列闪光的名字：

梁秀文，时任物探局地调二处总工程师，是地震采集应用系统的发起者，推动者，奠基者。他调动各方力量，组织各路技术人员，为科技人员创造了良好的平台，全力进行地震采集系统的研发工作。

赵瑞平，时任物探局副局长，他组织原物探局地调一处、地调二处和测绘中心的方法人员和计算机人员，组建专家办，集中研发，找经费、找办公室，积极创造良好的工作、生活环境，激励研发人员开拓创新，树立为研发国际一流采集软件的决心和勇气。

蒋先艺，一直从事地震采集工程软件系统 KLSeis 软件的研究和开发工作，他亲历了 KLSeis 软件整个发展历程，自己也从一名技术人员成长为项目长。他主持完成了采集软件系统 KLSeis V3.0—KLSeis V6.0 的研发。为满足东方物探公司海上地震采集设计软件新的需求，研发了基于真地表三维观测系统设计、拖缆观测设计、OBC 设计、VSP 设计等核心应用软件，形成配套功能，在东方物探公司推广应用 300 余套，取得良好的经济效益和社会效益，获得广大用户高度评价。

杨午阳，时任中国石油勘探开发研究院西北分院研究所所长，承担了"地震资料采集质量分析与评价系统研发及应用"项目。他作为项目长、带头人，提出了"大战一百天、保障软件顺利发布"的口号，带领研发团队刻苦攻关。研制出的该软件系统已在东方物探公司及油田等 33 家单位成功推广应用，不仅规范了地震资料采集质量监控工作，还提高了野外地震资料采集质量，降低了勘探成本和风险，应用效果明显。

李培明，时任东方地球物理公司物探技术总监兼采集技术支持部总工程师。在他的带领下，项目组通过完善岗位职责、明确目标任务、加强过程控制、科学组织实施等措施，经过全体员工齐心协力、大胆创新与无私奉献，在时间紧、任务重的情况下，圆满完成了项目的全部研发任务，采集软件第二代 KLSeis Ⅱ 成功研发。

何永清，采集技术支持部总工程师。作为 KLSeis Ⅱ V2.0 软件研发的项目长，全面负责

KLSeis II V2.0 的研发与推广应用。他带领科研团队研发了采集设计、静校正、资料质控、模型正演、可控震源五大技术系列 20 个应用软件。目前，KLSeis II 软件在国内项目中实现了全覆盖，国际项目应用率达到了 90% 以上。

"风华数十载，筑梦向未来。"过去是我们向别人学习，现在是别人主动向我们学习，这就是实实在在的进步，这就是国际化。中国地质学家李四光、石油铁人王进喜把"贫油国"的帽子扔进了太平洋。东方物探把"放炮公司"的影子抛进了印度洋，让西方大石油公司主动向东方物探竖起了大拇指，伸出了橄榄枝，认为 BGP 的 OBN 业务已经成为行业内链条最完整、标准最高、成本最低、竞争力最强的新兴业务。东方物探人用先进的技术打破了套在头上的"紧箍咒"，换回了尊严、赢得了尊重、拓展了市场。

相信，在不久的将来，通过东方物探人的不懈努力，KLSeis II 软件系统将在国际市场独占鳌头，让同行信赖东方物探，让世界爱上中国软件。

从完全依赖引进到快速发展的物探地震仪

　　国产地震仪器的发展之路是一条洒满艰辛汗水之路，是几代地震仪器技术工作者用智慧和辛劳铺筑的创新大道。在这条从零起步的道路上，中国石油从单纯地靠引进地震仪器，到在消化吸收基础上模仿制造地震仪器，再到今天可完全自主地制造出技术上国际先进的地震仪器。从 20 世纪 50 年代中期一直到"十二五"末，中国石油从未停止国产地震仪器的研究和制造脚步，取得的成就和获得的技术奖励也灿若繁星。自 1978 年开始，国产地震仪器（包括与之直接相关的地震检波器等研究成果）获得国家或省部级的科技进步奖励就有 18 项，其中包括 SDZ-75I、SK-8000、SK-33 三种数字地震仪器及 SJ-I、SJ-2、DJ-10 三种地震检波器在内的完全自主科技成果，《数字地震勘探技术的应用与发展》荣获 1985 年度国家科技进步一等奖。

地震仪

除国家级和省部级奖励外，有关国产地震仪器及其配套技术或产品还荣获过上百项的司局级或厂处级的各种奖励。正是一个个不同层级、不同分量的奖励共同见证了国产地震仪器艰辛的创新之路，也从不同侧面记录了国产地震仪器的光辉发展历史和成就。所以，国产地震仪器的发展之路本质上就是自主创新的科技进步和人才培养之路。

虽然获奖不是目的，实现地震仪器独立自主才是硬道理，但一张张获奖证书证明了国产地震仪器在技术先进性、产品实用性、创效能力等方面的竞争力。荣获的各种奖励不仅标志着国内地震勘探行业核心装备可以有自己的独创技术，说明地震仪器可以不纯粹依附国际物探装备制造而免于受制于他人。几十年的国产地震仪器发展之路也证明，国产地震仪器的存在有效平抑了进口地震仪器的市场价格，增强了国内油气勘探及参与国际竞争的话语权，同时也培养和造就了大批的科技人才，持续提升了国家核心物探装备的研发和应用能力。

国产地震仪器的不断问世与国家的资源战略定位密切相关。中华人民共和国成立初期国家基本上没有石油及相关产品的生产能力，但工业化的发展和老百姓的生产生活又离不开石油这一不可替代能源，因此，加快油气资源勘探开发实现战略资源自给自足一直就是国家的基本策略。在这样的政治和经济环境背景下，国家的石油工业持续得到快速发展，特别是石油工业上游业务的地球物理勘探技术及相关研究更是突飞猛进。地球物理勘探技术的进步自然带动了相关配套技术和产品的进步，作为地球物理勘探工程必不可少的核心装备——地震仪器就是典型的代表。中华人民共和国成立初期，国家没有任何地震仪器研制能力，所需要的装备只能全部从苏联等国进口。为此，国家从1954年起就组建了专门从事地震仪器研究的组织机构，并在此后不断得到充实和壮大，到20世纪70—80年代仅中国石油就成立两家专门从事地震仪器及配套产品设计制造厂（西安地震勘探仪器厂和徐水地震勘探仪器厂）。

国产地震仪器的研究是白手起家从零做起，开始只能对进口地震仪器进行修理和调校，然后才模仿制造模拟光点地震仪器，所制造的地震仪器能够采集的地震道一般为6个，响应频带仅20赫兹左右，系统动态也就30分贝上下。但在国家政策持续支持和相关技术人员不断努力下，地震仪器研发技术的发展速度是惊人的，通过不断地消化吸收和创新积累，到20世纪70年代中期就自主研制出具有国际水平的以逻辑器件为基础的数字地震仪器，典型产品是SDZ-751。SDZ-751等国产地震仪器的问世为数字化地震勘探技术的应用和发展提供了装备支撑，也标志着国产地震仪器的研发能力进入新的时期。此后，国产地震仪器研究随着改革开放的号角进入快速发展阶段，相继又研制出高质量的SK-8000、SK-33、SDZ-120、YKZ480、SK-1004、SK-1005、WK240等具有国际同期技术水平的多种地震仪器，"十一五"还成功研制出具有万道实时采集能力、综合技术性能达到国际先进水平的 ES-109。

国产地震仪器之所以能够从无到仿制再到创造，除国家的战略支持是根本外，很重要的是得益于几代地震仪器技术工作者的无私奉献和辛勤耕耘。经验是靠一点点积累的，基础是靠一砖一瓦筑牢的，国产地震仪器的技术进步靠的是一批又一批研究队伍的不断奋斗。几十年来，直接参与地震仪器研究和应用的技术人员数以千计，在众多的地震仪器研究工作者中，特别应该铭记和感谢的突出贡献者有何国信、叶梦生、张在陆、罗维炳、叶卸良、姚振典、魏自强、赵长久、李佩昌、万文曼、马文通等一大批前辈技术精英，是他们用勤劳的双手和超常的智慧攻克了一个又一个技术堡垒，并带领广大的技术团队研制出了与时代相适应的不同型号的国产地震仪器及其配套产品。

在几十年的国产地震仪器发展史上，涌现了许许多多可歌可泣的模范人物和感人故事。在众多的先进典型人物当中，值得特别怀念和学习的优秀前辈之一就是 1964 年毕业于清华大学自动化控制系的叶梦生先生。作为来自大城市上海且是全市数学竞赛第一名的高才生，他没有选择安逸和仕途，而是为了祖国的石油事业选择了地震仪器研究工作，并在当时地处乡村的物探局勘探仪器厂从事数字地震仪器研发。老一辈的地震仪器技术工作者大多记得，那位拥有高深的技术和谦虚人品，对工作极端负责，对同事热情友爱的叶梦生，为了实现地震仪器采集电路低噪声、高动态、宽频带这一目标，经常吃住都在办公室，记不清画了多少张严谨缜密的电路图，进行过多少次信号测试，只记得问题没有得到根本解决之前叶梦生从不停下研究的脚步。由于长年累月的辛劳工作，叶梦生的身体能量也在一点点地消耗，五十出头就患上了严重的疾病。在病重期间，他想到的仍然是工作第一，从家里到办公室约 200 米的距离，他却要借助小板凳走 10 米甚至 5 米休息一次艰难前行，整整要耗去 1 个多小时，为的就是研发技术先进的地震仪器。就是靠这样的精神和毅力终于实现了采集电路的信号响应特性达到国际先进水平，进而研制出具有国际技术水平的 SK-1004 地震仪器。叶梦生把毕生的精力都贡献给了中国石油的地震仪器事业，也为国产地震仪器的持续发展进步树立了丰碑。叶梦生前辈是几代地震仪器技术工作者的杰出代表，类似的人物和故事还有许许多多，正是因为有叶梦生这样一批勤劳敬业、无私奉献的技术专家，才使国产地震仪器实现了从无到有、从仿造到创造的奇迹。

国产地震仪器的本质意义在于有效地服务野外地震数据采集，增强核心物探装备的自主能力。从 20 世纪 50 年代中期开始，国产地震仪器就一直伴随着地震勘探技术不断成长和应用，完成了众多的二维和三维勘探生产任务，参加了全国各个探区施工作业，为寻找油气储量起到坚强的装备保障作用。初步统计，到"十二五"末累计投入地震勘探生产的国产地震仪器上 1000 台套，配套生产的地震检波器超过 2000 万只，同时直接创造了数以亿计的经济效益。可以说，国产地震仪器遍布祖国的大江南北，甚至还支援过朝鲜、阿尔巴尼亚等友好国家，历经了严寒酷暑等各种环境的考验，也经历了山地、戈壁、沙漠、草原、村镇等各种施工地表的磨砺，应该说每一个油气田的发现或新增地质储量的获取都离不开国产地震仪器及其配套技术和产品的支持。国产地震仪器的不断应用，一方面较好地满足了地震勘探工程的需要，同时也替代了进口并平抑了国外地震仪器的引进价格。由于国产地震仪器具有经济成本低且维护支持方便等独特的优势，几十年来不仅有效地降低了地震勘探成本，也节约了大量国家外汇，无论是经济效益还是社会效益都是显著的。此外，在国产地震仪器的研究当中也培养出一批又一批高素质的工程技术人员，使得核心勘探装备的研发和应用力量不断加强和壮大，也使得国产地震仪器的创新能力和综合技术实力不断提高，为今后研究技术上国际领先的地震仪器奠定了基础。可以预见，有国家和中国石油的坚定支持，有相关技术工作者持续奋斗，国产地震仪器的明天会更加辉煌灿烂。

打造物探复杂山地特色技术利器

复杂山地地震勘探技术及 GeoMountain® 复杂山地地震软件系统，由复杂山地采集设计、复杂构造成像、高陡复杂构造综合解释、复杂储层预测与油气藏描述四大技术系列构成。GeoMountain® 软件系统具有鲜明的山地地震特色，能够为用户提供地震资料采集、处理、解释、油气藏描述等一体化技术方案，已在国内外多个地区进行推广应用，取得了良好的经济效益与社会效益。技术和软件成果获得中国石油天然气集团公司技术发明一等奖 1 项、科技进步奖 1 项，2014 年获得国家技术发明奖二等奖。

在地表和地腹具有双重复杂性的山地地震勘探中，如何获得高质量的地震采集资料，是山地地震勘探面临的首要技术难题。由于地表条件差和地腹构造复杂，突出的静校正问题以及构造成像精度低等是山地地震勘探面临的第二大技术难题。由于国内油气储层拥有类型多样和储层非均质性强等特点，如何获得较好的解释成果、提高解释精度、提高钻井成功率并获得油气发现，是山地地震勘探面临的第三大技术难题。这三大技术难题挑战大，常规地震勘探技术与软件已显得力不从心。

中国石油川庆物探公司 60 多年来十分注重技术创新与有形化的工作，针对上述三大技术难题，创新形成了针对山地复杂地震勘探条件下的山地采集优化设计、复杂构造成像、高陡复杂构造综合解释、复杂储层预测与油气藏描述四大技术系列，研发形成了世界首套专门针对山地复杂油气藏勘探的采集、处理、解释一体化的 GeoMountain® 复杂山地地震软件系统，为我国山地油气勘探开发提供了一种新的技术手段。

复杂山地地震勘探技术及 GeoMountain® 复杂山地地震软件系统的发展经历了四个重要时期。1978—1996 年属于点多面广的起步阶段，先后研发了二维模型正演、小波高分辨处理、瞬时吸收系数反演等软件模块，解决了生产难题，得到了较好的应用，推动了山地地震勘探特色技术的形成和积累，奠定了山地地震勘探特色软件的发展基础。1997—2006 年属于重点突出的快速发展阶段，形成了山地之星采集软件系统、层析静校正、波动方程叠前深度偏移、二维储层预测软件系统等，促进了山地地震勘探特色软件的快速发展和人才成长。2007—2010 年属于顶层设计系统推进的全面突破阶段，整体推出了世界上第一套专门针对山地复杂油气藏勘探的采集处理解释一体化软件系统 1.0 版，实现了对采集方案设计、二维／三维地震资料处理、构造解释、储层预测等山地地震勘探全过程的技术支持。2011—2015 年属于稳步推进的升级换代阶段，形成了山地地震采集优化设计、复杂构造成像、高陡复杂构造综合解释、复杂储层预测与油气藏描述四大技术系列共计 141 项技术，实现了 GeoMountain® 复杂山地地震软件系统由 1.0 版到 1.5 版、2.0 版、2.5 版的升级换代。从点滴摸索到全面升级换代，谱写了自主研发特色软件崛起的新篇章，实现了山地地震勘探技术一次又一次质的飞跃。

在复杂山地地震勘探技术及 GeoMountain® 复杂山地地震软件系统的研发过程中，数辈山地物探人为之付出了他们的青春和汗水，谱写了业界瞩目的华丽篇章。

莫畏前途多艰辛，矢志攻关永攀登

获得首张现场处理剖面，填补世界复杂山地勘探空白。

2009 年 1 月，GeoMountain® 采集、解释系统 V1.0 发布。2010 年 1 月，GeoMountain® 采集、处理、解释一体化软件系统 V1.0 发布。2011 年 11 月，GeoMountain® 软件系统 V1.5 形成。快节奏的研发进程并未让 GeoMountain® 软件系统的全体科研人员感到轻松，反倒是面临着"时不我待"的巨大压力。对于科研人员来说，创新是"近在咫尺，远在天涯"。有了技术理论，编写程序代码，开发出软件产品，一切看似简单，要研发出满足实际生产需要的技术和软件产品却是非常不易，绝非一日之功。采集子系统研发团队、处理子系统研发团队、解释子系统研发团队、测试应用团队及无数个不畏前途艰难、默默奉献的个人，付出了艰辛的努力。

正是因为有这些团队的团结协作，2010 年 4 月 20 日 GeoMountain 处理软件在四川盆地长宁页岩气藏勘探生产实际应用中成功地处理出第一张现场处理剖面，标志着川庆物探公司自主研发的 GeoMountain 处理软件在实际生产应用中走出了扎实的第一步，标志着 GeoMountain 处理软件的推广应用取得了实质性突破。

在这第一张现场处理剖面的背后，有一个无所不胜的团队。何光明主任，通过对已有技术和模块的集成配套、对前沿技术的借鉴吸收、对核心技术的自主攻关，带领团队成功研发了 GeoMountain 软件系统，填补了世界上复杂山地地震勘探专业软件的空白，一经推出即引起同行关注，先后获得"国家战略性创新产品"等多项殊荣。中心总工程师刘鸿，负责提高软件的运行效率，他的工作形式几乎是一成不变：用生产数据进行测试、分析处理结果、检查源代码、修改源代码，如此的周而复始、循环不息，有时候需要四五天就可以完成这样一个流程，而有时候需要一两个月。他就这样沉浸在这种"慢陀螺"式的工作状态

现场叠加剖面（2010DCZ024 线，地震 207 队）

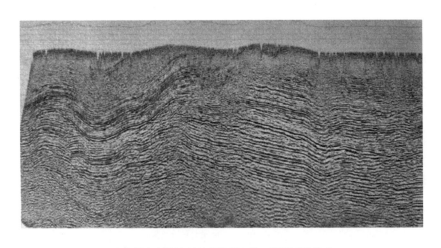

现场叠加剖面（2010CXNB004 线，地震 211 队）

中，通过优化计算策略，采用多进程、多线程及矢量化的指令集技术，一点一步地提升软件运行效率。2012 年，软件完成冯家湾三维项目的迭偏大约需要半个月时间。2013 年，仅需要三四天。这两个人只是这个团队的一个缩影，这种默默付出、顾不上家庭、从不考虑回报的个人还有很多很多。

矢志解释子系统研发，逐梦山地勘探

解释子系统研发团队在物探公司 2012 年度的"一号工程"川中高石梯—磨溪构造项目等多个重大项目中大放异彩，李亚林书记向中国石油天然气股份有限公司领导专家介绍岩溶带预测、子波分解重构技术、岩石物理弹性参数的敏感性分析时，骄傲地说"这是我们自己的软件 GeoMountain 解释子系统" 所做的成果。项目所取得的成果也得到了领导专家的赞同。

该项目最大的特点就是数据量巨大，涉及区域面积多达 7.3 万平方千米，近 6 个成都市面积这么大。在这个项目里，该团队在构造解释、储层预测和流体识别方面都取得了骄人的成果。此次发现证实了高石梯—磨溪构造的震旦系的古岩溶发育情况，摆脱了四川盆地的古岩溶 "全是小溶洞" 的认识。

山地物探

"在成功的道路上，往往遍布荆棘。" 其实在成功背后，技术发展中心的解释研究团队功不可没，更少不了经验丰富的中心副主任、总地质师陶正喜指点剖面。要论为 GeoMountain® 解释子系统整体规划实施倾注心血最多的，非研发团队的带头人邹文博士莫属。2005 年 7 月，邹文硕士毕业于中国地质大学地球探测与信息技术专业，进入公司时，仍然在成都理工大学脱产攻读博士学位。2006 年 4 月，修完学分后的他直接进入科研岗位，没有 "实习—转正" 的通行模式，也没有 "师带徒" 的适应过程，而是直接承担一个为期两年的公司级科研项目 "储层含流体地震识别技术研究"。研究方法、实现算法、编写代码、修改程序……加班成了家常便饭，几乎没有周末和假期。两年时间，历经千难万苦的付出没有白费，"项目成果丰富，软件的实用性很强。以前人工肉眼识别流体参数需要半天才能完成，有了这项技术几分钟就能搞定"。该项目形成的部分成果获得川庆钻探公司首届科技青年论坛活动论文创新二等奖，形成的论文《流体属性敏感性定量分析技术研究》在国际学术会议上宣读。紧接着负责 GeoMountain 解释子系统研发，从基础平台、属性分析、构造解释、地质绘图……每个模块都倾注了他的心血，从人员组织、技术创新、软件研发到成果汇总，从大局上的把关到每个效果的分析他都事必躬亲，带领团队取得了一个又一个的胜利。

本成果经济效益显著，技术和软件已在我国和缅甸、土库曼斯坦等海外 12 个国家的山地复杂构造油气勘探中大规模应用。截至 2015 年底，软件安装 458 套，推广应用 267 个项目，直接经济效益 2.21 亿元。成果也获得了社会各方的高度赞誉，发明成果集成的软件产品"GeoMountain® 复杂山地地震软件系统"于 2013 年被国家科技部等四部委认定为"国家战略性创新产品"，发明技术于 2012 年获美国"World OilAwards（世界石油奖）""最佳勘探技术"提名奖。

打造物探"中国芯"

150 工程：第一条数字地震剖面的诞生

20 世纪 70 年代初，150 工程不但研制出了我国第一台百万次计算机，还开创了我国地震数据处理计算机应用许多"第一"：第一套地震数字处理软件系统；第一条数字地震剖面；第一个地震数据处理中心等。150 计算机和《石油地震勘探数据处理方法和程序》获得 1978 年"全国科学大会奖"。

1973 年 11 月，为了验收从法国引进的 501 勘探船（SN-338B 数控地震仪），完成在南海施工的数字地震资料处理任务，石油工业部要求物探局组织软件攻关，要在几个月时间里，研制出我国第一套地震数字处理程序系统。

20 世纪 70 年代初，"数字地震资料处理" 还是只有个别国家掌握的油气勘探的前沿技术。在方法研究方面，当时只知道国外地震处理中需要用滤波、反褶积、动平衡等技术，至于具体公式及如何实现，全靠自己摸索。有些概念，如"偏移叠加"和"叠加偏移（叠偏）"，都曾经请有关专家多次讨论。在软件开发方面，由于是国内第一次开发数字地震软件，在计算机如何实现数据"解编""动校正""静校正""叠加""动平衡""速度谱"等，都需要一一摸索，几乎没有任何可供参考的资料。甚至野外数字地震仪器磁带记录的数据格式，也缺少有关说明书，只能够靠用行式打印机以八进制代码形式打印出仪器测试得到的正弦波记录，通过分析猜测其记录的格式，破解格式谜题。

150 计算机地震数字处理程序是用机器语言编写的，直接操作存储器、寄存器和变址器等硬件部件。这套程序设计有许多创新，如磁带数据输入与处理计算并行操作（并行工作方式与串行工作相比，常规水平叠加处理可以提高效率 40% 左右）、根据 150 计算机的特点实现各种信号处理快速算法、利用行式打印机输出速度谱等。

1974 年 3 月底，在进行第一条海上地震剖面处理过程时，又遇到数字记录丢失同步码、船舶走向显示等问题，软件人员在机房连续工作 120 小时，修改、编写程序。终于在 1974

年 4 月 2 日，仅用 38 小时处理出了我国第一条海上数字地震剖面，获得石油工业部和北京大学领导的好评，被誉为"争气剖面"。

马在田院士在《学海回眸》曾经回忆说："1975 年初，到访我国石油工业部的法国专家，看到我们的'争气地震剖面'后，感到非常惊讶，因为他们未料到当时混乱的中国自己能取得具有相当难度的、具有前沿性的科技成果。因为只有美国和西方几个发达国家才有这种技术，苏联当时也未有。"在书中马在田院士称：王宏琳和管忠是我国第一套地震数据处理程序系统的"核心研究人员"。

马在田院士参加学术报告会

银河工程：实现分布式处理与向量计算

20 世纪 80 年代中期，国产银河机（YH-1）是一种当时非常先进的向量计算机，具有很高的向量处理能力。由于银河机的数据输入输出能力有限，使得一些计算量大的模块在银河机运行效率非常高，而一些输入输出操作多的模块则效率比较低，于是在银河地震处理系统中开发了"分布式处理管理程序"，实现了异型机连接，能够将一个地震处理作业的不同模块，自动分布到银河主机和前端机（Cyber730）执行，计算量大的模块（如偏移等）在银河机运行，而输入输出操作多的模块（如绘图显示等）在前端机运行。分布式处理管理主控程序接收面向地震用户的语言（作业编码），将其分解成三个部分，每部分由相应计算机的作业控制语言和相应的地震编码语言组成。这种分解工作完全由分布式处理管理主控程序自动进行。在这样实现"宏流水"处理的过程中，地震数据本身起着接口的作用，并担负激活下一台计算机处理执行的使命。

充分利用银河机的向量计算能力，在银河计算机上进行地震偏移效率非常高。银河机的一条向量处理指令，可以对两个长度为 128 的数组进行流水线式的运算，因而比较标量计算的效率提高了几十倍、上百倍。在银河机上研究开发了向量化的单道计算、多道计算及绘图显示的子程序库，许多应用模块实现了向量化。例如，在银河机实现的向量化的地震偏移模块，其运行速度比 Cyber172 计算机相同功能的模块快 60 倍。

GeoEast：物探"中国芯"强劲跳动

二十一世纪初，由于中国石油集团东方地球物理勘探有限责任公司（简称东方物探）大力实施国际化发展战略，国际业务迅速扩大，国外主要竞争对手感觉到潜在威胁，在物探核心软件上采取了严格限售甚至禁售策略，希望以此来制约东方物探强劲的发展势头。为了打破技术封锁，2003 年中国石油东方地球物理勘探有限责任公司正式启动超大型地震数据处理解释一体化软件 GeoEast 的自主研发。

东方物探是中国石油天然气集团公司下属从事地球物理勘探技术服务的专业化公司。2002 年，东方物探公司国际业务收入首次超过国内业务，作业区域扩展到亚洲、非洲、拉丁美洲和欧洲的 18 个国家和地区，海外作业队伍达到 27 支。

东方物探在国际物探服务市场发展迅速，引起竞争对手的关注，国际主要技术服务公司开始对其实行技术封锁。有的停止对东方物探购买的软件产品进行升级，有的对软件的使用提出种种苛刻的条件。

为此，中国石油集团决心打造核心物探技术利器，把主动权掌握在自己手中。东方物探公司正式启动 GeoEast 地震数据处理解释一体化系列软件自主研发工作。要做最好的物探软件，这是所有 GeoEast 研发人员的共同目标。

最终，刘超颖、赵波等 300 余人的团队，在以王宏琳、赵振文为代表的团队研发成果基础上，经过 19 个月的刻苦攻关，成功研发了国内第一套拥有自主知识产权的地震数据处理解释一体化软件 GeoEast V1.0，铸就了物探"中国芯"。

GeoEast 软件研发团队打破常规，独创了"螺旋＋瀑布"的研发模式，保证了研发速度和进程，最终研发成功了国内第一套拥有自主知识产权的地震数据处理解释一体化软件 GeoEast V1.0，结束了中国石油没有自己的地震数据处理解释一体化软件的历史，有力提升了中国石油的技术影响力和国际竞争力。

2004 年 12 月 31 日，GeoEast V1.0 顺利通过国家 863 计划专家组验收并成功对外发布，一举打破国外技术封锁，意味着中国物探企业软件产品必须依赖进口的局面彻底改变。

好软件是用出来的，应用是检验软件功效、不断提升软件性能最好的方法。研发成功后，东方物探大规模开展了 GeoEast 软件推广应用工作。首先，采取组织应用人员参加 GeoEast 培训等多种方式壮大软件应用群体。其次，充分发挥生产科研一体化优势，在使用中发现问题、反馈问题，及时改进解决问题，推动 GeoEast 软件性能不断提升。通过产研联合攻关，重点突破形成示范。GeoEast 在常规主导技术和高端关键技术上不断完善，软件使用率逐年攀升，实现从"能用"到"好用"的跨越。

然而，要想让用户真正从心里接受 GeoEast 软件，就必须做到软件功能满足用户需要、处理解释效果优于其他软件、使用方便快捷。一次，某单位反映他们用国外软件做了 4 个月的项目，在即将汇报的关键时刻，两口相邻井含有不同层段砂岩储层的问题怎么也解释不了，无奈之下他们想到了 GeoEast。专家白雪莲第一时间赶到，利用 GeoEast 解释软件很快达到了地质人员想要的预期效果。此后，这个单位成为 GeoEast 解释软件最忠实的用户之一。

随着 GeoEast 软件用户群的不断扩大，用户使用的熟练程度越来越高，软件的技术支持从最开始如何使用的问题向应用效果精细化方向发展。与此同时，研究中心也在不断提升支持服务的质量和水平，高效解决用户遇到的技术问题，并且根据用户的不同需求，提供定制服务。

GeoEast 软件突破了众多关键技术瓶颈，形成竞争优势，助力中国物探企业在国际市场上掌握话语权。在国内市场，GeoEast 软件有效提升了东方物探找油找气的服务保障能力，为中国石油重点领域的勘探突破提供了技术支撑；在国际市场 GeoEast 软件捷报频传，屡屡拿下高端处理项目。

GeoEast 系统界面

物探市场的竞争，核心是技术的竞争。GeoEast 软件突破了低频补偿、OVT、海洋 OBN 与宽频、高效混采分离等关键技术的瓶颈，在国际市场上展示了东方物探的技术实力，为东方物探开拓海外高端市场增加了至关重要的砝码。

OBN 技术是国际物探行业刚刚兴起的前沿技术，也是进入国际高端物探技术服务市场门槛的必备技术，更是 GeoEast 研发密切关注和技术攻关的重点。东方物探研究中心专门组成由 30 多位技术骨干组成的研发组，从最初的算法公式开始，一点点推导，一步步演算，一行一行完成代码。仅用 74 天的时间就完成了 11 项关键技术的原型模块开发，首创了 GeoEast 系统 OBN 数据整套工业化处理技术流程。

混叠采集技术也是近几年新兴的勘探技术，以其低成本、高效率的优势，逐渐得到国际石油公司的青睐。东方物探瞄准市场需求、瞄准技术前沿，迅速组成项目组，进行技术攻关，仅历时 6 个月，成功攻克了基于反演的混采分离技术。在 PDO 混采数据上取得了理想的数据分离效果，为 PDO 高效采集项目的顺利运行提供了支撑和保障。2017 年 SEG 年会展览期间，东方物探的混采分离技术得到了国际同行的高度认可。

从 GeoEast V1.0 到 GeoEast V4.0，不断地发展完善，让中国物探企业在与国外主流物探软件的谈判桌上有了话语权和主动权。由于 GeoEast 软件的使用、操作简单及符合中国油气勘探实际情况，对国外软件形成了一定的竞争优势，国外软件不得不针对中国油气勘探的实际特点，开发和改进部分功能，以满足国内用户的需求。

截至 2022 年，GeoEast 软件共获得国家授权发明专利 224 件，登记软件著作权 91 件，认定企业技术秘密 51 件；软件应用率达到 46.4%、解释项目软件应用率达到 66.6%，为我国石油勘探打破国外技术垄断写上浓墨重彩的一笔。

建成了具有国际先进水平的超大型复杂地质目标地震处理解释软件系统（GeoEast）以建设 GeoEast 系统的《超大型复杂油气地质目标地震资料处理解释系统及重大成效》项目，自主创新了复杂山地、黄土塬地质目标的配套表层静校正、叠前去噪和复杂构造叠前偏移成像技术，自主创新了以多尺度体曲率、属性聚类、高亮体等现代属性为核心的油气储层识别新方法。解决了复杂地表的技术瓶颈，大幅度提高了勘探精度，在国内八大盆地及海外五大探区发现了一批新的油气圈闭，为油气储量持续增长提供了技术支撑，于 2013 年荣获国家科技进步二等奖。

国际物探市场竞争的"撒手锏"——可控震源发展史

可控震源高效采集配套技术集成了中国石油集团东方地球物理公司自 2009 年以来根据可控震源高效采集生产和市场需求陆续技术攻关取得的一系列技术成果，取得了多项关键的创新技术成果。相关技术成果获中国石油天然气集团公司科技进步二等奖 2 项，中国石油天然气集团公司科技进步三等奖 4 项，中国石油天然气集团公司优秀成果二等奖 1 项，为沙特、阿曼、KOC 特大型三维项目顺利启动和平稳运行提供了有力的技术支撑，并在后续的推广和应用中，展现出了显著的应用效果，进一步印证了该技术成果的先进性和市场价值。

可控震源高效采集可有效降低宽方位、高密度地震数据采集的成本，满足叠前成像处理对宽方位高密度数据采集的要求，从而显著提高地震数据成像效果，为高精度油气勘探提供重要的技术支撑，代表了当今陆上地震勘探技术的最高水平，具有巨大的技术市场发展空间。相对于常规地震采集，可控震源高效采集面临着诸多技术挑战：可控震源组数多，采集设备投入多，作业组织管理难度大，激发效率大幅提高，地震数据量大，质量控制难度大，现场处理能力要求高。国际大石油公司及主要地球物理服务公司对于该项技术的研究工作起步较早，陆续提出了滑动扫描、同时扫描等可控震源高效采集方法并进行了早期生产实践，也因此在国际高端地球物理勘探市场中设置了高悬的技术准入门槛。从 2009 年开始，东方地球物理公司在前期经验和研究的基础上，陆续投入人力物力，开展可控震源高效采集配套相关技术的研究，以期全面、大幅提升中国石油在国际高精度地震勘探市场的技术竞争力，最终形成一套达到国际先进水平的、完整的中国石油版可控震源高效采集配套技术方案。

东方地球物理公司的张慕刚等专家开展了可控震源高效数据采集技术及工业化应用的研究，先后开发了可控震源高效数据采集设计技术、交替扫描和滑动扫描作业技术、高效采集观测系统优化和质量控制技术。该成果在北非、中东、中亚等国家得到广泛应用，国内吐哈、北疆探区也成功应用了该技术，作业效率得到显著提高。该成果因此获 2009 年中国石油天然气集团公司科技进步三等奖。

由于可控震源采集会产生谐波等噪声干扰，可控震源高保真采集技术成为热点，当时这一技术掌握在 Exxonmobil、ConocoPhilip 等油公司和少数几家西方地球物理服务公司手中，研究掌握这一技术，有助于提高东方地球物理公司的国际市场竞争力和声誉。2007 年东方地球物理公司的王卫华等专家开展了可控震源高保真采集技术研究，形成了可控震源高保真采集设计技术、可控震源高保真野外作业和现场质量监控技术，开发了单台可控震源 HFVS 数据反褶积软件和多台可控震源 HFVS 数据分离软件。可控震源高保真采集方法的成功应用为中国石油稳定海外勘探市场奠定了坚实的基础，同时也为中国石油集团占领海外高端市场作出了贡献，该成果于 2010 年获得中国石油天然气集团公司科技进步三等奖。

大道数可控震源高效采集可以满足叠前成像处理对宽方位高密度数据采集的要求，显著提高地震数据成像效果，同时降低勘探成本。2009—2012 年，东方地球物理公司在前期经验和研究的基础上，陆续投入人力物力，针对大道数可控震源高效采集关键配套技术持续开展攻关，取得了一系列具有国际先进水平的科技创新成果，攻克了 DS3、DS4、ISS 等高效激发技术难关，形成了一整套可控震源高效采集处理技术解决方案。该成果于 2015 年获中国石油天然气集团公司科技进步二等奖。

随着石油地球物理勘探技术不断发展，特别是宽频、宽方位、高分辨率和高效采集技术的发展，要求石油地震勘探测量导航与定位技术也要提高精度和效率。但是多年来，我国石油勘探行业的导航与定位相关技术一直依靠进口，中国石油、中国石化和中国海油的陆上导航定位设备、海上勘探综合导航系统基本被国外公司垄断，国内勘探领域没有自主知识产权的同类产品和技术。为打破国外技术壁垒，服务国家能源战略，提升中国石油国际市场竞争力，自 2008 年开始东方地球物理公司组织开展了相关技术研究，并首次创立了具有自主知识产权的石油勘探导航定位数据标准，依此开发了国内第一套商业化陆上导航定位数据处理与质量控制系统软件 GeoSNAP-SSOffice；首次研发了适合多种导航模式的海上勘探综合导航系统 GeoSNAP-HydroPlus；发明了基于声学长基线和超短基线组合定位的海底电缆二次定位方法；在国内首次提出了基于客户/服务机制的软件构建技术、基于多种通信协议的分布式无线局域网络技术的海底电缆勘探综合导航模式。2012 年 12 月 16 日，该成果通过了由中国石油天然气集团公司科技管理部组织的科学技术成果鉴定，与会专家通过质疑和讨论形成了如下鉴定意见：该成果总体达到国际先进水平，具有广阔的应用前景。并于 2016 年获中国石油天然气集团公司科技进步三等奖。

山地可控震源车

21 世纪之初，正是东方地球物理公司海外业务全面铺开、高速发展的关键时期。此时，东方地球物理公司已经在海外多个国家开展了陆上地震采集业务，但初次进入的大多为中低端市场。而 WESTERNGECO、CGG、PGS 等物探公司利用技术与装备优势长期把持中东、北非等高端市场。在激烈的市场竞争中，东方地球物理公司急需一把技术利剑来打破西方的技术壁垒，开辟新市场。东方地球物理公司首席技术专家，时任国际部总工程师的张慕刚当仁不让地挑起了这副担子。通过与各大国际石油公司的技术交流，经过详细调研，张慕刚意识到可控震源高效采集及配套技术将会成为这把劈开新市场的技术利剑，也是公司在中东、北非开辟长期规模生产基地的必要技术支撑。张慕刚和他领导的技术团队自 2003 年开始了可控震源高效采集技术的研发工作，2004 年在阿曼成功应用滑动扫描技术打开了高端市场。在这之后通过勇于创新、奋力攻关，解决了多个技术难题，创立了自主的技术品牌，并多次刷新业界生产纪录，实现了从追随者向领跑者的跨越。

十几年来的努力与坚持，可控震源高效采集技术目前已经系列化与标准化，相应的装备和软件也趋近完善。相关技术先后获部级科技进步一等奖 1 项，二等奖 2 项，三等奖 2 项，局级奖项 10 余项。形成国家专利 20 余个，软件著作权 40 余项。

所有成功的背后都是艰辛的付出，张慕刚已经不记得有多少个通宵的夜晚，与各路专家们开会讨论，以找到更好的思路；也不记得为了这一系列技术的具体实现，又多了几丝白发；他只记得前方项目将士们看到问题被解决后的由衷笑脸，记得又一个合同拿到后公司领导们的欣慰，也记得与甲方开会时向 BGP 表达的敬佩与赞扬。随着全球油气勘探加快向"隐、深、低、非、海"转变，油公司对高品质、高效率、低成本物探技术需求更趋迫切，科技创新在竞争中的作用更加彰显。对于技术服务公司而言，谁能够以更低的价格向市场提供满足技术需求的服务，谁就能赢得市场；谁掌握了最先进的技术，谁就将占领未来市场的制高点。张慕刚和他领导的技术团队充分发挥了大家的主动性和创造性，围绕市场需求、解决技术瓶颈加大技术攻关，以高端技术拉动市场开发，为公司海外业务的发展作出了自己的贡献。

可控震源高效采集技术在东方地球物理公司海外项目中得到全面应用，市场份额保持不断增长，在北非、中东、中亚等10余个国家的20支地震队完成了50余个高效数据采集项目，国内吐哈、北疆探区也成功应用了该技术，作业效率得到显著提高，其中采用交替扫描方式提高效率50%左右，采用滑动扫描方式提高效率100%以上，依赖上述技术实现价值工作量45.6亿元，效益11.7亿元，创造了可观的经济效益与社会效益。高保真可控震源地震采集技术的成功应用为中国石油稳定海外勘探市场奠定了坚实的基础，同时也为中国石油集团占领海外高端市场作出了贡献。大道数可控震源高效采集配套技术研究与工业化应用项目成果在伊拉克鲁迈拉项目、沙特S70和S71特大三维项目、阿曼PDO超级地震队项目、CNPC哈萨克、乍得等项目中得到成功应用，生产效率和技术质量得到极大提升，累计实现收入26.7亿元人民币，取得了可观的经济效益；2014年再次中标沙特阿美公司S77特大三维5年期项目，确定了中国石油陆上大道数可控震源高效采集技术的国际领先地位。

沙特阿美石油公司总裁兼首席执行官哈立德·法利赫的评价为"技术是一流的、管理是优秀的"；BP公司开发部全球执行副总裁Bernard Looney先生对我们的评价为"你们所采用的技术给我留下了非常深刻的印象"。Geo SNAP石油物探测量导航与定位技术系列实现了东方地球物理公司内部替代率100%，节约进口产品购置费近2亿元，并成功销售到中国石油、中国石化、中国海油等油田公司；该技术广泛应用于国内八大盆地及海外五大探区，并为沙特ARAMCO、英国BP、荷兰SHELL、法国Total、意大利Eni、中国海油、中国石油等国内外多家大型石油公司提供了优质地震勘探导航与定位技术服务。

开辟精确勘探之路的李庆忠

要说石油地球物理勘探领域中的重要人物，就不得不说说本行业老一辈石油地球物理勘探专家、中国工程院院士李庆忠。他1952年毕业于清华大学物理系，教授级高级工程师，中国工程院院士。曾在新疆石油管理局、大庆油田、胜利油田及原物探局从事石油勘探与理论研究工作50余年。他提出的理论和方法不仅解决了石油勘探中的诸多技术难题，而且对物探技术的发展有着很深远的影响，对克拉玛依、胜利、华北等油田的发现及新疆塔里木盆地的油气勘探起到了重要作用，取得了显著的经济效益，为中国石油物探技术和生产的发展作出了重大贡献。

1998 年李庆忠在办公室工作

他系统地阐明了地震波的波动理论，1972 年，与国外同时提出了 "积分法绕射波叠加" 成像技术，使地震勘探技术从几何地震学进入了波动地震学时代。1975 年，采用该技术进行数字处理，迅速查明商河西油田地下构造形态，两年内探明石油储量 5400 万吨，并顺利投入开发。1966 年，首次提出三维地震勘探方法及原理，并在东辛油田上绘制出三维归位构造图，取得了良好的地质效果。1974 年，又在新立村地区组织了世界上第一片束状三维地震勘探，发现新立村油田，此方法现已成为陆上三维勘探的主要方法。1974 年，首创两步法三维偏移，论文发表比国外早五年。1993 年，他系统研究了提高地震勘探精度的各个环节，发表了专著《走向精确勘探的道路》，全面评述了高分辨率地震勘探的理论及发展方向。作为主要参加者完成的 "渤海湾盆地复式油气聚集带勘探理论及实践" 获国家科技进步特等奖，"数字地震勘探技术的应用与发展" 获国家科技进步一等奖。

李庆忠以其很高的学术水平和丰硕的科研成果，多次受到国家和石油天然气总公司的表彰，1991 年被国务院批准为国家级有突出贡献的专家，享受政府特殊津贴，1995 年被石油天然气总公司命名为 "石油工业杰出科技工作者"。李庆忠院士被行业界公认为是高精度勘探技术的启蒙者、引领者与推动者，为 20 世纪 80 年代以来孟尔盛团队发展数字地震勘探技术，俞寿鹏团队创新发展高分辨率地震勘探技术，钱荣钧团队创新发展西部复杂区高分辨率地震勘探技术，以及唐东磊团队创新发展宽方位、宽频带、高密度三维地震技术奠定了扎实基础。

从几何地震学到波动地震学

胜利油田会战初期，复杂构造上的地震资料往往与钻井资料不符，不是深度有较大误差，便是断层位置不对。前人在地震方法研究方面曾经做过大量试验，如缩小排列、非纵排列、低频反射、平面波前法、方向调节接收等，但结果都不能解决问题。传统的几何地震学认为，地震波像光一样直线传播，入射角等于反射角，类似于乒乓球的反弹射。这种简单的类比法，是当时传统的地震勘探成图计算的理论基础。针对上述问题，李庆忠从物理光学和几何光学的差别出发，提出地震波很长（80~150 米），以波动的性质在地层中传播，遇到断层就会产生绕射波，造成地震记录上 "层断波不断" 的现象，且小断块反射能量下降，就会消失在干扰背景之中；如果不把绕射波收敛起来加以归位，就不能真实地反映地下断块的形态。他的这些想法得到了俞寿朋、刘雯林的支持，他们共同计算了大量地震波的衍射波动性质和特征，李庆忠进行了系统论述，于 1966 年写成《波动地震学》手稿，说明 "地震反射波与地下反射段并不总是一一对应" 的道理。

1966 年，他因《波动地震学》被错误地批判为 "三脱离" 的典型，被没收了手稿，下放小队劳动。直到 1972 年，刘雯林把代为保存而幸免于难的《波动地震学》手稿和图幅交还给李庆忠，李庆忠完成了《地震波的基本性质——复杂断块区的反射波、异常波和干扰波》这篇 21 万字的长篇论文。当时的中国石油天然气总公司物探局总工程师孟尔盛给予该文高度评价，认为是中国地震勘探发展史上的重要论著。1974 年，以第 1~2 期合刊的方式，在《石油地球物理勘探》杂志刊登，此后，各石油院校的教科书在阐述地震波的性质及特征时，均采用了此文及附图。

在此基础上，李庆忠建立的"绕射波扫描叠加偏移"技术也得到了广泛应用。1975 年，该技术在生产中取得了巨大成果，胜利商河西油田的资料经过处理后，断层准确、深层反射清晰，在临邑大断层下方发现不少高产断块。两年内，探明地质储量 5400 万吨，从一个不为人知的新区，建成年产 40 万吨的石油基地。现在此技术已经发展到更高的水平，成为地震勘探中不可缺少的重要一步。

领先开展三维地震勘探

20 世纪 60 年代中期，石油地震勘探资料的成像技术正从剖面到立体，即从二维到三维发生着历史性的变化。胜利油田是有名的复杂断块油田，用常规的二维地震方法很难搞清地下情况。当时任地质指挥所副指挥的李庆忠，从实际出发，认真进行调查研究，总结了二维地震资料与钻井资料不符的原因，提出改进地震勘探的八字方针：去噪、定向、辨伪、归位。1965 年，他和俞寿朋、刘成正等人讨论了一个三维地震勘探的具体实施方案，设计了一套线距密集型"小三角"测网进行野外采集，使用国产 51 型地震仪，采用解放波形、面积组合接收方式，在资料解释中，从三个方向识别反射波，计算侧向偏移距离，然后进行偏移归位，这是我国最早也是世界上最早的一种三维地震勘探。东辛油田使用该方法在 1967 年获得了第一张三维偏移校正的沙一段构造图，这是中国第一张三维归位构造图。

1974 年，李庆忠恢复职务后，因受当时特殊情况的冲击而中断的三维地震的试验得以继续开展。他利用当时国产模拟磁带仪进行多次覆盖采集。当时美国的三维地震还停留在"十字放炮法""环线地震法"上，都不能克服多次波的干扰。法国的"宽线剖面法"，也只能称为半三维工作法。李庆忠设计了"束状三维地震"采集测线，有效地克服了多次波的干扰。由于种种原因，"束状三维地震"采集的资料直到 1982 年才由张明宝处理出来，并完成了 T4 构造图，提供了井位。结果发现了新立村油田，在沙三段上部发现高产的厚油层，一年之中探明储量 1100 万吨，当年就建成 18 万吨的生产能力。

1978 年在美国 SEG 年会上，他代表中国地球物理界做了技术报告，引起强烈反响，为祖国争得了荣誉。

现在，越来越多的人认识到三维地震勘探的重要性，这项技术及他后续提出并发表在

《石油地球物理勘探》上的两步法偏移技术和地震地层学理论等高精度勘探前期技术，奠定了高精度勘探的基础，已经是中国勘探发现油气田的重要技术。

走向精确勘探之路

李庆忠的研究工作一直没有停步，他又从理论和实践的结合上总结出了影响地震勘探精度的各种因素，并从物理的本质入手，结合严密的数学理论，运用现代计算机技术，对地球物理勘探中各种现象与技术方法做了本质性、机理性的研究，提出了高分辨率勘探的方法及措施。他提出了地震波大地吸收作用经验公式，推算出了中生界—新生界的吸收指数，研究了"地震子波零相位化方法"，提出波阻抗反演中存在的五大难题和解决的方法，完成了"用剔除拟合法求取纵波正入射剖面"等系列技术的研究。1993年，凝结着他10年心血的《走向精确勘探的道路》一书问世了。此书出版后，得到读者的高度评价，认为这是理论与实践结合的一本好书，是"打开高分辨率勘探之门的一把钥匙"；是一个资深的物探专家正确地看到并选择了地震勘探的明天之路，对今后提高地震勘探的精度起到了重要作用，为后续乃至当今的高精度勘探技术发展指明了方向。

勇闯英雄岭复杂山地勘探禁区

　　复杂区地球物理勘探一直是近年来地球物理工作者研究的难点和焦点，主要难题是地表地震地质条件非常复杂，环境恶劣，导致激发及接收条件差、原始资料信噪比低、静校正问题突出；地下地震地质条件非常复杂，逆掩推覆、强烈褶皱、高陡构造、复杂断块等使得地震波波场无章可寻，实际情况与地球物理勘探原理、技术的基本模型假设相差甚远，致使地震资料成像困难。1978—2018 年，中国复杂区勘探技术得到了飞速发展，从最早的探索、到开放引进、消化再创新再到赶超，涌现了无数优秀的地球物理勘探工作者，他们为之奉献了整个青春甚至生命。迄今，复杂区勘探技术获得各种奖项共计 47 项，其中，国家科技进步奖 3 项（1978 年 "地震勘探古潜山油气藏"、1987 年 "塔里木盆地和准噶尔盆地沙漠腹地地震勘探新技术" 及 2003 年 "中国复杂区油气地球物理勘探理论与技术"）、中国石油天然气集团公司优秀成果奖 4 项、中国石油天然气集团公司科技进步奖 23 项、中国石油天然气集团公司技术创新奖 14 项、中国石油天然气集团公司技术发明奖 3 项。

　　2014 年，由中国石油集团东方地球物理勘探有限责任公司、青海油田分公司、中国石油天然气集团公司物探技术试验基地三个单位联合攻关的 "英雄岭复杂山地极低信噪比区三维地震勘探技术研究及应用" 获中国石油天然气集团公司科技进步一等奖，先后在美国 SEG、欧洲 EAGE、中国 CPS/SEG、加拿大 APED 等国内外专业杂志和专业技术会议发布科技报告 5 篇，论文 11 篇。其技术成果被中国石油专家评为 "2012 年中国石油十大科技进展"，得到了国内外专家一致的高度评价。

　　英雄岭地区地处柴达木盆地油气资源最为富集的茫崖凹陷，是柴达木盆地寻找大油气田的最有利目标区，多年来几代石油勘探专家把该区作为梦寐以求寻找大油气田的最现实地区。早在 20 世纪 80—90 年代，青海油田组织了美国地球资源公司、青海物探、四川物探等国内外多家物探公司先后在该区开展了一系列地震技术攻关，但成效甚微。2000 年之后，东方地球物理公司借助塔里木库车山地的地震勘探经验和技术，又集中力量对该区实施了五轮次的地震勘探技术攻关，取得了一定的成效，但未获得实质性突破，因此被国内外的石油勘探学家们称为"世界级勘探难题"和"地震勘探的禁区"。

几十年的技术攻关，为这个地区留下了丰富的攻关试验资料和技术研究报告。如何充分发挥这些资料和经验的优势，为新一轮攻关选准方向、找准问题、少走弯路，一直是技术工作人员思考的问题。在 2011 年开展新一轮技术攻关前，张玮、唐东磊、胡杰、宁宏晓等人全面搜集、整理、分析和总结了英雄岭地区从 1985—2010 年 25 年间每一次地震技术攻关的成果和经验，先后查阅、分析技术报告 100 多份。邀请技术专家开展形式多样的技术方法讨论和分析，先后召开专题技术讨论会和项目运作实施研讨会 20 多场，通过成果整理、技术分析和讨论，逐步厘清了新一轮技术攻关的难题和技术思路。

英雄岭地区主要存在着三大难题及挑战。难题一：沟壑纵横，缝洞发育，干燥疏松的古近—新近系风化地表，给地震激发、接收、静校正带来极大挑战。难题二：海拔高（3700 米）、起伏大（相对高差达 700 米）、高原缺氧的恶劣环境，使野外地震采集施工组织和项目运作面临极大挑战。难题三：近地表建模困难，静校正问题突出，地下构造复杂，地震资料信噪比极低，地震资料成像处理技术面临极大挑战。面对三大难题，2011 年，在中国石油集团（股份）公司科研攻关资金的支持下，东方地球物理公司与青海油田分公司承担了"柴达木盆地重大勘探领域复杂山地攻关"项目，决定在英雄岭地区开展新一轮的地震勘探技术攻关，被中国石油列为"一号"攻关项目，同时，东方地球物理公司开展了"环英雄岭复杂山地三维地震勘探技术研究"，首次在国内陆上复杂山地开展了高密度宽方位三维地震勘探研究。在认清技术难题的条件下，通过对以往攻关资料的技术分析，摒弃了在该区屡试不爽的深井激发、高速层激发提高单炮资料信噪比的传统思维，否定了大组合压噪提高资料信噪比的做法，放弃了高密度微测井调查建立表层结构模型的不切实际的思想，坚持了小道距、高覆盖的设计理念和炮检联合组合、适度组合、联合压噪的技术思路等，确定了将传统的组合压噪与高密度勘探技术相结合的一体化技术攻关路线，为后续的攻关突破，打下了坚实的技术基础。

厘清攻关技术思路后，如何实施和实现攻关思路，将最新的技术方法应用于本次技术攻关是最为关键的一步。在全面分析前人攻关成果的基础上，项目成员认识到英雄岭山地既有库车复杂山地地形崎岖、构造变形严重的特点，又有鄂尔多斯黄土山地地表干燥疏松、风化层巨厚的特性。因此，新一轮的技术攻关既不能照搬复杂山地技术，也不能照抄黄土塬的勘探方法，单纯的高密度更难以解决英雄岭的技术难题，一定要对这些技术进行组合、创新应用，发挥各自技术特点优势，针对英雄岭的地质特点开展精细设计和试验。例如，考虑到本区信噪比极低，借鉴了复杂山地组合接收压噪的思路，开展了有针对性的压噪方法设计论证、现场点线试验等，最终确定了适合本区地质结构特点的适度组合接收方法。

考虑到本区表层结构疏松，地震波下传能量弱的情况，借鉴了黄土塬多井组合增加下传能量的设计思路；为提高最终成像效果，采用了高密度勘探的设计理念等。这些技术思路和理念的引进和集成创新应用，有力地助推了英雄岭新一轮技术攻关成功。

在攻关过程中，项目的各位专家和技术人员深入工作一线，发现问题、分析问题、解决问题，总结工作过程中一些创新思维和方法，形成技术发明专利和实用新型专利共计 12 项。自主创新了高原山地极低信噪比区高密度宽方位三维地震采集技术，创新了英雄岭高原复杂山地区的三维地震野外施工技术，为有效解决低信噪比区复杂构造成像问题奠定了坚实基础，解决了高原山地区施工效率低的问题，平均日效 740 炮，最高日效 2140 炮，创造了国内外复杂山地施工效率的最高纪录；自主创新了以浅层反射标志面静校正技术为特色、以叠前多域联合去噪为核心的处理配套技术，攻克了英雄岭长期以来静校正精度低、低信噪比资料偏移成像差的难题；自主创新了多信息综合复杂构造建模技术，获得了丰富的地质成果，提供探井和评价井 42 口，钻井成功率 98%……这些发明和技术创新有效支撑了地震勘探资料品质的突破和生产效率持续提高，特别是施工设备、施工工艺和施工组织方法的创新，使得该次技术攻关得以顺利开展。同时在英东地区发现并落实了一个亿吨级高原整装大油田，实现了油气勘探的重大突破，使几代石油勘探家的梦想成真。

英雄岭上的地震勘探队员

复杂山地极低信噪比区三维地震勘探技术在柴达木盆地广泛应用，实施三维工作量2000平方千米，二维工作量2500千米，共完成合同金额10.4亿元，创造直接经济效益达1.98亿元；在英雄岭周缘地区新增圈闭54个，单层圈闭总面积603.85平方千米。直接推动了青海油田油气勘探储量的快速增长和大幅提高，连续两年上报国家三级储量超过3亿吨，为建设"千万吨级高原油气田"发挥了重大作用。同时，该项技术攻克了世界级的地震勘探难题，开创了复杂山地三维地震勘探的新局面，标志着我国陆上复杂山地地震勘探技术达到国际领先水平。

近年来，通过各项先进技术及装备水平的提高，在复杂区的油气地震勘探中已经取得了明显的进步，逐步形成了复杂区的地震勘探配套技术，降低了施工成本，提高了作业效率，为地震勘探生产提质增效发挥了重要作用，使油气勘探取得了突破性进展，并发现了多个大型油气田：塔里木哈德逊低幅度、薄储层油田，探明了3000多万吨的石油储量；复杂山地高陡构造下超薄、低孔低渗透性储层迪那油气田、吐孜洛克气田等，控制、探明天然气储量2000亿立方米，石油1000万吨等。

然而，目前现有的复杂区勘探技术成果已经成为过去，随着技术的发展和勘探的深入，有些技术很快就会变得不适应。这些技术的发展就像登山一样，当我们登上一座高峰后，在享受胜利喜悦的同时，新的高峰、新的难题又摆在我们的面前，还有很多新的技术问题亟待我们去攻关。这就需要我们站在新的起点、树立新的目标，不断更新知识结构，创新思维模式、完善技术体系、持续不断攻关，为公司有质量、有效益、可持续发展作出新的应有的贡献。

重磁电综合勘探"三大利剑"

重磁电勘探"三大利剑"是指中国自主研发的三维重磁电勘探技术，即 GME3D 技术、时频电磁油气检测评价技术（TFEM 技术）和综合地球物理勘探软件 GeoGME 软件系统。综合物化探人历来就有老八路的铁脚板精神和新时代的藏北精神，在二十年长期坚守中发愤图强，完成了 GME3D、TFEM 和 GeoGME"三大利剑"研发。

GME3D 技术针对山前复杂目标勘探难题，在数据采集、处理、解释等方面创新性地发展了三维重磁采集技术、三维电磁小面元采集技术、三维重磁反演技术、三维电磁并行反演技术、重磁电联合勘探及连片反演解释技术等，形成了具有自主知识产权、适合于复杂目标的三维重磁电勘探技术，极大地提高了重磁电技术探测精度和解决地质问题的能力。2016 年经权威机构鉴定总体达到国际领先水平，2017 年获得河北省技术发明一等奖。

TFEM 技术针对深层油气圈闭评价难题，从深部目标和电磁油气检测机理出发，在引进大功率建场测深基础上，创新提出并研发时频电磁勘探新技术，目标最小化时频电磁反演方法、井震约束电阻率极化率反演、IPR 油气检测理论和方法等，特别是主导研发大功率恒流激发系统和分布式电磁采集站，打破电磁勘探仪器长期依赖进口的局面，形成了具有自主知识产权适合于深地探测的时频电磁勘探技术。2016 年经权威机构鉴定达到国际领先水平，2017 年获得四川省科技进步一等奖。

GeoGME 软件系统针对我国大型重磁电处理解释技术及软件系统完全依赖进口、长期受制于人的窘况，于 2009 年立项，基于综合地球物理软件 GeoEast 系统平台开发研究 GeoGME 系统，经过近 10 年的努力，完成了 GeoGME V1.0、GeoGME V2.0 和 GeoGME V3.0 的研发和 6 年的工业化应用，GeoGME 系统已经成为 GeoEast 系统的重要组成部分，总体功能已同步于国外同类主流软件产品。该系统具有三维重力、三维磁力、三维大地电磁测深、时频电磁等新方法新技术的资料处理功能，可以进行集成化和一体化重磁电震资料多信息联合处理、对比分析、可视化的综合解释。2014 年，经权威机构鉴定总体达到国际领先水平，作为高精度地球物理勘探技术主要关键技术获得中国石油天然气集团公司科技进步特等奖。

回顾"三大利剑"发展历程，不得不从 20 世纪 90 年代初大批西方先进技术引进说起。20 世纪 80 年代以前，我国石油重磁电勘探主要使用苏联 20 世纪 50—60 年代的仪器或我国自力更生研发的仪器，勘探精度很低，重力采集精度都是毫珈级的、磁力十几个纳特，国产车载大地电磁仪不但笨重而且稳定性差，所以重磁和大地电磁从 20 世纪 80 年代开始就走上了引进吸收再引进再吸收的快速发展之路，尤其是方法研究和软件开发坚实地走上了自主发展之路。1995 年，重磁电技术走上藏北，大地电磁勘探测线第一次在 5000 米以上的高原布设，物探局地调五处副总工程师何展翔作为技术负责人随队开赴藏北高原，拉开了大地电磁新技术攻坚序幕，相权滤波、拟地震处理等创新处理方法第一次改变了大地电磁勘探成果的面貌。随后他和刘宏等提出连续电磁剖面（CEMP）方法，特别是山地 CEMP 技术，在多个探区推广应用，被当时物探局党委书记李玉超誉为"非地震一朵金花"。该技术在实践中不断完善，最终成为国内外广泛认可和推广的方法，已经在除石油领域以外的地矿、地热、煤炭、水利、水电、铁路等领域广泛应用。2001 年通过一系列的山区数据采集方法试验，总结了适合于复杂山区的方法技术，使数据采集规范化，形成了成熟的行业标准；野外数据采集重复精度比以前提高约 2 个百分点。新技术迅速推广，获得较大的经济效益和社会效益，2001 年获得中国石油天然气集团公司科技进步二等奖。

可控源电磁勘探技术及仪器的发展走的是另外一条发展之路，20 世纪 80 年代末，原石油工业部阎敦实率团访问苏联，对苏联石油勘探技术进行了全面考察，发现在苏联油气勘探中有一条明文规定：没有电磁勘探成果不能布探井，其中最主要的技术就是固定液建场测深法。1992 年原石油工业部物探局从俄罗斯引进 200 千瓦大功率建场测深系统（硬件和软件），并在鄂尔多斯盆地开展方法试验，何展翔领导团队负责该项技术的引进、消化、吸收。1992—1995 年经过多次试验，确认该新技术在油气构造和油气圈闭探测方面具有一定的优势，比大地电磁信噪比高、精度高。但是，由于俄制设备工艺水平较低，野外工作故障不断，已经不适应生产要求。四年后通过解剖、分析俄制电磁系统，提出了新型仪器系统的基本设计及技术指标要求，物探局与西安仪器厂联合研制出具有中国工艺水平的新一代建场测深系统 GJY-16，1998 年第一台国产化大功率可控源电磁仪悄然出世，实现了轻便化，能够适应山地复杂区域施工。但是，该系统是模拟传输，在强干扰地区几乎不能施工，为了适应油气勘探生产需求，有必要开发新型电磁系统，在对国际国内人工源电磁仪器调研基础上，提出了新一代可控源电磁仪设计思想和技术指标要求：时间域采集，宽频方波激发，从高频到低频连续激发一系列方波；采集系统采用 24 位模数转换，现场处理软件完成噪声分析、滤波处理和时域信号的叠加，获得时间衰减曲线及傅里叶变换的频率域测深曲线。经过几代仪器方法的改造升级，由 UEM-24 到 TFEM，该团队联合国内外力量完成了 200 千瓦发射系统、分布式数字采集站的时频电磁仪研制生产，解决了大功率发射和磁传感器等关键技术国产化问题，突破了国际上可控源电磁测深技术瓶颈，实现了整套技术全部具有自主知识产权的国产化。同时发展了大功率时频电磁测深油气检测理论，形成了地面和井下两套作业技术规程，在 2005 年、2007 年、2011 年先后获得中国石油天然气集团公司科技进步二等奖和发明二等奖。目前，时频电磁已经成为非地震主要业务，实现了技术的转型升级。

与此同时，重磁和大地电磁逐步探索三维采集、处理、解释技术，先后在国内率先提出大地电磁的三维小面元采集技术和重磁正交复测技术，形成了复杂区三维重磁电勘探高精度采集技术，实现了重磁电从二维到三维的跨越；率先采用工作站开展并行计算，突破重磁电三维正反演实用化的瓶颈，形成了复杂区三维重磁电资料精细处理技术，实现了数据处理从简单模型到复杂三维模型的跨越；率先提出并实现复杂结构建模井约束反演算法，形成了复杂目标三维重磁电约束反演及解释技术，实现了重磁电资料从单一信息解释到多信息联合解释的跨越。这些技术全面提升了复杂区重磁电资料处理技术水平。首次成功研制具有完全自主知识产权的油气勘探开发重磁电地震综合地球物理勘探数据处理解释一体化软件系统，自主创新了配套的三维重磁电技术，研发表层静校正、复杂目标联合识别、三维反演成像方法软件；首次研发了高精度时频电磁数据处理方法和油气识别技术。研发了时域磁场和频域电场联合反演方法软件，同时提高了对低阻和高阻目标的反演精度；发明了井震建模目标最小化反演方法，对储层目标的识别精度达到与地震方法一致。研发了利用电阻率和极化率检测圈闭含油气性方法，将常规"普查—地震精查—钻探发现"的勘探模式改变成"普查—地震精查—电磁识别—钻探发现"的新勘探模式。

2018 年 6 月《科技日报》，以《"三大利剑"铸成剑指地下深部宝藏——中石油东方地球物理公司油气综合物化探技术创新纪实》为题，全面介绍了由中国石油集团公司专家、综合物化探处原总工程师何展翔博士为团队负责人，团队顾问为千人计划专家余刚，以及刘云祥、孙卫斌、李德春、刘雪军、王永涛、王志刚、胡祖志等核心人员及一批青年骨干人员组成的一支富有创新能力、科研作风严谨的研究队伍，赞誉他们长期坚守，悉心打造，三十年磨一剑，三剑齐发，成为我国正在开展的深地矿产资源探测技术研发的主力军。

目前，中国石油东方地球物理公司自主研发了国际领先的三维重磁电技术、时频电磁勘探技术、井地电磁勘探技术、电磁—地震联合油气检测技术、井震建模多参数反演技术、IPR 油气预测技术，这些技术都取得了重要突破。已经获得授权发明专利 60 项，发表论文 100 多篇，登记软件著作权 30 余项，起草行业技术标准 10 余项。

十多年来，该团队承担了 20 多项包括国际科技合作、国家 863 计划、国家重大专项计划、自然科学基金、中国石油重点攻关项目等研究开发任务，很好地将科研成果转化为生产力，实现产业升级，成为油气综合物化探新技术研发和应用的先锋，倍受国内外地球物理勘探领域的关注。

如今，中国石油东方地球物理公司油气综合物探技术创新团队研发的三维重磁电技术（GME3D）、时频电磁技术（TFEM）、重磁电软件系统（GeoGME）均实现了产业化。

三维重磁电技术（GME3D），国际上还是在纸上谈兵的技术，中国石油东方地球物理公司已经全流程实施。实例验证表明，复杂区山前带，重磁电震综合提高精度 10%，盐顶深度预测误差由原来的 10% 以上降低到 2% 左右。该成果在国内外得到大规模推广应用，为国内 14 个油田、海外五大合作区、沙特阿美、BP、PDO、YPFB 等国际知名油公司提供技术服务，近 5 年累计实现新增销售额 2.54 亿元，经济效益明显。

时频电磁技术（TFEM）得到全面推广应用，该技术一经出现即代表国际国内大功率可控源电磁法的发展方向，得到同行广泛认同，成为油气勘探中一个重要方法。该技术实现了采集方法技术自主、处理解释软件自主、仪器装备自主。研发生产大功率发射系统 15 套，仪器总道数 2000 余道，形成了从仪器制造和软件开发到生产应用完整的生产线。在中国 70 余个目标，国外阿曼、乍得、尼日尔等 30 余个目标得到应用，剖面长度达到近 3 万千米。新技术产值达 4 亿多元，取得良好的经济效益。

GeoGME 软件已升级到 V3.2 版本，在中国石油、中国石化、中国地质调查局廊坊物化探所和水环中心、国防科技大学、中南大学、长江大学等安装 75 套，直接经济效益达 1 亿元，创造了良好的社会效益。

VSP 和微地震技术向油气开发领域延伸

从 20 世纪 80 年代开始，以 VSP 和微地震监测为代表的井中地震技术通过不断的自主攻关，形成了完整的技术序列，为油田提供了与地面地震勘探不同的、具有很强互补性的技术服务，推动了开发地震技术的发展。

以陈祖传、牟永光为代表的老一辈物探家的辛勤耕耘，不等不靠，在 20 世纪 80 年代短短几年内就形成了零偏 VSP 和非零偏 VSP 的勘探能力，使我国的 VSP 技术整体水平已达到当时的世界先进水平。依托《垂直地震剖面法及其应用技术研究》项目，通过在数据采集、资料处理和地质应用方面的攻关，发现了一大批圈闭和岩性油气藏，在内蒙古阿尔善油田、河南油田、吉林油田取得了实质性突破，为我国石油天然气储量的提升做出了重大贡献。该项目 1991 年获得中国石油天然气集团公司科技进步一等奖，1992 年荣获国家科技进步三等奖。2019 年，在东方地球物理公司李彦鹏、陈沅忠、蔡志东、侯爱源、王艳华等多位专家完成的，《面向油气勘探开发的高精度垂直地震（VSP）技术及应用》荣获河北省技术发明奖，经科技评估中心鉴定，该成果已达到国际领先水平。成果中所包含的 VSP 处理解释一体化软件、基于照明分析的多井同步采集技术、高精度 VSP 资料处理新技术、基于 VSP 驱动地震提高分辨率处理技术、面向目标体的 VSP 资料解释技术等五个方面内容，为中国石油多个勘探开发区块找油找气做出了重要贡献。

2007 年，推动在大庆油田徐家围子开展的国际上最大规模的 160 级 3D-VSP 与全方位井地联采项目，在没有商业软件支撑、没有前人成功经验借鉴的情况下，通过 1 年的自主攻关，实现了 VSP 与地面地震的联合勘探，并取得了火成岩解释的丰富的地质成果，为 VSP 技术拓展了方向，使中国石油的井地联合勘探走在了世界前列。技术成果获得了中国石油天然气集团公司科技进步二等奖。

技术发展和突破离不开领军人物的战略指引和全情投入，2008 年，正当大庆油田徐家围子井地联合勘探项目进行得如火如荼之时，东方物探副总工、项目带头人凌云博士却因病住院了。病情较为紧急，必须住院手术，且需要静养一段时日，而凌云在医院里却待不住，刚手术没几天就让项目组来医院汇报 VSP 技术进展。他亲自支撑起病体描述火成岩多起喷发的解释方案，然以充满革命豪情的语调为大家吟诗一首，表达自己的心情。正是这种无时无刻不在研究技术的工作状态，使凌云带领技术团队在短短 1 年内就完成了世界首个 160 级大阵列井地联合勘探项目，取得了具有世界领先水平的创新成果，并获得了 2010 年的中国石油天然气集团公司科技进步二等奖。

随着中国页岩气、致密砂岩油气等非常规油气资源的逐步开发，中国石油发展微地震监测技术需要攻克的难题已突显。微地震监测技术的飞速发展肇始于 21 世纪初北美的页岩气开发，成为非常规油气开发不可或缺的技术之一。2010 年，东方物探敏锐觉察到这项新技术的发展潜力，时任东方地球物理公司科技处处长的张少华和新兴物探开发处处长王熙明果断立项，立足现有研发资源，通过与勘探开发研究院压裂所、中国石油大学、长江大学等开展合作，很快形成了初步的监测能力。在此基础上，新兴物探开发处总工李彦鹏积极申请中国石油天然气集团公司立项，与国际著名的微地震监测公司 ASC 开展合作，形成了具有自主知识产权的 GeoEast-VSP 软件，一举打破了国外公司在我国的技术垄断，有力支撑了中国石油的非常规油气开发。2011 年，在中国石油集团公司科研立项，东方地球物理公司和川庆物探公司共同承担了《微地震监测技术研究及应用》专题，以微地震监测成果现场指导水力压裂施工为目标，依据采集、处理、解释技术一体化的模式，形成 GeoEast-ESP 和 GeoMonitor 微地震实时监测配套技术及软件。该项目实现了 4 项技术创新，编写企业标准 1 项，获得授权发明专利 10 项，受理发明专利 19 项，申请软件著作权 2 件，国内外发表论文 17 篇。GeoEast-ESP 和 GeoMonitor 微地震监测技术的应用推广，已成为中石油非常规油气开发的一项技术利器，大幅降低了国内微地震监测市场价格。经专家鉴定，两项技术成果成功实现了微地震井中和地面监测的采集、处理、解释一体化，提供了用于油气储层压裂改造等工程数据的联合可视化显示及分析工具；软件运行稳定、兼容性强、功能完善、界面清晰，可现场提交微地震的空间演变过程等重要技术成果，整体达到了国际先进水平，具有广阔的应用前景。

2016 年，在尹陈、李彦鹏、丁云宏、李亚林、徐刚、巫芙蓉等专家的不懈努力下，《微地震实时监测技术研究及应用》项目荣获集团公司科技进步一等奖，同时被评为"中国石油十大科技进展"之一。

开发地震技术支撑老油田剩余油挖潜

随着油田开发难度的不断增加，依靠井和常规地震已经不能满足精细开发的需求。2006 年开始在大庆长垣油田实施精细开发地震技术研究，通过近 10 年的攻关，研发表层吸收补偿调查、地下密集管网准确定位、井地联采等新技术，实现了高密度、宽频采集，地震信号频宽增加 10~15 赫兹；建立保幅处理方法和技术流程，地震频宽由 8~73 赫兹拓展到 6~95 赫兹；实现表层 Q 补偿、深层黏弹介质叠前时间偏移理论方法的突破，形成自主知识产权软件；创新密井网条件下的井震联合精细油藏描述技术，喇嘛杏油田构造三维数字化表征精度达到 0.1％，有效识别断距 3~10 米小断层，断点组合率由 78.5% 提高到 94.3%，使 2~5 米窄小河道砂体、复合砂体内部的单一河道边界和沉积期次的描述精度由 65% 提高到 80% 以上，陆相薄互层地震刻画能力达到国际先进水平。开发地震技术的重大突破，为老油田精细调整挖潜提供了有效的技术支撑。

大庆长垣油田经过 50 多年的开发，喇萨杏油田已全面进入特高含水期开发阶段，面临的开发问题十分复杂，一些制约油田可持续发展的问题日益突出，单纯依靠测井资料进行的储层精细描述存在断点组合率低、井间砂体预测精度低的问题，难以适应特高含水期油田剩余油精准挖潜的需要。因此，2006 年按照中国石油天然气集团公司"构建长垣油田新的地质认识体系，寻找特高含水期进一步提高采收率潜力"的指示精神，启动了大庆长垣油田精细开发地震工作。

发展历程可分为三个阶段。一是地震部署与采集处理。本着"整体部署、分步实施、示范先行、稳妥推进"的部署原则，完成了喇嘛甸 100 平方千米三维三分量和萨尔图 690 平方千米高密度三维地震采集，同时开展了长垣南部 1340 平方千米老三维地震资料目标处理，形成了油区、城区复杂条件下的高密度三维地震采集技术和高分辨率保幅处理方法，实现了长垣三维地震资料全覆盖，为井震结合精细油藏描述提供了数据基础。二是地震解释与关键技术攻关。围绕中国石油天然气集团公司关于长垣开发地震"315"攻关目标要求，大庆油田公司成立了领导小组和攻关小组，确立了产、学、研联合攻关与组织模式，编制

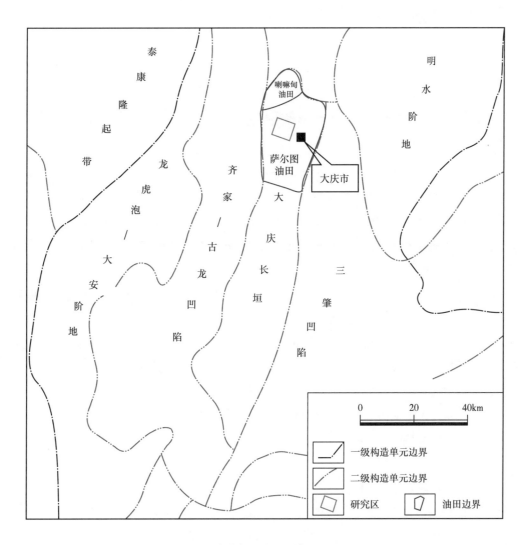

大庆长垣油田区域图

了大庆长垣精细开发地震"315"工程规划部署方案，以高保真地震处理和地震岩石物理分析为基础，以井震结合精细构造描述和储层描述为关键，以指导剩余油精细调整挖潜应用为目标的技术攻关路线，通过攻关形成了密井网开发区精细构造解释和储层预测技术，研究成果在典型区块剩余油挖潜方案编制中得到应用并见到实效，为长垣油田精细调整挖潜提供了技术支持。三是技术完善与推广应用，编制了《大庆长垣精细开发地震构造解释技术规范》等四项技术规范，在长垣油田全面推广井震结合精细构造描述技术，建立起了长垣喇萨杏油田面积 2567.7 平方千米油层组级整体构造模型，实现了长垣全油田构造三维数字化精细表征；持续发展完善井震结合储层预测技术及精细刻画方法，研究成果指导老油田精细调整挖潜见到明显实效。

老油田开发地震工作包括地震处理、解释、建模、应用等多个环节，横向跨度大、涉及专业多，23 人组成的院厂联合攻关组采取"统一管理、集中办公、定期培训"的工作模式，技术人员瞄准目标，潜心钻研，加快了科研成果在生产中的应用步伐，各项技术攻关不断取得新突破，"喇嘛甸油田 3D3C 地震解释及应用技术研究"等五个项目均获大庆油田公司技术创新一等奖。

陈树民副院长作为长垣油田开发地震的技术总负责人，面对"在密井网高地质认识程度条件下如何应用三维地震重构地下认识体系、在松辽盆地现有地震分辨率条件下如何实现 3 米断层、1 米储层有效预测"等众多世界级难题，在项目实施全过程中，充分体现了大庆精神铁人精神、"三超精神"。在长垣油田主力油田萨尔图油田开展三维地震采集设计过程中，他把生产需求和技术发展方向结合起来，极力向中国石油天然气股份有限公司推荐"10 米 ×10 米面元高密度采集"方案，为大庆油田开发地震"315"工程奠定了扎实的基础。由于萨尔图油田地面为大庆市主城区，建筑物密集，发育几十个"水泡子"，按照传统的做法，690 平方千米的工区范围内将会有 100 多平方千米的采集禁区，成果数据体将"千疮百孔"。陈树民多次到现场与地震采集施工单位商讨补救办法，尤其是向采集单位的干部员工作宣传动员，强调获得完整数据体对"315"工程的重大意义，"克服一切困难，多填补一个空白区，就是为大庆油田红旗多增一分彩；多留一块空白区，就会给大庆红旗摸一块黑"。在他的组织和精神感召下，物探公司施工队伍克服各种困难，实现了长垣开发地震的老城区建筑复杂、老油区井网复杂、沼泽区水泡复杂等复杂地表的高密度采集。长垣开发地震的资料处理是实现"315"工程实施的关键，既要求地震资料的保真处理，又要求高分辨率。在国外引进技术已经应用到了极限情况下，陈树民从松辽盆地表层和地层中地震波传播规律出发，创造性地组织了表层吸收 Q 补偿技术和黏弹声学介质叠前时间偏移技术的攻关，取得重大技术突破，地震纵向分辨率提高了 50%，为大庆油田乃至中国石油新一代井震结合多学科精细油藏描述提供技术保障。强烈的责任感和使命感，使他忘我地投入到长垣开发地震工作中，系统谋划长垣开发地震技术的发展思路、攻关方向及组织管理，组织编制了《大庆长垣油田精细开发地震"315"工程规划部署》，逐字逐句修改材料，一改就改到晚上 22 点多。一位年轻同志感慨地说："陈院长干起活来就废寝忘食，看得大家心疼啊。"为了形成技术攻关的整体优势，陈院长在全院抽调了地震处理、地震解释、储层描述、地质建模等专业骨干，组建地震解释二室，提出地震处理与解释一体化、反馈式的工作模式，有效提升了开发地震技术攻关的水平。

李杰副总师作为主管总师和具有丰富开发地质研究经验的专家，提出了"跨系统、多学科"协同组织管理新模式，实现了长垣开发地震技术研发应用与大庆油田庞大生产体系的有序衔接，达到了"快速研发、快速应用、快速见效"的目标，为大庆乃至中国石油老油田精细挖潜和高效开发提供了成功经验。李杰副总师是开发地震的领路人，她提出并制定了井震结合精细油藏描述八步流程，明确了主攻方向。针对队伍年轻、经验不足而汇报频繁的特点，她事无巨细，亲自指导，不但规范了项目汇报的内容和格式，制定了汇报多媒体模板，还手把手地教年轻人如何编写技术总结报告，把满腔心血都倾注到开发地震事业中。

姜岩作为长垣油田开发地震攻关团队的负责人，针对密井网老油田面临的开发地震世界级难题，大胆解放思想，对来自各路人员组建的团队提出了思想观念、工作模式和研究思路的"三个转变"，充分发挥井震结合的技术优势，创造性地开展工作。他组织编写《长垣油田精细三维开发地震工作规划》等 12 个报告，一年内曾先后 8 次给中国石油天然气股份有限公司汇报工作。白天在会议室讨论工作计划和实施方案，晚上到办公室研究解决方法，常常加班到深夜，得了带状疱疹甚至传染到眼睛周围，可他没有因此耽误过一天的工作。身边的榜样带来的不仅是感动，更形成了团队永不言败、执着进取的精神，促进了科研团队不断取得新成果。2009 年 3 月，利用井震联合技术在杏十三区设计 7 口水平井，平均单井砂岩钻遇率达到 91.7%，规模部署水平井实钻获得成功，给怀疑开发地震在油田开发后期能否发挥作用的言论予以有力回击，带动了各采油厂应用开发地震技术的热潮，更加坚定了大家利用地震技术服务油田开发的信心。

开发地震技术重构了地下构造和沉积储层认识体系，有效指导了老油田开发生产。在编制各类布井方案中，坚持应用开发地震成果多布井 4107 口，增加产能 287.3 万吨；在水驱方面，指导了注采系统和注采结构的精细调整，水驱自然递减率由 2006 年的 8.8% 控制到 7.5%，年均含水上升值由 0.6 控制到 0.3；在聚合物驱方面，指导了层系井网优化和跟踪调整，多提高采收率近 2 个百分点，大庆长垣油田累计产油比稳产规划多 980 万吨；水驱多增加阶段可采储量 1200 万吨，三次采油多增加阶段可采储量 1600 万吨，共创直接经济效益 8.33 亿元。2015 年 12 月《大庆长垣油田特高含水期开发地震技术研究与应用》获中国石油天然气集团公司科学技术进步一等奖。

开发地震技术在大庆油田的成功应用，为国内外老油田精细调整挖潜提供了可靠的成功经验，促进了国内老油田油藏地球物理技术的发展与进步，曾在新疆克拉玛依油田、吐哈油田、东方地球物理公司等单位进行技术交流，研究成果在 SEG 年会、美国《INTERPRETION》《石油地球物理勘探》等刊物发表，得到国内外同行的关注。2015 年以大庆油田为代表的"开发地震技术创新为中国石油精细调整挖潜提供有效技术支撑"科研成果被评为中国石油十大科技进展之一。

超大面积三维地震助力歧口凹陷油气勘探规模增储

21世纪初，中国石油在渤海湾盆地大港探区建设完成了歧口凹陷5280平方千米三维地震叠前连片数据体，提供了以凹陷为单元的整体研究、整体评价、整体部署平台，并创造了三个之最：一是施工地表最复杂。有现代化的城区，有北方最大的人工港口，有超大规模的围海造田淤泥沉积池，在这些地区开展三维地震采集难度之高前所未闻。二是技术创新最多、科技的作用最明显。首次在如此复杂多变的地表条件下实现了"三统一"的地震采集方案部署，按照统一的方位、统一的面元数据流、统一的桩号编排及观测系统，从技术设计层面克服了以往陆、滩、海不同地表各自为战的不利局面；在施工工艺方面，研制了海陆缆转换装备，开发了无线桥传输技术和地震仪器的多节点网络连接功能，解决了新港主航道、大面积淤泥池的排列通行问题，地震数据得以顺畅传输。通过开发升级地震仪器软件，在世界范围内首次实现了炸药震源、可控震源、气枪震源并行激发，海缆和陆缆无缝衔接接收、同步施工，实现了不同地表、不同震源、不同检波器条件下地震采集一体化作业，最大限度保障陆、滩、海一体化激发与接收，有效消除了施工因素所致的"采集脚印"；创新应用了双向非纵观测和炮检联合非纵观测方法，在特殊障碍区减少了浅层资料缺失、增加了中深层能量和信噪比。三是形成了当时最大的三维地震叠前偏移数据体平台，成果应用快捷、效果显著。形成的针对多因素采集地震数据的信号净化与规则化技术系列、跨多个构造单元的一体化速度分析与偏移成像、超大面积三维地震资料快速解释与变速成图、基于沉积模型的多类型储层相控预测等技术系列，实现了超大面积地震数据体的构建与快速应用，为完成歧口凹陷整体勘探10亿吨油气储量任务起到了举足轻重的作用。该项成果填补了国内外多项三维地震采集施工技术的空白，仅2005—2009年共节约勘探投资9000万元，形成的复杂地表条件下地震采集、处理、解释研究一体化配套勘探技术系列获中国石油天然气集团公司技术创新一等奖。

歧口凹陷是渤海湾盆地油气资源最丰富的地区之一，纵向含油气层系多、横向储层分布不均匀且变化大，整个凹陷包括多个不同类型构造单元，断裂系统也十分复杂。以往单块部署的三维地震资料采集年度早，地震资料的品质较低，不同三维区间边界效应影响了对构造、储层的整体认识。中国石油天然气股份有限公司在"十一五"期间适时启动了歧口重大专项研究，其子课题"超大面积复杂地表地震勘探方法攻关及实践"为实现大油田建设规划提供了强有力的技术支撑。歧口凹陷地处渤海海域及西岸的华北平原，人口密集、工农业发达。2008年天津市正式整合了塘沽、汉沽、大港三区为滨海新区，一个行政区划2270平方千米、人口超过150万的国家级新区紧锣密鼓地成立了。与此同时，被誉为中国石油地震勘探的"天字号工程"——"歧口凹陷超大面积三维地震勘探"项目也悄然启动了，它没有喧闹的开工庆典，也没有空洞的标语口号，有的是严谨的部署、科学的设计、周密的准备和全体参战人员坚定的信心，他们带着石油工人惯有的坚毅与使命感、知难而进的勇气和义无反顾的决心，向这片地震勘探的"禁区"进军了。"十一五"期间，按照"整体部署、分批实施、突出重点、滚动推进"的部署思路，遵循预探、评价一体化，陆地、滩海一体化的施工原则，实施了北大港、歧口陆地、歧口滩海、新港Ⅰ期等十余个三维地震采集项目。遵循重点勘探区域优先、由内而外滚动拓展的方针，先后完成了北大港构造带1005平方千米、滩海主体1350平方千米、板桥次凹2130平方千米、凹陷中心区3150平方千米、歧口凹陷5280平方千米等三维地震叠前偏移连片数据体建设。覆盖全凹陷的完整的高品质地震资料，为研究人员跳出一孔之见、雾里看花的研究模式，开展全凹陷整体解剖、一体化研究奠定了坚实的基础。

在破解当时世界性的地震勘探难题过程中，涌现出了许多出类拔萃的技术人物，熊金良总监就是其中之一。他1985年从江汉石油学院物探专业毕业后，一直从事地震勘探技术研究和管理工作。2003年7月，完成中国石油天然气集团公司选派的美国南阿拉巴马大学MBA，学成回国，以中国石油天然气集团公司物探高级专家和大港油田分公司物探总监身份主持大港探区的地震勘探工作。要实现歧口凹陷地震勘探"三统一"部署方针，首先要统一管理模式。他利用深厚的物探专业知识和丰富的管理经验，对勘探、评价、滩海等不同建设单位的物探技术人员进行整合，形成了陆地与滩浅海不同区域、勘探与评价不同投资来源的地震项目齐头并进的局面，克服了以往单位和条块分割、各自为战的弊端。为实现技术突破，熊金良领导技术团队开展多线少炮、纵横向不同滚动步长对"采集脚印"的影响等先导试验，根据当时的技术装备条件确立了以陆地12线、海域8线为主，只滚动一条排列的观测方案，这是中国石油在工业化整体部署中首次采用多线少炮、只滚动一条排列的观测系统，是保证歧口凹陷超大面积三维地震勘探资料总体上水平的重要举措。针对复杂地表条件下三维项目的技术设计，从满足目标勘探的具体需求出发，完善了三级设计系列、四个优化的子设计机制，地震勘探采集工程的地质设计、技术设计、施工设计、监督设计实现了规范化和制度化。针对采集过程中北大港三维采集过程中出现的低信噪比问题、滨海新区中心区各类强干扰问题，他与团队成员一起通过现场实地调查、开展现场系统试验、优化激发和接收方案等途径，最大幅度地提高地表复杂区的炮道密度和资料信噪比，有效解决了各类采集难题。

在这个技术团队中，负责现场施工的一线项目管理人员始终贯彻了坚定的执行力和工艺创新。没有创新就不可能在如此复杂的地表条件下完成设计的采集工作，没有创新也不可能迅速地完成超大面积叠前连片并及时提交解释评价。翟桐立、薛广建和刘进平就是这些现场管理人员的代表，他们分别负责陆地、滩海和评价地震，在歧口凹陷整体地震勘探项目中密切合作，以高度的责任心和使命感，长期驻施工现场，与东方物探的技术人员一起解决施工中出现的一个又一个难题。在新港 Ⅱ 期三维地震采集施工过程中，针对排列不能跨越新港主航道的难点，创新采用了仪器的多节点网络传输方式，依靠 1 条生命线排列完成了 12 条排列的数据传输；针对中心城区资料信噪比低，资料缺失较严重的难点，创新采用了炮检点双向非纵滚动观测方式，在繁华的天津经济技术开发区、保税区、繁忙的港口，他们的足迹踏遍了每条街道、每一个小区、每一条城市绿化带、每一个街心花园，通过详细踏勘，在保障安全的前提下将有限的激发位置应用到极致，最大限度地提高了城区及新港主航道港池等复杂区域的资料信噪比。新港 Ⅱ 期三维地震野外采集项目被中国石油天然气股份有限公司项目验收组授予"金牌工程"称号。

覆盖凹陷的整体地震数据体建设没有先例，要保证建设完成高品质的地震数据体，地震数据处理是承上启下的关键一环。大港油田公司首席技术专家岳英带领团队技术人员一起研究确定处理方案，不知有过多少次的会议、多少次的讨论、多少次的试验，从一致性处理、速度建模到整体偏移，克服了多种地表带来的不同装备、不同参数和不同期次地震采集带来的各种难题，历时一年建成了当时国内第一个覆盖凹陷整体的地震数据体，为整体研究、整体评价歧口凹陷奠定了坚实的数据基础。在地震数据体建设的同时形成了有针对性的数据净化、一致性处理、超大面积三维地震数据精确成像等一整套超大面积连片处理技术系列。

歧口 5280 平方千米三维地震数据体的建成为"整体研究、整体评价"搭建了高质量数据平台，同时也给地震资料的解释带来技术挑战：面积大、层系多、深度跨度大、储层类型多、油气藏关系复杂。这些挑战极大地促进了地震解释技术的发展，催生了快速层位标定技术、多属性体快速断层解释技术、快速层位解释技术、超大面积快速成图技术、以相控为主的重点目标区储层预测技术等，为整体研究歧口凹陷、选择勘探目标、发现整装储量作出了重要贡献。

歧口凹陷地震勘探项目通过技术方案创新、管理模式创新，与滨海新区的建设争时间、抢速度，在地震勘探的"禁区"保证了原始资料的完整性与高品质，构建了当时国内最大面积的三维地震数据体。整体数据体迅速应用于构造与岩性油气藏及潜山油气藏勘探目标评价与优选。首次完成了整个凹陷十层构造与沉积工业化制图，解决了板桥、歧南等地区长期分层不统一的问题；明确了斜坡类型与分布，岩性油气藏勘探取得重大突破，发现四个亿吨级以上规模储量区带，累计新增三级储量（油当量）近 8 亿吨。同时也打开了潜山勘探新局面，新增控制天然气储量超过 200 亿立方米。在歧口凹陷整体勘探取得预期效果之后，大港油田继续推广应用这个勘探思路和经验，后续又建成了沧东凹陷 1760 平方千米地震叠前偏移数据体，为打开沧东凹陷勘探开发新局面作出了贡献。

鄂尔多斯盆地上古生界天然气的发现

20 世纪 80 年代末，长庆油田通过"六五""七五"多年的科技攻关，基于煤成气理论及"陕北奥陶系复合含气区"的地质认识，将天然气勘探战场由盆地周边转向腹部。1989年完钻的陕参 1 井、榆 3 井在下古生界奥陶系试气分别获得日产 28.3 万立方米、13.6 万立方米的高产工业气流，发现了当时我国最大的靖边气田，盆地天然气勘探取得重大突破。同时，在靖边气田钻探的过程中，90% 以上的井在上古生界见到好的含气显示，1995 年陕141 井在上古生界山西组获日产 76.77 万立方米的工业气流，发现并探明了榆林气田。靖边、榆林气田的发现和探明虽然显示了鄂尔多斯盆地丰富的天然气资源潜力，但盆地天然气资源潜力到底有多大？相邻区带勘探前景如何？能否找到其他大型气田？能否找到新的勘探技术方法？这些已成为当时勘探中必须回答的问题。

为了进一步加速鄂尔多斯盆地上古生界天然气的勘探工作，依托国家"九五"科技攻关项目"中国大中型气田勘探开发研究"，1997 年，长庆油田设立了"鄂尔多斯盆地上古生界盆地分析模拟及资源潜力研究"重点科技攻关课题，目的是以盆地为整体，系统分析天然气的成藏地质条件和资源潜力，寻找新的勘探领域。同时为了加强地震勘探技术攻关，设立了中生界、古生界地震储层预测技术攻关课题，并成立了地质研究和地震储层预测两个研究团队。

地质研究方面，成立了以长庆石油勘探局总地质师何自新为首，由杨华、韩申庭、方成水、付金华等参加的地质研究团队。面对新的研究领域，通过重新翻阅老资料，吃透每一口井的信息，做到一个区块一个区块、一口井一口井、一个层位一个层位"翻肠倒肚"式地对比分析，利用当时最新的盆地分析模拟技术，恢复了上古生界地史、热史、生排烃史、油气运聚史，进一步评价盆地资源潜力。何自新总地质师于 1969 年 7 月从北京地质学院毕业后，分配到长庆油田会战指挥部工作。享受政府特殊津贴，曾获得全国五一劳动奖章、李四光地质科学终身成就奖，被中国石油天然气总公司誉为"我们事业的功臣"。

重新评价古生界尤其是上古生界的煤系地层的生气特征。海陆交互相和湖泊—沼泽相沉积的煤层厚 10~25 米，暗色泥岩厚 80~100 米，石灰岩厚 10~30 米。除石灰岩分布较为局限外，煤和暗色泥岩在全盆地广泛分布，呈现出西部最厚，东部次之，中部厚度薄而稳定的分布格局。在晚侏罗世—早白垩世的异常高地温场作用下，古生界有机质普遍成熟，大部分地区进入干气生烃阶段。除西缘乌达、韦州及银洞子地区形成三个局部生烃中心外，盆地中东部展现为广覆型生气特点，生气强度最高达 35 亿立方米／平方千米，为天然气的大面积富集提供了资源基础。

盆地在晚侏罗世—早白垩世的天然气主要生成时期，基本表现为一平缓西倾的大单斜；作为上、下古储层气源供给者的上古生界煤系气源岩，全盆地广覆性展布，高强度大面积供气。因此，对于下古生界风化壳来讲，存在上、下古生界两套气源的供给，气源丰富，除中部地区良好风化壳储层外，在盆地内，风化壳只要存在良好的储层和圈闭条件，必然存在类似长庆气田的大气田；上古生界属海陆交互相和河流—三角洲相的沉积，煤系烃源岩和河流三角洲储层存在良好的配置，相对于下古生界具有近源的优势，在大面积广覆式生烃基础上，更有利于天然气聚集。

在新认识的指导下，何自新团队首次提出鄂尔多斯盆地上古生界"广覆式生烃、大面积含气"的地质认识。只要存在良好的高渗储集体，必然有大气田的存在，最终评价盆地上古生界总资源量达 8.39 万亿立方米，是全国第二次资源评价 1.87 万亿立方米的近 5 倍，进一步坚定了在古生界进一步寻找大气田的信心。

通过区域地质演化、古异常压力分布、古流体势分布及生气中心对天然气运移聚集的控制作用分析，认为紧邻生气中心、储集条件有利、成藏配置良好的地区是天然气富集的重要地区，并进一步在资源潜力分析的基础上评价出靖边区、乌审旗区、榆林区三个近期提交探明储量的有利区块，苏里格庙、神木—子洲两个评价勘探的有利区块，伊盟隆起、天环北段、渭北北斜坡三个天然气勘探的战略接替区。

地震储层预测技术攻关方面，成立了以长庆石油勘探局物探处研究所所长蒋加钰为首、由陈军强等参加的科研团队，面对复杂的表层地震地质条件，针对隐蔽油气藏勘探进行了艰苦的努力和不懈的探索。按照"科研与生产相结合、地震与地质相结合、勘探与开发相结合"的研究思路，不断深化对鄂尔多斯盆地地质特征、储层特征和含油气规律的认识，积极跟踪物探学科前沿技术，加强储层预测的科技攻关力度。蒋加钰毕业于北京石油学院，1992 年全国"五一"劳动奖章获得者，1995 年全国劳模，荣获 1998 年长庆气田勘探发现一等功。

攻关针对黄土塬区沿沟布设地震测线无闭合回路的现状，采用人工形成闭合回路的办法，保证了对比精度，这种闭合方式在黄土塬区地震波对比追踪中是行之有效的一种创新。形成了三叠系顶部侵蚀面解释和前侏罗纪古地貌刻画技术，搞清了前侏罗纪古河、高地、残丘及斜坡的分布，对鄂尔多斯盆地石油增储上产起到十分重要的作用。

攻关针对靖边古地貌气藏勘探和开发的关键问题，地震重点开展了侵蚀潜沟识别、古地貌刻画、储层厚度物性含气性预测及开发井位优选技术研究工作，创立、发展和完善了以奥陶系顶部侵蚀潜沟解释技术为核心的储层预测技术，形成了井位优选的五图一表及跟踪钻探结果进行滚动服务的制度。

课题研究紧密结合天然气勘探生产，研究结果及时指导、服务于生产，在生产中发挥了重要作用。攻关形成的地震储层预测技术，在 1997—2000 年提供天然气勘探井位 62 口，主力气层钻遇率达 85.5%；提供石油勘探井位 107 口，油层钻遇率 73.6%；同时为靖边气田天然气产建 7 亿立方米提供了重要依据。

课题研究所优选的目标区经勘探取得了重大发现及重要进展，苏里格气田 2000 年获得突破，2003 年探明天然气地质储量 5336 亿立方米，成为我国陆上最大的天然气田，跨入世界超大型气田的行列；榆林气田含气面积继续向南、向北延伸扩大，使榆林气田探明地质储量累计达到 1131.81 亿立方米；乌审旗气田勘探取得了重大进展，新增天然气探明储量 508.68 亿立方米；米脂气田获得发现，新增探明储量 100 亿立方米。

鄂尔多斯盆地天然气勘探的大规模突破对于促进内蒙古自治区、宁夏回族自治区等少数民族地区和陕北革命老区经济的繁荣、进一步增强民族团结、加快"西部大开发"的步伐，具有重要的社会意义。"鄂尔多斯盆地上古生界盆地分析模拟和地震储层预测技术"也因此获得中国石油天然气集团公司 2000 年技术创新一等奖。

丝路再创业　滨里海铸辉煌

古老的丝绸之路，打开了西域之门。21 世纪的能源合作，使中哈两国踏上了新的征程。1997 年 6 月 4 日，为响应国家利用"两个资源、两个市场"的号召，中国石油国际勘探开发有限公司成功中标购买阿克纠宾油气股份公司 60.3% 的股份，标志着中国石油正式进入哈萨克斯坦油气领域。这也是中国石油在中亚最先开展的大型开发项目之一。2002 年 6 月 6 日，公司正式签署滨里海东缘"中区块"勘探合同，这是中国石油在中亚的第一个风险勘探项目，具有开创意义。中国石油接手该勘探区块前，苏联和多家外国石油公司曾经过多轮勘探，打了 18 口干井，未获得商业发现。

戈壁沙漠、满眼苍凉、冬雪漫天、夏暑难当，这就是著名的哈萨克斯坦滨里海盆地。这里有一群中国人，在异国他乡奋斗着。为了公司的发展，为了两国的福祉，努力寻找大油田。他们就是新时代的中国石油人！面对高差几千米的地下盐丘，他们无心欣赏这美丽的"地下桂林山水"，而是要解决他们造成的"速度变异"，制作准确的构造图。这里的碳酸盐岩储层也像夏日的天气，变化无常。摆在中国石油人面前的是一块难啃的硬骨头，但他们信心坚定！

信心来自国际公司、阿克纠宾公司、海外中心及分中心、BGP 等各级领导的支持，来自有童晓光院士这样经验丰富的老专家，有以方甲中为代表的年富力强、勇于探索的技术管理团队！在海外公司的科学决策和精心组织下，前后方紧密合作，勘探院海外中心、物探分中心与东方地球物理公司等立即投入到找油的会战中！方甲中、金树堂、王燕琨等，发扬大庆前辈石油精神，新一代海外拓荒人开始了新世纪的创业！

北风呼啸、寒雪纷飞，挡不住一个坚毅的身影！方甲中作为阿克纠宾公司的总地质师，虽年轻但可是个"老海外"，既懂海外管理，也是技术能手，更不怕非洲的酷暑沙尘和哈萨克斯坦的严冬飞雪。刚接手项目时，如何组织勘探、从哪下手成为首要问题。滨里海盆地下面遍布几百到几千米高的二叠系盐丘，阻挡了盐下勘探层系的地震信息。在完成繁重管理工作的同时，方甲中的脑子里时刻萦绕着盐丘！盐的速度高达 4500 米 / 秒，而周围岩层的速度小于 4000 米 / 秒，盐丘的高速度导致盐下层系时间上拉，形成构造假象。如何消除构造假象、制作真实构造图是首要任务。说干就干，立即组织，终于得出盐丘厚度与上拉幅度的关系，制作出了新的构造图，面貌与前人的图发生巨大变化！盐下构造成图精度明显提高。虽然第一口盐丘间探井未获成功，但并未失去信心。地质认识的新技术的积累和改进，盐下构造成图的精度逐步提高，为大油田的发现奠定了坚实基础。

中国石油阿克纠宾项目

金树堂，在大港油田工作多年，技艺深厚，经验丰富，作为中国石油天然气集团公司第一批赴俄培养的"海外"储备人才，作为阿克纠宾的勘探主力，发挥了重要的作用。王燕琨，作为海外中心技术支持项目长，自始至终负责阿克纠宾勘探项目研究和技术支持。盐丘间探井的失利到底是什么原因？难道还有其他速度异常体？从地震剖面上一道道反射轴的突变解读信息，认识到陡立的丘间岩层、同层的岩性变化等，均会导致目的层之上地层速度的横向剧烈变化，给圈闭落实带来世界级难题。有了清晰的地质认识，精准地刻画它们的三维形态是关键。屏幕上千变万化的颜色在深夜的灯光下显得格外刺眼，但在她的眼里，这可是搞清异常体的宝贝。春夏秋冬、寒来暑往，中、哈办公室的灯光常彻夜不息。

坚毅的身影、沉思、踱步、勾画或计算！北京与阿克纠宾三个小时的时差挡不住前后方同步工作！俗话说功夫不负有心人！经过团队的共同努力，终于拿出了新的高精度构造图方案，形成了盐下构造识别技术。搜寻各类速度异常体，经过录井、测井、沉积、构造等综合分析研究，认识到目的层之上的盐丘、盐上地层形变和相变等均属速度异常体，建立物理模拟＋相干＋瞬时相位＋导向滤波＋速度扫描技术组合，立体刻画出速度体，再利用层位控制法依次建立速度模型进行时深转换，较准确地制作了盐下目的层构造图。随着勘探的深入，陆续部署了三维地震，试验了叠前时间偏移和双程波叠前深度偏移，进一步提高了偏移成像精度和信噪比，目的层连续性好，波组特征清楚；盐丘边界与盐丘底界归位准确，成像精度得到明显提高。

有了合格的构造图，研究团队又开始了盐下储层预测的技术攻关，盐下储层预测技术方面。"属性＋谱分解技术"识别优质储层厚度和平面分布，"相干＋倾角检测＋构造导向滤波＋曲率计算＋多子波地震道分解＋成像测井"等技术预测缝洞和优质储层分布，"地震多属性＋正演模型＋阻抗反演"等技术定量预测储层物性，应用 KInversion+ 多子波分解与重构 +GeoEast 油气检测技术辅助进行优质储层评价，储层预测符合率提高到 75%。2006 年，这是个海外勘探的光辉年度，盐下新构造部署的北特鲁瓦 CT-1 井喷出工业油流，从而发现北特鲁瓦油田！经过盐下构造识别和储层预测技术的不断完善，该油田面积扩大到 300 多平方千米，评价钻探后，储量超过 2 亿吨。

"滨里海盆地东缘中区块油气综合地质与地震勘探技术研究"以中油区块为点、以整个盆地为面，以降低复杂盐丘发育区速度建模误差和提高盐下碳酸盐岩储层预测符合率为重点攻关方向，从而实现油气大发现的最终目标。一是深化含盐盆地油气地质认识，研究盐层对油气成藏要素的控制作用，建立滨里海盐上 / 盐下油气成藏模式，指导勘探区域优选。二是地震提高成像精度叠前处理和叠后速度建模，提高盐下构造识别精度。三是三维地震目标处理和敏感属性联合反演，提高储层预测符合率。

通过多年攻关，盐下构造成图误差降低到 0.5% 以下，储层预测符合率超过 80%，部署的探井在前人打了 18 口空井的区块成功发现 2 亿吨级大油田。这是哈萨克斯坦独立以来陆上最大的发现，充分展示了中国石油人的理论技术水平，增强了国际竞争力，为中油阿克纠宾公司建成 1000 万吨当量级大油田作出重要贡献，也为中哈油管线提供了新油源。2010 年，该项目获得中国石油天然气集团公司科技进步一等奖。阿克纠宾公司方甲中、金树堂、黄先雄、关维东、徐安平、吴林刚，中国石油国际勘探开发有限公司史卜庆，勘探开发院王燕琨、郑俊章、王震、罗曼、潘校华，物探分中心代双河，BGP 陈洪涛，川庆钻探程绪彬……他们都为此作出了突出贡献！

风雨中的阿克纠宾项目钻井平台

　　滨里海勘探过程中形成的地质认识、集成建立的勘探技术，对中油海外其他含盐盆地具有极大的借鉴和推广意义。发现的油田是哈萨克斯坦独立后陆上最大的油气发现，极大地提升了中国石油的声誉和国际竞争力。油田快速投入开发，为阿克纠宾公司建成年产千万吨级油气田作出重要贡献，取得良好经济效益。该油区也是中哈油管道的油源地之一，为保障能源安全贡献了一份力量！

中国石油重大科技成果中的

*创新*故事 》》

测　井 》》》

世界领先的 JD581-A 型多线式自动电测仪

JD581-A 型多线式自动电测仪是在刘永年的带领下，经团队成员共同努力和不断改进与完善，历经前后 6 年时间（1952—1958 年）定型投产的我国第一代大型测井仪器，于 1958 年 6 月 23 日通过石油工业部鉴定投产。据统计，从 1956—1986 年共生产了 736 套。

1965 年 2 月 10 日，中华人民共和国科学技术委员会主任聂荣臻签发了国家发明奖——"JD581-A 型多线式自动井下电测仪发明证书"，发明者为西安石油仪器仪表制造厂，参加研制的刘永年团队成员有赖维民、蒋世俊、王秉刚、张维径、高玉波、胡长章、夏元三、董联贵、顾超筹、陈德珠、郭宗成、周振华、徐伯清、侯彦林、张遂科、王哲毅、张振英等人。

刘永年

JD581-A 型多线式自动电测仪，由自动控制记录仪与上提下放电缆绞车两大部分组成。每次可测得 5 条不同曲线，测速为 4000 米 / 小时。当时，匈牙利产 EL 型自动电测仪一次测 3 条曲线，苏联产 AKC/51 型自动电测仪一次只测 2 条曲线，美国斯伦贝谢（Schlumberger）公司生产的电测仪一次测 4 条曲线，测井速度为 2000 米 / 小时。JD581-A 型多线式自动井下电测仪无论从一次测井记录曲线数还是测井时效都高于当时国外同类仪器，仪器技术水平已经达到了当时国际领先。

中国第一个电测站站长刘永年

JD581-A 型多线式自动井下电测仪主要发明者刘永年（1920—1995 年）为中共党员，1940 年毕业于重庆金陵大学，原西安石油勘探仪器总厂总工程师兼副厂长、教授级高级工程师。

测井是一门高新技术，始于 1927 年。1939 年 12 月，翁文波先生在中央大学任教授时，在四川油矿石油沟矿场 1 号井完成我国第一次电法测井试验。在 1000 多米的井中测出了天然气层的位置，从此中国有了地球物理测井这门新兴科学技术。

1947 年 5 月底，刘永年、翁文波、孟尔盛、刘德嘉相聚在玉门油矿老君庙油田，又一次开始进行油井地球物理电测井试验工作，1947 年 6 月，成立了由刘永年负责的老君庙电测站，这是中国第一个电测站，刘永年是中国第一个电测站站长，师云鹏成为测井工第一人。他们找到了翁文波先生用过的照相示波仪和手摇绞车，并用三根电力皮线捆在一起作电缆，在电缆上每距 1 米扎一道麻绳作为深度记号。不久，他们又设计安装一套手动电位差计电测仪。他们用最原始的设备，自己动手创造条件，开始了电测井工作。1947 年七八月份，首先在老君庙油田的 9 号井做第一次测井试验，取得了一条自然电位曲线和 1 米梯度电极距曲线与 2 米梯度电极距曲线。但如何将曲线与千米以下的地层地质情况联系起来，他们还不会解释，也不会作地层对比。在翁文波先生的指导下，在孟尔盛的帮助下，通过以后又测得的几口井的曲线，才逐步学会作地层对比、解释，以及油、水层曲线的认识与判别。这段时间测了 10 口井，都是试验性测井，取得了一些初步成果。

1948 年，王曰才从日本留学归来，也到老君庙电测站工作，并带回一台美国老式电动绞车和一根 4 芯电缆，这对使用原始方法和最简陋设备进行测井的刘永年来说无疑是个喜讯。刘永年、王曰才继续在老君庙 1-22 号井和 1-15 号井等 10 多口井进行测井试验，测得自然电位和视电层电阻率，作出了地层对比图，还确定划分出老君庙油田中的"K、L、M"砂岩油层。

翁文波、刘永年、王曰才、赵人寿等将地球物理测井这门新兴科学技术在玉门油矿广泛地推广运用起来。用它来划分地层岩性，作地层对比，研究井下地层变化情况，确定油井中油层、气层、水层的准确位置和厚度，成为石油勘探找油的一项重要技术手段，为我国开展井下地质和地下地层学的研究提供了新的方法。刘永年是我国这项新兴技术的开拓者之一。翁文波、刘永年、王曰才、赵仁寿是中国测井学科的创始人，是中国测井技术实现工业化应用的奠基者。

苦心研发自动电测仪

在中华人民共和国成立后的短短几年时间里，地球物理测井事业在中国的油气田得到了广泛运用，成为我国石油勘探不可缺少的一项专业技术。

先进仪器的发明研制者——刘永年，在 JD-581 多线式自动井下电测仪的研制、生产、使用过程中，倾注了他几十年，甚至一生的心血。

刘永年研制中国人自己的、具有世界先进水平测井仪器的设想，萌发于 1947 年开始从事测井工作的时期。

1950 年他提出继续测井仪器的研究工作，立刻得到领导的大力支持，于是很快在西安成立了实验室（当时的陕北电测站），开始了这项工作。

1951 年，刘永年在陕北四郎庙地面和油井中用改装的半自动电测仪，找到了一根 2000 多米长的美国 6 芯钢丝铠装电缆，进行下井一次同时测量多条曲线的试验。在试验中发现测量时 AB 电流对 M 缆芯有感应干扰，从多次试验中又发现长电极受干扰最大，有的资料呈现出在泥岩地层中出现零值或负值。当时有些权威人士认为这是不可能克服的问题，想同时测出几条曲线，在外国、在书本上都是没有的。他干的是前人没有做过的事。他重新制订了试验方案，从大量的试验中分析总结出，在不同时测短电极曲线时，就没有干扰现象，因而判断是同时测短电极曲线影响了长电极曲线。那么造成这种现象的原因是什么呢？经过对仪器装置系统的分析、检查，发现主要是由两个原因造成的，一是由于电缆芯间排列不对称，分布电容不一致，AB 缆芯对各 M 缆芯的静电干扰电位不同而产生干扰；二是由于各个不同电极 N 点公共接地电阻上新产生的不同电压降，短电极 M20 电位高，在公共接地 N 点上产生较高的电位差，有时高过长电极 M 点的电位，产生倒流现象，致使长电极曲线出现负值。

原因找到了，如何解决呢？刘永年从试验中发现 AB 电流对 M 缆芯的感应干扰，可以改变换向器的通断时间与选择缆芯排列来消除；又发现同时测量多条曲线，不能采用公共接地的 N 电极，必须分开接地，使每个 N 电极相隔 3~5 米，否则会有很大的相互干扰。这两个问题的发现和解决，给多线型自动电测仪的研究工作开辟了广阔的道路，为多线电测仪的设计提供了有力的保证。

在这段时间，一些搞地球物理工作的同志认为我国工业基础水平不高，自动电测仪有很多零件在国内不能制造，因而无法制造自动电测仪，只能制造又笨又重的半自动电测仪。但刘永年认为自动电测仪是当时我国测井仪器发展的方向之一，他的意见得到了党和上级领导的支持。

1952 年，在西安地球物理实验室的一间简陋的办公室里，刘永年开始设计多线式自动井下电测仪。一台大型仪器要进行电路设计、机械设计、光学系统设计、总装配设计，还有加工制造的工艺设计，当时的设计工具只有计算尺、图板、丁字尺、三角板、圆规、铅笔、鸭嘴笔和橡皮。他就是用这些简单的工具，设计着具有世界先进水平的仪器。他在办公室里上万次地拉着计算尺，计算着电路上每个元件的数值，每个回路的参数，计算着每个机械零件的尺寸，写出了几千页的计算书、说明书，再反复核实、查对……他趴在图板上一笔笔地勾画各种线条，绘制出了几百张图纸。

搞设计的日日夜夜，这个三十出头的汉子，每天熬到深夜一两点，眼熬红了，身体倦了，到室外洗把脸，再接着干。办公室成了他临时的家，常常是妻子将饭菜送到办公室，他吃了再接着干；困了，在临时撑起的帆布行军床上躺一会，一觉醒来又继续干。就这样不分白天黑夜地算啊、画啊！他倾心于设计仪器之中，把家全忘了。在此期间他的四个孩子同时出麻疹，接着又同时出水痘，发着 38~40 摄氏度的高烧，他也顾不上给孩子看病，只靠妻子每次抱着两个孩子去打针，每天去四次医院。祖父、母亲病重，他也没能请假回故乡探望，他只能面对亲人的遗像痛哭一场。

进入试制阶段，困难更多了，刘永年带领他的团队，在仅有一台老式车床、一个钳工工作台、一个电工工作间进行试制。技术人员和技术工人都很缺，除充分调动现有的每个技术人员、技术工人外，刘永年就走访沿街的小作坊、小地摊，找寻那些散失在民间的能工巧匠。他找来了一个个都有一手绝活的车工、电工、钳工。

生产先进水平的仪器，需要各种无线电元器件、导线、电缆、铜材、钢材。当时的无线电元件只有电子管、电阻、电容、电位器及各种开关，品种少且性能也不稳定。为找到符合标准的材料，刘永年跑遍了上海、北京、天津、西安的大街小巷，走访了大学的实习工厂、实验室、军工企业，还从报废的进口仪器、军用仪表上的配件中，一个一个地测试检查每个元器件的参数，从中挑选能用的。又从上海订制了专用的多芯插头和多卷线绕电位器、开关旋钮、电阻、电容等。他靠自己的努力，寻找到了设计需要的各种材料。

仪器需要高灵敏度的检流计，国内没有生产的，他就和工人一起自己制造，高灵敏度检流计用的扭丝当时国内没有生产的，他们就用手压钢滚在玻璃板上滚压磷青铜丝，挤成扁的扭线，再用千分卡一点一点地测量制成。特有的电流换向器的灭火花电路也是经过了无数次的试验改进才制成的，仪器同时记录多条曲线的电路设计也是花费了很大的力量经过多次调试才完成。多线电测仪的关键部件检流计需要高质量的 V 号铝、镍、钴高强磁钢，因国内只能生产 II 号磁钢，一直是个难题。刘永年把在苏联考察时带回的磁钢片拿去做金相分析，弄清了 V 号强磁钢的配方；继而，带领技术人员和工人建起高频电炉，一起炼制磁钢钢水，解决充磁难题……最终炼制出了达到质量标准要求的 V 号磁钢，填补了国内没有 V 号强磁钢的空白。V 号强磁钢的炼制成功，彻底解决了生产多线电测仪和检波器缺少高性能磁钢的难题。

在多线电测仪的改进中，刘永年将学到的新技术，如盒式检流计、总接线排、换向器的传动装置等，结合自己的经验和我国的具体条件，加以消化、发展和提高，设计出了我国自己的新型装置，从而提高了多线电测仪的工作性能和技术水平。

示波仪用的长形柱状透镜，也是他和工人在车床上磨制成的。他还与上海电缆总厂协作，在当时国内工业基础薄弱的情况下，他和技术人员、工人一起钻研，一起苦战，一起克服了许许多多技术上的困难，如高精度检流计的制造技术、光学系统的配制技术、机械结构的精密加工技术、高度绝缘性能处理技术等，试制了我国 6 芯铠装钢丝电缆。工人们说，最困难时有刘工，最危险的试制现场有刘工，最大的技术难题要刘工解决，车、钳、铆、电、焊他样样精通，我们和他一起干活放心、舒心。经过两年多的艰苦奋斗，终于在 1954 年 4 月底试制成功了我国第一部多线式全自动井下电测仪。大家兴高采烈地给仪器车披红戴花，作为向"五一"国际劳动节的献礼，参加了"五一"大游行。

曲折的现场试验过程

室内试制完成后，仪器送往玉门油矿进行现场试验，在几口井中取得了令人满意的资料，证实了测井质量符合测井操作规程和解释的要求。石油工业部决定成立西安石油地球物理勘探仪器厂，生产了 3 部多线式自动井下电测仪，送往玉门、青海、四川油田试用。但 1955 年在青海油田的高电阻地层中发现测出的结果达不到要求，这时，嘲讽的目光和无情的批判纷然而至，刘永年遇到了前所未有的困难。

在这关键时刻，党和组织向他伸出了温暖的手，康世恩部长助理亲自找他谈话，支持他继续干："你搞的多线式全自动井下电测仪必须坚持下去，不失败一千次，都不算你失败。"康世恩同志还亲自确定了有关多线式自动井下电测仪试制的八条方针和原则，对试制的人力、物力、财力及现场试验队伍、技术鉴定都作了具体安排。由于部领导的支持，职工同志们齐心协力，他重新制定了改进方案，试制了新的示波仪、笔式检流计与磁场测量设备，电路也由原来的并联式改为并串混合式，改进了滤波电路，增加了刻度校验装置，对换向器的灭火花装置也作了较大改进，还设置了专门的接线交换排。

1958 年春，改进完成的这套仪器运往玉门油矿做现场试验。玉门油矿领导很重视，专门抽调人员组成了一个多线式自动井下电测仪试验队，并指定一个使用苏联 AKC/51 型自动电测仪的测井队专门配合多线队进行对比试验，又安排与匈牙利的自动电测仪做对比试验。

现场试验刚开始，又碰到了一个新的问题。从现场试验中发现点测误差大，有人便认为是井下电场畸变所引起的，坚持要把仪器改为不分流法作记录。使用不分流法操作复杂，结构复杂，易发生错误。刘永年以认真求实的态度详细地分析现场测试记录：在点测误差大的时候，真正的测量记录中却没有发现过大的误差，两者有些矛盾。他认为这不是电场畸变，而是其他原因引起的，但当时又难于找出更多的理论根据来说服别人，只好采用分流和不分流法同时试验并与苏联仪器进行对比。

试验对比的结果显示，不分流法的误差大于分流法，决定仍采用原设计的分流法。在其后长期试验中，刘永年发现了点测误差的产生是由于电缆 M 缆芯间的感应干扰所引起的，并非电场畸变，一些室内和井场的试验都证明了这一点。在分流与不分流问题上，当时的试验队长赖维民也提出过串联建议。因此，他抓住感应干扰这一关键，把仪器的记录电路改为分流与不分流法两用的综合电路，以减少 M 缆芯中通过的电流，消除了干扰误差，同时还达到了操作机械化、简单化的目的，就此冲破研制过程中的最后一个难关。

经过 30 多口井次的在高电阻地层、低电阻地层、浅井、深井等试验，所有测井结果都达到了质量要求。测井速度比外国先进仪器快，用苏联仪器需要下井 6 次才能测定一口全套完井测井资料，而用多线式自动井下电测仪只要下井两次就能完成，同时还多测出两条可以划分薄地层的测井曲线。我国自己研制的多线式全自动井下电测仪宣告成功了。

1958 年 6 月 23 日，石油工业部组织的鉴定委员会对仪器进行了全面的鉴定。鉴定认为，多线式自动井下电测仪下井一次能同时测出 5 条曲线，测井时效比国外仪器提高 2~3 倍，测井资料完全符合质量要求，该仪器定名为 JD581 型多线式井下自动电测仪。它的成功研制，为我国电测史揭开了新的一页。苏联的测井老专家科玛洛夫也来信祝贺他们的成功，并建议他们参加国际交流。

石油工业部决定，该仪器定型生产。首先投入 5 套试生产，经过玉门、青海、四川等油田电测站试用，效果都很好，以后就投入批量生产，从此停止进口国外仪器。到 1962 年已生产了 17 套,在石油工业部各探区广泛应用,煤炭及金属矿勘探也有应用,冲破了美国、苏联对我国经济和技术的封锁。

多线电测仪样机

1965 年 2 月 10 日,国家科委颁发了由国家科委主任聂荣臻副总理签发的发明证书,并发给刘永年 1 万元奖金。他当即将奖金全部交给了石油工业部西安石油仪器仪表制造厂,作为该厂技术革新基金。其实,他的家庭经济生活并不宽裕,他和妻子用微薄的工资来维持十口之家的生活,要奉养两位老人,要抚养六个正在上学的孩子。他每次拿钱买资料、买配件都很大方,但他的妻子、女儿们想给家中添置一个铝壶、买件毛衣,都要经过几个月的积蓄筹划,家中的衣物和床上用品缝缝补补也舍不得扔掉……单位领导知道他的家庭情况后,多次要给他家困难补助,但他都婉言谢绝了。

刘永年率领团队研制出的 JD581 多线式井下自动电测仪,投产以来据统计生产 736 套,但他并不满足已取得的成就,他还在不断进取。进入 20 世纪 80 年代,计算机技术飞速发展,他提出要给"多线"加上微处理的装置,给多线背"包袱",支持年轻同志用新技术改造"多线",并亲自参加方案讨论和试制研究,参加技术鉴定。

1993 年,中国石油学会测井专业委员会向中国测井界发出呼吁:"再造就一个刘永年"!这是历史和时代对刘永年的最高褒奖。

定位射孔仪与跟踪射孔取心仪的发明

油井射孔是石油勘探的"判官",如果判错了,前面一切工程(钻井、固井、测井等)几乎前功尽弃。如果误射孔把水层射开,会使这口井报废;如果这口井是一口探井,误射孔本来是油层而不出油,就会延误一个油田的发现。

20世纪60年代,大庆油田进入开发期,出现误射孔情况较多。造成误射孔的原因除操作失误之外,就是射孔方法太落后,用钢卷尺来丈量电缆长度,每20米需丈量一次,如果射孔深度为1000米则要丈量50次,而且要求丈量误差1000米不能超过20厘米,2000米不能超过100厘米,否则要重新丈量,直到达到要求为止。在大庆油田冬天是非常寒冷和辛苦的,很难达到丈量电缆的要求标准,更无法进行射孔。另外,当电缆下入油井时,射孔弹在井下遇阻也无法得知,由此往往造成误射孔。误射孔后果是相当严重的,误射到水层则出水,以为测井解释错误;误射到泥岩,当这口井用来注水时泥岩见水会膨胀,影响注水效果。因此,改变射孔落后方法成为当时大庆油田必须解决的任务。

面对这种落后的施工工艺,1962年,大庆油田钻井指挥部测井大队工程师赖维民负责现场生产,他最怕的就是误射孔。测井大队领导和射孔队队长每天都提心吊胆,焦急万分。每次误射孔后射孔队工人心情沉闷,闭门思过,从自身找原因。更令赖维民和测井大队领导震惊的是,一向生龙活虎、严细成风的射孔标杆队炮五队竟然也发生了误射孔。赖维民在思考,看来很多误射孔不是射孔队责任问题,而是落后的射孔工艺造成的。赖维民下决心研制一种新型射孔仪,彻底解决误射孔的问题。

这种射孔仪首先要解决的是射孔深度的定位。发明定位射孔方法——能否不用尺子就可以准确射孔?当赖维民提出这个设想时有些人说他是"神经病",但赖维民是有根据的:每根油井套管长短不一,油井套管一根一根地通过套管接箍连接起来,能否通过测井方式把套管接箍深度测量出来?如果要进行射孔的油层深度也是通过测井方式确定的,且是同一根电缆测井,其相对误差就等于零。通过油层深度与套管接箍深度的相对深度距离数据,在出发前进行计算,在井场射孔时根本不用尺子丈量电缆,就可以准确射孔。赖维民根据这个思路设计出磁性定位器，磁性定位器的原理很简单，由两块磁铁和一个线圈组成，当磁性定位器在油井套管中作匀速运动时，其周围磁性物质没有变化，因而磁场也不会变化，线圈没有电流通过，由于一根油井套管壁厚、直径是均匀的。但当磁性定位器经过两根套管连接的接箍时，磁场发生变化，线圈就有电流通过，测井仪就记录下来，叫作"套管接箍曲线"。这种射孔试验获得成功，从而代替人工丈量电缆射孔方法，大大提高时效，减轻工人的繁重体力劳动，从此结束了极端落后的人工丈量电缆射孔方法。中国石油工业部勘探司发出命令，赖维民跟随勘探司副司长范元绶检查团到全国各大油田推广使用。1965年，定位射孔仪获得国家科委主任聂荣臻签发的国家发明奖证书。

赖维民在大庆油田发明定位射孔仪之后就开始设计自动定位射孔仪，目的是为了进一步改进和提高射孔技术水平。1963年赖维民又奉命参加胜利油田大会战，所以这个任务就交给自动定位射孔仪研究组来完成，而他们后来和西安石油仪器厂合作研制时，与赖维民的想法不太一致，所以试制出的自动定位射孔仪有许多方面是不完善的。赖维民到胜利油田之后，发现胜利油田的油层深度比大庆油田油层深，如何准确控制射孔深度和井壁取心的深度是一个必须要解决的问题，赖维民组织区金焕、薛俊杰、顾龙荪、霍仲辉、陈延录等人建立新团队研究试制，并将新的射孔仪器命名为"跟踪射孔取心仪"。

跟踪射孔取心仪设计目标是：使射孔和井壁取心都能实现全自动化，采用跟踪方式保证射孔和取心深度不受井的深度影响；跟踪射孔取心仪地面控制仪能使操作员时刻观察到射孔枪和井壁取心器在井下的运动情况，防止射孔枪和井壁取心器在井下遇阻未能发现而造成误射孔或电缆打结等事故；因为电缆拉力在运动中和停下来是不一样的，射孔或井壁取心时在起电缆中自动对准射孔或井壁取心的目标自动发射，从而保持与测井状况一样。根据以上要求于1965年8月研究试制成功了跟踪射孔取心仪。1965年10月，参加中国石油工业部在大庆油田举行的全国技术革新和技术革命大会，获得重大革新奖，其他几家油田设计的自动定位射孔仪全都落选。在这个大会上赖维民被评为中国石油工业部全国技术革新和技术革命先进生产者。跟踪射孔取心仪在大庆油田进行现场表演，获得与会代表一致好评，而后通过技术鉴定向全国各油田推广使用。1966年中国石油工业部决定成立胜利测井仪表厂正式生产跟踪射孔取心仪；1970年胜利测井仪表厂搬迁到西安市，改名为西安石油仪器二厂，继续生产跟踪射孔取心仪，取心仪成为该厂主要的产品。跟踪射孔取心仪研制25年来，已生产出上百套仪器在各油田广泛使用，并向一些国家出口；1980年仍保持在国际领先水平，因此获得1980年中国国家发明二等奖。

说起定位射孔仪还有一段故事，那是在1965年全国新技术展览会上，在石油展厅有两件展品特别神秘，一个是大庆的糖葫芦派克（水力封隔器），另一个是大庆的定位射孔仪。

为了保密，这两件展品白天用布覆盖不让国内外观众参观，晚上中央领导来参观时才揭开幕布，露出真面目，这在展览会上是少有的，可见这两项技术在当时是多么的重要。展会期间一个晚上，时任石油工业部勘探司副司长沈晨和勘探司李希文奉命接待中央领导参观石油展厅。晚上 22 点左右，邓小平、彭真、贺龙、陈毅等领导来到石油展厅，中央领导饶有兴趣地听取了介绍，沈晨副司长介绍了糖葫芦派克，李希文介绍了定位射孔仪。中央领导详细询问并点头称赞。陈毅元帅看到展厅内悬挂的条幅"中国用洋油的时代已经一去不复返了！"然后他用浓重的四川口音郎朗大声念道："中国用洋油的时代已经一去不复返了！"陈毅元帅铿锵有力的声音回响在展览大厅，响彻五洲四海。这是那个时代的最强音。

从数字测井系统到数控测井系统的跨越

从模拟的电测仪到数字测井系统的换代

在 20 世纪 70—80 年代，中国石油测井装备发生了划时代变化，结束了延续近 30 年光点记录的第一代多线电测仪时代，开启了数字测井系统和数控测井系统。以西安石油仪器总厂为主，于 1978 年开始引进试制阿特拉斯 3600 系统，1982 年 6 月通过石油工业部技术鉴定投入生产的系列化数字测井仪——SJD801 数字测井仪 1983 年获得石油工业部优秀成果一等奖，1991 年获国家科技进步二等奖，成为石油测井第二代测井装备。

引进阿特拉斯 3600 数字测井系统是一件重要大事，标志着石油测井装备大规模引进和国际技术合作的开始。阿特拉斯 3600 系列数字测井系统与当时的 JD-581 多线电测仪和为数不多的技术上也不够先进的下井仪器（如 0.8 米感应、七侧向等）相比，在技术上有很大的优势。下井仪器由于引进了补偿密度、补偿中子、双侧向、双感应等先进仪器后，真正实现了复杂岩性孔隙度、含油饱和度的定量解释，带动了我国解释方法和数字处理的技术发展。先进的光点记录设备、现场胶片记录质量获得很大提高，数字磁带机应用使得在现场就完成了与解释中心计算机的数字接口，这是阿特拉斯 3600 数字测井系统技术水平的重要标志。阿特拉斯 3600 系列仪器尤其是下井仪器引进，使得我国在测井方法、系统分析、仪器设计、电子基础原件等方面开阔视野，为后来的消化、吸收、仿制和创新打下了基础，还培养了一支科技研发队伍。在这之前，我国的测井装备很难被认为是一个完整系统，测量也仅局限于单项或简单的组合；同时测井装备研发的基础条件也很差。我国集成电路制造迟迟不能与国际标准接轨，数字集成电路型号杂乱不成系统，通用模拟电路的主要指标有很大差距，极大地制约着科技人员的设计空间。

阿特拉斯 3600 测井系统引进之后，在胜利油田测井公司进行现场测井验收。西安石油仪器总厂派曾玉昌为组长，包括声、感、侧、放射性及地面组的专家到胜利油田测井验收现场进行学习、观摩和技术评价的考察工作，然后写出考察评价报告。报告的主要结论是：

井下仪器有系统化、组合化和标准化的特点；地面仪器操作烦琐，没有数字化，但有模拟计算功能和磁带数字记录，可以进行测井后现场回放出测井曲线和室内处理；地面绞车系统与地面仪器一体化，有马丁代克和马笼头连接系统；比国内仪器先进许多，整个系统值得试仿制。当时得到引进小组的肯定。

阿特拉斯 3600 系列在电子技术方面以模拟和中小规模数字 IC 为主，便于分析和仿制，使得我国测井仪器研发工程师很快掌握了全部技术的细节。决定国内进行试仿制工作之后，将其定名为"SJD801 数字测井系统"。试仿制工作开始后，西安石油仪器总厂牵头，主要担负声波、双感应—八侧向、双侧向、补偿中子、补偿密度和自然伽马井下仪器和地面全部仪器、绞车配套系统及测井工程车的仿制工作，宝鸡石油机械厂负责仪器和绞车合一的大棚车的试仿制，胜利油田测井公司负责单感应测井仪的试仿制，江汉测井公司负责微侧向的试仿制，大港油田测井公司负责野外现场测井试验。

西安石油仪器总厂成立了以厂长李清超、研究所所长杨焕成等人组成的 SJD801 试仿制领导小组。由杨焕成等人负责实施，分别成立了若干试仿制小组具体研制。曾玉昌、马洪云等负责总体组，曾玉昌为组长，负责设计总体方案、规划、总体连接、总装和总调、编制总体操作手册；龚厚生负责双感应八侧向仪器组；黄继贞负责双侧向测井仪组；陆立民负责双发双收声波测井仪组；李黎旭负责地面仪通用面板组；林连振负责磁带机和数字面板组；张玉晶、马倩梅负责机械设计组；陈集云负责机电配套组；姜彩泰、孙惠茹负责补偿中子仪；王鉴昆负责补偿密度仪；谢泽珍负责自然伽马仪；胡昌旭负责地面和 PCM 短节试仿制工作。经过近三年的解剖、绘制线路图、采购元器件、解决关键件的外协攻关，特别是请中华人民共和国第四机械工业部有关所和工厂进行元器件试制，先后向他们提供了 40 多种元器件样品。

西安石油仪器总厂一分厂负责印刷版的制造。二分厂除了进行机械加工之外，还分别建造了感应测井仪试验调校的木板房，建造了振动台，完善了高温高压试验装置、马龙头拉力装置等。五分厂建设了绕电缆装置和试制工程车。

经过了两年的艰难攻关和试制，一年的野外试验，先后在大港、华北、内蒙古和长庆等油田完成了春夏秋冬四季的野外反复测井试验和完善。最终于 1982 年 6 月，在西安完成了石油工业部组织的"SJD801 数字测井仪"技术鉴定并且决定在西安石油勘探仪器厂建立生产线进行试生产。

西安石油勘探仪器总厂为了 SJD801 的生产，成立了 14 车间，建设调校、组装和总调的 SJD801 生产线。由总厂副总工程师曾玉昌兼 14 车间主任负责 SJD801 生产线的工作，组织 SJD801 试生产，另外组建了机械设计科、工艺科、标准化室，负责机械图纸设计，编制加工工艺文件。SJD801 生产线成立后，先后编制产品电子元器件采购清单、元器件测试文件、印制板制造文件、焊接工艺文件、各仪器的组装工艺文件和调校文件、各仪器整机加温、振动和井下仪器高温高压试验文件。生产线负责仪器机电组装、单机调校，在宝机厂加工完绞车后到西安石油仪器厂进行总装总调，安装电缆，试验电缆和马龙头连接拉力测试。最后完成 SJD801 总装总调试验，由总体组加上各专业仪器组，组成 SJD801 野外试验队进行野外试验。

SJD801 样机开始试生产三套，然后再生产五套，先后给大港、西安仪表总厂测井仪分公司、青海油田和新疆油田等测井公司使用。

SJD801 数字测井系统是在消化吸收阿特拉斯 3600 基础上，加上部分自主创新后生产的具有划时代意义的国产测井系统，在 5 年时间内，使我国测井装备整体上与国外缩小了至少 10 年的差距。

SJD801 数字测井仪是中国第二代大型系列成套数字测井装备，标志着中国测井装备进入了数字化、系列化阶段。1983 年，在 SJD801 数字测井仪配套系列下井仪器的基础上，根据用户的需要，对 JD581-A 型多线式自动井下电测仪进行改造，增加了接口机柜，改变了 JD581-A 型多线式自动井下电测仪只能进行横向测井的工作状况，于 1984 试制成功 SJD83 系列测井仪。该产品具有技术先进、价格低廉、操作简便、现场熟悉、易于掌握等特点，深受用户欢迎。至此，SJD801 数字测井仪和 SJD83 系列测井仪成为中国各油田 20 世纪 80 年代中期—20 世纪 90 年代初期的主力测井装备。

SJD801 数字测井仪是解决复杂地质条件测井问题的多功能大型车载石油勘探设备。它由地面仪器、井下仪器和绞车配套设备组成，整机装载于以奔驰车改制成的轿车内。车内装有空调和热风机，可保证地面仪器有良好的工作环境。

地面仪包括 24 种通用和专用面板，分别安装于模拟机柜、数字机柜和绞车面板箱上。有两种记录方式：模拟胶片记录可供现场直观解释，数字磁带记录可直接送入计算机进行资料处理。

井下仪器有：JSB801 双感应—八侧向测井仪，SB801 补偿声波测井仪，SJ801 声波井径仪，JLM801 邻近侧向测井仪，JSC801 双侧向测井仪，FG801 通用自然伽马短节，FG801 专用自然伽马短节，FBM801 补偿密度测井仪，FBZ801 补偿中子测井仪，JMT801 脉码调制传送器，FJE801 井壁中子测井仪，普通电测井仪和单感应测井仪。井下仪器可承受最高压力 100 兆帕，最高温度 150 摄氏度。

该仪器还配有发电系统工程车和放射性源车各一辆及专用器具 64 种。

SJD801 数字测井仪是我国第二代大型成套测井装备,它的试制成功使国产测井仪器进入了数字化、系列化阶段。使我国测井装备技术性能接近于美国同类仪器水平,达到国际 20 世纪 70 年代初期水平。该成果获 1982 年石油工业部优秀科技成果一等奖。

3700 的引进——由数字测井到数控测井的跨越

在掌握了 3600 阿特拉斯数字测井的研发技术之后,20 世纪 80 年代初阿特拉斯公司又向我国推出 CLS3700 数控测井系统。阿特拉斯 3700 系统下井仪器与阿特拉斯 3600 相差不大,保持了很好的向下兼容性,井下数据可以以全数字化的方式进行传输,而对地面部分做了全新的设计。阿特拉斯 3700 系统装备了具有浮点运算单元的小型车载计算机,把操作员从复杂且容易出错的面板操作中解放出来,大幅度提高了测井质量和可靠性,并能在井场取得快速直观解释结果,指导工程运行。数控测井系统是一种划时代的产品。因此,阿特拉斯 3700 系统的引进,标志着我国石油测井装备的又一大进步。

西安石油勘探仪器总厂,在 20 世纪 80 年代后期和美国斯伦贝谢、阿特拉斯测井公司进行谈判关于引进美国先进测井仪器的问题。直到 1988 年初步确定了从美国阿特拉斯测井公司开展 3700 测井仪技术转让。西安石油仪器总厂下属的测井仪分厂,开始筹集人员去美国学习和培训。

阿特拉斯 3700 测井仪包括三部分:地面仪器系统、井下仪器系统和工程车。地面仪器系统共有 14 个面板,井下仪器系列共包括 11 种测井仪。

直到 1988 年底确定了西安石油勘探仪器总厂从美国阿特拉斯测井公司签定技术转让 3700 数字测井仪的合同为止,于 1989 年 5 月西安石油勘探仪器总厂先后派专业技术人员去美国休斯敦阿特拉斯测井公司开始培训学习,并和美国技术人员一起组装,生产了两套 3700 数字测井仪的全部仪器,包括地面仪、11 种井下仪和工程车。1989 年 9 月西安石油勘探仪器总厂派曾玉昌、王昌庆和石油工业部的刘玉芝、吴今栋一起去美国检测和验收这两套在美国生产的 3700 数字测井仪。1990 年 5 月,两套 3700 数字测井仪从美国运往华北油田模拟井,进行测井试验和验收。1990 年 6 月,西安石油勘探仪器总厂 3700 生产车间厂房建好,各车间陆续搬进新厂房开始生产。当年 9 月 2 日,石油工业部领导、全国各大油田测井公司经理到厂里参观两套在美国生产好的 3700 数字测井仪及生产线,为 3700 生产线剪彩,引进的 3700 生产线正式开工生产。王长庆担任 3700 数字测井仪项目的项目长。生产线先后生产了五套完整的 SKC-3700 数字测井仪(包括地面仪、11 种井下仪和工程车)、五套地面仪,以及各油田单独订的井下仪。后来 3700 生产线研制了国产化的小数控地面仪，生产小数控地面仪后，就不再生产美国的 3700 数字测井仪的地面仪了。

3700 生产线共有六个车间，分别为 5 车间、6 车间、7 车间、8 车间、9 车间及一个机加工车间组成。SKC-3700 数控测井仪是引进美国西方阿特拉斯生产制造技术，与美国阿特拉斯 3700 数控测井仪具有同样技术质量水平的数控测井仪，是中国第三代测井装备，是 20 世纪 90 年代中国石油勘探测井的主导装备。SKC-3700 数控测井仪地面设备包括万国牌液压仪器车和地面仪器；井下仪器主要有 3700 电缆头（电极系）、1609 声波测井仪、1604 长源距声波测井仪、1503 感应测井仪、1229 双侧向测井仪、3104 微侧向测井仪、1309 自然伽马测井仪、2435 补偿中子测井仪、2227 补偿密度测井仪、2222 岩性密度测井仪、1318 自然伽马能谱测井仪、2727 碳氧比能谱测井仪、1016 地层倾角测井仪和 1966 地层测试器。

1990 年，引进美国阿特拉斯 3700 数控测井仪生产制造技术，建成了现代化的 SKC-3700 数控测井仪生产线，使中国的测井仪器生产制造装备和管理水平得到了极大提高。SKC-3700 数控测井仪于 1991 年获中国石油天然气总公司科技进步二等奖，获奖人员包括徐莉莉，李宇衡，胡昌旭，汤雄等。1992 年，借鉴吸收 SKC3700 技术，试制成功了 XSKC92 小数控测井仪，该仪器主要配接原 SJD801 数字测井下井仪，也可配接 SKC3770 数控测井下井仪。从此中国测井装备全部实现了数控化。与此同时，20 世纪 80 年代中后期，开始"七五"国家重点科研攻关项目——国产 SKC-A 数控测井系统研究，1995 年研制成功，通过中国石油天然气集团公司技术鉴定投产。SKC-A 数控测井系统技术是后续国产数控测井产品的基础技术。2001 年，SKC2000 增强型数控测井仪系统通过中国石油天然气集团公司的项目鉴定和国家经贸委组织的项目验收。

中国石油测井计算机解释的开拓者

20 世纪 70 年代，国际上测井技术进入数字和数控测井时期，随着测井采集信息的数字化，同时发展了测井资料的计算机处理解释技术。面对国际上兴起的新技术，中国石油测井的工程师也在努力攻关，研发适合中国的计算机解释系统和评价技术，曾文冲和欧阳健是本领域的开拓者。

曾文冲，1958 年毕业于北京石油学院测井专业，一直工作于胜利油田，先后担任电测站技术人员、胜利石油管理局副总工程师等职。早在 1974 年，年轻的曾文冲带领胜利油田测井总站的技术人员在计算机上开展了"多参数判别分析解释方法"的研究。1978 年，他们以胜利油气区为样本，建立了渗透率—孔隙度—粒度中值之间的关系，提出评价油气水层的"可动水分析法"在全国 18 个油田的 123 口井进行推广应用，符合率达 91.9%。

曾文冲还在油基泥浆取心研究基础上，提出测井计算束缚水饱和度方法的评价油层新方法，在计算机处理解释中取得较好效果。

1982 年，在曾文冲的主导下，胜利油田引进了 PE-3220 和 PE-3230 型测井资料处理解释系统。该系统主要用于砂岩油气层计算机数字处理解释，使胜利油田的测井处理解释跃上了新台阶，也促进了国内测井数据解释的进步。

1983 年，"多功能测井解释系统"在胜利油田获得应用，这是曾文冲和金秀珍等人共同钻研取得的科技成果。多功能测井解释系统是以油藏物理学为依据，在测井信息还原的基础上发展而成的解释方法。其主要成果包括：将油藏物理学的概念引入测井解释领域，在大量地质和测井资料分析研究的基础上，用数据统计方法建立了本地区的解释经验公式，能定量解释九类 23 种地质参数，并编制了相应的计算机解释程序，在定量评价油气层、定量解释水淹层和确定残余油分布方面有新的突破。经过 16 个油田 403 口裸眼井的现场应用，取得了较好的地质效果。1984 年元月由胜利油田测井总站组织了鉴定。该项成果获 1983 年中国石油天然气集团公司优秀成果二等奖。

20 世纪 80—90 年代，曾文冲等人相继研究应用"双水法""可动油法""判别分析法""石油测井专家系统""最优化解释方法"等储层评价方法进行砂岩油藏测井解释。这些方法的出现，特别是对老油田挖潜和增储上产起到了关键作用。在测井数字处理软件方面走过了引进、消化、创新之路。

欧阳健是曾文冲的师弟，他晚曾文冲 3 年，于 1961 年毕业于北京石油学院地球物理测井专业。先后在胜利油田、海洋石油公司从事测井技术与油气层解释评价工作。1990 年在塔里木参加石油会战，任地质研究大队副大队长、指挥部副总工程师。1992 年在塔里木石油会战中获中国石油首批授予"石油工业有突出贡献的科技专家"，并享受国务院专家津贴。

欧阳健将自己的全部智慧都奉献给了他所热爱的中国石油测井事业，科研成果频出。在 20 世纪 70 年代，他撰写的《应用电子计算机解释油（气）、水层》《电测井曲线探测深度的研究》《0.5m 电位-4m 梯度交会图版的制作》和《三侧向径向几何因子的计算》先后发表在《石油勘探与开发》等杂志上，初步展示了他取得的科研成果。

20 世纪 70 年代末，欧阳健负责我国第一套从美国阿特拉斯测井公司引进安装在 INTERDATA-85 计算机的测井资料处理解释软件的验收，对源程序与方法进行了全面消化与吸收，并组织和参加编写"测井数字处理软件"手册（石油大学参加了合作）在各油田广泛应用，从而为我国在 20 世纪 80 年代初引进数字测井技术奠定了坚实基础。

20 世纪 80 年代初，正在胜利油田测井总站工作的欧阳健在华北油田召开的全国测井会议上，首次介绍了与山东大学合作完成的《多参数自动判别分析油水层方法》。该方法首先将地球物理测井信息加工成各种参数，然后利用这些反映油水层规律而又相互独立的参数作为判别信息，并用判别分析方法自动提取这些判别信息，从而达到利用多参数最大限度地来区分、识别油水层。这种方法开创了中国石油测井计算机解释的先河。《多参数自动判别分析油水层方法》被评为山东省优秀科技论文。

在当时比较困难科研条件下，欧阳健与油田地研院计算中心的工程师合作在国产计算机 DJS-121 和后来引进的法国 IRIS-60 大型计算机上开展测井解释的应用方法研究，以油田复杂的勘探实践为书本和教师，以发展计算机新技术寻找更多的油气为工作动力，尽管闲言不时传来，甚至有人说"这是胜利油田勘探开发科学院的课题，油田做不了"等等，都没有影响到他的钻研热情。他与山东大学合作的测井评价油水层项目，利用钻井液侵入油层、水层的不同侵入特征及砂岩颗粒粗细与饱和度关系等大量样本的有效参数，参照美国数学杂志介绍的最新概率统计方法建立了有效的解释标准，在生产解释中得到长期应用，并取得很好的效果。

他还主持参加了"泥质砂岩地层测井数字处理"研究工作，形成了测井数字处理关键技术，主要包括：曲线输入程序与显示程序在内的各种通用程序和各种解释分析程序；以声波测井为主的计算机孔隙度、饱和度等各种地质参数的计算程序；侵入带方法（计算侵入带与地层电阻率及侵入带直径等）；多参数自动判别分析油水层方法与有关程序；测井数字解释方法与规程。

测井数字处理研究工作对胜利油田东部地区梁家楼、利津等地区的勘探作出了显著的贡献。如梁家楼地区第一批予探井 3 口、6 个层位数字处理解释符合率达到 100%，获得了日产 100 吨以上的高产油流；利津地区为低含油饱和度油层，人工解释很困难，应用数字解释效果显著，13 口井中数字解释比人工解释增加了 5 层油层，累计厚 54.8 米。经试油验证，符合率达 84%（人工解释符合率为 67%）。该软件对全国各油田部分重点井的数字处理效果也十分显著，因此获 1980 年石油工业部优秀成果一等奖。

1990 年在塔里木参加石油会战期间，作为指挥部副总工程师，他带领塔里木石油勘探开发指挥部地质研究大队完成了"塔里木盆地测井储层描述与油气评价"。该项研究在大量地质、岩石物理研究的基础上，深入应用各种现代地球物理测井方法，广泛采用计算机定量分析技术，从而用现代地质与岩石物理的理论来指导"岩芯刻度测井—实现测井储层参数研究、储层描述与油气评价这一实用而有效的技术。该项研究与油气勘探紧密结合，先后完成了轮南、东河塘、垒塔木、吉拉克、解放渠东等六个油田的储层描述与油气评价，取得了良好的社会效益。该项研究获 1993 年集团公司科技进步二等奖。2003 年，担任了中国石油天然气总公司勘探局副总工程师的欧阳健，组织了中国石油的低阻与低渗透砂岩油层测井解释攻关，并获得了中

《测井地层分析与油气评价》封面

国石油天然气股份有限公司"科技创新一等奖"。

欧阳健和曾文冲都十分重视对测井技术的传播和测井科学人才的培养。1982年，他们在石油工业部勘探培训中心的组织下，合作编著了石油地质勘探技术培训教材《测井地层分析与油气评价》，时至今日，仍然是石油企业中进行测井专业培训不可多得的教材之一。

奋力推进中国测井进入成像时代

　　测井是油气勘探开发的主体工程技术之一，被誉为地质家的"眼睛"，在油气勘探开发中起着重要的作用。进入新世纪，经济全球化的浪潮在给中国石油测井带来机遇的同时，也带来了压力与挑战。长期以来，中国国产测井装备主要是国产小数控，每次仅能一支或两支仪器下井测量，一次常规裸眼井测井作业一般需要6趟以上工序、20多个小时的施工，测井效率低、施工强度大。而以斯伦贝谢公司为首的国外油田技术服务公司已经在20世纪90年代前期和后期，成功推出快速测井平台和成像测井系统，率先进入成像测井时代。随着国际、国内测井市场逐步开放，中国石油旗下的油田测井服务单位都不可避免受到国内同行和国外测井公司的巨大冲击。总体看来，国内测井行业技术突出应用与服务，高端技术与装备一直被国外三大服务公司垄断，严重制约了国内测井技术的发展。如何破局？国内自主化测井装备如何发展？该何去何从？成为摆在中国测井届面前的重大课题。在这种错综复杂的内外形势下，为了打破在高端测井技术和装备受制于人的局面，于2000年起，中国石油天然气集团公司决定开展组合测井系统和综合化地面系统研制。

　　作为成套测井装备的"龙头"和"纽带"，综合地面系统的研制工作更是重中之重，以现任首席技术专家李安宗等人为首成立的项目组挑起了此研发的重任。他们进行了需求分析阶段的详细调研，分析了大量的仪器算法，厘清普遍性、总结特殊性，系统分析过程中几易其稿，经常忙碌到深夜；编程和测试时的仔细推敲，联调中问题的困扰，冥思苦想后的豁然开朗，这是研发过程中常有的事情。在不到两年的时间里，一个可扩充性好、维护性高的综合化测井平台，终于在项目组的攻关下搭建起来，为配接全系列测井项目奠定了坚实的基础。

　　2002年12月6日，中国石油对测井行业进行专业化重组，成立中国石油集团测井有限公司，拉开自主创新序幕。中国石油集团测井有限公司成立之初，141套测井装备有21个型号，引进的9套成像测井设备下井仪器不齐，24套数控测井设备都在超期"服役"，在用国产测井装备为技术落后的小数控。

工欲善其事，必先利其器。对于新成立的中国石油集团测井有限公司，当务之急，就是必须尽快研发一套属于自己的成套装备。

"走装备研发和技术服务一体化的道路，短期内形成具有自主知识产权和核心技术的成套装备，以技术创新推动企业的跨越式发展。"在分析国际石油工程技术发展趋势、对比自身优势和差距的基础上，中国石油集团测井有限公司明确了技术发展目标。

公司从原江汉测井研究所和西安石油勘探仪器总厂研究所抽调的 30 多名科研技术专家和管理骨干集中到西安，成立了重大科研项目组，展开了测井成套装备研发的大会战，相继开始了"高分辨率测井仪器及井场实时解释系统研究""综合化地面系统研究"等课题的研究。

白手起家创业艰。30 多人组成仪器研发、软件、综合地面仪器三个项目组，所有研发人员吃饭、睡觉、工作都在明珠花园的几套 100 多平方米的单元房里。客厅的几张桌子上，摆着元器件、电路板、示波器、万用表……虽然这里可能是世界上条件最简陋的研发工房之一，但是这里热气腾腾、干劲冲天。为了确保项目进度，项目组实行封闭式研究，没有周末、没有节假日，每天从早上 7 点多开始工作，一直到凌晨 1 点钟，除了吃饭、睡觉，其他时间全扑在工作上。这些远离家乡的研发人员经常调侃说："幸亏大家吃、住、干都在一起，否则还没这么高的效率。"

时任仪器研发项目组的组长陈宝回忆起这段时光，依然感触颇深地说："当时我们家在外地的补助一天只有 40 块钱，吃饭要到外面去找，住的条件也很简陋，但大家没有抱怨，只想一门心思憋着一股劲儿，那就是想早点把仪器研制出来。"测井成套装备研制成败的关键，在于重大技术难点的突破。补偿密度和微球型聚焦测井技术是多年的成果积累，都曾经是国家级新产品。在充分发挥原有技术优势的基础上，陈鹏、陈宝带领项目组连续解决了密度滑板和微球极板复用后带来的新问题，实现了密度微球探测器的成功组合，这在国内是首创。

在系统联调中，系统干扰是最头疼的问题，由于缺少系统设计调试经验，走了不少弯路。有时某个仪器工作不正常，项目组针对该仪器多次查找问题和整改；多次实验后仍问题依旧，大家都很绝望，觉得问题解决无望，陈鹏组织大家集思广益，从电源、地线、通信总线等方面，分析各类仪器的相关性，针对有可能的导致干扰的仪器进行分析，最终找到了"罪魁祸首"——侧向的地线最终修改井下仪器的系统总线，才彻底解决了问题。

凤凰涅槃，破茧成蝶。经过研发人员一年的奋斗，综合化的地面设备、集成化的常规测井仪器、平台化的解释软件研制完成。

2004 年初，经过紧张而努力地工作，测井成套装备样机已完成室内调试，进入现场试验阶段。为使测井成套装备尽快完成试验并投产，时任公司总经理的李剑浩现场办公，亲自选定测井试验队人员，成立了精干的现场试验队，负责 EILog 装备的测井试验，验证仪器的性能，为测井装备的顺利投产打下坚实的基础。

试验的过程同样充满曲折艰辛。样机虽然出来了，可仪器是在几千米的井下，高温高压的复杂环境中，会出现什么样的情况确实难以预料，特别是这样一套涉及十多种仪器的大系统，而且没有经验可以借鉴，只要出现一丝的疏漏，都会影响到仪器试验的效果。虽然已经做了充分的准备，可是任 91 井的试验结果还是出乎意料，仪器不稳定、测量曲线重复不好、数值不准、温度性能达不到设计指标，问题接踵而来。时任技术中心主任的王敬农、总工程师的汤天知坐镇现场，与试验队吃住都在井场，一待就是 3 个多月，李剑浩每天听取汇报，并亲自看测井曲线，提出问题。大家集思广益，认真查找原因，对发生的问题分门别类进行整理和分析，逐一解决。

当时正是七八月份的高温季节，试验人员冒着近 40 摄氏度的高温，天天在井场，个个晒得黑炭似的。首先遇到的就是信号传输不稳定的问题。信号传输短节是整个成套装备系统的神经，既是地面系统对井下仪器控制指令的传令兵，又是井下仪器大量数据的运输线。陈鹏和试验队顶着压力，仔细查找原因，最后终于从改进程序、改进安装方式入手解决了根本问题，为成套装备的后续试验打下了稳固的基础。

一个个"拦路虎"消灭在现场，成套装备的性能一次又一次得以提升。在泉 241-49 井中，所测曲线的重复性和一致性都非常好，公司总经理李剑浩看后评价说"从没有见过国产仪器测出这么好的曲线"。在任 879 井中，全部过程只花了 3 个多小时。测井过程非常顺利，资料全部合格。

在近一年的现场试验中，研究人员转战大江南北，行程万余公里。战严寒、斗酷暑，克服各种困难，相继在华北、长庆、胜利、辽河等油田进行了 20 多井次的现场试验。在试验过程中对发现的 170 多个问题逐条分析整改，使装备性能日益完善。在后期连续 6 口井的试验中均一次下井测井成功。仪器在温度为 150 摄氏度井底连续稳定工作两小时以上，测井曲线的一致性、重复性良好，与进口测井装备对比一致，一次下井取全所有常规测井资料。现场试验的成功，为 EILog-05 的正式投产应用奠定了基础。

2005 年初，中国第一套自主创新研制、具有自主知识产权的高性能测井成套装备开始进行投产试验。按照公司的统一安排部署，技术中心精心组织，开始了 EILog-05 前三套的小批量生产制造，在没有标准化厂房、制造人员紧缺的情况下，EILog 研发团队克服重重困难，于2005年5月成功制造出第一套EILog测井系统，通过了任91井1个月的高温高压测试和3个月在长庆油田6口生产井的实际测试。

2005年9月3日，EILog成套装备长庆探区应用效果评价会在西安未央湖召开，长庆油田公司主管领导认为：该设备技术先进、性能优越、针对性强、可靠性高、应用效果好、推广前景大，同意该装备投入长庆探区现场应用。9月25日，60101队接到庄检1井测井施工任务，这是EILog成套装备首次在长庆油区"亮相"，大家十分兴奋。9月26日凌晨，测井施工圆满完成，比数控测井节约近6个小时。庄检1井施工成功，标志着中国石油集团测井有限公司自主研发、具有自主知识产权的EILog成套装备在长庆探区投产成功。

首套EILog的成功投产，意味着成套装备大规模推广应用成为现实，标志着中国石油测井作业能力实现了一个质的提升，并将打破长期以来国外公司在测井设备和技术上对我国的垄断。从此，中国人有了属于自己的测井成套装备！

"具有自主知识产权、达到国际先进水平的快速与成像测井装备开发成功，填补了国内空白。"集团公司2005年工作报告里，把EILog成套装备研发成功写了进去。

研制出EILog成套装备，从根本上改变了国内先进装备长期依赖进口的局面。高举自主创新大旗的中国石油测井人，把下一轮创新的目光投向了EILog的井下成像仪器。

随着油气勘探开发难度的加大，所面临的地质目标也日益复杂，油藏对象更加隐蔽，老油田含水率逐年增高，可是常规测井仪器只能对地层性质做大致的划分，精度不够，迫切需要一全套新的测井技术，就是成像测井。如果把常规测井比喻成看清地下的"望远镜"，那成像测井就相当于为这个望远镜配上了"八倍镜"。

作为国家测井队，必须要有"杀手锏"，满足中国石油勘探开发的需求。中国石油测井人进行了成像仪器攻关。

微电阻率扫描成像测井仪能够提供井眼地层分辨率大动态范围微电阻率成像，是解决复杂岩性识别、裂缝评价、沉积分析等难题的有效手段，在重点探区及复杂地层的勘探开发中发挥着重要作用，作业量不断增加，市场需求迫切。但这项技术长期被美国三大服务公司垄断，引进和服务价格昂贵，核心技术受到封锁。2002年，经专业化重组成立的中油测井在原西安石油仪器总厂承担的2001年集团公司项目"微电阻率成像测井仪改进及二次开发"研究的基础上开展研究工作。从事电法研究的高级工程师肖宏接手负责该项目，成为新一任项目长。十年磨一剑，谈起"微电阻率成像仪器"近二十年的发展历程，他仍不禁感慨万千。从2003年起，肖宏带领项目组成员查找样机存在的问题、跟踪世界前沿技术的发展趋势。2004年完成了样机改进，之后的两年多时间，微电阻率扫描仪器项目组人员经过多次下井实验，采用打开推靠器检查、增加碟簧、改变井径电位器的走线等方式和一体硫化方式解决了极板绝缘问题，极大地提高了极板的可靠性和稳定性。

随后，项目组依托国家、集团、中油测井重大科技项目，攻克了6A低噪声大功率发射激励源、阵列信号高精度检测系统信号一致性等难题，实现4项技术创新。2008年，微电阻率扫描仪器研发成功！多年的研发制造经验使电成像技术日臻完善，测速由225米/小时提高到540米/小时，测量动态范围拓宽到0.2~20000欧姆米，钻井液适应范围降低到0.01欧姆米，极板电扣信号相对误差由10%减小到2%，制造工时缩减50%，测量精度和非均质地层精细描述能力不断增强。针对复杂超深井勘探，突破多种关键技术，独创多项技术工艺，项目组研制出新一代2.5毫米超高分辨率全井眼覆盖电成像测井仪、最小适用于5英寸井眼的电成像测井仪、170兆帕/175摄氏度超高压高温电成像测井仪，技术指标均达到国际先进水平。

利器出鞘，势不可挡。2009年7月，2支微电阻率扫描仪器MCI及配套地面设备销售到伊拉克，这是集团公司高端成像测井仪器首次外销海外市场。2016年MCI微电阻扫描仪器在塔里木油田4口超深高温重点勘探井及开发井作业时，同类进口的电微成像仪器均因超深超温等复杂井况导致作业失败，MCI均成功取得合格测井资料。2017年在塔里木探1井7800米、井底温度168摄氏度，国产的微电阻成像仪MCI成功识别储层缝洞特征，图像效果和国外测井公司电成像效果相当，并再次刷新了高温高压测井新记录。自主研发的国产微电阻率成像测井技术在塔里木油田开放市场成功应用，可使测井服务成本降低30%，从而节约引进购置成本三分之一，提质增效成果显著，为塔里木油田上产3000万吨提供了测井工程技术保障。

2014年，是现任首席技术专家陈涛挂帅阵列感应成像测井仪研制项目的第十年。为做好这种信息处理力强大、测量深度深、测量数据精准等特点的高分辨率仪器，项目组深入分析壳体材料、液压系统、数据采集等难题。由于当时没有调试车间，没有做温度图版的木板房，也没有供仪器刻度用的空旷场所，这对于信号敏感、工艺复杂、调试环境要求高的阵列感应仪器研制简直难上加难。

普通的刻度，相当于天平的标尺和秤砣，但对于阵列感应这样的精密仪器，其刻度演算要应用更高阶的方程式，每一个影响因素都是方程的一个因子，关系到最终刻度的准确程度。因为阵列感应仪器对刻度的环境要求十分苛刻，项目组所选的刻度地方又非常偏僻，住宿交通不便，只能踏着晨露起、踩着星辉归。为了解决吃饭问题，只好自带锅碗瓢盆，自己动手做饭，一伙人围着炉子边吃饭边讨论刻度中遇到的问题。在凌晨三点回家的路上，西安城的繁华与喧闹褪去，呈现的是一片宁静的夜色。

经过大量的试验、计算和验证，从陶瓷骨架、芯棒、铜管及线圈绕制工艺逐一分析排查，终于研制出性能可靠、强度刚度合理、易操作、易维修的阵列感应仪器。2007 年，首支国产成像测井仪器阵列感应投入应用。

随着油气田勘探开发新需求，EILog 成像系列有了"新任务"，测量精度更高、井况适应能力更强的多频核磁共振仪器"应运而生"。

样机刚研制出来的时候，现场测量孔隙度曲线重复性达不到要求，泥质束缚水信号也测量不到，在核磁仪器这样一个庞大而复杂的系统中找原因如大海捞针般困难。当时由全国劳动模范李梦春带队的核磁项目组承受着巨大的压力。按照分工，他们没日没夜地研究，对仪器每部分进行剥丝抽茧地分析和排查，翻烂电路图对电子器件和编程代码逐项检查，终于"顺藤摸瓜"找到了"病根"，解决了问题。

"要想对国外技术实现弯道超车，就必须不怕失败，坚持测井仪器核心技术自主仿真设计和加工。"核磁仪器的新一任项目长侯学理将目标盯在解决每一个"卡脖子"技术难题上，不断自主创新，带领团队仅用 1 年 3 个月的时间，就攻克了核磁探测器磁场仿真计算及磁性材料选型、黏接、充磁等多项工艺、技术难题，成功自研核磁探测器，且振铃、回波幅度、信噪比等各项关键技术指标均达国外优等探测器水平。

在居中型 MRT 核磁测井仪器推广应用期间，侯学理发现仪器对泥质束缚水的测量不准。他和团队紧锣密鼓地进行复盘，在一沓沓纸上密密麻麻写满造成测量不准的可能性，从硬件、软件到算法一个都不放过，经过 1 年时间，终于成功利用正反演交替迭代法提高了测量数据的可信度。经过侯学理团队的不懈努力，居中核磁测井仪数据处理方法不断优化升级，系统整体性能达到国际先进水平，入选 2014 年集团公司十大科技进展，2015 年国产多频核磁共振测井仪器研制成功并正式投产应用，获 2016 年集团公司自主创新重要产品称号。

至此，"3 电 2 声 1 核磁"成像测井技术完美收官，这项长期以来被美国三大油田服务公司垄断的高端测井技术，实现了自主研制，几代测井人共同的夙愿终于实现。

EILog-05 快速与成像测井系统是在总体设计、技术开发和系统集成的基础上，形成了满足测井作业和地质评价要求的测井成套装备，该系统包括综合化的地面采集与处理系统、集成组合化的下井仪器测量系统、直观快速的解释系统。系统具有很强的组合能力，一次下井可以测量电极系、三参数、伽马、中子、密度、侧向（或感应）、微球、声波、井径和连斜等仪器，一次下井取得包括 9 条常规基本曲线 [GR，SP，三孔隙度（中子、密度和声波），三电阻率（深、中、浅）和井径] 在内的 18 条测井曲线，系统采用了标准化的总线结构设计，同时还可进行阵列感应、微电阻率扫描、超声电视等成像仪器的组合测井，可以根据井况和评价需求，进行选择组合测井项目。

　　"十二五"期间，中国石油测井公司联合国内多家优势研究力量协同创新，成功研发出成像系列仪器——"3 电 2 声 1 核磁"，整体达到国际先进水平，扭转了高端测井仪器全部依赖进口的局面，增强了我国在国际市场竞争中的话语权。EILog 测井装备已成为中国石油测井的主力装备，承担了公司 85% 以上测井工作量，实现了常规测井向成像测井的跨越，奋力推进中国测井进入了"成像测井"时代。"EILog-05 快速与成像测井系统"于 2006 年获中国石油天然气集团公司科技进步一等奖。

高效快速 15 米一串测测井仪诞生记

2011 年 10 月 20 日，中国石油集团测井有限公司围绕长庆油田的"短口袋"问题，在原有常规与成像测井仪器的基础上，立足自主开发，启动了"15 米一串测测井仪器系列"研制项目，核心目标是缩短仪器长度（要求系统长度不超过 15 米），降低现场施工的劳动强度，提高测井的时效。

张炳军，1993 年毕业于江汉石油学院测井专业，时任长庆事业部经理；陈宝，1994 年毕业于成都理工学院核技术专业，2005 年获江汉石油学院地球探测与信息技术硕士学位，时任中国石油集团测井有限公司技术中心副主任。项目启动后，张炳军和陈宝当仁不让地站在了领头羊的位置，全面担负起项目的重担，张炳军负责现场，陈宝负责科研。项目首要任务是解决长庆油田的"短口袋"问题，并要在较短的时间内完成研制任务，不耽误第二年油田的生产，力争在 2012 年春天投入试验验证。时间紧、任务急，不允许失败，陈宝首先采用了新的研发模式。团队成员由研发人员和现场应用人员共同担当，分工合作；技术路线通过自研＋外协＋合作进行运作，加大与高校和科研院所的对外合作力度，是真正意义上的"产、学、研"一体化；方案设计要从系统出发，考虑整体配接，不要仅局限于单支仪器，方案设计要全面、深入、细致；管理模式上采取特殊的措施、政策，总体协调、分步实施，在技术上解放思想、大胆创新。

2011 年 11 月 28 日，项目组的人员通过大量的调研，了解现场的需求，确定了该系列的内容。主要包括：三参数、遥传伽马、连斜井径、数字声波和阵列感应等测井仪器，一次下井，获取钻井液电阻率、温度、张力、井径、方位等井眼环境参数和自然伽马、自然电位、声波时差、电阻率等储层评价参数。俗语说：一个萝卜不能两头切，按照原有系统取全 15 米一串测系列仪器，仪器总长度长达 24 米，现在要缩短到 15 米，仪器性能还不能打折扣，这分明就是一个萝卜必须要两头切，难度之大可想而知。"现在一下子要缩短 9 米，要求也太高了吧！"大家畏难情绪很大，议论纷纷。作为总体组核心成员的刘湘政给大家打气，"有难度才有挑战，越是有难度的仪器攻关越是能体现我们仪器研发人员的价值！再说，我们要用发展的眼光看问题，技术发展日新月异，元器件从分立到集成，器件的耐温性能大大提高，可以尝试的路子很多，先一步步做起来，不要急于否定。"听罢，大家纷纷撸起袖子"摩拳擦掌"。

陈宝一马当先，带领项目组没日没夜反复研讨。他们把仪器图纸一张张挂在墙上，仔细地分析每一种仪器，甚至每一个仪器部件，凭借多年的仪器研发经验，他们很快就有了仪器集成创新的思路，按照技术指标要求将不能缩短的传感器部分剔除，从结构优化、传感器集成、模块化设计、电路公用、方法原理等诸多方面创新着手，一步一步分解指标。"采用先进的开关电源取代线性电源""采用后膜集成模块代替常规印刷电路板""采用高温器件取代保温瓶""把小型化电路模块移植到探测器内部……"大家脑洞大开，纷纷献言献策。

在项目实施的过程中，历经元旦和春节两个重大节日，为加快项目研制进度，项目组成员加班加点，通宵达旦地工作，下班后，在空旷的产业化大楼经常看到他们仍在忙碌的身影。项目组成员克服了重重困难，从器件选型、电路设计、软件编程到总体调试，一个个细节推敲，一个个环节测试，一个个难关攻克。常常为了一个小的问题，大家各抒己见，有时候争论得面红耳赤，难题解决不了，连吃饭走路脑子都在不停地运转。

数字声波采用声系内嵌电路的结构，实现了技术和工艺的创新。结构改进后，电子仪集成到声系里面，一个个电路模块从组装到注油，工艺较之以前更为复杂。为了解决集成带来的新问题，项目组成员认真地设计，不厌其烦地进行修改，从电路模块的尺寸、形状到承压的方式，导线焊接方式，装配、注油工艺，安放位置、如何密封及深度补偿等各方面都做了周密的考虑。为了做好深度补偿算法，设计人员查看国内外相关资料，反复优化验证，经过几十口井的试验，确定了最终的算法。

开关电源的应用是该项目设计上的一大突破。传统的电源设计是由电源变压器、整流滤波电路和电源转换电路组成，体积巨大。开关电源的优点是体积小、效率高，缺点是噪声大，如果将开关电源应用到15米一串测系列仪器中，必须突破降低电源的输出噪声、控制输出功率、提高后续电路降噪能力等多个难题。项目组成员多方调研，联系北京、青岛、西安等四五个厂家，经多次交流、商讨，确定指标。作为总体负责人的陈宝多次到厂家进行沟通、探讨，了解进度。一次，去厂家讨论问题，他和对方的技术人员进行了深入的讨论，并提出自己的建议。讨论一直持续到晚上八点多，出门离开时才发现天空不知道什么时候已经飘起了雨夹雪，本来准备去接儿子下课的他只能失约。类似的情况不知道发生了多少次，连他自己都记不清楚了。厂家也被他这种执着、忘我的工作精神深深感动，双方的技术人员经过坚持不懈的共同努力、不停改进、反复试验，从输出电流和纹波幅度等方面多方位比对，最后终于成功地在15米一串测系列仪器中使用了开关电源供电，使电源部分长度较以前缩短一半，大大缩短了仪器串的总体长度，为项目的最终顺利完成打下了坚实的基础。

阵列感应成像测井仪器是实现复杂非均质储层测井解释的重要手段，将原长 9.8 米的阵列感应仪器，按要求缩短到 5 米以内，这个挑战的艰巨程度可想而知，必须在方法、理论上均有所创新，研制难度相当大。所以在项目组着手制定 15 米一串测仪器初步试验推广方案时，专用阵列感应仪器的研制一直处在"凤凰涅槃"的艰难重生过程中。

阵列感应的掌门人陈涛，1995 年毕业于华中理工大学自动化技术专业，2008 年获西安石油学院电子工程硕士学位。从 2003 年开始，阵列感应项目的重担就落在了他的肩上。历经近十年，几类阵列感应仪器已实现在国内外各大油田的大规模应用。15 米一串测研发过程中，专用阵列感应仪器的研发重担又责无旁贷地落在了他的头上。线圈系及传感器部分长度近 5 米，在保证仪器性能不降低的同时，必须采用新的方法优化线圈系结构。陈涛通过查阅大量国内外资料、认真分析，创新性地提出主辅线圈一体化设计，从双边线圈结构改为单边线圈结构，如果能实现这一技术突破，就会在保证技术指标的基础上，极大地缩短仪器长度。陈涛率领项目组与高校及其他科研单位合作，做了大量的计算、仿真、试验和验证，从测量原理、仪器结构到实现方式、材料选择、处理方法等方面逐一分析确定，终于形成了详细的可实施性方案。

但是理论虽然丰满，现实却经常很残酷，理论和现实总有不小的差距，需要每一步、每一个过程都严格控制才能达到预期的效果。调整了线圈系结构以后，在仪器调试过程中，一个巨大的拦路虎——"干扰"又横在了项目组的面前，仪器信号微弱，对自身重复性误差要求极高。干扰信号降不下来，项目组的成员觉睡不好、饭吃不香，他们加班加点从强弱信号隔离、数字模拟接地方式优化、增加采集时间及调整测量信号与刻度信号的处理方式等多方面入手，历时 50 个日夜的反复测试与验证，终于攻克了无用信号大、测量精度不够高这个技术难题。有一次陈涛和 2 个同事加班至凌晨 2 点，下雨搭不到车回家，直接在单位裹着棉工衣睡了一晚。这期间首次提出并逐一实现主辅线圈一体化设计、高性能模块化集成电路设计、复杂环境自适应偏心斜井校正处理等多个核心技术创新，实现了长度由 10 米缩短至 5 米，测量精度由 1 毫秒 / 米提高到 0.5 毫秒 / 米。

千淘万漉虽辛苦，吹尽黄沙始到金。截至 2013 年初，专用阵列感应仪器终于成功接入系统，这标志着 15 米一串测样机中所有仪器的研发、联调工作终于全部告罄。2012 年 5 月，经过项目组同志坚持不懈、艰苦卓绝的努力，辛勤的汗水终于换来了丰硕的成果，仅用了不到半年的时间，项目就完成全部常规仪器的设计、加工、调试、联调与测试，系统的长度由原来的 24.3 米缩短到 12.7 米，并能兼容 EILog-06 系统。样机完成后，项目又紧锣密鼓地进入了试验和推广阶段，项目组讨论成立了专门的项目实施、协调小组，制定了详细的试验推广方案。项目负责人张炳军和陈宝又开始了新一轮没日没夜地奔波。

遥传系统是整个仪器系统的重要部分，也是测井资料质量的保证。在长庆标准井试验过程中，遥传系统就给项目组来了个下马威，有一天在试验快结束时，遥传出现误码、总线出现死值。项目组人员逐一分析，查找问题，天黑了还是没有找到任何头绪，夜间返回到仪修工房再次通电，死值问题却无论如何都不能复现，这让大家百思不得其解。已经晚上 20 点多了，陈宝催大家收了摊子，快去吃饭，明天再接着找。回到招待所他躺在床上辗转反侧，各种思路像乱麻一样纠缠在一起，到底是什么原因造成了误码？温度问题吗？不对，标准井只有 100 多米，温度不高。电缆展开后参数变化问题？也不是，一天下来，在井里上上下下几十次。纠结了一晚，第二天早上 6 点左右，他便到了工房。张炳军和其他人也一样，睡不着，早早都来了，大家一起围坐在仪器旁开始讨论，一截一截地排查，最后问题的焦点一致指向晶振，是晶振长时间工作后受温度的影响发生漂移，导致时钟不准，同步造成传输误码。为准确捕捉错误信息，软件人员增加检测状态字，根据仪器的通信状况进行分析；硬件人员开始焊接电路、测试关键点的信号。就这样，通过优化创新时钟同步算法，采用分级"拦水坝"模式等一系列方法，大家在仪修工房里，冒着盛夏的酷热和蚊虫的叮咬，紧盯电脑屏幕，从早上一直干到深夜一点钟，通过反复比对，终于成功解决遥传系统随机出现误码和死值这个令人头疼的问题。

在试验和推广阶段，通过标准井和 12 口生产井的试验，项目组解决了遥传与感应仪器的组合通信，连续测斜仪器影响感应仪器通信，井径仪器影响方位测量，井斜数据不稳定等 38 个问题。曲线质量符合要求，重复性、一致性良好，能够满足测井解释需求。现场作业时间平均降低了 30% 以上，该系统大幅度提高测井时效的同时，降低了施工风险，得到了测井小队的普遍认可。

2012 年 9 月，15 米一串测测井系列正式在长庆油田投产。突破性地实现了当年立项，当年完成研发，当年完成试验，当年正式投产重大阶段的突破。

2012 年 12 月，伴随着中国石油天然气集团公司"西部大庆""新疆大庆"等四个大庆建设和低成本战略的实施，针对中国石油天然气集团公司增储上产、快速完井的需求，为了适应油田油气勘探开发"提速度、提效益、提素质"的需要，在大规模开发井逐年增多、测井工作量急剧加大、井型结构具有多样性和复杂性、对取全取准资料也有了更高更新要求的情况下，中国石油天然气集团公司科技管理部又设立了"15 米一串测测井仪器与配套技术现场试验"重大现场试验项目，以检验技术与装备的适用性、适应性和可靠性，从而实现产品定型，以满足油气田勘探开发的需要。历经三年，项目组的成员通过近百口井的试验、优化、完善，形成 15 米一串测测井仪器的定型产品系列 3 串；形成了控制、采集、处理、解释软件；形成配套的刻度方法；形成配套产业化文件及工艺规范。

创新研制出 15 米快速与成像一串测测井系列，规模应用表明，仪器性能可靠、油气识别直观、储层评价准确，作业时效提高 30% 以上，整体技术达到国际先进水平。15 米快速与成像一串测仪器取得如下创新点：一是创新实现了快测平台成像化，在国内首次实现电阻率成像仪器集成到一串测，一次下井不仅可获得自然伽马、自然电位、电阻率、声波时差、井径、井斜方位等常规测量参数，还可获得电阻率成像曲线，提高了电阻率测量精度，更加精细识别储层油气，满足现场快速、准确的测量要求；二是快速与成像传感器优化集成技术，通过方法研究，集成优化仪器探头，采用声波声系内嵌电路等技术与工艺的创新设计，将仪器串长度从 24 米缩短到 12.7 米，减少了对"口袋长度"的要求，降低了作业风险；三是阵列感应信号处理技术，通过增加自适应井眼校正及斜井校正功能，提升了阵列感应对复杂井况的适应能力，通过完善刻度方法，扩大了仪器测量范围，增加成像测井资料实时与井场的快速处理软件，实现了成像测井资料的现场快速直观油气评价；四是高可靠模块化设计技术，阵列感应发射与接收一体化技术，数字声波模块化技术，开关电源的成功运用，减少了器件的数量和种类，提高了系统的可靠性、稳定性和易维护性，使一串测在使用和维护上更可靠、更便捷。

15 米快速与成像一串测仪器获得专利 11 件，其中发明专利 4 件，软件著作权 1 件，发表论文 13 篇，获得行业标准 1 项，企业标准 5 项。

截至 2017 年底，15 米快速与成像一串测已规模应用 94 套，在长庆、华北、吐哈、青海、海南等油田全面推广应用，创造产值 2.9 亿元，累计测井 9000 余口，测井作业成功率 100%，一次下井成功率 99.2%，现场作业时间平均降低了 30% 以上，为长庆油田 5000 万吨稳产，6000 万吨上产目标实现做出测井贡献。仪器推广应用得到用户认可，长庆油田分公司认为："该系统测井的采集质量好，优等品率高，所测曲线数值、计算的参数都与区域规律相符合，储层参数计算精度及解释准确度能满足生产需求，实现了'测得快、测得好'的总体目标。"15 米快速与成像一串测的成功应用，扩展了 EiLog 系统综合服务能力，作为中国石油主流测井装备之一，为勘探开发主营业务和国际油气资源市场竞争提供了强有力的技术支撑。

"15 米一串测测井仪研制与应用"获 2015 年中国石油天然气集团公司科技进步一等奖。

阵列阻抗相关产液剖面测井新技术的开发

产出剖面测井在油田开发中发挥十分重要的作用，为注采方案的调整，储层动用情况评价，以及压裂、调剖、补孔、堵水等油水井的改造措施的选井选层和效果评价提供必不可少的资料。尤其是大庆油田，十分重视开发过程中动态资料的录取，每年都录取 3000 多井次的产液剖面测井资料和上万井次的注入剖面测井资料。20 世纪 90 年代初，大庆油田的综合含水率已接近 80%，当时正实施"稳油控水"工程，目标是"三年含水不过一（综合含水率上升不超过 1%）"，迫切需要产液剖面测井资料识别高含水层、判断低效层，以更准确地实施油水井的增油降水措施。但现场测井发现，对于高含水油井，传统的电容含水率无法有效工作，含水率测量误差大，涡轮流量计也因井内出砂经常卡死，产出剖面测井无法满足开发的需求。因此，发展新的测井仪器准确判定油井内的油、水分层产出状况，为油田开发提供可靠的资料，就成为一个迫切需要解决的问题。

课题组长大庆测试技术服务公司总工程师刘兴斌带领大家围绕课题，调研国内外技术研究现状和现场测井的状况，制定课题的研究方案。

产液剖面测井仪器由含水率计、流量计、井温仪、压力计和磁定位等组合而成，而流量和含水率是两个关键参数。国内外的含水率测量普遍采用电容式传感器，原理是利用油、水的介电常数差别来区分油和水。油的介电常数一般为 2~4，而水的介电常数约为 80，油水混合物的等效介电常数随含水率的升高而变大，因而根据传感器的电容值就可确定含水率。但是现场的情况是，在油田开发的初期含水较低，电容含水率工作良好，随着含水率升高，到了高含水阶段，含水率计的灵敏度显著降低。针对含水率误差大的原因进行了调研分析，搜集的油井产出剖面测井和地面相关的多相流测量领域的大量参考文献表明，前人已经做了大量理论和实验研究。公认的观点是，电容传感器仅适合于低含水阶段，当含水率超过 30% 时，含水率计会失去油水分辨能力。这是因为矿化水是导电的，传感器内流体的传导电流（与流体的等效电导率成比例）随着含水率的增加而增大，当它和位移电流（与流体等效电容和激励频率之积成比例）相比已经不能忽略时，即产生较大误差。由于传导电流是不确定的，会导致电容，因而导致含水率的测量误差。尤其是当水成为连续相时，即水包油状态，导电的水已将绝缘的油泡屏蔽，传感器探测不到油泡的存在，即失去了油水分辨能力，此时电容—含水率的响应曲线是一条近似平行于含水率轴的直线。

为了提高含水率的测量精度，当时很多研究者都把注意力集中在如何提高测量电路的激励频率、设计复杂传感器结构来减少传导电流所占的比重，因为电容的导纳（综合考虑了电导率和介电常数后的导电能力）随工作频率的增加成比例地增大，而传导电流大小是不随频率变化的。这种方法在理论上虽然可行，在电路上实现非常困难；经计算，对于100摄氏度下、矿化度为10000毫克每升的地层水，要使传导电流占位移电流的1/10，即使不考虑流体电导率频散效应，工作频率至少要达到10兆赫兹。而在这样高的频率下，电路的分布效应会非常严重，电路和传感器的设计及加工十分困难。

针对这一矛盾，刘兴斌长时间冥思苦想始终找不到解决的办法。忽然有一天灵机一动，反向思维的灵感出现在他的脑海中：既然油井高含水，传感器中传导电流为绝对优势，何不反其道而行之，直接测量油水两相混合物的电导率（或电阻率）来测量含水率。因为水导电、油不导电，油水两相流的电导率必然会随着含水率的增加而变大，根据电导率或电阻率大小就可以确定含水率。

在找到了思路的刘兴斌的建议下大庆油田开展了"阵列阻抗相关产液剖面测井技术与应用"研究，成立了以刘兴斌为组长、多位高级工程师、工程师和青年技术人员组成的项目组，生产测井研究所谢荣华教授亲自组织，油田开发系统的多位专家也密切参与，开始研究开发高含水条件下产液剖面测井方法、传感技术和过环空产液剖面测井仪。

进一步查阅相关文献，刘兴斌了解到：在锅炉测量等领域，有人用电导传感器测量气—水两相管流的流型，也用来测量气—水两相管壁的液膜厚度；在地球物理测井领域，电阻率法测井是确定储层含油饱和度的基本方法；在含水率—电导率的理论关系方面，早在一个世纪前，麦克斯韦就建立了离散相以球状均匀分布于连续相的理想条件下，等效电导率与相含率（在油水两相流下可以理解为含水率）的函数关系。所有这些都支持了采用电导率参数测量含水率的设想。

有了理论根据，接下来刘兴斌设计了一个简单实验加以验证。采用测量钻井液电阻率的钻井液罐，用蜡球来模拟不导电的油泡，将蜡球和自来水按一定体积比例配比，置于钻井液罐中。搭建了简单的激励电路和测量电路，用示波器测量钻井液罐的电极间电压信号，由此就能测量混合物的电导率。为了保持蜡球和水能均匀混合，需不断地搅动钻井液罐内的蜡球。结果表明：输出电压确实随蜡球比例的增加而单调增加，初步实验证实了该方法的可行性。

这坚定了课题组继续研究的信心，下一步就是开发传感器和测井仪器。为此制定了研究计划：一是设计合理传感器的结构，并进行电磁场仿真对传感器进行优化；二是加工原理实验样机，在多相流装置上进行实验验证；三是研制现场测井仪器，进行现场验证和评价；四是要在此基础上，研发无可动部件的电导相关流量计。

采用电导法确定油水两相流含水率的原理虽然很简单，但传感器的设计要克服几个关键问题：一是电极极化，电极在直流电的作用下会发生极化而腐蚀；二是电极玷污，原油对电极的玷污会带来精度和可靠性问题；三是双电层效应，在低频下，金属电极表面和导电的水会构成一个双电层，形成一个大电容，与流体的电阻叠加，会导致测量误差；四是流型的影响，油泡的大小及在水中的分布受流速影响较大，不是理想的均匀分布。如果传感器内的电场畸变大，会导致较大的测量误差。为此，课题组借鉴了地球物理测井的供电电极和测量电极分立的设计思想，设计了巧妙的环形阵列电极的传感器：将四个环形金属电极沿着流动方向上按一定间距嵌在绝缘管壁上，流体则从电极组的内部通过。外面的两个电极为激励电极，施以幅度恒定的交变电流激励；中间的两个电极为测量电极，二者之间的电压与流体的电阻率成比例。由于采用恒流激励，大大减小了电极玷污的影响。再选择合适的中频激励，也有效化解了双电层效应和电极极化的影响。由于激励电极和测量电极是分立的，测量电极的安装位置就有较大自由度，可以安置在电场比较均匀的位置，减小了油水分布不均匀的影响。为了从理论上验证测量电极所处位置电场是均匀的，进行了电磁场的数值计算工作，求解了静电场的边值问题，采用一种巧妙的镜像边界条件处理方法，获得了二类边值问题的电磁场方程的解析。经编程计算，给出了传感器内电场的电势分布、轴向电流和径向电流分布的三维显示。结果证明了当初的预想：传感器内大部分空间的电场分布非常均匀，测量电极可以安置在合适的位置，可有效减小油水分布不均匀造成的影响。这样，通过激励—测量电极分立、中频恒流激励的设计，克服了上述的困难，而且传感器结构简单，无阻流部件，电路也易于实现。

1995 年 4 月，课题组完成原理样机的制作，该方法能否成功就在于多相流装置上的实验验证。大庆的多相流实验装置是国内最先进、规模最大的装置，可以在垂直、水平和任意角度倾斜状态下模拟油井内的多相流动，油、气、水各相的流量可以精确地计量和控制。将原理样机下入模拟井筒，电子测量仪器安放在井口的工作台上。实验中，分别调节装置的油、水的流量，使总流量为一个定值，改变含水率依此为 100%、90%……一直到 50%，用示波器记录传感器的输出电压，然后再改变一个总流量，重复改变上述含水率设定，然后处理测量的数据，获得归一化的仪器响应。大家怀着忐忑不安的心情开始了实验。一开始出师不利，工作电路出现故障，一直调试到中午，示波器终于显示出预想的含水率信号波形。随后的实验出奇的顺利，一直进行到晚上 21 点才停歇，第二天又接着做了一整天，所有的实验测试点一气呵成。仪器响应与标准含水率表现出非常好的规律性，甚至可以根据已有的数据推测到装置的含水率值。实验中曾突然出现一个数据异常，检查电路和传感器都查不出原因，后来发现是多相流装置的储油耗尽了，补充了油之后实验又恢复了正常。最后对数据综合处理，获得了十分理想的归一化响应与含水率的图版：在较高的流速时，归一化电导率与含水率的关系与麦克斯韦公式吻合得非常好，此时两相流可视为精细泡状流，符合公式的条件；低流速时，图版能准确反映油水密度差导致的漂移速度差；而且图版表现出非常好的重复性。含水率的测量精度可达到 3%，远远好于电容传感器。动态实验达到了预期的效果。

通过了关键的多相流装置的原理实验，下步工作就是研制现场测井仪器，用现场数据证实其可行性。胡金海、张玉辉、袁智慧、黄春辉、周家强、庄海军等大学刚毕业不久的年轻人参加了仪器设计工作。测井仪要实现现场应用还需解决地层水电导率的校正问题。因为油井不同产层的矿化度和温度是不相同的，因此水的电导率会有很大的差别，会给含水率测量带来不可预料的影响。为此，设计了水电导率校正装置，在不同深度对流体进行实地取样。油水在重力作用下分离，如果合理地设定传感器电极的位置，就能保证传感器电极被纯水浸没。将测得的全水值与在流动状态下的混相值做除法，得到的仪器响应就不会受水矿化度和温度变化的影响，这也是这项技术的一个突出优点。1996 年 8 月，完成了仪器组装，在多相流装置上进行了标定，再一次验证了仪器有很好的含水率和分辨率、很好的重复性和一致性。在北 4-100- 丙 246 井的现场试验获得成功，在全井段测得的流量和含水率与井口测量值对比非常理想，获得了理想的分层测试资料，得到了在场专家的高度认可。又经王金钟主持，在仪器制造部门进行工程化，张勇和于向江等工程师做了大量的优化设计工作。

研制电导相关流量计是本课题的另一项重要工作。借鉴了信号处理技术的互相关原理，采用了两个电导含水率传感器，沿着一定的间距安置在流道的上游和下游，对两路含水率动态测量信号采集并进行互相关处理，就可以计算出流量。这样，采用一个传感器就实现了流量和含水率的同时测量，而且无转动部件，可靠性较传统的涡轮流量计大大提高。与电导含水率计相比，电导相关流量计的研制难度更大，因为测量原理与传统流量计截然不同，没有先例：流量是利用两路随机噪声信号计算得出的，而不是类似涡轮流量计直接感应得到。但这只有经过多相流装置的动态实验才能证实方法可行。在电导含水率计的基础上，刘兴斌设计了环状阵列相关流量传感器，袁智慧、张玉辉和黄春辉搭建了信号调理电路和互相关处理系统，研制了原理实验样机。1995 年 11 月，进行了关键的多相流实验验证。实验整整进行了一个月。最初的一个星期，示波器显示的传感器输出信号混乱无章，无论怎么调试，始终调不出来预想的流动信号，弄得大家快失去了信心。但一周后的一个早晨再次实验，示波器屏幕上就显示出了理想的波形，两路信号显示了明显的相似性！大家一阵惊喜，立即用信号分析仪进行互相关运算，结果计算的流速与实际流速很接近，证明数据是可信的。随后的实验虽然因设备故障不是很顺利，但仍然获得了非常理想的结果。大量的实验数据表明，测量的流速与装置提供的标准流速具有良好的线性关系，并且其线性关系受含水率变化影响很小，可以实现与涡轮流量计相同的精度。但因无可动部件，具有优良的可靠性，实验达到了预期目的。

相关流量测井现场试验仪器的设计和开发也是一项艰巨的工作。由于互相关处理运算大，需要将单片机系统设计到测井仪器的内部。但仪器外径只有 28 毫米，电路室空间极其狭小，还要求密封良好，以承受井内的高压、高温设计难度相当大。此项工作得到了燕山大学孔令富、李英伟和练秋生三位老师的有力协助，天津大学的徐苓安（已故）、徐立军教授也给予了有力的支持。通过卓有成效的工作，设计了井下互相关处理电路，经过实验证明效果很好。1999 年 5 月，测井仪在大庆油田进行现场试验，在老区和外围油田，选择了 11 口抽油机井进行了测试。油井的含水率在 50%~95%，产液每天在 5.1~112 立方米。现场进行了多方面的试验：与涡轮流量计对照、在射孔井段之上的全流量段与地面计量对照、重复性试验、多支仪器的一致性检验等。所有的试验都取得理想的数据，验证了该技术应用于现场测量的准确性。

胡金海、周家强等又进行了后续的现场试验，成功地录取了严重出砂井和聚合物驱采出井的产液剖面资料。L8-1618 井为自喷井，出砂严重，在该井一共下 4 支配接涡轮流量计的测井仪，由于涡轮砂卡，导致测井失败。采用电导式相关流量测井仪进行测井，顺利完成对该井流量、含水率的测量；拉 4-23 井为一口聚合物驱产出自喷井，由于该井产出流体的黏度非常高，并且伴随有固状沉淀物，常规涡轮流量计无法实现测量，采用电导相关流量计一次测井成功。

2002 年，在大庆油田采油五厂，进行了 5 井次的阻抗产液剖面测井仪的现场对比试验。在油井射孔井段之上的全流量段，测井结果与地面计量对比非常理想。之后试验规模不断扩大，证实含水率和流量测量的可靠性。2003 年，大庆油田开发部吴世旗副主任、测试科邓刚科长和孙晓军副科长等专家组织了现场推广会，决定在大庆油田全面推广应用该仪器。目前，该技术已经发展成为常规产液剖面测井技术，在大庆、吉林等高含水油田每年测井2000 余井次，累计测井超过三万井次，测井收益超过 8 亿元，为大庆油田的高产稳产发挥了重要作用，取得了显著的经济效益和社会效益。

这一方法还开辟了电导传感器应用于高含水油井多相流测量新的研究领域，相关的应用技术研究至今还在延续。该研究成果已总结了数十篇论文在国内外学术期刊和会议上发表，取得了 10 余项专利技术，培养了 10 多名研究骨干。

"阵列阻抗相关产液剖面测井技术研究与应用"获得 2004 年国家科技进步二等奖。

DML 录井系列产品的研制

德玛综合录井仪（DML）能够实时采集与处理钻井工程、气测、地质等多项参数。具备岩性识别、油气水层综合评价、工程异常预报、智能化事故预警、地层压力检测等功能。仪器设计理念先进，软硬件系统功能齐全，性能稳定，适应性、实用性及可扩展性强，特色技术鲜明，达到国际先进水平，完全可以替代进口产品，对于提高现场录井技术水平、降低石油勘探开发总体成本必将产生积极意义。

德玛综合录井仪硬件系统由仪器房、传感器系统、信号采集单元、气体分析系统、资料处理系统、网络传输系统、钻台防爆终端、报警器等组成。仪器房采用正压防爆、防火拖橇，通过挪威船级社 DNV 防爆认证。数据采集模拟信号 32 道，数字信号 8 道，可以根据现场情况拓展。数据采集速率可高达 100 赫兹，测量精度高，性能稳定，能够适应多种钻井现场工作条件。

德玛综合录井仪软件系统主要由气体分析、实时数据采集、存储、信息服务、后台监控、实时曲线打印、历史数据回放、水动力计算、地层压力计算、实时气测解释、输出等功能模块组成。系统采用的模型和算法合理。功能模块化，界面人性化，操作简便。输入输出设备支持能力强，性能稳定，适应于多语言环境、多操作系统。

德玛综合录井系列产品是在中国石油集团渤海钻探第一录井公司陶青龙的带领下，经过研发团队的共同努力，在引进、消化、吸收的基础上，通过不断地再创新，历经 10 余年的时间（2005—2018 年）研发的成果，已经成为具有国际先进水平的、具有独立自主知识产权的综合录井技术装备。自 2008 年通过天津市和中国石油集团产品鉴定、发布、产业化以来，相关各型产品共制造 1454 台套，先后销售至国内各大油田、墨西哥、哥伦比亚、突尼斯、伊朗、伊拉克、印度尼西亚等多个国家地区，服务于海内外中国石油、中国石化、中国海油、洛克（Rock oil），阿帕奇（Apache），道达尔（Total）等数十个国际知名公司。

回首德玛综合录井仪的研发，看到的早研发团队走过的一段峥嵘之路。

综合录井的前身是气测井,20世纪50年代由西安石油仪器厂生产的气测仪和全自动气测仪,于20世纪70年代转到大港油田测井公司生产。随着时代的进步,单纯的气测仪已经满足不了钻井和录井的要求。进入20世纪80年代,综合录井仪已成为石油勘探行业中高端的、由多学科、多技术集成的高新技术集合体,其代表着钻井行业的发展方向。1987年,为提高国内油气勘探技术水平,中国石油集团自法国地质服务公司(GeoService)引进TDC综合录井仪40套,从1994年开始自美国哈里伯顿公司(Halliburton)引进更为先进的SDL9000综合录井仪8套,之后又先后引进了美国的Advantage录井仪和加拿大的DATALog综合录井仪。在此期间,国内的综合录井技术得到了长足的发展,为油气的发现和科学安全钻井提供了理论依据,为中国的石油勘探作出了不可磨灭的贡献,成为勘探开发过程中不可或缺的工具和手段,被定义为石油天然气勘探开发的"眼睛"。然而,由于关键技术被国外巨头垄断,严重制约了国内录井技术的发展和创新。

陶青龙,高级工程师,局级专家,DML录井系列产品的领军者,1993年毕业于长春地质学院,硕士毕业于中国石油大学(北京)。为提高国内综合录井技术,一直致力于综合录井服务技术的研究。他通过不断学习,对综合录井发展前沿、技术趋势和未来走向有深刻的了解,对国际录井技术发展前景有全新的认识,也看到了国内录井技术装备与国际先进设备的差距,激发了他对加快研制开发具有自主知识产权的综合录井仪的信心和决心。他于2004年12月着手组建了德玛仪器制造中心和陶青龙录井技术研发团队,开始了DML录井技术的开发之旅。

万事开头难,为了尽快理顺研发工作程序、明晰研发工艺流程、确定研发主攻方向、打响自主品牌效应,2005年,陶青龙同志首先确立与具有国际领先水平的加拿大DATALog公司进行战略性合作,生产DML-DATALog综合录井仪。双方签订了技术合作、共同生产、独享大中华地区市场的协议,仅一年的时间,产品技术性能就达到了国内一流水平。

2005年9月,在充分吸收、消化进口技术设备的基础上,陶青龙录井技术研发团队开始致力于独立自主的DML综合录井仪研制。由于当时国家基础工业还比较薄弱,信号采集、处理上技术还不够完善,录井数据的采集干扰现象严重。为制造出符合技术要求的电路处理单元,陶青龙迎难而上,亲自对大专院校、科研实验室、企业进行了调研,在北京、天津等大型电子市场进行元器件的挑选,对购置的数万个元器件进行参数测量、挑选配对。为了尽快试制出先进的数据处理单元,陶青龙对于每一个关键技术环节都要亲自把关,每天工作10多个小时以上,饿了就啃口干面包,累了就用凉水洗把脸,困了就在沙发上倒会,休息一会继续干,办公室成了他临时的家。经过无数个日日夜夜、一次又一次的测试、挑选配对、试制、调试、报废,终于成功试制出符合要求的数据处理单元,并确定了DML

综合录井仪元器件参数标准和选型配对依据。

2006 年初，在初步完成陆地录井技术装备后，技术研发团队再次将目光投向了海洋、沙漠等恶劣工作环境。在现场测试过程中，发现所选用的优质材料并不能达到优质的要求，很多作业工具出现了不同程序的锈蚀现象，对设备的生命周期提出了严峻的挑战。陶青龙再次带领团队人员，对各相关厂家进行了细致的实地考察，发现国内的生产工艺和制造水平均不能达到国际同行先进水平。采用进口器件还是牺牲设备的生命周期？在发展民族工业的高度上，陶青龙毅然做出了"帮助加工厂家提高工艺水平，彻底实现国产化"的决定。也与相关厂家一同进行技术研究，引进先进工艺流程，严格过程控制，强化出厂检测，在这一过程中，陶青龙几乎天天下到车间，与工人们讨论每一个工艺环节，比对每一个产品，当产品顺利通过天津市质量检测时，陶青龙眼睛也红了、手也糙了、嗓子也粗了、皮肤也黑了、人也瘦了。天津市经委也高度赞扬道：DML 综合录井仪在发展自己的同时，真正带动了一大批相关民族企业，解决了一大批社会就业问题。

2007 年，DML 综合录井仪各项技术指标已经达到国内领先水平，但陶青龙录井技术研发团队并不满足这一结果，持续提升产品技术水平。首先需要解决的重大难题就是 DML 录井软件，陶青龙录井技术研发团队进一步深入到各钻井现场、各录井小队、各油田公司进行调研，细化各方不同的需求、操作习惯；联合国内大专院校，建立新技术条件下先进的数据解释模型；走访清华同方等国内先进的软件开发公司，明确软件需求，开发出了模块化、智能化、人性化的国际一流的开放性录井软件，一举将系统技术水平提升到一个新的层次。

多年来陶青龙针对工程技术服务中的难点和重点问题进行攻关，从服务钻井提速和保障井控安全的角度出发，研制生产了具有自主知识产权的钻井参数仪和液面报警仪，并应用于新疆、大港、冀东、胜利等现场，已成为提高钻机配套装备水平的优选设备。自主研制的 DML 试油试采数据采集仪实现了试油试采全过程监控，填补了国内同类产品的空白，已成功服务于反承包市场。无线传感器的研制在国际录井行业也是一次史无前例的探索，取得突破性进展，进入推广应用阶段。

一分耕耘，一分收获，2008 年 7 月 DML 系列产品顺利通过了由中国石油集团科技管理部组织的产品鉴定并发布。中国石油天然气集团公司副总工程师刘振武、工程技术分公司总经理杨庆理、中国工程院院士苏义脑、罗平亚及机关总部、五大钻探公司、各油气田企业和相关工程技术单位的主要领导及主管领导 180 余人出席了会议。此次通过鉴定和发布的德玛系列产品包括德玛综合录井仪、德玛钻井参数仪、德玛液面报警仪和德玛试油试采数据采集仪，鉴定委员会一致认为，德玛系列产品设计理念先进，软硬件系统功能齐全，性能稳定，可靠性高，适应性与实用性强，特色技术鲜明，其中德玛液面报警仪、德玛试油试采数据采集仪达到国内领先水平；德玛钻井参数仪、德玛综合录井仪达到国际先进水平，并建议扩大德玛系列产品的生产和应用规模。

陶青龙录井技术研发团队开发的德玛系列产品已经具有三大系列 20 多个产品，65 项专利，16 个软件登记。团队具有局级专家 4 名，博士 2 名，团队的创新意识持续增强，团队的战略目标是创造一个引领录井行业的国际品牌。

打造 CIFLog 的李宁创新团队

地球物理测井是在直径只有十几厘米而深度达几千米的井下，通过仪器测量获得开采石油、天然气所必须的多种储层岩石地球物理参数的工程技术学科，是油气勘探的关键手段，被誉为地质学家的"眼睛"。将深埋地下的油气储层"看准""看清""看全"是测井评价的核心任务。我国油气勘探开发面临的测井问题世界少有且难度极大，国际顶尖测井公司更是长期垄断高端测井资料处理技术，致使国内应用受限、国际服务受阻。打破垄断、构建自主知识产权的测井评价技术体系是中国油气勘探急需突破的重大技术瓶颈。李宁团队正是在这样的背景下诞生并发展壮大的。

带头人李宁教授 1958 年生于北京，1974—1977 年甘肃省环县环城公社插队知青，恢复高考后成为华东石油学院（原北京石油学院，现中国石油大学）首批 1977 级本科生，是著名地球物理学家、中国科学院学部委员翁文波先生生前培养的中华人民共和国成立后的第一位测井学博士。现任中国石油勘探开发研究院一级专家、博士生导师。从 2005 年首届开始连续五届受聘担任中国石油天然气集团公司高级技术专家，是国家油气重大专项"测井重大装备与软件"项目的首任项目长。40 年来李宁始终工作在科研一线，在基础共性测井解释理论方法研究、复杂储层测井评价技术体系建立及大型高精度测井处理软件研发等方面取得重要成果，受到业界普遍认可，成为我国测井界第一位作为主要贡献者三次荣获国家科技进步奖的科学家。他于 1995 年入选百千万人才工程国家级人选，享受国务院"政府特殊津贴"，2004 年在俄罗斯被授予"为测井技术发展作出突出贡献者"证书。

早在 20 世纪 80 年代，李宁突破传统经典测井解释理论，首次研究给出油气饱和度计算方程的一般形式，推动了学科核心理论技术的发展；在开发第一代国产测井软件的过程中，提出广义测井曲线理论，彻底解决了用简单统一方法描述各类复杂测井信息的难题，实现了测井软件数据结构的完全自主创新。以此为基础，1996 年成功研发了我国第一套具有完全自主知识产权的大型工作站测井软件，并在全国推广。1999 年，国际权威的美国石油数据标准化组织 POSC 刊文介绍 CIF 并指出："许多油气公司在测井学科方面都在使用大家熟知的 CIF 软件，它是由李宁博士带领的团队研发的"。该成果荣获 2000 年国家科技进步二等奖，在此基础上逐渐形成科研团队。2002 年，大庆首次发现火山岩气藏时，解释符合率不到 70%。如何识别气层并合理计算储量，是当时中国测井面临的最大难题，建立完整的火山岩测井解释理论、方法和技术体系更是国际上一个全新研究领域。李宁团队与大庆油田紧密合作，科学构建了完整的酸性火山岩测井评价技术体系，解释符合率达 92%，比以前提高 22%，比国际最先进测井服务公司提高 16.2%，在国际测井领先技术的激烈竞争中显现出很大优势，为庆深大气田发现作出了重要贡献。该成果入选 2007 年中国石油十大科技进展，并荣获 2008 年国家科技进步二等奖。

大型处理解释软件系统代表一个国家在测井领域的硬实力和话语权。2008 年国家油气重大专项启动后，新一代测井软件与深海钻井平台 981 等并列为率先研发的十大关键油气装备，其意义和重要性提到了前所未有的高度。国家和中国石油天然气集团公司投资数亿元，集全国优势打造行业重器。作为项目长，李宁和研究团队科学构建了新一代大型测井软件架构体系，重点突破全井壁高清成像、成像谱定量解析和井下逆时偏移成像等关键环节，率先研发出全球首个基于 Java-NetBeans 前沿技术的新一代大型复杂储层测井处理解释系统 CIFLog，将我国测井处理解释精度从米级提升至厘米级，实现了从均质常规储层评价到非均质复杂储层评价的技术跨越。CIFLog 在三大油公司及北京大学、荷兰代尔夫特大学等 22 所境内外高校装机 4 千余套，处理评价 10 万余井次，在哈萨克斯坦、伊朗和苏丹等 11 个国家 50 余个海外作业区投产，有效提升了国际竞争力。国家油气重大专项技术总负责人贾承造院士指出："CIFLog 的研发成功，是我们国家科技界的一个重大成果，对于提升我们国家测井技术水平和大型软件的研发水平具有重要的意义，是一个里程碑的事件！" 2011 年 4 月 29 日，国家能源局以 "油气重大专项推动中国测井软件达到世界领先水平" 为题向主管科技的国家领导人作了汇报；5 月 1 日中华全国总工会授予项目组 "全国工人先锋号" 称号；5 月 9 日刘延东同志批示 "向参与 CIFLog 软件开发的科技工作者表示热烈祝贺！感谢同志们打破国外技术封锁，把我国测井软件技术推向新高度"。CIFLog 入选中国石油 2010 年十大科技进展，2014 年荣获国家科技进步二等奖。

作为大型测井处理软件的核心，李宁团队通过测井 "图像基因" 对比有效储层识别和 "深度梯次探测" 复杂储层评价等数十项技术发明形成的专利集群构建了集实验方法、测前设计和综合评价于一体的复杂储层测井评价技术体系。在塔里木、西南、大庆和长庆等油田工业化应用 1465 井次，平均解释符合率提高 15.2%，超出国际一流测井公司近十个百分点，为我国东部和中西部一批复杂岩性大气田的准确发现和探明作出了突出贡献。特别是他们原创性发明了应用井下密闭取心饱和度值和基质电阻增大率—饱和度通解方程最优特解作为

"点""线"约束进行饱和度定量计算的科学方法及测量装置，为解决缝洞储层油气饱和度定量计算这个世界性难题给出了可行方案，获美国、俄罗斯和澳大利亚三个地球物理勘探一流强国的发明专利授权。该成果填补了空白，推动发展了测井学基本理论，使我国在这一领域的研究走在了世界前列，2016年荣获第十八届中国专利金奖（中国测井行业首次）。

2018年1月15日，"全新一代多井评价软件 CIFLog 2.0 发布会"在北京隆重举行。来自我国油气工业界的21位两院院士和200余位专家共同见证了这一重大时刻。历经七年研发升级后的 CIFLog 2.0 完成了从单井评价到单井—多井融合精准评价的全面进步，成为国内外装机数量最大、年处理井数最多的国产大型测井软件产品，技术水平和产业规模居业界领先，院士专家一致认为"整体达到国际同类技术领先水平"。中国石油天然气股份有限公司副总裁孙龙德院士在大会发言中对李宁团队的发展和贡献作了全面回顾，他深情地说："今天我们非常荣幸，参加了这么一个盛会，应该说这是我们第二次聆听李宁团队在测井领域的重大成果。从1.0到2.0，从时间轴上说7年是很短的一段时光，但是，从成果、从我们测井专业的发展来看，这的确是向前迈进了一大步……李宁这个团队不仅仅是属于中石油的，也是属于中国的，更是属于世界的。我们祝愿这个团队不忘初心牢记使命，走向世界走向未来，再创造更大的辉煌！"院士的期望得到了来自国际权威学者的认证："我们正向欧洲基金会申请玛丽·居里创新研究项目，现邀请国际著名专家组建研究团队，鉴于贵院李宁教授在应用地球物理领域的突出成就，我们诚邀他加入。"这是荷兰岩石物理学会副主席、著名地球物理学家 Dewid 教授致勘探院院长赵文智院士的公函。令人振奋的是，这一创新研究项目已经启动实施，团队派遣的博士后正在欧洲实际操作国际首台激波实验装置。一个完全由李宁团队原创提出的渗透率测井理论、实验方法、刻度装置、下井仪和应用软件技术体系有望在将来诞生！

坚持以"爱国、创业、求实、奉献"的大庆精神铸魂育人，李宁团队创建了"研发、试验、应用"三位一体的科研模式。团队主要成员86%拥有博士学历，71%具有高级技术职称，其中8人已成为中国石油天然气集团公司高级技术专家，最年轻的两位受聘时只有37岁。王才志、王克文、冯庆付和武宏亮是其中的优秀代表。他们先后承担并完成3项国家油气重大专项项目、20余项中国石油天然气集团公司级重大科研课题，6次荣获国家级奖励（3次国家科技进步二等奖、中国专利金奖、中国青年科技奖和全国工人先锋队称号），7次荣获省部级一等奖；取得国内外发明专利31件、中国石油天然气集团公司技术秘密41件、国家软件著作权63件，制定行/企业标准5项，出版专著8部，发表SCI、EI论文115篇，先后培养硕士、博士及博士后研究人员56名，为中国测井事业的发展作出了突出贡献。2017年，中国石油与化学工业联合会颁发了"李宁创新团队"奖，这是自该会创新团队奖颁发以来首次以学术带头人名字命名的科研创新团队奖，意义非同一般。李宁应邀在颁奖大会上作了发言，他以"不忘初心、从基础做起并坚持到底"为题，介绍了三点经验："一是我们看到了别人没有看到的科学问题；二是我们将别人虽然看到但没有联系起来考虑的问题联系起来考虑了；三是我们将别人看到、同时也联系起来考虑但没有研究到底的问题坚持研究了 40 年"，引起台下一片轰动。

李宁创新团队已经成为石油石化行业的标杆。作为首都科技界代表，2017 年 1 月 26 日李宁在人民大会堂受到了习总书记的亲切接见。

大庆射孔弹厂造出深穿透"争气弹"

射孔是石油勘探开发中一个非常关键的环节，射孔的最终目的是形成油气储层与井筒之间的通道，而且不破坏套管、不污染油层，使油气井获得最佳产能，在提高油气井产能的作业中，射孔器起着关键、有时甚至是决定性的作用。

在射孔器材方面，20世纪50—60年代初使用苏制58-65射孔弹，随后因发现对套管破坏严重，1963年被石油工业部明令停止使用，改用重庆152厂生产的57-103有枪身射孔器。

军工厂生产的57-103枪身供应不足，大庆射孔弹厂副厂长、总工程师金时懋一心想制造出具有自主知识产权的不破坏套管的射孔弹。他和大家一起边建厂边攻关，带队去兵器部七六三厂，埋头实验研究几个月，终于试验成功了WD67-1射孔弹，1968年7月通过石油工业部鉴定投产，开创了中国自行研制生产射孔弹的先河。解决了射孔弹射后套管不破裂的高难度技术问题，缓解了当时枪身供不应求的矛盾，大大减轻了工人劳动强度和提高了工作效率，中央人民广播电台和人民日报发表文章给予表彰。为了解决中深井射孔问题，他又和大家一起研究，最终和大庆射孔弹厂、胜利油田电测总站、阜新矿务局十二厂的科研人员一起成功研制了"中深井无枪身聚能射孔弹、雷管和导爆索"，成果获1978年国家科技大会奖。

同时产品具有性能可靠、配套齐全、操作简便、安全有效等特点，给企业和社会创造了巨大的经济效益和社会宏观效益。而且由于产品具有独特的性能，将为射孔器材占领国内市场、走向国际市场打下了坚实的基础。应用前景极为广阔。成果获2005年中国石油天然气集团公司技术创新二等奖。

20世纪90年代，以美国斯伦贝谢和哈里伯顿为代表的射孔器材生产企业，代表着世界射孔器材技术的最高端，即使在国内市场，部分领域也是被这些国际大公司垄断。但国际知名公司的垄断神话，却在一次同台竞技中被中国石油企业打破。实现这一历史突破的，就是大庆油田射孔弹厂研制出的HY114型射孔器，人称"争气弹"。

为了能够与西方大公司对等竞争，为了提高国产射孔器材性能，满足油田勘探开采需要，赶超国际先进水平，在"十五"期间，"特深穿透射孔器研究"项目立项。为此，开展了特深穿透射孔弹设计方法研究，提供了一套较为详细的射孔弹总体方案设计程序，研发的特深穿透射孔器在 API 混凝土靶检测中，平均穿深达到了 1300 毫米，达到了国际同行业的先进水平，大庆射孔弹厂经过多方努力，终于赢得一个同台竞技的机会，进行现场打靶检测。检测中，面对哈里伯顿公司等 4 个竞争对手，大庆 HY114 型射孔器穿深指标超过所有同类产品，取得当之无愧的第一名。这个成绩不仅用户惊讶，而且赢得了市场。当年，这个产品就销售 3 万余发，结束了外国射孔弹垄断我国海洋油田市场的历史，成为名副其实的"争气弹"。

"穿深"是衡量射孔技术的最关键数据。"穿深"越远，带来的油流就越大，对增加采收率效果显著。据当时的媒体报道，西方大公司率先造出深穿透达 1374 毫米"射程"射孔弹，成为世界同行惊叹的"极限"。而国内射孔器材企业，虽然也在一直地苦苦求索，但依然长期在几百毫米"射程"徘徊。"老外能搞出来'远程'射孔弹，我们差啥？"一股强烈的责任感、使命感，让大庆射孔弹厂的技术人员很快又投入了一场新的重大创新。

科技人员兵分多路。有的准备器材，有的寻访用户，还有的搜集"情报"等。科研人员姜彦丰最忙，作为项目的负责人，他的肩上扛着千钧重担。他北上，去北京图书馆、兵总 210 和航天部情报所。在那里，他查阅大量军工破甲、聚能装药方面的书籍、专利和文献，搜集了上百篇相关的文章。然后，他又南下，到重庆冶炼、安徽铜都、上海二冶等大型粉材生产厂家调研，了解最新破甲、侵彻新型材料及成型工艺。他还多次深入到中国物理与数学计算研究所、西安近代化学研究所向专家请教和学习。很快，他就"满载而归"。

设计、绘图、审核，他们一干就是几个通宵。智慧与智慧碰撞，很快生成了火花。然后，进行混凝土靶试验。夏天顶着烈日，冬天踏着积雪。为了这颗弹，这群汉子就这样不知疲倦地忙碌着。

终于，距离希望越来越近了。这时，不料姜彦东父亲又因病住院了。他说服家人，等科研项目结束后回家。可是，几天后，父亲又因病重转至北京治疗。他知道，看到父亲一次，可能就少一次。尽管他心里非常痛楚，但还是选择了留下来继续试验。又过几天，他被告知父亲手术失败，医院通知在世时日不多。这时，他才匆匆赶往北京。望着消瘦的父亲，他泪如泉涌。然而，还是未能留住父亲。料理完后事，他便迅速返回。那段时间，他把思念深埋心底，与伙伴们昼夜兼程，终于，设计出了特深穿透射孔弹药型罩结构和最佳材料配方。

历经几年的拼搏，1300 毫米特深穿透射孔器通过了检测。API 混凝土靶平均穿孔深度达 1385 毫米，实现了历史性突破，一跃跨进国际先进行列。大庆射孔弹厂的"争气弹"，多个产品性能达到国际领先水平，销售到 19 个国家和地区。

在激烈的竞争中，谁率先打造高科技的产品，谁就掌握了开启市场的金钥匙。在 21 世纪之初，大庆装备射孔弹厂更加注重科技创新，把产品技术作为推动实现新发展新突破的加速器。这个厂明确"科研课题国际化、科研成果市场化"的技术研发思路，不断寻求创新突破，以高精尖的技术，打造出实实在在的"黄金弹"，不仅创造效益，更叫响了国际品牌。

市场竞争，只有快人一步，才能抢占先机，赢得主动。过去，制约射孔弹研发速度的主要矛盾是试验这个环节，从制靶、打靶、取样，往往需要半年以上时间，而且由于靶强度变化的原因，直接影响了试验结果的稳定性。为解决这一难题，大庆装备射孔弹厂与北京计算物理研究所合作攻关，经过 3 年多的不懈努力，终于完成了"射孔弹二维计算程序和爆轰技术改进"这一重大基础理论课题，使射孔弹试验进入了微机模拟时代，实现了历史性的新跨越。

通过计算机模拟，一项新成果设计完成后，科研人员只要轻点鼠标，各种试验数据就会清晰地显示在电子屏幕上，从而为验证方案的科学性提供依据，大大缩短了产品研制周期。在一次国际招标中，科研人员在不到一个月时间，就开发出拇指般大小的小井眼射孔弹，不仅填补了国内空内，而且以快速的反应赢得了市场。

在不断提高的技术实力的支撑下，大庆装备射孔弹厂在与美国、德国、俄罗斯、阿根廷等国的老牌射孔器材企业的市场竞争中夺冠，产品国际知名度不断增强。为扩大品牌知名度，这个厂"庆矛"牌商标 2003 年完成马德里国际商标注册，注册范围覆盖俄罗斯、乌兹别克斯坦、哈萨克斯坦、土库曼斯坦、苏丹等 7 个国家，成为中国射孔器材行业首家在国外注册的品牌。2010 年，大庆装备射孔弹厂再次完成"kingspear"英文商标注册，"王者之剑"指向的是更高的技术、更广阔的市场空间，赢得的是更多的用户信任与认可。

在土库曼斯坦，"庆矛"射孔弹一直是免检产品。土库曼斯坦西部油田曾经有一口油井，被地质专家称为没有任何开采价值的"死井"。然而，"死井"却被来自中国大庆的高孔密、高穿深射孔弹给"救活"了，日产原油达到 15 吨。这件事在资源比较贫乏的土库曼斯坦产生了强烈的轰动效应，引起了土库曼斯坦总理的关注，总理特别委托该国石油工业部向"庆矛"射孔弹颁发了产品免检证书。

21 世纪前 10 年，大庆装备射孔弹厂迎来了快速发展的黄金 10 年。这个厂在深穿透技术、旋压工艺技术、特种射孔器技术、配套开发等方面实现了新突破，尤其在特种射孔器材研究领域，井壁取心技术、复合射孔器、聚能切割器形成了独有技术。

针对油田开发中存在的低孔隙度、低渗透率、低丰度、高致密性的"三低一高"瓶颈，这个厂重点开发高聚能、高穿深、高孔密的"三高"射孔技术，创造了多项国际领先水平，并有 5 项成果获得了国家专利。

通过依靠"搭船出海""借船出海""造船出海"等方式，大庆装备射孔弹厂有效拓展国际市场，产品销往国内 20 多个油气田，并出口哈萨克斯坦、乌兹别克斯坦、伊朗等 23 个国家和地区。最高时，大庆装备射孔弹厂的出口产品占国内年出口总量的 80% 以上。

当时间迈入"十二五"，随着国际射孔技术不断突破，市场竞争更加激烈，用户需求技术和服务不仅要高性能，而且还要低成本。为此，大庆装备射孔弹厂大力实施创新驱动战略，把科技创新摆在优先发展的地位，持续提升成熟技术、着力解决瓶颈技术、超前储备前瞻技术。

2013 年，射孔弹厂根据油田开发建设需要，历时 5 年研制出新一代二次爆炸释能系列射孔弹——"雷霆"系列射孔弹。这是射孔弹技术的又一次革命，与超深穿透射孔弹相比，可使单井有效采液强度提高 19.4%，性价比要远高于常规型射孔弹，一经问世就受到了用户的欢迎追捧。

过去，大庆装备射孔弹厂生产的射孔弹属于常规产品，包括深穿透系列、超深穿透系列和大孔径系列等。"雷霆"系列射孔弹采用特殊粉末罩和独特的射孔弹设计，射孔后在孔道内产生二次爆炸，消除了传统射孔弹射孔后形成的压实带，作业后射孔孔道几何形状得到最大程度优化，使储层与井眼之间形成理想的流动通道，实现清洁孔道、提高导流能力的目的。这一产品突破以往射孔弹一次爆炸的惯例，成功实现二次爆炸。作为国内首个生产这一特性射孔产品的企业，"雷霆"系列射孔弹的推广应用，为国内各油气田提升油气产量提供了新的"利器"。

"十二五"期间，大庆装备射孔弹厂通过不断跟踪国际先进技术，完善产品系列，开发"新、特、优"射孔器。发展了多品种、多系列产品，形成了 SDP 系列射孔器，GH 系列射孔器，SDPR 系列射孔器和粉冶金壳体生产工艺、新型药型罩粉材生产工艺等，取得了丰硕的研究成果。"102 型 TORCH 深穿透射孔器研制"项目是工厂"十二五"重点攻关项目，包括 102 型和 127 型两种 TORCH 深穿透射孔器研制。其中 127 型 TORCH 深穿透射孔器 2012 年混凝土靶平均穿深达到 1522 毫米，2014 年 102 型 TORCH 深穿透射孔器混凝土靶平均穿深达到 1464 毫米，而到了 2015 年，平均穿深数据再次被刷新，超过 1700 毫米，该穿深指标达到国内领先、国际一流水平。

到"十二五"末，大庆装备射孔弹厂产品形成了聚能射孔弹、油气井导爆索、射孔枪、特种井下爆炸器材4个大类8大系列120多个品种，能够满足不同地质情况用户需求。同时，大庆装备射孔弹厂还累计获得专利16项、中国石油天然气集团公司级成果10项、局级科研成果59项、厂级成果120项，产品性能达到国内领先、国际先进水平。

据2018年11月12日《中国石油报》报道，2018年11月9日大庆油田装备制造集团射孔器材有限公司"庆矛"127型超深穿透射孔弹顺利完成美国石油学会（API）现场见证实验，混凝土靶平均穿透深度2091毫米。达到目前世界同类产品最高水平，攻克2000毫米穿透大关。

中国石油重大科技成果中的

*创新*故事 >>

开　发 >>>

三十年复合驱油攻关终成大业

油田采收率研究室在大庆油田的开发建设过程中占有重要的地位，为提高大庆油田采收率做出了很大贡献。特别是大庆油田进入高含水期这 30 多年来，油田化学驱油从理论研究到工业化应用，实现了里程碑的跨越，大庆油田已建设成为世界上最大的三次采油基地。在这充满艰辛的 30 多年，在三元复合驱油技术成果背后，是无数科研工作者在攻关路上流下的滴滴汗水。项目负责人大庆油田副总工程师程杰成秉承着大庆油田的舞台有多大，我们的心就有多高的心志，三十年来一直默默追求着。如今，大庆油田自主创新的三元复合驱油技术已经实现了世界领跑，但程杰成的初心依旧，他怀着胜利者的喜悦，在展望未来时很自信地说："提高采收率技术研究没有止境，我们还有很长的路要走。"

办公室书柜里的化学驱石油理论书籍已发旧泛黄，但科技人员攻关克难的往事却历久弥新。大庆油田的化学驱油技术与大庆油田副总工程师程杰成等人的名字总是连在一起的，并凝结为他们人生的关键词——闯关。

"泡" 在实验室的毛头小伙

1983 年，程杰成大学毕业后分配到大庆研究院采收率研究室，踏上了化学驱油的攻关路。当时，大庆油田通过分层注水、加密和外围油田开发，实现了油田高产稳产的目标。因此，程杰成所在的大庆油田勘探开发研究院采收率研究室并不热门。当时有一种论调说"油田采收率研究室的项目不是胡子项目就是奶奶项目"，言外之意是说采收率室的科研项目不但周期长，而且常常是无果而终。对于这样一种充满怀疑、不信任的说法，采收率研究人员的态度是不予理睬，默默追求，努力前行，没有时间、也没有必要去直面回应。

当时的油田聚合物驱油研究组只有 5 个人，但 "冷" 环境并没有冷却程杰成的梦想。年轻的他为了实现油田化学驱油的梦想，迷上了做实验，经常 "泡" 在实验室熬个通宵也乐此不疲。20 世纪 80 年代是改革开放的初期，大庆油田的改革开放力度不断加大对外合作项目不断增多，有一次，在大庆油田即将与法国签订合同、并要按方案设计将聚合物分子量引进生产装置时，程杰成却提出了异议，他依据自己无数次实验得出的结论，断定方案设计的分子量偏低。当时，程杰成只是参加工作没几年的毛头小伙子，可他却有股闯劲儿，当即写信给油田领导提出建议：在不堵塞油层的情况下，聚合物分子量应该越大越好，并附上了详实的数据分析和实验结果。

追求科学，允许争论。大庆油田重新开展了调研和实验，事实证明，程杰成的提议合理，这不仅避免了引进不当装置造成的巨额经济损失，更为聚合物驱应用高分子量聚合物、提升开发效果提供了理论依据，让大庆油田的聚合物驱攻关少走了弯路。

在科研上，程杰成一直保持着耿直较真的特质。如今，他已成为团队带头人、管理者，他非常重视第一手实验数据，重视数据的可靠性。有时他会到现场搞突然袭击，亲眼看着他们取样；也会对报上来的数据当场细细问个究竟。

"闯"不完的科研攻关路

创新路上总是充满荆棘。聚合物驱工业应用初期，碰到了制约其进一步推广的众多难题，程杰成作为进一步提高聚合物驱采收率技术研究负责人，以"咬定青山不放松"的劲头和他的团队并肩在一起，逢山开路，遇水搭桥，逐一攻克了聚合物驱油匹配理论、污水配制聚合物工艺、螺杆泵采油配套技术、二类油层聚合物驱技术等。通过发展理论、创新技术、制定标准，他主持建成世界首个聚合物驱工业应用技术体系。如今，大庆油田聚合物驱年产油连续 14 年超 1000 万吨，累计产油 2.12 亿吨，确立了我国聚合物驱技术的国际领先地位。

三元复合驱油技术是聚合物驱技术的"升级版"，20 世纪 80 年代，大庆油田与法国国家石油研究院合作进行三元复合驱可行性研究。当时，法国专家考察后认为，大庆油田原油酸值太低，理论上三元复合驱是不适用的。已经晋升为大庆油田副总工程师兼复合驱项目经理的程杰成听了之后，非常自信地说法国专家的意见我们要尊重，但我们不能放弃三元复合驱油技术研究，一定要坚持到底。俗话说，上天难，入地更难。大庆油田经历 50 多年的开发，已经到了高含水后期，采出的液体 90% 以上是水。在这种条件下采油，相当于水中找油、水中捞油。要实现采收率提高一个百分点，其难度不亚于百米短跑成绩提高 0.1 秒。

20 世纪 90 年代，程杰成和油田三采攻关队伙伴们耗费 10 年青春，完成了两件惊人的大事：其一，创新三元复合驱技术理论，打破法国权威断言；其二，发现并国产化重烷基苯磺酸盐表面活性剂，解决了三元复合驱核心难题，这使大庆油田的化学驱油技术向前推进了一大步。

三元复合驱技术可在水驱基础上提高采收率 20 个百分点以上，这为高含水油田带来了新的曙光。随着三元复合驱矿场试验规模的扩大，更多的难题也接踵而至。以困扰了大庆油田 19 年的三元复合驱油井"结垢"难题为例，结垢高峰期，频繁的卡泵、断杆让生产无法正常进行。程杰成带领复合驱采油工程系统团队开展联合攻关，使油井连续生产时间由 87 天延长到 383 天以上。为实现复合驱驱油机理的"三个量化"，两年多时间，他们就做了 53141 次的各种性能评价……

目前，大庆油田自主创新的三元复合驱油技术已实现世界领跑，应用该技术已累计产油 2456 万吨，创造产值 758 亿元，相当于从岩缝里"洗"出 700 多亿元石油。

"黏"在一起的创新团队

专注是一种力量。30 多年来，大庆油田化学驱研究几经波折，一次次经历"山重水复疑无路"的困境，又在一次次刻苦攻关中迎来"柳暗花明又一村"的希冀。这期间，程杰成耐得住寂寞，守得住初心。三元复合驱技术从注配到采出，从技术完善到管理标准，涉及地上、地下，是一个典型的系统工程。30 年来，程杰成和他的研究团队"咬定青山不放松"，千磨万砺，从当年的"小伙伴"一路拼到如今的"老伙伴"，青丝变白发，可程杰成和他的团队仍然一如既往，勇往直前。

每当谈起科研攻关的时候，平时不太健谈的程杰成两眼泛着光彩，滔滔不绝，如数家珍。团队是程杰成谈得最多的话题，他常说："没有哪一项科学研究是可以一个人独立完成的。成绩属于我们团队，属于大庆油田。大庆油田的舞台有多大，我们的心就有多高。"也正因为如此，程杰成和团队总是"黏"在一起，跑现场、做分析。目前，他正在带领团队研究泡沫复合驱油，先导试验比水驱提高采收率 30%。追逐梦想未有穷时，这项技术正进行扩大试验。

一次次挑战科技极限，一次次勇闯世界难关。大庆油田 30 年的"三元"圆梦之路恰恰是大庆科技发展"应用一代，研发一代，储备一代"的生动"现实解说"。人生能有几回搏。大庆人自豪地说，三十年来，程杰成及其团队只干了一件事，那就是石缝里洗油。这一洗非同小可，绿了油田发展的常青树，白了小伙伴的少年头。既攻克了世界级难题，把驱油技术演绎成创新艺术，也以当惊世界殊的豪迈，引着大庆油田的百年之航。

三十年磨一剑"大庆油田三元复合驱油技术研究及应用"获 2014 年中国石油天然气集团公司科技进步特等奖。此外，程杰成还获国家科技进步一等奖 1 项、二等奖 2 项，国家技术发明二等奖 1 项，省部级特等奖、一等奖 7 项；获发明专利 15 件，发表论文 85 篇，出版专著 2 部。他本人入选国家新世纪百千万人才工程，成为国家优秀科技工作者，获中国青年科技奖和国际石油工程师协会亚太地区石油技术突出贡献奖、第 26 届孙越崎能源大奖等一系列荣誉。

获奖证书

"一辈子只做一件事、做成一件事，是幸福的。提高采收率技术研究没有止境，我们还有很长的路要走。"程杰成的化学驱攻关之路还在继续。

凝析气藏科学开发的探索者

塔里木盆地既富油更富气，加上独特的地温场和压力场，使塔里木盆地成为我国凝析油气资源最为丰富的含油气盆地。20 世纪 70 年代以来，陆续发现了柯克亚、吉拉克、牙哈、英买力等大量的凝析气藏，从南天山山前到昆仑山山前，从塔北到塔中均有凝析油气藏的分布，探明储量占我国陆上凝析油气资源的 80% 以上。从 20 世纪 80 年代开始，针对凝析气藏的高效开发，开展了一系列研究和试验。通过 20 多年的探索和实践，塔里木盆地已经建成我国产能规模最大的凝析油气生产基地，凝析油气产量当量达千万吨 / 年。

凝析气藏通常指在地层温度、压力条件下，中高分子量烃类组分呈均一气态分散于天然气中的一种特殊的油气藏类型，在高压的条件下，凝析气大多处于临界状态。随着温度、压力降低，中高分子量烃类组分就会从天然气中析出形成凝析油（游离的液相）。凝析气藏含有凝析油和天然气两种重要的油气资源，凝析油是炼油和化工的优质原料，其价值是正常原油的 1.5 倍以上。凝析气藏的科学认识与开发实践远远晚于常规油藏和常规气藏，令人处于两难境地的是：如果按照常规油藏的开发模式，凝析油气的采收率较低，而且可能浪费大量的天然气；如果按照常规气藏开发的模式，当地层压力下降以后，大量凝析油可能会被束缚在地下，造成宝贵的资源浪费。

初出茅庐　崭露头角

1996 年，江同文博士从西南石油学院石油工程系毕业，志愿来到塔里木油田，承担了轮南油田综合治理方案，1997 年实施，见到了初步的效果。同年，塔里木油田公司派他去美国埃克森公司学习凝析气田的开发技术。当时，塔里木石油勘探开发指挥部正在与埃克森公司合作，研究编制牙哈凝析气田开发方案。牙哈凝析气田是一个高压、高含凝析油、高饱和的凝析气藏，如果采用衰竭式开发难度较低，但是凝析油的采收率也低，天然气也没有出路，因为当时没有西气东输的管线；如果采用循环注气保压开发，凝析油采收率高，处理后的天然气也可直接存储在地下，但是技术要求高、投资大。如何科学开发凝析气藏，实现较高的采收率和高效益，摆在了塔里木人的面前。当时埃克森公司研究认为，牙哈新近系凝析气藏虽然凝析油含量高，但是循环注气开发是不经济的，推荐采用衰竭式开发。

1998 年，国际油价暴跌，塔里木油田每桶原油价格在十美元以下，这个时候能不能有效开发、获得较高的采收率，引起了中国石油高层的关注。按照当时的油价和原来制定的开发方案，肯定是没有效益、经济上是不可行的，必须对开发方案进行优化。在塔里木油田公司的组织下，方案联合研究团队从地下到地面、从地质到工程进行了系统优化。江同文博士参与了牙哈凝析气田开发方案的优化工作，提出了用水平井提高单井产能、扩大注采井距等措施减少开发井数等对策。同时，通过简化井身结构、优化地面集输和油气处理系统进一步控制投资，使牙哈凝析气田开发能够在低油价下获得较好的经济效益。

根据重新优化的开发方案，牙哈凝析气田于 1999 年开始建设，经过一年的建设，2000年投入开发。全面投产以后，其地层压力、单井产能、气油比等主要的开发指标都优于开发方案设计，达到了预期效果。同时，随着国际油价的上涨，塔里木油田公司用不到两年的时间就全部收回了牙哈产能建设的投资，成为凝析气田高效开发的典范。

勇挑重担　突破难关

2000 年，西气东输塔里木气源地建设提上议事日程。西气东输工程就是要把塔里木盆地的天然气开发出来输向我国东部经济发达的地区，支撑经济发展、改善西气东输沿线人民的生活。国家科技部也设立科研项目开展科技攻关，主要是针对西气东输中主力气源的克拉 2、英买力等气田的高效开发，以及塔里木天然气可持续发展的一系列基础问题开展攻关。

当时，在塔里木气田、凝析气田攻关队伍中，塔里木油田勘探开发研究院副院长兼开发所所长的江同文博士负责高压气田、凝析气田的开发机理及合理开发方法的专题研究。塔里木油田公司明确要求这一研究要从传统的 PVT 筒向多孔介质、从人造岩心向长岩心驱替实验转变；要从凝析气取样方法、实验方法到现场试验开展系统研究。这些机理研究要涵盖相态变化规律、临界流动饱和度、平衡油气相渗，以及这些因素对凝析油气采收率的影响。同时，还要求对水合物预测与防治技术、凝析气藏地质建模与数字模拟技术、动态监测与动态评价技术开展攻关。

江同文博士再次挑起重担，带领团队成员，通过近五年的刻苦攻关，深入研究了凝析气藏开发机理，取得了理论和技术的重大创新，明确了高含蜡凝析气相态变化规律、平衡凝析油气相渗特征、提高凝析油采收率等三种开发机理；创新形成了高含蜡凝析气相态预测、水合物预测与防治等关键技术，建立了凝析气田的三种开发模式。这些理论和技术都直接用于指导塔里木凝析气田开发生产。中强水驱凝析气藏部分保压油气协同开发方式，在牙哈7区块现场试验取得了显著的效果，为英买力凝析气田群开发方式优选和开发方案制定提供了技术支撑，避免了因循环注气影响西气东输气源的矛盾，实现了中强水驱凝析气藏的高效开发。对于地质条件复杂、不具备早期注气保压，或者是天然能量比较弱的凝析气藏，采用先衰竭开发、中后期注气保压的开发模式。这一模式指导了柯克亚凝析气田的开发调整。通过开发优化研究、制定牙哈凝析气田优化注采系统、优化注采关系等防止气窜的措施，保证了牙哈凝析气田的持续稳产和高效开发。

牙哈凝析气田

重新认识牙哈　延长循环注气

　　牙哈凝析气田的成功开发，成为国内外凝析气田开发的典范。其使用的高压循环注气开发模式，使凝析油采收率大幅度提高。压缩机设备的供应商库伯公司曾经给塔里木油田公司发来贺信，将牙哈凝析气田的注气压缩机作为全世界高压大排量压缩机成功使用的典范。2004年，牙哈凝析气田所产的天然气进入西气东输管道，作为西气东输的先锋气首先到达我国东部地区，标志着西气东输工程正式运营，推动了我国进入天然气时代。这个时候大家都非常高兴，但是江同文博士心中却有一些隐忧：随着牙哈凝析气田向西气东输管道供气，气田自身的循环注气量必然减少，地层压力就会逐渐降低，地层压力一旦低于露点压力就会在地下发生反凝析，同时随着地层压力下降气藏水侵便会加剧，这都将直接影响到牙哈的开发效果和持续稳产。

针对这些问题，江同文博士提出通过加强动态监测重新认识牙哈凝析气藏，重新评估循环注气技术。实践表明，动态监测的第一个重要发现就是牙哈主力凝析气藏（E+K）的组分呈梯度变化。在气藏顶部凝析气组分较轻、凝析油含量较低，从顶部往下凝析油含量逐渐上升，越靠近气藏的底部，凝析油的含量越高。同时由于 E+K 气藏的主力储层具有反韵律的特征，气藏底部储层的渗透率比气藏顶部的储层渗透率要低一个数量级。早期的试油成果并没有发现底油的存在，根据组分梯度的变化规律，江同文博士和他的团队分析认为牙哈凝析气田 E+K 气藏是一个带底油的凝析气藏。这一预测很快得以证实。这就意味着牙哈的主力气藏是一个饱和的凝析气藏，其露点压力与原始地层压力相等，地层压力下降一点点，凝析油就开始在地下析出，进而影响凝析油采收率。动态监测的第二个重要的发现是循环注入的干气和地下的凝析气并不是均匀混合，而是出现了干气与地下凝析气（富气）的重力分异现象。注入的干气并没有像数值模拟预测的那样与凝析气快速融合，而是集中在局部构造高点附近，形成"干气气顶"。

按照开发方案设计，到 2009 年牙哈凝析气田就应该停止循环注气，是执行原方案还是继续循环注气成为争论的焦点。部分专家认为继续注气存在不确定性，执行原方案经济效益更高。江同文博士却认为，执行原方案凝析油采收率达不到方案设计的 60%，主要原因是对气藏的特征和循环注气的规律没有认识到位。针对动态监测中发现的新现象，他带领团队深入开展了注气反蒸发实验研究和非平衡相态实验研究，首先证实了高含蜡凝析气的超临界特征，同时证实了凝析气藏在循环注气过程中，干气与凝析气虽然都是气相，但是存在明显的界面现象。相态平衡是一个动态过程，并不是数值模拟所假设的瞬时平衡，而是具有缓慢扩散、重力分异、高点聚集的运动规律。这一规律认识的获得为牙哈凝析气田的开发调整和其他凝析气田的开发提供了非常重要的理论依据。根据动态监测结果、实验研究和理论认识，江同文博士进一步提出了延长循环注气的开发对策：由原来的对应注采变为非对应注采，充分利用重力作用高注低采、北注南采。2012 年，现场先导试验获得成功，为牙哈凝析气田进一步稳产增强了信心。在此基础上，江同文博士又及时领导编制了牙哈凝析气田开发调整方案，将牙哈凝析气田延长注气至 2025 年，注采方式由对应注采改为北注南采，凝析油采收率提高到 60% 以上。

当地维吾尔族老人为家乡出油而高兴

　　2015 年 12 月，江同文博士由塔里木油田分公司副总地质师升任塔里木油田公司副总经理。岁月荏苒，他已经在塔里木油田扎根奋斗了 20 年。20 年的奉献、探索和实践，让江同文博士收获满满。"克拉 2 异常高压气田开发技术"于 2008 年获中国石油天然气集团公司技术创新一等奖，"塔里木凝析油气年产 1000 万吨关键技术及应用"于 2017 年获国家科技进步二等奖。

叩开苏里格气田规模有效开发之门

2000 年 8 月，苏里格气田中部苏 6 井进行压裂测试，日产天然气 26.8 万立方米，标志着鄂尔多斯盆地苏里格致密大气田的发现，至今已经过了 20 余年。苏里格气田已成为中国最大的天然气田，是唯一一个储量规模超过万亿立方米的天然气田，也是第一个实现成功开发的大规模致密砂岩气藏，目前累计产气量已经超过 1700 亿立方米，为长庆油田油气当量上产 5000 万吨作出了至关重要的贡献。

苏里格气田分布范围广，含气面积大，近 4 万平方千米，资源量大，但储量丰度低，平均仅有 1.2 亿立方米 / 平方千米。与国外同类气藏相比，气藏为陆相沉积，储层埋藏深度大、有效砂体厚度薄、连通性差、分布分散。复杂的地质特征注定了会有一个艰难的开始和一段不平凡的开发征程，以及一些非凡的石油人物，全程参与气田的发现、评价、规划到规模上产、稳产各个阶段攻坚克难工作的天然气开发专家之一——贾爱林。

贾爱林毕业于华东石油学院地质系，1992 年、2006 年先后取得中国石油勘探开发研究院硕士和博士学位。硕士就读期间全程参加了吐哈会战。参加工作以来，先后任中国石油勘探开发研究院油田开发所地质室主任、中国石油天然气集团公司储层重点实验室组建人兼常务副主任。2002 年先后担任鄂尔多斯分院并先后担任总地质师和院长，全面开启了鄂尔多斯盆地天然气开发研究工作。自此，他与苏里格气田的开发与发展结下了不解之缘。

苏里格气田开发过程总体上可概括为四个阶段：早期评价阶段（2000—2006 年）、富集区规模开发阶段（2006—2009 年）、快速上产阶段（2009—2014 年）和稳产与提高采收率阶段（2014 至今）。在气田开发伊始的评价阶段，按照油气田开发的一般规律，可以说有若干的问题还不够清楚。但实践表明，不是要把所有的问题都研究清楚才能开发。针对苏里格气田开发问题，贾爱林认为，任何一个复杂的研究对象，复杂的原因在于一定有很多因素在起着控制作用，这些因素一定不是平等和并列的，有关键因素与次要因素之分。如何寻找关键因素并解决关键问题，这既是一个哲学问题，也是苏里格气田开发的实际问题。从研究上来说，准确把握好两点是非常重要的：一是研究对象是什么样的，二是研究对象的表现形式是什么样的。经过认真分析和研究，贾爱林提出最核心的问题是气田的储层如何分布及气井的单井产量与累计产量是多少。关键问题找到以后，就找到了前进的路径。为弄清楚储层发育及分布特征，贾爱林又带领研究团队深入现场，用了相当长的时间和精力对苏里格最早的总计 54 口气井岩心进行了全面细致的分析和描述，基本形成了对苏里格气田各类储层的基本概念和总体认识。

但是地下单个地质储集体的规模究竟多大？通过沉积学知识，可以在岩心上得到间接的数据，但毕竟不是那么让人放心。为此，贾爱林采取了"将今论古"的研究途径，开展了系统的野外地质考察与测量，他带领研究团队奔赴山西柳林和大同两个野外辫状河露头进行勘测研究，详细测量地质体规模和尺度。他们披星戴月，栉风沐雨，持续开展了长达 1年的野外地质研究，克服了野外地形复杂工作难度大、无水无电生活环境差、操作施工靠人拉肩扛等重重困难，系统地进行踏勘、钻孔、取心及记录描图分析等各项工作。

"功夫不负有心人"，贾爱林的攻关团队利用野外沉积露头地质研究取得的丰富的第一手资料，系统建立了苏里格气田储层沉积模式库、储层岩性岩相库、沉积微相库、砂体规模尺度库、储层物性参数库和地质统计学参数库六种类型地质知识库，形成了定量地质学的系统研究方法，并建立起了大同野外露头研究基地。最终通过这些系统的研究工作，形成了苏里格气田大面积、低丰度、储层结构复杂、非均质性强；气井低产、低效、单井可采储量变化大的客观认识，并预判苏里格气田单个储层规模在地下大多延展 300~500 米，气井可分为好中差三种类型并且各占三分之一左右。同时通过对 54 口典型井逐井进行试气试采生产动态精细分段分析，得出平均单井累计产量在 2200 万立方米左右的定量化认识。这些开创性成果极大地促进了"面对现实、依靠科技、走低成本开发的路子"战略的提出和构建，进而推动形成了苏里格气田"优选富集区 + 低成本开发"的建设思路，气田产量从2006 年的 2.8 亿立方米快速上升到 2008 年的 46 亿立方米。2008 年底，编制完成了苏里格气田 249 亿立方米年产能力的开发规划。

抚今追昔，苏里格低渗透致密气藏在今天能够取得如此大的成功，很大程度上得益于当时基于客观正确的地质认识，基于低成本开发技术的创新及低成本合作开发路线的确定和实施。

在气田开发评价阶段，贾爱林负责完成了苏里格气田开发系列技术攻关研究，包括苏里格气田开发前期评价研究，重点对气藏描述、产能评价和开发技术对策进行攻关；苏里格气田储层富集规律研究，确定储层发育控制因素、识别特征和富集规律；苏里格气田开发技术攻关与开发方案设计，优化确定开发指标。鉴于气田开发节奏紧迫，为了能够录取第一手资料，及时与现场人员密切沟通交流，贾爱林与研究团队常驻油田现场，每年出差在外均长达 7~8 个月，最终创建了致密气有效开发模式，使我国致密气开发技术达到了国际领先水平。

苏里格第 2 天然气处理厂

2009 年，苏里格气田加强了滚动勘探，从苏里格中区扩展到东区、西区和南区，使气田储量逐步增加，通过整体开发方案编制实施及水平井开发技术规模应用，产能建设速度也大幅提升。"十一五"和"十二五"期间，直井多层压裂和水平井分段压裂开采方式又促进了气田的快速上产，苏里格气田在 2013 年底建成 240 亿立方米的天然气年生产能力，2014 年圆满完成规划的产建目标，实现 230 亿立方米目标产量，实际的建设产能步伐和开发方案设计基本一致，开发指标大致为平均单井日产量 1 万立方米。1 亿立方米产能建设钻井 30 口，单井平均可稳产 3 年，但之后开始递减，气田整体的稳产则需要通过新井建产能弥补递减来实现。

2014 年之后气田进入稳产期，平均递减率在 20% 左右，要想维持气田 230 亿立方米稳产，每年需弥补递减新建产能（50~60）亿立方米。针对这一问题，贾爱林敏锐地认识到，要实现苏里格气田稳产、上产，弥补老井产量递减，井网优化和储量分级接替提高采收率是最为核心的两个问题。于是，他及时与长庆油田公司和气田现场进行交流，立项开展攻关研究。贾爱林带领研究团队通宵达旦，确定研究思路，部署攻关内容，研究过程严格把控，力求每一项、每一阶段研究方法和数据成果的准确可靠，做到研究成果对气田开发要有实际指导意义。最终取得了圆满的成功，精细论证了气田开发年弥补递减所需产能；以苏 36-11 区块为典型区块进行解剖，划分储量结构类型，重点论证不同类型结构储量合理井网密度，论证气田井网加密提高采收率的技术及经济可行性，并编制区块开发调整方案；以经济效益为约束，建立了储量分类分级序列论证，明确各级储量在经济条件允许情况下的可动规模，在储量分级动用论证基础上，开展苏里格气田稳产潜力分析，论证气价变化条件和开发规模变化多种情景下的稳产方案，为苏里格气田今后保持长期稳产提供了可靠的依据和指导。

基于研究成果，贾爱林起草了"关于尽早开展苏里格气田提高采收率先导试验的建议"，该建议得到了中国石油天然气集团公司决策机构采纳，促进了苏里格气田提高采收率研究工作的及时开展。2015 年苏里格气田连续第二年产量超过 235 亿立方米；2016 年受低油价影响，产能建设投资大幅压缩的情况下产量有所下降，为 226.5 亿立方米；2017 年产气量 224.7 亿立方米，产量占到长庆油田总产气量的 60% 和中国石油天然气总公司天然气产量的 25%，苏里格气田稳步进入规模稳产期。

近 20 年倾注心血终得硕果，贾爱林参与研究的"化学驱提高石油采收率的基础研究与应用"获得 2006 年国家科技进步二等奖；2009 年，贾爱林、胡文瑞、何顺利、张明禄等人完成的苏里格气田高效开发技术研究获得中国石油天然气集团公司科技进步特等奖。另外，"致密气水平井高效开发技术研究与应用"获中国石油天然气集团公司科技进步一等奖，并荣膺国家百千万人才工程国家级人选、中国石油"特等劳动模范""铁人奖章"等称号。

苏里格气田发展前路漫长，贾爱林的科学探索也无止境。

大庆油田长期稳产注水开发技术的开拓者

　　1960 年，大庆油田投入开发时就采用了早期内部注水保持压力开发技术，并在广泛应用分层注采工艺技术的基础上，于 1976 年实现了年产油量 5000 万吨。1980 年，油田开发进入了高含水期，为保持油田的 5000 万吨稳产，油田组织广大科研人员研发了"大庆油田长期高产稳产的注水开发技术"，实现了油田高含水期的第二个连续 5 年稳产，标志着大庆油田的注水开发技术不但走进了世界油田开发的先进行列，而且达到了世界上同类大型油田的领先水平。油田首次获此殊荣，油田科研人员和广大职工在为之欢欣鼓舞、奔走相告的同时，人们也深知局长李虞庚为之付出很多艰辛努力、汗水和心血。

　　大庆油田面积大、储量丰富，这是优势，但原油黏度高、含蜡高、凝固点高，特别是油层多，层间差异大，给开发带来了较大的困难。经过反复研究论证，确定了"早期内部注水保持压力，争取较长时间高产"的油田开发原则。但在原油物性"三高"的情况下，如何把水注到油层里去，这是油田开发初期亟待解决的一个问题。1961 年，在大庆会战领导小组副组长唐克主持的一次座谈会上，李虞庚毅然抛出了自己的看法："静水柱压力不能作为排液界限，如果在洗井时，把空气打入水里，形成混合水，水的密度就会降下来，这样使静水柱压力降下来，洗井效果会非常明显。"浓重的四川口音语惊四座，人们为之精神一振。试验结果确实很理想。就这样，"混合水洗井"法从此诞生了，并一直延续至今。

　　紧接着就是如何注好水的问题。1964 年李虞庚被任命为会战指挥部副指挥，主管采油。作为采油指挥部副指挥，他认识到提高采油工艺水平是当务之急，于是他在井下作业处成立了采油工艺研究所。分层注水、分层采油、分层测试、分层压裂、分层堵水等技术攻关不断开展，这些工艺技术不仅闯过了油田开发初期的一个个难关，完善了油田早期注水开发工艺，而且为后来大庆油田长期稳产奠定了基础。为研究大庆油田各种油层的注水开发全过程，特别是中后期的开采规律和最终采收率，1965 年，在李虞庚的主持下由研究院和采油指挥部的科研、技术人员共同在萨北开展了小井距矿场科学试验。将油田注水开发需几十年走过的路程，缩短成 1 年左右的时间完成。这一矿场试验对指导大庆油田开发起了非常重大的作用，不但丰富了油田注水开发的内容，而且为大庆油田在不同含水期的开发决策起到了预报性的作用。1970年，油田地下情况不断恶化，出现了"两降一升"的严重局面。1973年，油田生产一步步走上了正轨，这一年他被任命为大庆革委会副主任，兼总工程师。

1976年，油田技术座谈会提出了"高产5000万吨、稳产十年"的目标，这一规划上报石油工业部并获批准。这是一个划时代的规划，但规划有了并不等于大局已定，来自外界和内部的干扰依然存在。李虞庚和许多人一样感到压力很大，但他知道这是一个对国家有利的规划，一定要实施下去。于是，上靠组织和领导，下靠科技人员和职工群众，他把工作一步步开展了起来。由他组织领导、并直接参与的保证大庆油田长期高产稳产的注水开发技术6个方面58个专题攻关在油田内全面展开了。工作一步步按规划向前推进，目标在一步步推进。中区西部试验区稳产经验在全油田开始推广，"六分四清"（分层采油、分层注水、分层测试、分层研究、分层管理、分层改造，分层采油量清、分层注水量清、分层压力清、分层出水清）的综合调整进一步在全油田展开；强化注水，恢复地层压力的工作也全面实施；高压注水、细分层测试找水、化学堵水等一系列新工艺开始试验攻关；老区井网进一步完善，外围新油田——葡北油田和太北油田也全面投入开发。油田的产量从1976年的5030万吨增加到1980年的5150万吨，五年的艰苦努力换来了稳产目标的顺利实现。

但实现油田产油5000万吨10年稳产并不是一帆风顺的。1980年，大庆油田开始进入新的历史时期——高含水开发期，油田含水率已经达到59.69%，老区主力油层已经大面积水淹，原有工艺技术已经不能从根本上改善中低渗透层开发状况，出现了含水上升速度比预计还要快的问题。随着含水上升速度加快，生产压差不断缩小，油田自喷能力减弱，产量递减加快；注水压力已普遍接近地层破裂压力，油井出现连片套管损坏，靠提高注水压力来增大生产压差余地很小，这些问题明显地增加了继续稳产的难度。与此同时，储量问题也日显严重，按当时的储量计算，稳产是很难维持的。

面对高含水期如何保持稳产这一油田开发史上还未有人涉足的重大课题，李虞庚感到了肩上的担子的沉重、责任的重大。为谋划油田稳产，他白天到各厂调研，与各路专家促膝交谈，晚上面对油田开发形势图苦苦地思索，办公室里经常通宵达旦地闪烁着灯光。通过集思广益，群策群力，李虞庚心里有了一幅更清晰的油田开发地质图画：老区虽然已开发了20年，但尚有不少低渗透油层没有动用；主力油层虽已进入高含水期，但尚有许多部位含水较低，动用较差。只要采取相应对策，这些油是可以开采出来的。此外，外围又发现了一些新的油田，虽然产能较低，但面积很大，也是接替稳产的重要战场。于是，在

1981 年的技术座谈会上他做出了果断决策：老区在技术政策上实行三个转变，即调整措施从油水井"六分四清"综合调整为主转变到以新钻调整井细分层系调整为主；挖潜对象从以高渗透油层为主转变到以中低渗透层为主；开采方式从以自喷为主转变到以机械采油为主。

1983 年 2 月，李虞庚被任命为大庆石油管理局局长。作为一个有战略眼光的管理者，他深知"三个转变"谈起来容易，实施起来是有难度的。这是一个大的系统工程，既然措施、对象和方式都有所转变，那么所有的工作也要跟着转变。就拿油井转抽来说，不仅需要投入大量的人力、物力，而且测井、注水、地面建设等都要有相应转变，人员素质也要有相应的提高，一切又要从头开始，精心组织，但又不能只顾眼前，还要为油田作长远打算。针对高含水和中层渗透层开采的特点，在李虞庚的主持下，"油田高含水量含水期的开采技术研究"这一系统工程开始进行全面的论证，经过综合筛选，一个包括"研究剩余油分布规律""井网加密调整部署方法""油田转抽机械采油配套工艺技术"三大系列 18 个专题、67 项配套技术的巨大系统攻关工程在全油田展开了。李虞庚调动精兵强将，向当时这一世界级科技难题发起了冲锋。油田地质、油藏工程、测井工程、钻井工程、采油工艺、储运工程等多部门多学科联合作战。采油一厂至六厂、油田研究院、设计院和七个专业工艺研究所的科技人员，经过室内研究、现场试验和生产上推广应用实践，于 1985 年圆满完成了"大庆油田长期稳产的注水开发技术"，该项技术的作用包括下述六个方面：油田开发动态监测技术正确地探测了高含水期错综复杂的地下油水分布状况；一套准确的油田开发过程指标测算技术指导了油田高含水期高产稳产规划部署；层系细分、井间加密调整方案的研究，使差油层储量得到最大程度的动用，对延长油田稳产期、提高油田采收率起很重要的作用；形成了高含水期采油配套的工艺，见到了明显的增油效果；完善了调整井的钻井、完井技术，有效地保护了油层，提高了油井生产能力；发展了地面原油集输及水处理系统，适应高含水期开采需要。

在这项技术的指导下大规模的油井转抽工作开始了，当时有人主张把电潜泵下到中含水期潜力大的油层，这样有利于快速提高产量。但李虞庚没有这样做，他很负责任地说："我们不能只顾稳产，就什么都不顾了，还要为更远的目标作打算！"他严格要求把泵下到高含水期、潜力下降的油层，加强管理，挖掘这些油层的潜力，把那些中含水油层留到以后开发，以利于更长期的稳产。

打加密调整井时，他始终坚持这样的观点：调整井不可不打，但要在管理上下功夫，尽可能不多打、不早打。不搞粗放式经营，更不能靠井数去拼，要从长远角度看，要给后人多留点东西。

储量复算的调查研究工作也全面展开了。1985 年储量复算达到了 41.7 亿吨，稳定了人心，为十年稳产提供了科学依据，同时也为下一个十年稳产提供了可靠的资源保证。

依靠"大庆油田长期稳产的注水开发技术"，确保了大庆油田在"六五"期间实现5000万吨稳产，并且产油量有所提高，同时也为以后更长时间继续稳产打下了基础。据当时测算，大庆年产5000万吨的稳产期可延长到1990年以后。这套技术的推广应用，几年来效益显著。该成果被评为1985年国家科技进步特等奖！

获奖证书

攻克长庆油田致密气藏开发技术难关

长庆油田特低渗透—致密油气田勘探开发技术处于国际领先水平。其中，苏里格致密气藏开发技术与开发成果占有极其重要的地位。

时光回放，定格在 2001 年 1 月 20 日，中国石油天然气股份有限公司在北京举行新闻发布会，宣告中国陆上第一大气田——苏里格气田在广袤的鄂尔多斯盆地诞生，仅用一年多的攻关实践，形成的"苏里格大型气田发现及综合勘探技术"就获得了 2002 年度国家科技进步一等奖。大气田"横空出世"的喜悦及对苏里格气田高产的期望让人振奋不已。

在苏里格气田勘探阶段，10 口探井试气平均无阻流量达到 50 万立方米 / 天，当时普遍认为苏里格气田是一个优质的高产气田。但在评价阶段的 5 口修正等时试井显示，气井油套压下降快，关井一到两个月后，压力很难恢复到原始地层压力，这一结果让大家很吃惊。开发人员初步认识到苏里格气田非均质性强、连通性差、单井控制储量小的特征。一时间，怀疑、迷茫、失望甚至退缩情绪蔓延开来。在国内市场迫切需求天然气的情况下，时任长庆油田勘探开发研究院院长的张明禄压力倍增。

苏里格气田巨大的资源优势，如何转化为产量优势？张明禄展现了非凡的定力和勇气，他清醒地认识到，"正确评价和认识苏里格气田"是科学开发进程中的一个关键环节，只有迎难而上，没有退路！于是，他带领着苏里格攻关团队，围绕寻找高产富集区、提高单井产量、降低开发成本等关键技术问题，开展了两口水平井试验，积极开辟苏 6 开发试验区，部署加密评价井 12 口，开展二维和三维储层地震攻关试验。配套工艺也积极跟进，开展大型压裂 8 口，二氧化碳压裂 8 口，欠平衡钻井试验 4 口，小井眼 6 口等。随着试验评价的深入，认识也不断深入，最终揭示了苏里格气田是一个储量巨大、储层非均质性极强、典型的"三低"气田的真面目。与国外致密气相比，苏里格致密气储层更薄，仅为国外的 1/10；压力系数更低，约为国外的 2/3。对于同类型低品位气藏，国内外尚无成功开发的先例。这是张明禄率领广大科技人员，在坚持"实践—认识—再实践—再认识"的辩证唯物主义思想中所取得的正确认识。这为中国石油天然气股份有限公司在 2004 年 6 月 6 日召开苏里格气田专题研讨会，制定苏里格气田"依靠科技、创新机制、简化开采、低成本开发"的开发思路提供了科学依据。苏里格气田开发目标从追求单井"高产"调整为追求"整体有效"，并确定单井 1 万立方米 / 天、稳产 3 年，单井综合成本控制在 800 万元，从而把苏里格气田开发引入全新阶段。

2005 年中国石油天然气集团公司审时度势，作出了"引入市场竞争机制，加快苏里格气田开发步伐"的重大决策。强烈的责任感和使命感激励着张明禄，他认真贯彻中国石油关于苏里格气田低成本合作开发的战略部署，继续带头刻苦攻关，深入气田现场，集成创新了以井位优选、快速钻井、分压合采、井下节流、井间串接、远程控制等关键技术为核心的"十二项开发配套技术"。其中，井位优选技术从传统的选择砂体到选择有效储层；钻井技术从传统的钻井工艺发展到 PDC 钻头快速钻井；储层改造从集中压裂主力层发展到分压合采；井下节流从传统的防治水合物发展到地面简化；地面建设从传统的建设模式发展到适应苏里格气田滚动开发建设的需要；这些因地制宜的特色技术解决了苏里格气田开发技术难题。实现 I + II 类井比例 80%、单井综合成本 800 万元以内的两大目标，实现了气田规模有效开发。他又亲自主持和修订《长庆油田公司苏里格气田开发技术政策指导意见》，为推动苏里格气田经济有效开发作出了重要贡献。

在技术创新的同时，时任苏里格气田开发指挥部指挥的张明禄还大胆探索管理革新之路。他带领苏里格攻关人员在气田现场大胆实践，创新形成了"标准化设计、模块化建设、数字化管理、市场化服务"的建设模式和"六统一、三共享、一集中"的管理模式，充分发挥了中国石油整体优势，顺利保证了苏里格气田大建设时期，上百部钻机、上千家工程技术队伍、上万人在苏里格气田开展"新时期油气大会战"。在张明禄的组织实施下，建成了具有国内油气田领先水平的数字化管理平台，实现了对气井、集输管网的远程监控和生产指挥的远程控制，开发管理水平大幅提升。由于贡献突出，张明禄曾获国家西气东输工程建设先进个人，2006 年被评为享受国务院特殊津贴专家，他负责的"苏里格气田经济有效开发技术研究"获中国石油天然气集团公司 2009 年度科技进步特等奖。

随着油气田开发深入，国内油气田单井产量不断降低，中国石油天然气集团公司在2009 年适时提出了"稳定并提高单井日产量"牛鼻子工程。苏里格致密气藏也面临开发规模大、单井产量低的严峻形势。苏里格致密砂岩气藏储层古河道频繁迁移，导致有效砂体规模小、横向变化快，前期试验的水平井储层钻遇率仅为 20% 左右，水平井改造后远远没有达到理想的产量。曾经有人得出苏里格气田"不适合打水平井"的结论，对苏里格气田的水平井判了死刑。但是，要提高单井产量，就必须采取进攻性措施以尽快转变气田开发状况。是否加大水平井开发攻关力度又成为摆在张明禄面前的难题。

此时，苏里格气田如火如荼地大规模建设，国人满怀苏里格气田转变开发方式的技术攻关只许成功、不许失败的期盼，张明禄面临着前所未有的压力。张明禄经过深思熟虑，以审慎态度、敢于担当和锐意进取的改革魄力，率先解放思想，带领广大科技工作者，主持了中国石油重大专项"苏里格低渗气藏有效开发技术攻关及现场试验"研究，积极并大力开辟了水平井整体开发现场试验。

在攻关的过程中，他多次深入科研单位做调研，与基层科技工作者面对面地交流，分享自己的工作认识与宝贵经验，对水平井技术攻关给予了大力指导。他特别强调基础研究的重要性，尤其重视富集区与井位优选，他常说："井位优选是一项基础而技术含量很高、综合性很强的工作，优选井位犹如家庭优生优育，选好井位就为高效开发和后期生产管理奠定了坚实基础。"他经常勉励青年科技攻关人员说："真正的地质工作者要结合多学科建立定量的三维储层地质模型，并印在脑海里，可以适时为水平井地质导向服务。"他还特别重视压裂改造技术创新，把优化压裂设计形象地比喻为临门一脚射球，出彩的关键就在于优化压裂工艺，压裂要走"引进、消化、吸收、创新"的技术革新之路。为了指导现场施工试验，他在内蒙古乌审旗还设立自己专门的办公室，一年里，大约有一半时间都在乌审旗现场办公。

"苦心人，天不负。"通过刻苦研究和现场实践，终于形成了适合苏里格气田水平井开发配套技术。明确了苏里格气田适合水平井开发的地质条件，提出苏里格气田水平井"富集区整体部署、潜力区随钻部署、老区加密部署"三种部署思路；建立了水平井井位优选的技术标准，形成了"六图一表"的水平井优化设计方法和"两阶段、三结合、四分析、五调整"的地质导向技术；优化了水平井主体井身结构和井身剖面，钻井周期大幅缩短；形成了具有国际先进水平的不动管柱水力喷射和压缩式裸眼封隔器两项水平井多段压裂技术。完钻水平井砂体钻遇率达85.4%，单井产量达到直井的3~5倍，效益显著。截至2014年底，建成苏东南等9个水平井整体开发区，累计完钻水平井960口，形成90.2亿立方米产能规模，水平井占总井数11%，年产量贡献34%，实现苏里格气田开发方式的转变。自2007年以来，年新增天然气量30亿立方米，2013年底形成产能240亿立方米/年，提前两年实现"苏里格气田230亿立方米规划"目标。2013年第六届国际石油技术大会评价"鄂尔多斯盆地大型致密砂岩气田高效开发技术及工业化应用项目"为全球三大卓越执行项目之一，是我国在该领域首次获此殊荣。

"不谋万世不足谋一时，不谋全局不足谋一域。"张明禄作为气田开发的掌舵人，在提高单井产量、转变气田开发方式上，创造中国石油工业发展史上"苏里格速度"的同时，又将深邃目光投向气田持续稳产上，在上产期就开始着手谋篇布局推进提高采收率技术攻关与现场试验。由于苏里格气田属于典型的河流相致密砂岩气藏，储层非均质性强，有效砂体规模与合理井网井距很难认识清楚，而合理井网井距对苏里格气田高效开发至关重要。张明禄明确指示"想要进一步搞清储层内部结构、深化并验证前期地质及井网研究认识，必须开展密井网试验""不入虎穴焉得虎子"，一场轰轰烈烈的井网优化攻坚战打响了。由于苏里格气田有数万平方千米，不同储层地质条件和不同井网条件对应了不同的开发指标与经济指标。为了全面科学制定合理井网井距，在张明禄亲自部署下，先后在苏里格气田储层地质条件较好的中区到储层更致密的东区，从变井网、密井网再到极限井网，共开辟了4个密井网试验区，实施加密井146口，平均井网密度3.5口/平方千米。立足于密井网解剖和干扰试验、动静结合，在国内率先实现了致密砂岩储层的定量表征，并构建了苏里格气田河流相储层地质知识库，揭示了井网密度与采收率的关系，建立了苏里格气田典型区块井网密度与干扰概率、采收率和收益率的关系模型，井网密度由2口/平方千米优化到3~4口/平方千米，预测采收率提高到40%以上，使气田采收率提高6%。

常言说，"打江山难，守江山更难，"这对苏里格致密砂岩气藏而言也非常贴切。苏里格气田压力下降快，产量递减也快，达到20%~30%的递减率，稳产压力很大。如何既能"上得去"，又能"稳得住、管得好、可持续"呢？针对苏里格气田多层系含气特点、环境保护及稳产压力大的问题，张明禄提出"由规模建产向效益稳产和精细管理转变"的工作要求，并指出"上下古储层整体研究，整体开发，一次动用"的开发新思路，从而创建了直井、定向井、水平井3种井型"集群化部署、混合井组开发、差异化设计"的立体开发模式，实现大井组有效开发，4~9口大井丛达71.4%；实现了平面上不同规模、纵向上不同层位储量的立体动用，提高了储量动用程度，使边际储量动用程度提高6%，解决了苏里格气田由于储层品位低导致的单井储量控制程度低的问题，有效推动了气田产能建设。2014年至今，苏里格气田累计完钻丛式井3000余口，节约井场土地13000余亩，单井平均缩短施工周期10天，节约单井采气管线30%，有效降低了产能建设投资，降本增效显著。苏里格致密气自2013年建成了年产230亿立方米的大气田后，已稳产5年，截至2017年底已累计生产天然气超过1700亿立方米，保证了京、津、蒙等地区的用气，为改善北京及周边地区空气质量作出重要贡献。"5000万吨级特低渗透—致密油气田勘探开发与重大理论技术创新"获2015年度国家科技进步一等奖。

苏里格气田是中国石油建设"科技气田、人文气田、环保气田、数字气田"的生动典范。曾经有人感慨苏里格气田荒凉的毛乌素沙漠地表下居然蕴藏着丰富的资源，今天，人们再次感慨致密气开发的领路人张明禄，带领着长庆油田公司一支气田开发队伍，以"十年磨一剑"的执着，在如此复杂、如此恶劣的地质条件下，克服重重难关，以实际行动诠释着长庆油田"攻坚啃硬，拼搏进取"的"苏里格"精神。苏里格气田，这朵"带刺的玫瑰"，在张明禄手中正迎着朝霞，灿烂地绽放。

中国首个自主编制的油田开发设计方案

20世纪60年代之初，面对松辽盆地大庆长垣这样世界级的特大油田，当时的中国是毫无开发经验可言。客观地讲，真有一种"老虎吃天无处下口"的感觉。因此，如何搞好油田开发设计，确保大庆油田能够科学地投入开发，保持油田长期地稳产高产，成功摆在油田开发设计人员面前的第一个最现实、最迫切，也是充满挑战的重大课题。

大庆会战一开始，为了解决油田开发方案设计中涉及的各种问题，会战领导康世恩有备而来，首先组织成立了研究大队，李德生被任命为地层对比研究大队队长，他和钟其权等同志开展了大庆油田储层特性的研究。根据下白垩统湖相沉积三角洲和三角洲前缘相的地层韵律变化，他们提出了运用三级控制划分和旋回对比的方法进行地层对比。运用这套地层对比方法李德生、钟其权与研究团队的成员开始一口井一口井地对比，一个小层一个小层地对比。当时，油田地质研究室几乎全部都是刚从大学出来的年轻的大学生，大家不分昼夜，不厌其烦，争先恐后，在很短的时间内就把各油层的特点搞得一清二楚。通过研究，将萨尔图、葡萄花储层划分为5个油层组、14个砂岩组和45个砂层，对每个砂层都绘出了反应储层特性的各类等值线图，为开发方案设计正确划分开发层系及布置生产井网提供了重要的基础资料。

紧接着钟其权、裴亦楠等在老一辈地质学家的帮助下，很快突破了单砂层对比技术，提出了油砂体概念，为开创我国陆相油藏开发地质学奠定了基础。开展油砂体研究，目的是解决对油层分布状况及油层性质的研究和认识。运用大量的第一性资料，在综合研究了油层的岩性、物性、含油性、电性及其相互关系、分井、分层的岩性、有效厚度和储油物性参数解释的基础上，总结出了一套以小层对比为中心的油砂体研究方法，即"旋回对比、分级控制"。将油田范围内萨尔图、葡萄花、高台子含油岩系合理划分，逐级对比，从大到小分成油层组、砂岩组和小层。通过对比查明了分散井点间各小层的层位关系，从而揭露了小层的基本单元是含油砂岩体，一些含油砂岩体又相互连通组合成连通体。在研究各个油砂体、连通体分布特点和性质基础上，综合分析了各开发区内萨尔图、高台子含油层系各小层、砂岩组、油层组的分布特点和油层性质，为大庆油田合理划分开发层系、布置井网及采取分层注水开发提供了可靠的地质依据。

在开展地质研究的同时，大庆会战指挥部余秋里、康世恩等会战领导听取了李德生、童宪章、秦同洛等专家的建议，决定在萨尔图油田中部41平方千米面积上开辟一块开发试验区，为全面开发大庆油田摸索经验。李德生、童宪章、秦同洛既是这个试验区的主要组织者也是直接参与者。最让油田开发设计人员感到兴奋的是，1960年萨尔图油田中部开发生产试验区的原油产量就达到了100万吨，并提供了大量详细的地下地质数据及油藏工程参数，取得了油田开发的一些宝贵经验，避免了油田在大规模的开发中走弯路，为确保大庆油田开发方案的科学性和合理性发挥了重要作用。

在油田地质及生产试验区研究的基础上，1961年4月，石油工业部党组决定任命秦同洛、童宪章、李德生与谭文彬为萨尔图油田146平方千米面积开发方案的编制负责人。此时的秦同洛、童宪章、李德生、谭文彬都非常清楚，任务是光荣的、担子是沉重的。这是中国人第一次自己独立编制自己油田的开发方案。这个开发方案的成功与否将直接影响到油田其他区块的开发，进而影响到大庆油田开发全局的成功与失败。

秦同洛、童宪章、李德生与谭文彬率领方案组的研究人员，逐层落实储层参数、储层展布面积及构造形态，计算了开发区的地质储量和可采储量，对油田地质特征、流体物性、油层分布规律、油水压力系数做了深入分析和评价。在方案设计过程中邀请了来自各大学和研究所的85位有关科学家一起工作，提出了开发层系的划分和井网部署原则。李德生根据油藏构造形态和储层分布特征，提出采用横切割分区开发和早期线状注水保持油藏压力的方法。该方法在大庆油田开发过程中起了十分重要的作用。通过严密的论证，大家根据玉门油田注水方案的经验，结合开发区的具体特点，最终制定了开发区内部切割注水方案，即注水井位与油田内部油井交错排列，构成各种均匀形状的规范化网络，把油区"切割"开，网络间形成有规律的油水井对应关系。这一方案开创了我国油田内部注水的先例。在《余秋里回忆录》中写道："地质专家李德生、教授秦同洛、地质师闵豫和其他地质干部，白天上井指导工作、收集资料，晚上在'干打垒'房子里整理资料，大搞油田研究工作，对油层进行逐井分小层的对比、分析。有的同志没有办公桌，就把行李一卷，在铺板上工作，没有电灯，就点着蜡烛干。不分节假日经常工作到深夜。童宪章同志长期在油田井场上奔波调研，加之刺肌透骨的风寒，两腿患了严重的脉管炎。在大庆油田前期试采工作和开发方案的编制过程中发挥了重要作用。"

随着对油藏特征认识的不断深入，时任大庆石油会战地质指挥所副指挥、党委委员兼任采油指挥部总地质师秦同洛凭借多年来从事油藏资料录取、动态分析、生产管理的丰富经验，针对大庆油田地层压力系数不高、油气比不高的特点，与有关专家一起提出了"大井距小油嘴、早注水"的指导性实施原则的建议，得到了余秋里部长的批准。经过一年的紧张工作，他们完成了编制开发方案的草案。1962 年 5 月研究组编写完成了《萨尔图油田 146 平方公里面积的开发方案报告》，并在大庆油田开发技术座谈会上讨论通过。石油工业部党组很快审查并批准了萨尔图 146 平方公里面积的开发方案，又经国家计委和石油工业部批准实施。该方案根据我国国民经济发展情况和萨尔图油田的具体地质特点，解决了油田开发中有关确定油田合理的开采方式；合理划分与组合开发层系；确定不同层系经济合理的井网；确定注水井、生产井合理的工作制度；掌握并运用一套先进而有效的采油工艺技术五个基本问题。制定油田开发的总方针及其具体原则，提出了大庆油田要分阶段、分时期、分地区逐次投入开发的合理开发程序。同时，指出了在油田开发设计付诸实施以后，必须本着逐步认识、逐步调整的指导思想，对油田开发设计进行不断调整，使油田开发设计不断完善，确保油田开发取得良好效果，方案的实施取得了巨大成功。1964 年在设计开发面积内产原油量 500 多万吨。

《开发方案报告》封面

余秋里在评价这个方案时指出:"大庆油田第一个开发方案和一套开发方针、技术政策,是在没有外国人参加的情况下,完全依靠自己的力量制定出来的。在大庆油田的开发中,实施这套方案和方针政策,取得了很大的成功,创造了当时世界上的先进水平""走出了中国自己的路子""大长了中国石油工作者的志气,增强了搞好石油工业的信心"。"萨尔图油田开发设计方法的初步研究"于 1965 年均获国家科学技术委员会发明奖。1985 年"萨尔图油田北部 146 平方公里面积的开发方案"获得了国家科技进步特等奖。这一设计方案作为我国油田开发史上先例自然被编入石油院校的相关教材,永远激励着石油学子沿着前辈的光辉足迹继续前进。

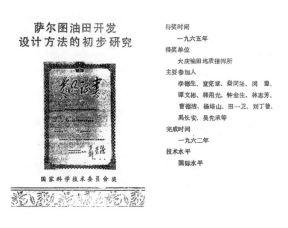

获奖证书

植根三采无怨悔　执着超越勇登攀

按照"应用一代、储备一代、研发一代"的科技发展思路，大庆油田早在 20 世纪 80 年代就开始了三元复合驱技术攻关。三元复合驱（碱 / 表面活性剂 / 聚合物）既能扩大油层的波及体积，又能提高原油的驱油效率。可是三元复合驱研究过程中却一次次遭遇怀疑，参加复合驱研究的伍晓林却一次次坚定信心，一次次把目标树得更高。

伍晓林了解到大庆油田正在搞复合驱，虽然他的专业是精细化工，但他坚信只有在油田，自己的学识才能派上大用场、发挥大作用。于是，他放弃了到宝洁公司发展的机会，来到了大庆油田。可是，刚到油田，一位老同志却告诉他："你想得太天真了，油田都是从国外进口表面活性剂，难道你还比外国人厉害？你最多只能给进口产品做做评价而已。"

面对各种非议，伍晓林并不在乎，因为复合驱技术比水驱提高原油采收率 20 个百分点以上，这太具诱惑力了。他暗暗发誓一定要搞出个名堂来。在一次关于表面活性剂引进的研讨会议上，他向外国专家提了几个问题，人家根本不屑回答，让伍晓林很受刺激，感觉到技不如人必然受制于人。于是他坚定地告诉自己："外国人能做到的，我们不但能做到，还能做得更好！"

自主生产表面活性剂，是复合驱攻关人员长久的梦，更是满足油田所需的长远之计。三年时间，为拿到小试产品，三元复合驱研究团队仪器停人不停，晚上跟踪实验进展，白天研究分析，3500 多次实验、2100 多次修改，光是实验记录纸就堆到一人多高。中试放大阶段，研究团队查阅了大量化工工艺文献，进行了大量的理论公式推导，创出了中和、复配一体化技术，解决了工业设备与小试工艺流程不对应的难题。工业性生产阶段，研究团队跟踪调研、对比分析了当时国际上所有最先进的合成工艺，指导厂家建成了一套年生产能力为 6 万吨的表面活性剂生产装置。就这样，研究团队踏实走好每一步，不断向着新目标迈进，最终，研制出具有自主知识产权的强碱烷基苯磺酸盐表面活性剂工业产品。

现场试验初步证实了国产强碱表面活性剂具有较好的驱油效果。但随着应用领域的扩展，强碱表面活性剂的弊端也逐渐暴露出来，对地层有伤害，对举升工艺和污水处理也有影响，这些问题不解决势必影响规模化推广。还没有来得及品味"国字号"的喜悦，研究团队就又将目标瞄准到弱碱表面活性剂研制上。当时，国内外专家几乎都认为，烷基苯磺酸盐不可以弱碱化，理由是"国外的产品也只有强碱的，没有弱碱的"。伍晓林当时就说，"国外没有，我们就不能有？这是什么逻辑！"但这的确又是一个世界性难题，如果说强碱表面活性剂我们还可以参考一些国外资料的话，弱碱表面活性剂则是彻头彻尾的白手起家，面对全新挑战，研究团队闯入了烷基苯磺酸盐不可弱碱化的"禁区"。

2002年，几经波折终于研制出首批弱碱表面活性剂小试产品，由于原料的有效组分过低，导致工业化产品性能不够稳定，驱油效果不理想。伍晓林当时做出了一个大胆决定，推倒重来。无数次思路转换，反复实验分析对比，从表面活性剂组成结构与性能之间的关系出发，突破原有的单纯切割分离原料组分的思路束缚，创造性地设计出从原料组分合成开始的一整套精细化技术路线，开发出组分相对单一的新型弱碱化表面活性剂产品，把驱油剂研制细化到了分子级水平。工业化产品经先导性矿场试验验证，比水驱提高采收率24个百分点。

从强碱表面活性剂国产化到弱碱攻关再到现在的无碱，研究团队不满足、不止步，不断树立更高的目标。

要实现超越，必须坚定信念，不断攻克更多技术难关

复合驱起步阶段，原油9美元一桶，有人形容三元复合驱就是"注美金采人民币"，很多人不禁要问，那还有没有必要搞？可油田开发几十年，要实现持续稳产，用科学发展的观点看，一定要靠技术的革命性变革。伍晓林始终坚信，三元复合驱总有一天会为油田注入新的生机。

2009年，三元复合驱攻关到了一个关键的节点。大庆油田公司做出了油田开发战略调整，认为三元复合驱还不成熟，要放一放、缓一缓，待条件成熟后再全面推广。当时，成本较低的高浓度聚合物在一类油层已经可以提高采收率20个百分点，很多人认为，复合驱用不着，肯定是不行了。伍晓林也冷静地思考了复合驱技术投资成本居高不下、配套技术还不成熟等实际问题。但他坚信，延缓使用不是不用，而是为了更好地用。这次战略调整事关油田长远发展，研究团队肩负的责任非但没有减轻反而更重，攻关的脚步非但不能懈怠反而更要加快。又是一个三年，研究团队把降本增效作为总体目标，技术发展、经济效益双轮驱动，哪个都不能少，哪个都不能弱，哪个都不能停。研究团队组织成立了四大技术攻关队，队队有目标，人人明方向，又一次掀起了三元复合驱技术攻关的热潮。

要根本解决问题就要从根上入手，伍晓林的研究团队果断提出，采用720厘米填砂管物理模型代替以往10厘米、30厘米的物理模型，进行复合驱机理研究，一次实验一做就是两年，几百公斤的天然油砂需要攻关人员一锤一锤地砸、一小袋一小袋地洗、一点一点地往管中填，一个驱替过程需要几个月，攻关人员都是吃住在实验室，白天大家一边取样分析、一边讨论实验中的问题和下步推进计划，晚上轮流值夜班取样、观察和分析。

应用加长模型，伍晓林和他的研究团队再现了三元复合驱地下驱油全过程，模拟矿场试验中的压力变化规律、分析三元复合驱化学剂损失、色谱分离和离子等变化，研究界面张力有效作用距离、吸附滞留影响因素，系统解剖了三元复合驱结垢、乳化等制约技术推广的重点难点问题。最终，研究团队从机理上基本弄清了各种作用与驱油效率的关系，初步实现了机理研究从定性到定量质的飞跃。同时，通过机理研究实验，研究团队还认识到，复合驱后续水驱阶段乳化作用严重，还可以进一步提高采收率，为研究后续水驱控制递减提供了理论指导。

在机理研究的同时，研究团队也加快了降低主剂成本攻关。为提高室内实验指导现场的针对性、合理性，研究团队研制了1米填砂管模型，并通过反复物理模拟实验，进一步优化了强碱表面活性剂产品体系性能。研究团队还探索研究更广泛的弱碱化渠道，烷基苯直接弱碱化，与羧酸盐、生物表面活性剂复配弱碱化，基本实现弱碱表面活性剂多元化。通过几大技术融合，驱油剂成本降低30%，为工业化推广提供了充分保障。

要实现超越，就要永不止步，沿着纲要方向继续前进

成绩代表过去，今天永远是起点。油田稳产形势复杂、严峻，对驱油技术的要求比以往任何时候都更为严格、迫切。油田的需要就是三元复合驱研究团队前进的方向和动力。在2012年，大庆油田公司工作会议提出"三元复合驱技术要在2014年达到大规模工业化推广条件，成为'十三五'稳产的主导技术"的要求，这是命令，更是挑战。按照这一指示部署，三元复合驱研究团队做好了顶层设计，并进入了倒计时。主剂优化依旧是攻关的重点，研究团队在保证强碱、弱碱工业化推广的前提下，超前攻关无碱。研究表面活性剂分子结构与性能的关系，开展个性化的分子设计，探索怎样的分子结构可以与原油形成超低界面张力，同时又可以减少吸附滞留，具有较好的水溶性和乳化性能。现已取得了中试产品，室内研究表明，三类油层可提高采收率16个百分点以上。无碱表面活性剂如果实现突破，可在省碱省聚合物的前提下达到同样的驱油效果，这将有望进一步大幅度降低复合驱成本。

工业化推广更为关键的一项攻关是个性化设计。复合驱原来在各个试验区块驱油效果有好有差，但要作为成熟技术推广就不能选择性适应。伍晓林和他的研究团队研究了效果为什么好、为什么差，好在哪儿、差在哪儿，从南到北，综合考虑地质因素、油藏条件、井网井距影响，针对不同油水关系、不同渗透率级差、不同储层非均质性，开展表面活性剂配方、聚合物浓度等全方位个性化设计，使其达到最佳组合效果，保证了室内实验成果有效转化为矿场试验的降本增效，最终发展形成了一系列配套技术。通过优化方案设计和有效的措施调整，各试验区均取得了较好的阶段开发效果，油层动用厚度比例比聚合物驱提高 20 个百分点左右，提高采收率均可望达到 20 个百分点以上。

工业化推广是项庞大的系统工程，方方面面容不得半点闪失。研究团队始终坚持"油田需要拉动创新，基础研究驱动创新，联合攻关推动创新"的技术创新模式，努力实现主剂系列化、规模化生产，保证供应，注入参数、注入方式量体裁衣，降本增效，进一步落实三元复合驱增油潜力，二类油层 A 提高采收率 20 个百分点以上，二类油层 B 提高采收率 18 个百分点以上，三类油层提高采收率 15 个百分点以上，在最经济的前提下拿到最高幅度采收率。

2014 年，三元复合驱技术要实现大规模工业化推广，该成果确定了低酸值原油形成超低界面张力的主控因素，发明了适合于大庆低酸值原油的三元复合驱油体系，取得比水驱提高采收率 20 个百分点以上的效果，突破了低酸值原油不适合三元复合驱的传统观念。首次提出了在大庆低酸值原油条件下表面活性剂与原油的匹配关系理论，发明了结构明确、组分可控的烷基苯磺酸盐表面活性剂，自主创建了配套生产工艺，已经生产工业产品 18.1 万吨。明确了复合驱的井网井距、层系组合及注入参数的设计原则，形成了具有三元复合驱特点的方案设计技术。认识了三元复合驱动态开发规律，确定了调整原则，建立了全过程分阶段跟踪调整技术，使措施调整由定性经验选择转变为量化标准确定的模式。

2014 年，是伍晓林从事三元复合驱技术的整整 20 个年头。从一名普普通通的科研人员到领导岗位，在他心里一直有一个信念：我的根在实验室，扎根实验室，扎根科技攻关一线是我生命中最幸福快乐的追求。

回顾自己近二十年的科研攻关历程，伍晓林很有感慨地说："选择大庆油田，我无怨无悔，它给了我实现自身价值的舞台；选择三元复合驱，我任劳任怨，它让我懂得了人生的意义更多在于挑战，让我尝到了一次次超越的满足和幸福。"每当遭遇挫折，伍晓林都会想到油田领导"允许你们失败，但不允许你们搞不清楚为什么失败"的鞭策话语。他说："正因为领导的相信、油田的发展需要，我要决心做到'宁肯跌倒一万次，也要站在科技创新最前沿'！"

"大庆油田三元复合驱油技术研究及应用"于 2014 年获国家科技进步特等奖，"三元复合驱大幅度提高原油采收率技术及工业化应用"于 2017 年获国家科技进步二等奖。

汽龙听调遣，稠油滚滚流

稠油热采提高采收率技术，是辽河石油人历经 30 多年的努力拼搏获得的重大成果。谈到稠油开采，辽河人也自然联想到刘喜林这个名字。刘喜林，1953 年出生，1976 年毕业于大庆石油学院开发系。毕业时，正赶上辽河石油勘探局成立欢喜岭采油厂，他参加了这个厂的筹建，开始了一心向往的石油生涯。欢喜岭采油厂地处九河下梢，条件极其艰苦，可他一待就是 21 年。俗话说，走完了路才知道路的长短，21 年的艰苦岁月锻炼了他，21 年的油田开发实践使他的理论更加扎实、经验更加丰富，让他充满了自信，增添了敢于担当、敢于负责的精神。

在稠油开采的道路上，刘喜林和他的研究团队经过多年攻关研究和现场试验，形成了一系列具有辽河油田特色的稠油配套开采技术：稠油干抽技术、稠油掺稀油技术、稠油越泵电加热技术、稠油蒸汽吞吐技术、稠油蒸汽驱技术、稠油蒸汽辅助重力泄油开采技术（简称 SAGD 技术）、稠油火驱技术，推动辽河油田的稠油产量上到了 800 万吨 / 年的规模。辽河人感到由衷的高兴，刘喜林心里也非常欣慰和自豪。

辽河油田地下蕴藏着丰富的稠油储量，而稠油开采采用常规的开发手段难以动用，因此，稠油开采被公认是一个具有世界性的难题。如何实现稠油储量经济有效开采，曾是辽河石油人日夜思考的头等重大问题，对于有志石油开发的刘喜林来说更是寝食难安。1980年，刘喜林开始了他的稠油开采研究计划。在他的组织下，首先对不能用常规注水开发技术开采的稠油井进行了全面分析，认为抽油机不能正常生产的主要原因是油稠造成抽油杆下行速度跟不上驴头下行速度。原因清楚了，解决的方法自然就有了。为了降低摩阻，应用了粗油管加重型抽油杆，并应用长冲程、慢冲次使黏度值在 3000 毫帕·秒以下的稠油得到了开采。这一试验成功增加了刘喜林攻克稠油开采的信心。接着针对由于油稠抽油泵固定阀球下落滞后导致抽油泵漏失量增大的问题，提出并应用空心合金球灌水银的办法，增加了合金阀球的重量，从而解决了漏失量的问题。通过多次各类试验，总结出了稠油干抽工艺的十二字开采方针："粗管、重杆、重球、长冲程、慢冲次"。这套技术使部分抽油井活了起来。但黏度在 3000 毫帕·秒以上的大部分抽油井还没有动起来，这个难题又整日在他的脑海里盘旋。他查阅了国内外有关文献资料，做了大量降黏实验，和他的研究团队最终确定采取"掺稀油降黏开采"，并设计了掺稀油站、地面双管流程、井下封隔器加单流阀的泵下掺稀油工艺，使稠油井活了起来。但随着稠油黏度增加，稀油的掺入量越来越大，结果使泵效降低。更困难的问题是稠油黏度超过一万毫帕·秒以上的油井能够正常生产，但是经济上不合理。

他坚信办法总比困难多。于是他马不停蹄，又组织带领科研团队，查资料、外出学习，提出了走热力采油的道路。这一想法得到了当时辽河石油勘探局领导和采油厂大力支持。1985 年，第一台注汽锅炉进驻欢喜岭采油厂欢 17 块。那时蒸汽吞吐工艺并不配套。没有井下封隔器、井下隔热管，没有地面注气管线，油井没有热采完井，套管是 J55 钢级，水泥返高只到油层顶部，完全不具备蒸汽吞吐条件。刘喜林的想法是油田稠油开采不能等，先试验技术可行性，逐渐配套热采工艺，用加强责任心以弥补技术上不足。经过两个多月的攻关，同其他协作单位一起解决了工艺配套技术问题。从油井施工、地面管线铺设、注汽锅炉就位，到割开表层套管注气，油井开井生产，刘喜林夜以继日，一直吃住在井上。在注气过程中，由于不是热采完井，高温蒸汽使注汽井的套管热胀升高地面一米左右，不断有水柱喷向高空，很是危险。当时有人提出不要再注了，刘喜林经过冷静计算套管伸长的高度，认为在套管热胀范围内，只因上部有水层，所以有水柱喷出，他决定继续注完设计汽量。按方案闷井三天后，开井放喷日产量达到 160 吨。这是一次大胆的充满了惊险的但却是科学的试验，从而打开了辽河稠油开采的新篇章。

1998 年，刘喜林调入了辽河石油局技术发展处任处长。这个处是由钻井处、基建处、采油处、科技处合并而来。新的工作岗位使他眼界更加开阔，他又思考如何延长特超稠油的生产周期问题。因特超稠油黏度高，在蒸汽吞吐回采过程中，近井地带稠油黏度很快升高，降低了近井油层的渗透率，使原油不能流动，大量蒸汽滞留在油层深部，使生产周期短、油气比低。如何提高泵下油层温度是关键。他们提出越泵电加热的想法，并与合作单位研发出越泵电加热设备，解决了上述生产难题，使特超稠油开采走上了技术可行、经济合理的轨道。

上述三项主体技术，解决了稠油开采问题，但最终采收率只有 28%~30%。如何提高稠油采收率，是摆在人们面前的又一大难题。参考国外蒸汽驱经验，他又组织科研人员继续研究完善技术配套问题。先后研制出耐高温热敏封隔器、压差式封隔器、偏心分注器等，解决了注汽井下管柱的配套问题；研制了地面高温高压等干度分配器，高温流量计、高温热采井口等，解决了注汽质量和计量问题。1998 年，在齐 40 区块实施了 4 个井组的先导试验，经过十几年的开采技术攻关，摸索出一整套中深层稠油开采方法，可提高采收率 25%~35%，最终采收率可达 45%~50%。

2005 年，刘喜林升任辽河油田分公司总经理助理。这时，油田的特超稠油蒸汽吞吐效果变差，急需转换开采方式，改善开发效果。而国外只有浅层超稠油应用双水平井 SAGD 技术提高采收率的先例，对于辽河油田中深层超稠油如何提高采收率，没有任何经验可借鉴，刘喜林组织科研人员经过反复论证，实施了直井＋水平井 SAGD 技术，而 SAGD 技术要求井底蒸汽干度必须达到 70% 以上。蒸汽干度越高，开发效果越好。而湿蒸汽发生器只能产生 70% 干度的水蒸气，达不到方案设计要求。通过研制出的高温高压分离器，使蒸汽干度达到了 90% 以上，满足了注汽方案要求。

实施 SAGD 技术需要大量清水产生蒸汽，而稠油生产过程中产生的大量污水达不到辽宁省 COD 50 毫克／升的排放标准。稠油的热采方式是降压开采不需要返注注水，致使产出污水没有出路，严重影响稠油扩大生产。刘喜林组织开展了"稠油污水循环利用技术与应用"这一课题，先后攻克了先除油，后除悬浮物，使水处理器的污水净化指标达到含油量和悬浮物低于 2 毫克／升。由于污水中含有肉眼看不到的溶解油，对水处理中应用的阳离子树脂表面形成了包裹，使钙镁离子与树脂不能交换。他和科研人员一起经过反复实验，最后应用碱反洗酸再生大孔弱酸树脂，同时研制出一套除硅流程，解决了稠油热采污水达标处理这一难题，使每年 2000 多万立方米稠油污水得到合理利用，节约了大量清水资源。这一成果荣获了 2009 年国家科技进步二等奖。

超稠油开采 SAGD 井生产现场

随即，刘喜林又带领攻关团队研制出高温高压注汽管柱、22 型塔架式抽油机、140 毫米大型抽油泵，保证了注入系统、举升系统的正常运行。中深层超稠油 SAGD 配套技术可提高采收率 25%~30%，最终采收率可达到 40% 以上。使辽河油田稠油年产油达到 200 万吨以上规模。

2008 年，刘喜林升任辽河油田总工程师。辽河油田未来的稠油开采方向是什么？稠油开采成本一直居高不下，如何才能降低开采成本又能提高采收率？这是一个他一直想解决、但解决思路尚不够清晰的问题。每当在这样的时刻，他首先想到的就是他的科研团队、他的科研伙伴们。为此，刘喜林和他的攻关团队对前期注空气＋蒸汽吞吐工艺进行了总结，认为：稠油进行多轮次吞吐后，地层压力已降到很低水平，缺少驱动能量，而稠油又需大量热量降黏，使稠油达到流动条件，两个条件缺一不可。而用大量蒸汽补充地层能量是极大的浪费，怎么才能不注蒸汽又能达到降黏和补充地层能量呢？调研的结论认为火驱最适合这两种要求。于是，他们首先攻关工程配套技术，选定空压机，研制出化学点火、电点火两套点火工艺，解决了火驱井下管柱的配套，从而在杜 66 块选定了五个井组的先导试验区，摸索出一套注空气、点火、监测调控技术，并进行工业化应用。目前，辽河油田稠油火驱技术年产油达到 30 万吨以上的水平，占世界火驱稠油产量的十分之一以上，最终采收率可达 60% 以上，大幅度降低了开采成本。"中深层稠油热采大幅度提高采收率技术与应用"于 2010 年获国家科技进步二等奖。

辽河油田形成的稠油开采七项主体技术，推动了我国稠油开发年产量达到 1200 万吨以上，为实现我国石油工业"稳定东部、发展西部"的战略目标，支持国民经济持续、快速、健康发展，提供了重要的能源保证。

38 年弹指一挥间。在这 38 年里，刘喜林为稠油开采事业矢志不渝，呕心沥血，刻苦攻关，虽然两鬓染霜，但却豪情依旧，作出了贡献。

薪火传承的油田聚合物驱油技术

油田处于不同开发阶段，对技术的需求有所不同。历经十年大庆油田于 20 世纪 90 年代成功研发了聚合物驱技术。聚合物驱油主要原理是通过增加注入水黏度，减少水油流度比，进而扩大水的波及系数，是提高采收率的一项新技术。

在聚合物驱油技术研究与应用中，大庆油田总工程师王德民、勘探开发研究院副总工程师张景存、采收率研究室主任工程师姜言里、庞宗威和孟繁如等人，在油田聚合物驱油机理研究、可行性研究、一类油层先导性、扩大和工业性矿场试验，以及工业化推广中作出了很大贡献，成功研发了陆相砂岩油田聚合物理化性能评价、聚合物驱方案设计、跟踪调整、分质分压注入和注采剖面测试等聚合物驱配套技术。"大庆油田高含水地层聚合物驱技术研究""大庆油田中区西部单、双层聚合物驱油矿场试验研究""北一区断西聚合物驱油工业性矿场试验研究"先后获 1991 年、1994 年、1996 年获中国石油天然气集团公司科技进步一等奖。

自 1996 年工业化推广以来，特别是 2000 年后，聚合物驱区块陆续转入后续水驱，综合含水率已达 97.5%，平均采出程度仅为 56.3%。如何进一步提高采收率，是油田可持续发展、急需攻克的技术难关。2006 年 "大庆油田一类油层聚合物驱进一步提高采收率技术"获中国石油天然气集团公司技术创新一等奖。该研究提出了聚合物驱控制程度的概念，建立了聚合物驱方案优化设计方法；首创了超高分子量聚合物驱油技术，建立了超高分子量聚合物相应的检测评价标准。2010 年 "大庆油田'二三结合'水驱挖潜及二类油层聚合物驱油技术研究"，获中国石油天然气集团公司科学技术进步特等奖，"大庆油田高含水后期4000 万吨以上持续稳产高效勘探开发技术"获 2010 年国家科技进步特等奖，形成了相应的高黏弹性聚合物驱深度开发技术及适合各类储层的 "分段式""混合式"聚合物驱技术，适应范围更广、驱油效率更高，采收率比原有技术又提高 5 个百分点。2015 年 "聚合物驱注入参数及注入方式优化设计技术研究与应用"获中国石油天然气集团公司科学技术进步二等奖。在这些成果的研发过程中，自参加工作以来一直从事三次采油技术研究的大庆油田采收率研究一室主任韩培慧博士和他的团队作出了不可磨灭的贡献。

国家科学技术进步奖

证 书

为表彰国家科学技术进步奖获得者，
特颁发此证书。

项目名称：大庆油田高含水后期4000万吨以上
持续稳产高效勘探开发技术

奖励等级：特等

获 奖 者：大庆油田有限责任公司

2010 年 11 月 29 日

证书号：2010-J-210-0-01-D01

大庆油田高含水后期4000万吨以上持续稳产开发技术证书

随着聚合物驱应用规模的不断扩大，聚合物驱开采对象也由一类油层转向二类油层，如何克服二类油层聚合物驱纵向上油层动用程度低、平面上受效不均衡的问题，成为油田持续发展的新需求。按照大庆油田公司提出的"化学驱提质提效"总体要求，韩培慧带领科研人员持续攻关，实现了聚合物驱的新突破、认识的新飞跃，发展了系列聚合物驱提质提效技术。

设计注入参数时，以往采用分子回旋半径表征聚合物分子尺寸，认为分子尺寸大小仅与分子量相关，聚合物与油层匹配性只考虑分子量与渗透率单一关系，难以满足不同地区二类油层个性化设计的需求。针对该问题，韩培慧博士和他的团队发展了应用水动力学半径表征聚合物分子尺寸理论，除分子量之外，还体现了浓度、矿化度对分子尺寸的多重影响，在此基础上，建立多参数与储层物性匹配关系，形成了二类油层注入参数优化设计技术。应用该项技术，在大庆油田 27 个聚合物驱区块开展了注入参数优化调整，调整后区块注入参数与油层匹配率平均由 65% 提高到 90% 以上，减少措施工作量三分之一。

在设计注入方式时，以往聚合物驱采用单一段塞注入方式，易发生剖面反转，导致注聚合物中后期高渗透层低效循环、低渗透层动用程度低、聚合物用量大。依据水动力学采油原理，韩培慧提出了多段塞交替注入技术，研究了驱油机理，优化了交替注入参数，形成了二类油层注入方式优化设计技术。应用该项创新技术，开展了 4 个多段塞交替注入现场试验，试验区多增油 3.81 万吨，降低聚合物用量 25.3%。

针对污水配制聚合物用量大的问题，韩培慧和他的团队筛选适合大庆油田的抗盐聚合物，从分子微观结构上解释了抗盐聚合物驱油效果好于普通聚合物的机理，为抗盐聚合物推广应用提供了理论支持。在开展的杏六中 LH 抗盐聚合物现场试验中取得了显著的增油降水效果，试验区阶段提高采收率 15.3 个百分点，数值模拟预测最终提高采收率 18 个百分点以上，比普通聚合物驱多提高 5 个百分点。

对韩培慧来说，立志三次采油技术研究，充满着对油田未来薪火传承的使命担当。他深刻认识到与创新同等重要的是创新团队的建设，关键是创新能力的培养。

为了提升科技人员的创新思维和创新意识，他先后邀请哈佛大学三院院士戴维·威茨（David A.Weitz）教授、法国石油研究院世界著名堵水调剖专家阿兰·载统（Alain Zaitoun）主任和得克萨斯州大学奥斯丁分校高级技术顾问莫迪·戴尔沙德（Mo jdeh Delshad）教授等国际知名专家来室里进行技术交流与合作，使科研人员及时掌握国际前沿技术，学习先进的思维方式和研究方法，进而到达博采众长、启智开思的目的。

为更好地向年轻科技人员传承经验，韩培慧带着班子成员，有规划地选派 7 名技术专家担任 14 名新入室的青年科技人员的职业导师，实现了 2 年后均能独立完成专项科研任务设想，不仅保持了技术的良性发展，也避免了出现人才"断层"。韩培慧作为曹瑞波同志的导师，无论是室里开会研讨项目进展，还是总结提升汇报材料，他都鼓励曹瑞波参加，在各种科研思维的冲击碰撞中，这位年轻的科研人员得以快速成长，技术创新思路日益成熟，目前已担任中国石油天然气集团公司重大专项的副课题长，被评为院一级工程师，中国石油天然气集团公司青年科技英才。2005 年有机化学专业硕士毕业的李勃，一直从事化学剂研制工作，室里给他配备了专门的实验室和助手，鼓励他多调研、多实验，给他足够的时间在实践中摸索。在一次次的实验失败后，他终于成功研制出凝胶调堵剂、PPG 颗粒和 DS800 抗盐聚合物，"DS 系列低分抗盐聚合物研制"项目获得研究院 2017 年科技创新一等奖，李勃本人被评为中国石油天然气集团公司青年科技英才。

为研发新型驱油体系配方和优化驱油方案，结合实际需求，韩培慧带领科技人员自主设计研发了高温高压物理模拟装置、岩心饱和驱替装置、泡沫毛细管黏度计、高压微观可视模拟装置和多功能聚合物评价装置等设备。

评价泡沫体系在多孔介质中的有效黏度最常使用的仪器是泡沫毛细管黏度计，目前国内外生产厂家只有法国万奇公司，但不能实现同时具有毛细管、细管和长管实验功能，要分三台套引进，除毛细管、细管和长管外，其他部件雷同，合计价格1500万元。为了节约成本，韩培慧多次组织科研人员调研、论证，自主设计了同时具备毛细管、细管和长管实验功能的泡沫毛细管黏度计，加工费用仅为379.8万元，实现了仪器国产化，节省费用1100余万元。依托自主设计研发的仪器设备，授权发明专利3项、实用新型2项。一流的仪器设备提升了自主创新能力，也为完成各项科研生产任务提供了技术支撑。

是金子总会发光。在美国新墨西哥矿业技术学院深造时，由于韩培慧的刻苦努力和丰富的工作经验，导师对他极为赞赏，极力邀请他留美读博并许以高额奖学金。尽管他渴望继续深造学业，但一想到肩负的责任和使命，还是谢绝了导师的挽留。回国之后，中化集团又以非常优厚的待遇，盛情邀请他加盟，他也一一谢绝。他觉得，没有大庆油田，就没有他的今天，他将自己的人生坐标与油田发展紧紧相连。

在韩培慧的带领下，采收率研究一室成果满枝头。先后荣获"全国专业技术人才先进集体"中国石油天然气集团公司"基层建设百个标杆单位""先进集体"和大庆油田公司"功勋集体"等多项荣誉称号。

韩培慧于2010—2016年连续两届被聘任为大庆油田公司化学驱油藏工程专业技术专家，目前被聘为中国石油天然气集团公司高级技术专家、大庆油田企业二级专家。先后主持并组织完成国家级、省部级、公司级科研项目30余项，获省部级科技进步特等奖1项、一等奖2项、二等奖8项，授权发明专利11项，获计算机软件著作权3项。在《中国科学》等国内外知名刊物上发表学术论文55篇，编著6部。

随着油田开发的不断深入，三次采油技术面临更大的机遇和挑战。在这个技术跨越的关键阶段，韩培慧不忘初心，三采筑梦，将继续带领科技人员攀登新的技术高峰，为油田振兴新发展和具有国际竞争力的三次采油技术贡献自己的全部力量！

磨刀石上石油开发新乐章

长庆油田的勘探开发始于1970年，那是一个我国油气勘探开发正处于蓬勃发展的年代。由于油气储层具有"三低"（低压、低渗透、低丰度）的特征，因此，石油勘探开发也被称之为"磨刀石上闹革命"。

长庆油田科研人员经历了37年的刻苦攻关，基本解决了长庆低渗透油田开发的这一难题，截至2007年全油田年产油气当量上升到2000万吨。2008年，国务院决定将鄂尔多斯盆地建成我国重要油气生产基地，然而，此时长庆油田开发的主要对象已经由低渗透转变为特低渗透—致密油层，这更是一个世界性的难题。为实现5000万吨的快速上产目标，长庆油田完成了"5000万吨级特低渗透—致密油气田勘探开发与重大理论技术创新"这一重大成果，在2015年荣获了国家科学技术进步一等奖，标志着中国特低渗透—致密油开发技术已经步入了世界先进行列。在长庆油田上下为之欢欣鼓舞、奔走相告的同时，广大的科技工作者也深深感念长庆油田特低渗透—致密油开发的拓荒者李忠兴，他几十年如一日的艰辛与付出，硬是凭着"磨刀石上闹革命"的精神与气概，谱写出了一篇篇壮丽的石油开发乐章。

李忠兴，1986年从中国石油大学（华东）采油工程专业毕业时，正赶上长庆油田第一个特低渗透油田——安塞油田的开发，作为长庆油田勘探开发研究院开发室一名普通的技术人员，他在这个岗位上一干就是七年。七年的基层科研工作经验与磨炼，让他熟悉了油田开发部署、开发方案编制、油藏动态分析等一整套开发技术与流程，扎实的专业素养为他日后技术思想的创新奠定了基础。同时，安塞油田的成功开发，也坚定了他日后不畏超低渗透、挑战致密油开发的决心。2003年，凭借优秀的工作业绩，他升任勘探开发处处长，负责油气勘探开发工作。三年后，长庆油田首次实现了油气当量突破1000万吨，长庆人倍感自豪，而作为油田开发的主要负责人，李忠兴在深感欣慰的同时也感受到了巨大的压力。2005年，李忠兴被任命为长庆油田副总地质师，这一年他43岁，此时由于勘探理论的突破，长庆油田特低渗透—致密油资源快速增长，但这些资源曾被世界知名能源咨询公司判定为边际油气储量，无法利用常规技术实现经济有效开发。如何经济有效地开发这些储量？如何快速实现油田的上产？这是摆在李忠兴面前一个严峻的课题。当时，正是姬塬油田由试采转入大规模开发建设的关键阶段，作为主管油田开发的副总地质师，他深深知道姬塬油田开发将对特低渗透—致密油资源的开发产生直接影响。他暗自下定决心要把姬塬油田当作一个突破口，努力形成特低渗透油田开发技术系列，攻克特低渗透—致密油这只拦路虎。

多年的低渗透油田开发实践，让他深刻地认识到优质的储层是油井高产的先天基础。姬塬油田三叠系储层物性差，成因复杂，"甜点"平面分布规律不清，这说明原有储层分类评价标准的适应性较差。进一步研究认识到，如何优选效益建产目标区是实现高效开发的第一步，也是最关键的一步。李忠兴严肃而认真地告诫技术人员："与常规储层相比，特低渗透—致密油储层物性上的致密仅是表象，更细微的是孔喉结构及渗流特征上的不同，这就需要我们有一双'火眼金睛'，能透过地下二千多米对'甜点'进行精细识别"。为了练就这一双"火眼金睛"，他又多次带领技术人员深入现场，一口一口井地观察岩心，一段一段仔细与测井曲线进行对比，开展沉积微相、储层特征、渗流特征等基础地质研究。通过引入不同类型相渗特征参数与成岩相带关系评价方法，实现了特低渗透油藏储层的定量评价；同时针对姬塬油田纵向上多油层叠合，横向上油层变化快，主力层优选难度大的困难，提出了综合指数法、产能系数法等多种产能评价方法，实现了油藏开发规律、产能的快速预测，奠定了提高单井产量的资源评价优选方法基础。此项技术快速推广到西峰、马岭等多个油田，这一年，长庆油田原油产量增长了100万吨，首次突破了1000万吨的大关。

随着油田产能快速增长，特低渗透油藏的开发矛盾也逐渐暴露得比较明显。与前期开发的低渗透油藏相比，特低渗透储层非达西渗流特征明显、应力敏感性强、有效驱替压力系统难于建立、初期单井产量低、产量递减快且稳产难度大。为此，2008年中国石油天然气集团公司开展了"长庆油田油气当量上产5000万吨关键技术研究"，李忠兴担任该项目负责人，目标是2015年实现油气当量5000万吨。面临着时间紧、任务重、难度大的上产课题，他深感责任重大，同时也在内心激发出了一股必胜的信念，因为他非常清楚，如果课题研究成功，对长庆油田乃至国内外同类油田的有效动用都将开辟出一条新的道路。

难题吓倒的是懦弱者的灵魂，激发的却是勇敢者的激情。在此后岁月里，他依据系统工程组织管理方法，将油藏、采油、钻井、测井、压裂工艺等各路专业人员，组成了以赵继勇、慕立俊、屈雪峰、李宪文等地质、工程专家为组长的专题研究小组，以提高单井产量为核心，先后共开展了100多项技术攻关，应用非达西渗流理论和介质变形理论，建立了特低渗透油藏渗流理论模型，解决了长期困扰非达西渗流理论现场推广应用的瓶颈；提出了"确定性＋随机性"的建模模式，使地质模型能够客观反映对油藏的认识；在提高模型精确程度的基础上，首次将天然裂缝引入数值模拟技术，并考虑岩石压力敏感，形成了地模一体化技术、井网优化技术、温和超前注水技术、小水量阶梯注水技术、注采压力系统优化技术。在课题研究过程中，他还非常重视压裂技术的创新，针对不同类型储层地质特征，探索形成了以定向射孔多缝压裂、前置酸加砂压裂、超低浓度瓜尔胶压裂液等技术为主体的特低渗透储层压裂改造配套技术。2010 年，长庆油田三叠系长 3 以下油藏油井投产初期地层压力保持水平达到了 105%~115%，油井开发初期递减 8.9%，与之前相比降低了 3.3%；新区初期单井产量达到 3.2 吨 / 天，较之前提高了 0.4 吨 / 天；原油年产量达 1836 万吨，较 2009 年净增 260 余万吨，相当于新增了一个大型油田，年产量及增幅均创出历史新高。

姬塬等超低渗透油田开发成功并没有让他在喜悦中沉浸太长时间，因为攻克超低渗透—致密油藏这一更高的目标还有很多技术问题需要解决。这里需要提及的是，早在 2003 年李忠兴任油田开发处处长时，他就预见到超低渗透油藏将是未来油田开发的主体，围绕渗透率 0.3 毫达西左右储层的有效开发，主持成立了"0.3 毫达西类储层开发试验攻关项目组"，并担任第一任项目经理。经过近 6 年的室内研究与现场试验，使超前注水、井网优化、提高单井产量等关键技术得到了进一步的深化和发展，实现"别人不能开发的油田我们能开发，别人不能盈利的油田我们能盈利"。而这一次，他将目光锁定在了以致密著称的华庆油田长 6 油藏这一硬骨头上，他并不畏惧，甚至显得胸有成竹。

面对超低渗透—致密油藏这一世界级的开发难题，他心中已有了一幅超低渗透油藏开发蓝图。华庆长 6 储层为典型的深水重力流相沉积，平均渗透率 0.32 毫达西左右，天然微裂缝发育，直井开发单井产量低，见效比例低，常规开发技术难以实现经济有效开发。他组织专家在认真总结前期开发效果的基础上，通过深入开展精细地质研究，提出了转变开发方式，采用水平井开发的理念。这一想法让在场的技术专家眉头紧皱，虽然水平井开发对于长庆油田来说并不是一个新鲜事，20 世纪 90 年代长庆油田就开展了水平井试验，但是效果却并不理想，突出的问题是水平井轨迹如何导向、合理的井网及参数以及水平井压裂改造技术都不成熟。作为一个有战略眼光的油田开发专家，在依托中国石油天然气股份有限公司重大科技专项的基础上，他组织研究院、油气院等各路专家，全面系统地开展攻关研究，向这一技术难题发起了冲锋。2010 年，华庆油田现场攻关试验首战告捷，当年完钻水平井 12 口，压裂投产后单井日产油达 7.6 吨，水平井提高单井产量取得重大突破。

现场试验首战告捷，更加坚定了他采用水平井开发超低渗透—致密油藏的信心。2011—

2012 年，他抓住优化水平井注采井网与裂缝布缝方式作为主攻方向，组织专家从注水开发井网设计、压裂关键技术突破等方面进行系统研究，并组织召开缩短水平井建井周期技术讨论会、水平井实施效果专题分析等会议，加大水平井实施监控力度，持续提高水平井实施效果及建产速度，最终形成了以"储层精细描述技术、水平井导向技术、井网优化技术及分段多簇压裂技术"为主体的超低渗透—致密油藏水平井高效开发配套技术。2012 年底，华庆油田水平井单井产量提高到 8.7 吨 / 天，建成了 30 万吨的水平井开发示范区。通过全面推广水平井技术，油井单井日产油从 2 吨上升到 7~9 吨，促进了长庆油田原油产量快速增长，年产油达 2300 万吨，长庆油田从"多井低产"逐步向"少井高产"迈进。

作为一名开发技术专家，他领导的技术创新打开了油田上产的技术通道；而作为一名管理者，他牵头并实施的"勘探开发一体化"，则是长庆油田 5000 万吨当量快速实现的助推器。传统的"先探明、后评价、再开发"思路，无论从效率上还是效益上，都已不能满足产量高速增长的要求，通过实施"勘探开发一体化"，坚持勘探向后延伸，开发向前延伸，勘探、评价、开发同时部署和运行，大大减少了一个整装油气田探明的时间，也缩短了从勘探到开发的周期。过去勘探开发一个超低渗透—致密油田最少需要 5~8 年的时间，而在长庆油田今天，已缩短到只需用 2~3 年，就可以实现一个超低渗透—致密油田的规模化勘探开发，个别区块还实现了当年勘探、当年评价、当年开发、当年建产，极大地加快了产建速度。2013 年，长庆油田油气当量突破 5000 万吨，提前两年建成了"西部大庆"。2015 年"5000 万吨级特低渗透—致密油气田勘探开发与重大理论技术创新"获国家科学技术进步一等奖。

宝剑锋从磨砺出，梅花香自苦寒来。数十年来，李忠兴为长庆油田 5000 万吨当量上产殚精竭虑。长庆油田形成的特低渗透—致密油气勘探开发关键技术，开创了我国非常规油气田低成本开发之路，也为国内超过 200 亿吨特低渗透—致密油和 21 万亿立方米致密气资源的规模有效开发，提供了可借鉴的技术储备和低成本开发模式。

稳油控水的总设计师王志武

"大庆油田稳油控水系统工程"荣获 1996 年度国家科技进步特等奖，这既是对大庆油田注水开发技术进步的又一次肯定，也是向世界宣告我国自主开发多层非均质砂岩油田注水技术的进一步发展与成功。稳油控水是一个了不起的技术成果，是大庆人历经 20 余年的努力拼搏获得的收获。在国内石油界一谈到稳油控水，人们就会自然联想到大庆油田的王志武教授及其研究团队。

王志武

王志武，1954 年从西北大学地质系毕业时，正赶上西北石油管理局成立吐鲁番地质勘查大队，他参加了这个勘查大队，开始了一心向往的石油勘探生涯。吐鲁番，古称"火州之地"，可他一待就是五年。五年的艰苦岁月锻炼了他，他自信地说：有了这样的经历，以后的工作就再也没有什么苦的了。1960 年，刚刚结束莫斯科全苏石油勘探研究院的学习进修生活，他就参加了大庆油田会战。大庆油田自 1976 年年产原油 5000 万吨后，1985 年生产原油 5528 万吨，创造了历史的最高水平，实现了稳产 10 年的奋斗目标。大庆人感到自豪，王志武也非常高兴。1986 年，王志武被任命为大庆石油管理局局长，这一年他 53 岁。"未来的 10 年以至更远的时期大庆怎么办？还能继续高产稳产吗？"这是一个在他的脑海里已经缠绕了几年的、更为严峻的课题。

高产稳产是一个宏伟的目标，也是一个充满了诱惑和风险的目标。在他的组织下，通过 1986—1990 年科技发展规划研究，为第二个 10 年稳产作了可行性研究，并提出了可行性措施。大庆石油管理局提出了"解放思想，坚持改革，再找一个大庆油田，原油年产5000 万吨再 10 年，为石油工业作出新的贡献"的宏伟目标。这是一个比第一个稳产 10 年更为宏伟、更为艰巨的目标。对此有人质疑，认为"含水不断升高，可采储量已动用了一半以上，总产量要下来了，肯定是稳不住的"。作为局长的王志武感到压力很大，但基于十年稳产的摸索、实践和对油田认识的不断深化，他有他的看法，他坚信继续稳产是可能的。

作为专家出身的局长，多年的科研工作经验使他深知科技工作的重要性。因此他常说："大庆油田的开发过程就是对地下客观规律不断认识的过程。开发好油田，就需要科学地认识地下。"同时，他也非常重视科技发展规划的制定工作，努力提高科技发展的预见性和超前性。他亲自领导并编写了"七五"和"八五"科研规划。在工作中，他重视掌握第一手资料，更重视与生产实际相结合。

大庆油田"七五"期间年产量虽然达到了 5500 万吨以上，但并不预示稳产是一帆风顺的，到了 1990 年，油田开发已全面进入了高含水期，生产矛盾日益突出。全油田平均含水率已达到 78.96%，这种条件下要保持稳产，油井的产液量就将不断上升，结果是一部分油井中采出来的已不再是黑色的石油，而是呈淡黄色的水。特别是累计采出的原油已超出了可采储量的一半，增产效果变差，地下油水分布状况也变得更加复杂，剩余油已变得高度分散和难采。

难题再一次摆在了王志武局长的面前，稳产和含水的矛盾整日在他脑海里盘旋。按原来的规划，含水率达 80% 以后主要依靠提高产液量来保持稳产，要保持稳产，全油田产液量将以每年 10%~15% 的速度上涨。这样，将使油田人疲于奔命地进行大量的适应性地面工程改造和井下作业，大量的人力、物力、财力的投入，不用很久油田就会出现处处告急的局面。不用说资金紧张，就是有钱，如此大的工作量也是无法完成的。而且从长远考虑，即使能完成，一旦产液量达到顶峰后迅速回落，大量的地面工程将要"闲置"，造成巨大的浪费。当初"八五"规划编制时，按当时的工艺技术水平和井网等条件测算，原油产量到

1995 年将由 5500 万吨降至 5200 万吨。产量下降也是情有可原的，但快速发展的国民经济更需要能源的支撑，大庆作为石油工业的产能大户，如果产量降了，将直接影响到国民经济的发展。国家太需要石油了，稳产是我们大庆人的责任。但矛盾又是如此的尖锐，不提液，油就稳不住，而大幅度提液又是不可能的。那么，能不能找到一条既不大幅度提液，又能保持油田稳产的开发新路呢？

王志武调动全局广大科技人员对油田前期稳产的生产实践进行了认真总结，解剖分析了油田部分区块实现连续稳产的经验，总结了为保稳产而开展的 30 多个开发试验区的情况，并做了大量的专题研究工作，很快得出了结论：大庆油田作为一个大型的、多油层的注水开发砂岩油田，各类油层非均质性十分严重，油层发育情况又千变万化，这就决定了油田的不同区块、井网、井点的地下油层在注水开发过程中，始终存在着不均衡性。喇、萨、杏主力油层已全面开发，但还存在动用不好和未动用的油层；厚油层虽已全部进入高含水后期开采，但还存在高含油饱和度的部位；全油田综合含水虽已很高，但还存在相对含水较低的区块和部位。这些差异就是潜力，也说明调整降低含水量，并保持稳产是可行的。于是，在 1991 年的油田技术座谈会上，局长王志武动员广大科技人员反复讨论了油田开发面临的形势和对策，并逐渐把认识统一到了"稳油控水"这一重大课题上来。

王志武没有盲目地在油田立即大规模实施"稳油控水"工程，他知道"稳油控水"是一个前所未有的大工程，其面临的挑战也是前所未有的。这不仅仅是简单的纯技术问题，还需要动员组织方方面面的人员协同作战，组织大量的资金和物力进行有效的投入，所以更需要动员组织系统的科技攻关来完成。从 1991 年起，在大庆油田采油一厂至七厂选择了代表大庆油田不同开采阶段、开发难度最大的高含水区块，开辟了 9 个"稳油控水示范区"。示范区内科技人员对近 2000 口油井逐口逐层进行动静态分析，弄清了地下各层含水、采出和储量动用情况，绘制出各种油水层动态图，为"精雕细刻"这些油层实现稳油控水奠定了基础。一年试验下来，9 个示范区累计生产原油 671.8 万吨，比上年超产 17.47 万吨，综合含水率下降了 0.8 个百分点，结果令人欣喜。

在试验区取得成功的基础上，王志武这才信心十足地领导大庆油田大规模地开展了"稳油控水"系统工程。他提出、组织并参加的"大庆油田高含水后期油田开发先导性现场试验研究"，在细分沉积相、油藏数值模拟和室内研究的基础上，开展了 5 个方面、21 项现场先导性试验，取得了注采系统调整、二次井网加密、表外储层工艺开采、成片套管损坏区更新调整等技术成果，并在生产实际中推广。仅"八五"前两年就增加了可采储量 7644万吨，1993 年稳油控水成果被中国石油天然气总公司列为当年十大科技成果之首。

稳油控水的关键是"攻三难、过三关"，即薄层固井防窜封窜技术难关、水淹层测井解释技术难关和高含水机采井找水堵水技术难关。王志武统揽全局，组织攻关队，各副局长、总师出任各科技攻关队队长，集合油藏、采油、钻井、测井、地面工程等各专业人员，共开展了 1000 多项技术攻关，立足于大庆油田地质开发基本特点，在精细地质研究的基础上，综合油藏、地球物理测井、钻井、采油和地面集输等专业工程技术，形成了一套具有中国特色的高含水期"稳油控水""结构调整"技术。把油田开发作为一个系统工程，针对多油层的非均质性和注水开发过程的不均衡性，通过对油田注水、产液和储采结构进行有效调整，充分挖掘各类油层特别是低含水差油层的生产潜力，既要确保实现年产原油 5500 万吨继续稳产，又要有效控制油田总产水量和综合含水率的上升速度，从而改善高含水期油田开发总体经济效益。

高含水期"稳油控水""结构调整"技术为稳产再十年打下了坚实的基础，1990—1995年，原油产量没有下降，反而突破了 5600 万吨大关，地层压力逐年回升，综合含水率仅上升了不到 2 个百分点。与同期油田开发规划指标相比，五年累计多生产原油 610.86 万吨，多创产值 45.8 亿元，少产液 24794 万吨，少注水 8617 万立方米，少作业 15026 井次，少用电 15 亿千瓦·时，少建 33 座注水和污水处理站及 3280 千米管道和供电线路，节约资金 105.5 亿元，累计创经济效益 151.3 亿元，为"九五"大庆油田继续保持较高稳产水平赢得了主动，开创了高含水期提高油田开发总体经济效益的新路子。更重要的是，为中国石油工业实现"稳定东部，发展西部"的战略目标，支持我国国民经济持续、快速、健康发展，提供了重要的能源保证。

十年弹指一挥间，但十年来王志武为稳产可谓花尽了心血、操碎了心。十年里他的头发变得更加稀疏了，也斑白了许多，但稳产实现了，为国家作出了贡献。"大庆油田稳油控水系统工程"获得了国家科技进步特等奖，并被评为 1996 年度全国十大科技成就第一名。1996 年 11 月在北京人民大会堂召开的表彰大会上，王志武手捧着奖杯深情地说："自己感到很欣慰！"

风城浅层超稠油开发的创新之路

新疆油田自 2002 年原油产量上千万吨以来，已持续稳产 16 年。新疆油田原油产量千万吨持续稳产及"十三五"期间快速上产，伴随着勘探开发研究院钱根葆副院长和他的科研攻关团队的刻苦攻关和艰辛付出。

克拉玛依砾岩油开发形成系列技术，提高采收率

新疆克拉玛依砾岩油田是中华人民共和国成立后的第一个大油田，1955 年发现并开发，动用地质储量 7.8 亿吨。截至 2005 年二次开发前经过 50 多年的开发，存在采出程度高、含水高、剖面动用程度低、采油速度低、井况差、地面系统效率低等问题，急需二次开发调整。

时任勘探开发研究院副院长钱根葆，主持了新疆克拉玛依油田复杂冲积扇砾岩油藏二次开发工程重大项目，针对以上开发难题，创新形成了井震结合冲积扇内部岩石相预测技术、冲积扇砾岩储层内部构型识别技术、砾岩储层复模态孔隙结构定量描述方法、砾岩储层剩余油定量描述方法、井网重组开发模式、砾岩油藏高含水期水驱精细调整技术、砾岩油藏深部调驱技术，丰富和发展了陆相冲积扇砾岩沉积储层理论和开发技术体系，整体达到国际先进水平。这些技术的突破，有效地改善了油田开发效果，原油产量显著增加，采收率得到大幅度提高，推动了克拉玛依砾岩油藏的高效开发。累计建产能 232 万吨，连续 13 年年产量稳产定在 200 万吨以上，最终采收率将由 26.6% 提高到 34.6%，新增可采储量 2535 万吨，成为中国石油二次开发样板工程。

新疆油田经过六十多年的开发，中渗透油藏整体进入"双高"开发阶段；普通稠油和特稠油油藏蒸汽吞吐、蒸汽驱开发已经进入末期。在新区没有优质储量投入的情况下，钱根葆树立"提高老区采收率就是发现新储量"的思想，带领他的团队，通过加密调整充分挖掘老区潜力、转化开发方式进一步提高采收率，实现了老区产量硬稳定。

按照新疆油田公司开发规划，"十一五"以水驱整体调整为主，积极开展提高采收率室内研究和矿场试验，为水驱后大规模地推广提高采收率技术作储备。钱根葆副院长毅然将这项三次采油提高采收率技术攻关的重任扛到了肩上，主持开展了"克拉玛依油田七东1区克拉玛依组聚合物驱工业化试验"和"七中区克下组油藏复合驱工业化试验"两项三次采油重大开发试验攻关工作。经过近十年艰苦攻关，创新建立了砾岩油藏化学驱"分级动用"渗流理论和应用技术体系，实现了中国首个砾岩油藏聚合物驱和聚表二元驱技术突破，两项试验分别在2012年和2017年顺利通过中国石油天然气股份有限公司验收。其中，聚合物驱技术已规模应用至七东1区克下组，形成30万吨规模，预计提高采收率11.7个百分点，成为大庆之外第一个整装应用聚合物驱技术的油藏；聚表二元驱技术取得突破，提高采收率18.0%，已被定为新疆油田中高渗透油藏提高采收率主体技术，按照规划部署，将推广应用至17个油藏储量1.17亿吨；化学驱阶段提高采收率14.4%，新增可采储量1696万吨，预计高峰期产量达到85万吨以上。成为中国石油天然气集团公司规模最大的聚表二元驱生产基地，增加净效益上百亿元，为新疆油田稀油老区持续高效稳产奠定了基础。

钱根葆参与红浅1井区火驱先导试验并取得突破性进展。创建了稠油油藏注蒸汽开发后期直井火驱"填坑式"驱油模式，丰富了火驱驱油理论；发明了世界首套移动式可重复利用的点火装备，实现一次性点火成功率100%；集成创新注蒸汽后稠油油藏高温火驱配套技术，实现了注蒸汽开发尾矿的再开发，达到了采油速度2.9%、空气油比2336立方米/立方米、火烧区残余油饱和度3.7%、提高采收率36个百分点、吨油减少CO_2排放量390立方米的国际领先指标。

探索形成玛湖砾岩致密油、吉木萨尔致密油有效开发主体技术

玛湖凹陷斜坡区发育大型扇三角洲砾岩沉积体系，玛湖凹陷斜坡区勘探始于20世纪80年代，当时提出"跳出断裂带，走向斜坡区"的勘探思路，1994年，玛2井区百口泉组和乌尔禾组油藏探明，但由于其埋深大，物性差，一直没有得到有效开发，玛湖凹陷斜坡区砾岩油藏勘探开发陷入了停滞。

十几年的时间过去了，面对准噶尔盆地油气资源勘探开发程度的不断提升，整装高效油气田发现难度的加大，新疆油田公司决策层重新将油气勘探主攻方向由浅层高效转向了深层规模整装。2012年，玛湖凹陷斜坡区玛131井百口泉组获得工业油流，证实了斜坡区找油的方向是正确的，之后进一步开展工作发现了玛131、玛18、风南4等一系列整装规模砾岩油藏。但这些油藏与玛2井区一样埋深大、直井产量低，采用常规技术很难效益开发，不能有效建产，勘探工作很难进一步推进，钱根葆倍感压力。但他坚信玛湖凹陷斜坡区是新疆油田公司未来重要的增储上产接替领域。

2013 年，在钱根葆的主持下，新疆油田公司开展了吉木萨尔凹陷芦草沟组致密油"工厂化"开发先导试验，经过两年的技术攻关，新疆油田初步掌握了水平井分级压裂技术。2014 年，钱根葆提出：我们应该借鉴致密油的开发思路，水平井体积压裂技术能够实现致密油的有效开发，就一定能够在玛湖凹陷斜坡区砾岩油藏开发中发挥重要作用，需要加快开展玛湖斜坡区砾岩油藏水平井体积压裂开发试验。在他主导下，玛 131、玛 18、风南 4 等油藏的水平井体积压裂开发试验方案得以完成。他要求在实施过程中精确控制水平井轨迹，确保在优质油层内穿行，要做好水平段的评价，加强地质工程结合做好压裂设计。投产水平井取得了较好的生产效果，印证了他前面提出的观点，解决了玛湖凹陷斜坡区砾岩油藏有效开发技术难题，至 2017 年底已累计新建产能 137 万吨，完成了全生命周期开发规划方案。他始终强调创新性和精益求精做工作，他是玛湖凹陷斜坡区砾岩油藏有效开发关键技术的主要贡献者，也是玛湖凹陷斜坡区砾岩油藏规模增储、建产推动者。"十三五"后三年，玛湖地区计划新建产能 361 万吨，吉木萨尔致密油计划新建 76.59 万吨，为新疆油田"十三五"末原油产量达到 1300 万吨，确保中国石油原油产量稳产 1 亿吨提供重要保障。

主持风城浅层超稠油蒸汽辅助重力泄油整体开发

风城油田是国内最大的整装超稠油油田，发现于 20 世纪 50 年代，估算资源量约 6 亿吨，受当时认识水平和工艺条件的限制，一直未能开发动用。到了 21 世纪，随着开发技术的进步和国家对优质环烷基稠油需求的增长，风城油田这块沉寂了六十年的资源逐渐进入人们的视线。

机遇来自 2007 年初冬，时任新疆油田公司副总经理的杨学文，因担心 2008 年新疆油田公司的产能建设工作量不能完成，召集油田勘探开发研究院钱根葆副院长等人一同商讨。当问及是否还有接替区块时，钱根葆副院长坚定地说："风城油田应该作为下步的产能建设接替区，需要加快蒸汽辅助重力泄油先导试验，破解超稠油开发的技术瓶颈。"从那天起，钱根葆就和风城超稠油开发结下了不解之缘。

研究方案是一个油田开发的灵魂，如果没有可靠科学的方案研究，就没有油田成功的开发。风城超稠油的开发难度是世界性的，作为新疆油田产能建设方面地质研究的带头人，钱根葆主持了 2007 年风城油田总体开发设想、2008 年重 32 井和重 37 井区蒸汽辅助重力泄油先导试验区方案、2010 年风城全生命周期开发方案。他始终坚持创新驱动理念，是风城浅层超稠油高效开发关键技术的主要贡献者。在他的带领下，科研团队深化风城超稠油油藏地质认识，完善了基于隔夹层精细刻画的储层评价技术；通过先导试验，进一步探索明确了风城浅层超稠油蒸汽吞吐开发规律；形成了以数值模拟、试井理论分析、观察井监测、四维微地震监测相结合的"四位一体"蒸汽腔描述及热场均匀连通调控和汽腔均衡扩展调控技术；利用注氮气隔热提高蒸汽热效率，构建了蒸汽辅助重力泄油多介质增产技术；编制浅层超稠油生产调控操作流程和技术规范，实行精细生产管理，制定了各井组分类治理增效措施；引入驱泄复合理念，提出了四种蒸汽吞吐后期接替开采提高采收率方式。经过 5 年努力攻关，创新形成我国浅层超稠油双水平井蒸汽辅助重力泄油开发配套技术系列，填补了国内在浅层超稠油双水平井蒸汽辅助重力泄油开发的技术空白，助力风城油田年产量突破 200 万吨，同时也为新疆油田公司稠油 400 万吨以上并持续稳产 10 年提供了有力的技术支撑。

三十年弹指一挥间，从青丝到华发，钱根葆为新疆油田稳产上产贡献了自己的青春。一份付出一份收获，历经三十年来科研攻关，生产实践，他也成长为新疆油田分公司副总地质师和首席油气开发技术专家、中国石油天然气集团公司高级技术专家。2013 年 "风城浅层超稠油开发关键技术研究与应用" 荣获中国石油天然气集团公司科技进步一等奖。回顾起艰辛科研攻关历程，他却说："最高兴的还是看到油田开发水平持续提升、油气产量箭头持续向上。"

高含水后期剩余油描述技术谱新篇

"大庆油田高含水后期水驱挖潜技术研究"的核心是攻克了剩余油描述的难关，为油田三次加密调整奠定了坚实的基础，并在油田稳产中发挥了巨大的作用。在该项研究中，杜庆龙和他的团队出色地完成了"宏观剩余油成因类型及三维定量描述研究"专题，为"大庆油田高含水后期水驱挖潜技术研究"的顺利完成迈出了关键的一步。特别是杜庆龙对"大庆油田高含水后期水驱挖潜技术研究"的重大贡献不但值得肯定，而且需要浓墨重彩地写上一笔。

1993 年，杜庆龙获得了中国石油大学石油地质专业的硕士学位，在他 29 岁的时候，走进了能够实现他追寻理想的地方——大庆油田勘探开发研究院，从此他的人生就与油田勘探开发的科技事业结下了密不可分的缘分。

大庆油田经过四十多年的注水开发，进入了高含水后期开发阶段，油田开发的难点之一是地下剩余油分布复杂零散，层层见水、井井高含水，调整挖潜难度越来越大；开发的难点之二是薄差油层厚度薄，岩性物性差，监测资料少，常规方法识别剩余油难度大，国内外也正在开展有关这方面的攻关研究，但薄差油层剩余油预测精度都比较低，不到 60%，而且以定性分析为主，远远不能满足生产需要；难点之三由于形成剩余油的因素极其复杂，而复杂性有时则意味着不可能性，因此，薄差油层剩余油研究被认为是一项世界级的难题，也就是说该问题研究存在着极大的不确定性和风险性。

世界百余年的油田开发实践反复提醒人们，高含水期油田开发的主要任务就是"认识剩余油，开采剩余油"。为了提高油田采收率，最大限度地挖掘地下剩余油潜力，保持油田可持续发展，首先必须要搞清地下剩余油的空间分布。因此，剩余油分布研究自然成为高含水后期油田开发的重要研究课题，此类课题也一直没有间断过。为了解决薄差油层剩余油识别的问题，大庆油田曾与国内多家石油科研院校合作开展过这方面的研究工作，但最终都没有形成一种有效、实用的剩余油描述方法。

"九五"期间，国家计委为了大庆油田继续稳产，投资设立了"大庆油田 5300 万吨稳产到 2000 年"攻关项目，希望大庆油田能继续为国家多作贡献。时势造英雄，该课题的设立为剩余油研究人员带来了极好的展现聪明才智的机遇。

1996 年，大庆油田勘探开发研究院的杜庆龙和他的研究团队承担了国家计委"九五"攻关项目"大庆油田 5300 万吨稳产到 2000 年"中的三级课题"宏观剩余油成因类型及三维定量描述研究"，该课题是"九五"攻关项目的基础研究，也是获奖项目"大庆油田高含水后期水驱挖潜技术研究"的核心。作为课题研究组组长的杜庆龙，他深知这是关系到大庆油田三次加密调整成功与否的重要课题。在深感荣幸的同时，也深感自己肩上担子的重大。在重担面前他毫无退却之念，而是有决心和信心带领专题组成员在剩余油研究领域开创一个新局面，力争在短时间内研制出一套操作性强、精度高、适用性广的剩余油综合描述技术，为油田高含水后期剩余油挖潜提供可靠的技术保证。

面对高含水后期剩余油描述难题，他和课题组的成员深入现场，对已投产三次加密试验区的效果进行跟踪调查，通过油田多个三次加密试验区及近年检查井逐井逐层剩余油的分析解剖，总结出影响剩余油分布的主要因素，这是解决问题的关键一步。在此基础上，他利用模糊综合评判方法确定小层剩余油分布，建立起模糊综合评判识别剩余油的隶属度图版，并成功地应用在喇嘛甸油田北北块三次加密试验区剩余油分析中，完成了剩余油描述的第二大步。

技术创新是科研人员永无止境的追求。为了进一步探索精度更高、适应性更强的剩余油研究方法，在应用过程中，通过分析与解剖，他发现已有的方法中剩余油解释图版需要很多的检查井资料才能建立起来，但实际中并不是所有的研究区块都具有丰富的检查井资料。通过文献资料调研与学习，他认识到神经网络模式识别技术是通过对已知样品反复学习训练而具有模仿人脑记忆功能的一种数学工具。如果应用神经网络模式识别技术，就不再需要建立剩余油解释图版，而且将是一种适合于已知样品少情况下的最佳剩余油描述方法，具有很强的适应性。于是，他把神经网络技术首次引入剩余油研究中，通过对油田有限的取心井资料的识别训练，实现了剩余油分布的有效预测。这一方法克服了以往凭经验判别剩余油的缺陷，使剩余油研究由过去人工定性判别进入计算机自动识别的新阶段，同时大幅度提高了剩余油预测精度，满足了油田开发的需要。这是剩余油描述方法成功的关键一步。

为了使科研成果尽快转化为生产力，1999 年大庆油田将"剩余油描述技术"列为局重点推广项目。在推广应用过程中，杜庆龙和他的专题组与调整方案研究组的同志紧密配合，经常一起深入采油厂及时了解掌握现场剩余油描述的第一手资料，并和采油厂的同志一起研究讨论解决剩余油描述方法在具体应用过程中遇到的一些问题。

1999 年初，"剩余油描述技术"首次应用在采油四厂杏 1-3 区三次加密试验区，依据剩余油研究成果，顺利完成了三次加密布井方案的编制工作。为了验证剩余油描述的精度，在试验区内新钻了一口检查井，通过岩心分析资料对比表明，杜庆龙和他的专题组提出的"剩余油描述方法"的精度高于其他方法，符合率已经达到 80% 以上，"剩余油描述方法"在实践中进一步得到了检验，同时也使"剩余油描述方法"不断得到完善。2000 年是该项成果验收的最后期限，为了更能体现成果的权威性，在大庆油田成果鉴定前，大庆油田勘探开发研究院请求中国石油科技评估中心专家对该课题研究成果给予评估鉴定。通过中国石油天然气总公司专家组的评估鉴定，项目成果得到了专家的高度评价，认为该项技术已达到国内领先水平，部分成果达到世界先进水平。2000 年，该成果获大庆油田科技进步一等奖，并在国际石油权威学会 SPE 上发表剩余油技术相关论文 2 篇，表明剩余油描述技术已走上世界舞台。

几年来，专题组组长杜庆龙为了攻克剩余油难题，几乎没有休息过一个完整的节假日。看上去杜庆龙瘦弱单薄，一副高度近视眼镜，一个文弱书生的样子。但为技术攻关忘我工作，不惜身体，透支生命，几乎是杜庆龙摆脱不了的一种工作状态。在长期超负荷的劳累下，他的健康受到了较大影响，有一个时期他患上了肺结核，医生告诫他不能再这样劳累下去，最好休息一段时间，不然后果是很危险的。当时，他也为医生的话感到一阵忧虑，想到是应该注意一下身体了，但离开医生后他又如同着了魔法，不顾一切地扑向他的技术攻关上。妻子知道他的病情后，为丈夫的身体担惊受怕，流着眼泪和他说："庆龙啊，为了孩子和这个家，你也得保重身体呀，要知道，你不是在为你一个人活着。难道你忘了你父亲的过早离去，给你妈妈带来的苦难吗？"面对这种"前车之鉴"的提醒，杜庆龙一时答应妻子，但很快又会忘掉，痴心不忘的仍然是他的技术攻关。绝不离开为之奋斗的科研事业，因为这是他的人生理想和追求。

通过几年刻苦攻关，杜庆龙和他的专题组首次提出利用神经网络和模糊综合评判预测剩余油的新方法，形成一套较完整的适应于多油层砂岩油田高含水后期的剩余油描述技术；自主研制开发出多功能的剩余油综合描述软件和单砂体注采关系评价系统两套软件，填补了国内空白。这两项重大成果在大庆油田采油一厂至六厂推广应用后，对油田高含水后期井网加密调整规划部署及水驱精细挖潜措施的制定都发挥了重要作用，为大庆油田三次加密井位规划部署奠定了坚实的基础，为油田高含水后期寻找剩余油分布及确定剩余油潜力提供了可靠的技术保证，对油田今后加密调整井的部署以及射孔方案的编制具有重要的作用，创造经济效益上亿元。

一分耕耘一分收获。2001 年该成果被中国石油天然气股份有限公司评为油气藏先进技术，同时以该成果为主要内容的"大庆油田高含水后期水驱挖潜技术"获 2001 年中国石油天然气集团公司技术创新特等奖。

中国石油重大科技成果中的

*创新*故事 >>>

油气开采 >>>

打破国外公司垄断的转向酸发明人周福建

自 20 世纪 80 年代，国内碳酸盐岩油气藏开采初具规模。而从全球范围来看，碳酸盐岩所储存的油气资源约占全球总量的 60% 以上。随着我国普光、塔中等大油气田的发现，碳酸盐岩已经成为油气增储上产的重要领域。由于碳酸盐岩的地质特征，80% 以上的开发井需要酸化酸压才能规模建产。酸化酸压是碳酸盐岩勘探开发不可或缺的主要手段之一。我国地质情况多样，碳酸盐岩油气藏储集空间复杂，非均质性强，埋藏深，温度高，开采难度极大。由于常规酸化酸压技术具有许多弊端，如造缝单一、酸岩反应快、酸蚀距离短、布酸不均等，不能满足当时中国的油气开采技术需求。

塔里木盆地是我国油气资源最为富集的大型盆地之一，油气资源达到 170 亿吨，但是受当时装备和技术水平的制约，油气资源开采困难，几代石油人经历了"五上五下"的艰苦征程。20 世纪 80 年代中期，石油工业部、地质矿产部组织力量"六上"塔里木，1989 年 4 月，塔里木石油勘探开发指挥部成立，正式打响了石油大会战。会战中，鉴于地面环境恶劣，地下条件复杂，工程技术发展以中深层为主，规模应用丛式井、双台阶水平井技术，支撑了中深层碎屑岩油藏的勘探开发。但是开采至深层则遇技术瓶颈。当时国外新型酸化酸压技术已取得一定进展，但却对中国进行了技术封锁。此时，国内迫切需要新的碳酸盐岩油气藏增产技术，以实现我国碳酸盐岩有效开发增产。

当时还是中国石油勘探院一名工程师的周福建凭借着积累的现场经验和一股子年轻人不怕输的韧劲，一股脑扎进了新型酸化酸压的转向酸这一难题中。他首先总结了国内碳酸盐岩酸压开发的关键点：一是要形成高导流能力的长裂缝；二是深井长井段实现布酸均匀；三是通过压裂改造沟通多级裂缝；四是纵向上突破（实现）定向改造；五是提高二三类储层改造效果。要想提高酸化酸压效果，这几个问题非解决不可。可是这些问题要怎么个解决法？若真是一年两年能解决，国内生产井改造怎么会请那么多国外专家？年轻的周福建并没有被困难吓倒，而是迎难而上，开始在繁忙工作之余查阅书籍，遍览文献，并积极向同行请教。一有空就一头扎进实验室，独自一人将学来的、听到的在实验室一遍遍地验证。

周福建深知，要想解决这个难题，就得抓住它的"关键"——新型酸液体系的研发。碳酸盐岩具有极强的非均质性，当酸液进入地层，高渗透层段获得的酸液量多，低渗透层段获得的酸液少，如此一来就会造成高渗透层酸液浪费，低渗透层酸液不足，难以实现均匀高效改造。周福建不禁想，"怎么能让酸液听话呢？要是它自己知道拐弯就好了"。基于这个想法，周福建提出一种思路：如果通过技术手段暂时堵上一些通道，改变注酸流动剖面，迫使酸液进入相对低渗透区域，就可以达到对储层高渗透带和低渗透带的同时改造。周福建为之命名为"转向酸化技术"。

有了这个指导思路，周福建更不愿意离开实验室了，来到中国石油勘探院的几年里，所有的公休日他都埋在实验室，全力研究这种能"听话"的酸液体系。当时的现场为了实现布酸均匀，一股脑儿都用高黏度酸。高黏度酸虽然比常规酸酸化效果好，但是要在地上连续搅拌一个多小时，稍有偏差就不能用，费时费力又费心。不仅配液困难，泵注耗能还大。周福建率先在实验室合成一种温控变黏酸（TCA）。这种酸液能听温度的话，地上温度低，TCA 黏度低，泵注能量低。而入井后酸液吸收地层热能，温度升高，黏度也急剧增大，不仅可以缓速降滤，还可以阻止酸蚀蚓孔的过度发育，迫使更多活性酸转向低渗透区域。而在高温下残酸还能降解，减少堵塞和对地层伤害，增加酸蚀裂缝的导流能力。这种神奇的酸是一种带有支链的线性聚合物，在储层中可以吸收热能，产生链增长、链连接，从而增大黏度，在 1 小时后，分子又自动断链，从而破胶。

2005 年 5 月，TCA 技术首次在西平区块进行试用，但当时研究 TCA 并没有项目支持，在与塔里木油田商议之后，决定将 TCA 先用在一口小产量井上，但没想到，他和另外一个研究人员将 TCA 运到井上，打开罐子一看，TCA 还没下井就已经变稠了。周福建抬头看看塔里木晚上 10 点多还没黑的天空，心里了然，塔里木当地的气候条件与实验室的温度相差甚远，TCA 水土不服。第一次试验虽然小有波折，但是丝毫不影响周福建对 TCA 技术的信心。同年 7 月，周福建又将改进后的 TCA 产品用于塔里木盆地塔中一号坡折带塔中 24 号至塔中 26 号岩性圈闭中的塔中 261 井上，该井原日产油 1.86 立方米，日产水 1.15 立方米，日产气 11072 立方米，测井资料显示，改造层段跨度大，非均质性强，改造难度极高。本来改造希望不大，但是 TCA 下去没一会儿，压力曲线就产生了巨大的波动，压力便迅速下降，最终达到日产油 485 立方米，日产气 72.7 万立方米，增产效果显著。塔里木油田现场人员望着压力曲线激动不已，本来以为这口井要废了，没想到还能起死回生！接着连夜发了好几份喜报，通知远在北京的中国石油勘探院刘玉章副院长，刘玉章十分高兴，连声夸周福建好样的。熊春明副总工程师听闻消息之后，当即下指示，大力推进转向酸化技术研发工作。温控变黏酸化（TCA）技术因应用效果显著而被评为 2005 年中国石油十大科研成果之一。

作为一个热爱石油科研的狂人，周福建并没有因为 TCA 的成功而止步，而是一鼓作气，基于温控变黏酸的研究思路，带领团队又研发了 DCA 清洁自转向酸。这种转向酸不仅具备自转向性能，还能不留残渣，降低对储层伤害。酸液注入地层反应后，产生棒状胶束，残酸自动变黏，从而阻止酸液继续进入，迫使后续鲜酸转向低渗透层或高损害区域酸化，此过程交替进行，即可实现对非均质储层的均匀全面深度改造，而施工结束后，随着油气水产出残酸自动破胶。黏弹性表面活性剂就地自转向酸化技术可以较好地满足全面、均匀、深度、清洁的高效酸化要求，打破了国外清洁就地自转酸技术对我国的技术封锁，消除了对国外 1500 美元 / 立方米的酸液依赖，使我国碳酸盐岩酸压增产技术取得了长足进步。

转向酸液体系应用现场不久，又出现了新的问题、在施工过程中：旧裂缝出现堵塞而导致进入阻力增大后，更容易诱导裂缝发生转向。因此，为了实现酸化酸压转向压裂，必须研究具有一定强度且施工后能自行降解的裂缝强制转向剂。当时的暂堵剂该堵时堵不住，不该堵时又堵得实，不太 "听话"。为了解决这一难题，周福建又一头扎进实验室，又是几个月的废寝忘食，殚精竭虑。"一定要找到那种容易封堵，易于加入，该降解时能自行降解的暂堵转向材料。"当新型的纤维型暂堵剂研发出来后，周福建出了实验室大门，而是直接带着刚研制出的暂堵转向材料去找厂商（家）准备试验。

周福建一人开着车，车上装着一箱子暂堵纤维，先去了青岛，在青岛找了一个小厂子测试这个东西到底能不能堵，堵住了到底实不实，用完了到底能不能降解，在青岛失败了，就换别的地方。由于新型暂堵材料没有项目支持，周福建自掏腰包，一路南下，先后经过了山东、河南、江苏。一路上饿了就吃饼干充饥，累了就在服务区休息。皇天不负有心人，最终找到了福建一家工厂，试验取得了成功。这种暂堵转向材料密度接近工作液，易于混合，降解后能与工作液配伍，解堵后不影响生产，且成本低。在不同井深、井温和施工条件下，转向液体到达井底时温度不同。周福建带领团队实现了材料的系列化，使之满足不同条件下都能尽快降解。新型暂堵材料取得了巨大成功，至此 TCA 温控转向酸、DCA 清洁自转向酸和新型暂堵转向材料共同构成了分流转向酸液体系。周福建团队又在 DCA 清洁自转向酸基础上研发完善就地自转向酸理论，在研究新型暂堵材料的思路上，推进完善了裂缝转向机理，最终实现了年轻时候的抱负，成了国内转向酸体系第一人。当初看来不可能的难题，正是因为周福建等人执着、勇敢、刻苦的石油精神，在日积月累的科研中最终找到了答案。在周福建的身上，除了刻苦执着，更需要新生代石油人学习的是他 "拿工作当生活" 的工作态度。

周福建科技著作封面

　　历经了 15 年产、学、研联合持续攻关，周福建与团队其他成员秉承"艰苦奋斗、无私奉献、拼搏进取、勇于创新"的精神潜心钻研，积极实践，实现了当初的理想，形成了具有自主知识产权、可整体替代常规技术、集裂缝转向和酸液转向于一体的转向压裂技术，极大地促进了我国该领域的技术进步。以促进国家能源发展为己任，以引领中国石油科技发展为追求，激励一代代石油人奋发图强、勇往直前，使得"爱国、创业、求实、奉献"的优良传统在一代代人手中传承不息。

　　"碳酸盐岩油气藏转向酸化酸压技术"于 2013 年获国家技术发明二等奖。

"糖葫芦"封隔器的发明人刘文章

刘文章（1930—2023），中国共产党党员，著名石油工程专家，教授级高级工程师。1930 年 2 月出生于甘肃酒泉，1953 年 8 月毕业于西北工学院（现西北工业大学）石油钻井采油工程专业。毕业后分配在我国最早的石油基地—玉门油田从事石油开采工程技术研究工作。1955 年到 1957 年国家选派到苏联石油工业部门学习苏联先进的石油开采技术，回国后在玉门油田任采油工程师，副总工程师。1960 年 6 月参加大庆石油会战，先后担任大庆油田会战指挥部工程技术室主任，采油工艺研究所前任所长，采油总工程师等职，主持成功研制了水力压差式封隔器（谷称"糖葫芦"封隔器）在大庆油田早期深层注水，分层采油开发中发挥了重要作用，为大庆油田早期快速生产和创造油田开发达到世界先进水平作出了突出贡献。1975 年调入石油化学工业部勘探开发规划研究院（现为中国石油勘探开发研究院），创建了国内稠油热采学科和实验室。主持了多项国家级稠油热采攻关项目和技术转化应用，为我国稠油开采技术发展和规模产量增长做出了重大贡献。

1962 年，大庆油田历经 3 年艰苦会战，基本探明地下储量并投入试验开发。会战领导小组针对油田地质特点，经过反复论证，决定采用早期内部横切割注水、保持压力采油的方式开发大庆油田。为了适应油田注水开发需要，大庆油田投入早期注水开发后，虽然见到了很明显的效果，但也出现了新的问题。最早注水的萨中油田中区，不到 3 年时间，见水井数已占第一排油井的 42%，全区含水率达 7.2%，仅采出全区地质储量的 4.18％。这就是当年康世恩副部长所说的"注水三年，水淹一半，采收率不到 5%"。会战领导小组对此高度重视，康世恩直接组织科技人员进行调查研究，分析出现这一问题的原因，最后认为是对层间非均质性很严重的油层进行笼统注水而引起的注入水单层突进，这不仅会导致油井见水快、含水率上升快和产量下降快，而且会直接影响被干扰油层的储量动用程度，最终将影响水驱采收率的提高。为此，必须尽快研究出一种能对不同性质油层进行控制注水的同井分层注水技术。康世恩把这一重任交给了采油研究所所长、青年采油工程师刘文章，并向他提出了自己的构想方案，要求采研所用最快的速度解决这一技术难题。

康世恩多次组织技术座谈会，指出"注水半年，出现水淹，必须既注水又治水，不能又想水，又怕水""不能学叶公好龙的故事，画龙点睛被龙吓死"；要求采油工程技术人员提出既注水又治水的技术方案，点名叫刘文章当地下交通警察，指挥地下注入水，学习大禹治水，兴水利避水害。

1962年2月，焦力人局长带领刘文章到北京参加会议。到北京当天晚上，刘文章接到通知去康世恩副部长办公室作汇报。康副部长详细听取了汇报，询问为什么失败。刘文章讲了下述三点："三选"试验项目太多，贪多求快，没有重点，应该以注水井分层注水技术为主攻方向，其他暂停不要再搞了；现有卡瓦式封隔器结构不适应井筒套管结构，封隔器直径大了下不去，小了在井下胀不大，封不住，而且不能下入多级，和支柱式封隔器配合，最多能下入两个，分两个层段注水，达不到多层分注要求，需要重新设计；现在没有采油工程技术实验室进行实验研究，直接下井试验，施工作业费时费力，又取不全资料，摸不清规律。

康副部长听了后说，试验失败了，但取得这些认识也是成绩，正所谓失败是成功之母。经过半年的工作，油田开发的关键在注水，必须以注水井分层注水为主，主要问题是没有一套得心应手的封隔工具，要进行技术攻关，但究竟用什么样的封隔器是关键问题。

康副部长要求刘文章多想想，需要设计出什么样的封隔器才能实现同一口井分多个层段注水。他说，你刘文章要当好地下交通警察，进水多的要限制进水量，进水少的要多注水，不进水的要想办法进水，这个要求一定要实现。在开会期间，要想出答案。

会议期间，康副部长抽会议间歇时间找刘文章，他问刘文章对新封隔器方案想好了没有，刘文章如实回答，还没有想出来。康副部长随即在纸上画了示意草图。他说：你看见过大街上卖的"糖葫芦"吗？在油管上装上几个橡胶做的皮球，注水加压胀大，形状像一串糖葫芦，将油层分成几个层段注水；下井或起出时，收缩不胀大，不就顺利起下？刘文章听了后，很受启发，认为这个思路对头，正好解决套管内径上小下大及多级的难题。刘文章坦率地说，这个思路好，但要做到高压下注水，皮球耐不了高压。康副部长说，这就要想办法去解决，开展试验，许多重大技术发明都是经过无数次失败才成功的，允许你成百上千次去试验。

第二天，康副部长又找刘文章去一个小会议室，余秋里、焦力人也在场。康副部长问刘文章，对"糖葫芦"封隔器想好了没有？刘文章回答："就按你提的方案试验，像大卡车轮胎也只耐十几个大气压，要做到上百个大气压，不容易，需要创造试验条件和足够的时间。"他问刘文章要什么条件，刘文章提出，要成立专门的科研队伍，建立实验室。我本人不再在二号院工程技术室工作，直接去抓试验。焦力人局长说，要成立个采油工艺研究所，就让刘文章去负责。余秋里部长插话："就叫采油工艺研究局，突出在油田开发上的战略作用。"又说"只要你刘文章把'糖葫芦',封隔器攻下来,需要天上的月亮,我也给你摘"。

很快,部领导的重大决策传至大庆,采油工艺研究所的前身——采油指挥部井下作业处采油技术攻关大队成立。抽调一批技术人员,约六十多人在西三排井下作业处登峰村(焦力人局长起的名,攀登科学技术高峰之意)搭起木板房,开展了"糖葫芦"式封隔器的攻关试验。刘文章带人将注水泥用胶管固定在油管上,装入套管,用手压泵加压进行扩张、耐压、弹性及密封性等性能试验。参加总体设计及胶筒试验的有万仁溥、赵元刚、于大运、游亨怀、赵长发等10多人。不出所料,主要问题是橡胶筒不耐高压,几个大气压就胀大,再增压就会破裂。与油管连接也是难题,不断改进,都失败了。此时,另有几位机械专业的人员对卡瓦式封隔器失败还不甘心,坚持要继续搞下去。有人提出搞两个靠油管柱加压扩张的支柱式封隔器,分两层注水,不追求多级。对此反复思考后,刘文章认为"糖葫芦"封隔器利用水力扩张的多级封隔器有根本性优越性,能适应套管结构,能多级串联,有可能分成八层、十层注水,没有钢卡瓦硬件卡死拔不出的危险,主要矛盾是如何解决胶筒耐高压问题。科学试验要抓主要矛盾,看准主攻方向,狠抓"糖葫芦"式封隔器决不动摇。

1962年5月初的一天,研究人员正在做试验,见到康副部长在萨尔图车站下车后沿铁路向西走来,原来他正在查看开荒种地刚出苗的农田。刘文章见到他,康副部长问封隔器试验怎么样,要看看试验过程。刘文章向他汇报胶筒是关键,还达不到要求。康副部长指出,要下定决心攻下这一关,并提出去找唐克司长想办法。临走时,又叮嘱道,有什么解决不了的难题,要及时直接向他汇报,不要怕他忙,要随时找他,不要耽误。

第二天,刘文章去二号院找唐克司长,原来康副部长已给他交代了,他立即交给刘文章一封写给哈尔滨吕其恩市长的亲笔信——他们是抗日战争时期太行山打游击的老战友,请他在哈市橡胶厂协助研制胶筒。那天中午到哈尔滨后,刘文章立即给吕市长通了电话,吕市长约定他当天下午两点钟到北方橡胶厂开会。当时,为研制胶皮筒,曾找过哈尔滨几个大橡胶厂,都不愿接受,唯有北方橡胶厂这个制作橡胶鞋底的小工厂愿意合作。北方橡胶厂,他见到吕市长和市化工局几位领导,他们都十分热情,吕市长说:"大庆油田石油大会战是全国的大事,哈尔滨要全力支援,确保胶筒。"由刘文章讲了胶筒研制的具体要求后,会上研究了技术攻关事项,北方橡胶厂党委王书记表态,虽然他们厂小、技术力量少,但已有了一些经验,决定抽调人员组成专门车间进行胶筒研制。市化工局全力支持原材料供应,刘文章也派人常驻北方橡胶厂共同操作研究。从橡胶配方、原材料质量、胶筒帘线结构、炼胶、压胶、模压成型等各个环节入手,全面提高胶筒的扩张弹性、耐压强度、疲劳抗油性等,设计注水井口压力达到15~20MPa,使用寿命2年以上。

本次会后,青年技术员陈历华、张国杰等吃住在北方橡胶厂和车间人员共同操作、研制，工程师于大运也常去指导。每做出一批试验品，立即上火车运回实验室进行模拟试验，分析研究后，即刻反馈修改意见给北方厂，再压制新产品。就这样，在试验中改进，一步步提高了胶筒的技术性能。这期间涌现出了许多动人的故事：钟明友下雨时在砖头上刻字记下数据，火车上列车员主动帮忙扛装胶筒的麻袋挤上快关闭的车门……

与此同时，封隔器的总体管柱设计及分层配水器的研制也在加紧进行。

为了模拟真实注水条件下，获取多级封隔器下井、扩张、密封、解封、分层控制水量等数据，在研究所的试验场地，用人工推磨方式钻成了深度不同的七口全尺寸模拟试验井。一口井深 100 多米，套管中可下入 8 个封隔器分 7 个油层段安装出水管及水表，也即下入一串"糖葫芦"封隔器，分成 7 个层注水，用配水器能控制每个层的注水量。为钻这些试验井，万仁溥、王启宏等都付出了辛苦劳动。这套模拟试验井平台的设计及建造，创造了多级封隔器及配水器分层调控、分层注水的最真实可靠的科学实验平台，为后来的分层测试、分层采油、投捞式配水器、偏心配水器等技术研究创造了模拟试验条件。

更为重要的是，在"糖葫芦"封隔器分层注水技术攻关的关键时期，各级领导为抢时间、高速度、高水平开发大庆油田，研发出早期分层注水新技术，给"糖葫芦"封隔器研制的科研人员最大支持。

刘文章在研制封隔器

余秋里部长不止一次说，只要攻下封隔器，需要天上的月亮也要摘。康副部长对研究人员说："要一心一意搞试验，其它的事情你们都不要操心。"当时会战职工及家属齐聚大草原会战，粮菜不够吃，自力更生开荒种地。刘文章这支队伍也不例外，要每人业余种地一亩。焦力人知道后，要井下作业处张会智处长保证研究人员的粮菜供应，种地减半。宋振明副指挥在二号院生产会议上讲，要为封隔器试验研究工作"开红票，放绿灯"。财务处长崔月娥对刘文章讲："别人要花钱，一个铜板分成两半给，你的队伍要花钱我们要全力保证资金到位。"物资供应处处长张振海讲："你们需要什么提出来，让各地的采购员为你们找。"

在试验分层配水器中，高强度弹簧不过关。闻讯后，采购员找到哈尔滨车辆厂，采用火车车轮弹簧材质制品解决了难题。

"糖葫芦"封隔器、分层配水器等技术的研发中，大家都来"抬轿子""铺桥，修路"，为科学试验创造条件。刘文章说：坐轿子的科研人员，感到千斤重担压在肩，只能千方百计，不能眨眼打盹，不能有丝毫松懈。他让大家将一次次试验损坏的胶筒悬挂在实验室房梁上"卧薪尝胆"，激励大家不要因为试验失败而泄气。那时，一百多人的科研人员都很年轻，平均年龄25岁左右，刘文章32岁。大家说大庆会战正是献身国家建设的好机会，多吃点苦、掉几斤肉算不了什么。涌现出了许多可歌可泣的故事。每晚十点，试验现场灯光闪耀，刘文章去查看，动员大家停工睡觉，以保证睡够八小时，不然体力消耗大，粮食定量不足，影响身体健康。但刘文章走后，灯光又亮了。

到1962年10月，多级封隔器及配水器经过1018次地面及试验井模拟试验，终于获得成功。封隔器能在注水压差15~20MPa下胶筒能够耐压不破裂，封得住，不变形，起得出；最多可下入8级分成7个层段，固定式配水器可调控7个层注水量，能满足开发方案要求；起下作业安全可靠，在套管内径不一致条件下，下入井中能密封、解封、不卡，起得出，旦耐久。

试验成功的喜讯向二号院领导报告后，康副部长等人非常高兴。宋振明副指挥派人敲锣打鼓送来了一头200多斤的大肥猪和两大桶豆油，叫作"高脑油"(意指给科研人员补脑)，全体职工欢欣鼓舞。

"糖葫芦"封隔器和分层配水器等工艺技术研制成功以后，第一时间在大庆油田现场全面展开推广应用，彻底解决了大庆油田水潜能，水驱采收率低的问题，为大庆油田后来水稳产20余年奠定了基础。

1963年，采油工艺研究所科研队伍不断扩大，成立了四个研究室(封隔器、堵水、机采、测试)，科研人员增至200多人，还有一个专门担负现场施工作业的试验队。刘文章任所长兼党总支书记，所领导还有万仁溥、孙希敬、刘兴俭、马兴武等。

"糖葫芦"封隔器是我国自己的创造。按科学机理正式命名为"水力压差式封隔器"，编号475-8，该成果获1965年度国家技术发明奖。

攻克蒸汽吞吐技术的主要贡献者谢宏

谢宏（1935—2015），中国共产党党员，中国石油天然气总公司咨询中心原副主任。1935 年 3 月出生于河南省开封市，1950 年在河南省开封纺织工业学校学习，1953 年进入西北大学地质系石油地质专业学习。1955 年 5 月起一直在新疆石油管理局工作。先后任独山子矿务局地质科地质师、新疆石油管理局总地质师、新疆石油管理局局长、克拉玛依市市长、新疆石油学院院长等职，曾主持开展东疆油田会战，准噶尔盆地和彩南油田的开发建设工作，一生投身新疆石油勘探开发事业，为推动新疆石油工业的加快发展作出了重大贡献。

20 世纪 50 年代，中苏石油股份公司和新疆石油管理局在准噶尔盆地西北缘的地面地质调查和构造浅井的钻探中，证实了克拉玛依—乌尔禾的浅层稠油带的存在。西北缘稠油属于环烷基、低凝固点的特殊油品，是国家经济建设、国防和航空、航天建设中的重要原料。由于当时的开采工艺和提炼加工水平，限制了人们对稠油资源的工业开发和利用，稠油开采的技术难题也一直困扰着石油工作者。

1953 年正是新疆油田建设急缺人才和需要人才的时候，谢宏响应党青年到祖国边疆去参加建设的号召，当年 10 月从西北大学地质系石油地质专业毕业来到了边陲新疆油田，投身到新疆石油勘探开发事业中。

他具有敢为天下先的创新精神，一直在工作上精益求精，1955 年 5 月—1960 年他先后担任新疆石油管理局地质调查处地质队长、新疆油田研究所所长等职，长期从事技术和科研工作，在 20 世纪 60 年代克拉玛依油田全面调整中，根据新疆油田的油藏特点提出了平衡注水、有效注水、注采层位一致的调整方案，组织实施以后，减缓了油田递减，提高了油田的油藏管理水平。但他心里还一直牵挂着一件大事，那就是新疆稠油开发的问题，这个问题从他进入油田的那一天起一直都在他的脑海里萦绕。他没有忘记，在 20 世纪 60 年代中期，进行了几口油井蒸汽吞吐开采试验，可以把原油黏度从上千毫帕·秒降低到几个毫帕·秒，然后就可以开采，但受到当时设备能力和科技水平的限制，注蒸汽设备为排量

3 吨 / 小时的小型直流式锅炉，不能正常连续注汽，迫使注汽吞吐的试验停止。时间一晃就进入了 20 世纪 80 年代，谢宏这个时候已经成为新疆油田主管开发和科技的副局长，近 20 年过去了，国家已经进入了改革开放的新时代，应该要解放思想，转变观念了。他首先想到的是可否将眼光放远一点看，可以去国外参观学习，引进新技术和新工艺，实现"洋为中用，古为今用"。他主持和组织油田稠油开发的技术人员展开了蒸汽吞吐技术的可行性研究，他提出：通过这轮研究，要拿出新疆稠油生产能力达到 200 万吨水平的规划目标及实施方案。

谢宏亲自领导的稠油研发团队经过一年多的刻苦攻关，对稠油开采取得了初步认识。1980 年的一天，他带领技术骨干前往北京，向石油工业部部长康世恩汇报稠油热采研究工作，得到康部长的肯定和赞赏。康部长对稠油开发提出了明确要求：新疆油田首先要加快突破稠油注蒸汽热采技术，尤其是容易搞、见效快的蒸汽吞吐技术，第二步再抓紧试验蒸汽驱技术，要在稠油开发技术和管理上都领个头。得到领导肯定和表扬，谢宏心中也涌上来一股热流，也感觉到一种无形的重担落在了肩上。他还没有启程回新疆时，就将康部长的指示通过电话传达给了他带领的稠油研发团队。他向来对工作的态度始终保持兢兢业业、勤勤恳恳、一丝不苟，他火速赶回新疆，一下飞机，就急着赶赴正在热烈讨论加快稠油蒸汽吞吐技术方案的研究现场，又一次与大家并肩战斗，投入到了稠油吞吐技术要解决的难点上。为获取蒸汽吞吐的合理参数，谢宏安排彭顺龙带队到清华大学培训学习，开展与清华大学的合作。攻关团队携带着最新油藏研究资料与成果与清华大学周惠忠、马远乐等专家开展合作，经过一年多的持续攻关，先后建立起了高温高压线性模型、三维真空物理模型及编制出了适合新疆油田浅层稠油开发的 NUMSIP 数值模拟软件，填补了新疆油田在物理模拟和数值模拟的空白。

谢宏向来鼓励研发团队成员，他说："人人都是创新能手，他所领导的研究团队成员都在热采领域成为行家里手。"1981 年，团队成员彭顺龙吸取国外经验，成功研究了双凝水泥法预应力固井技术，同年 10 月，在油田的六东二区完成第一口预应力井——6289 井，相继应用 400 余口，并总结出施加预应力计算式，为预应力完井提供设计依据，解决了注蒸汽井的安全固井完井问题。1981 年，杨凌云及宋正和等人吸取国外经验，通过 2500 余块水泥试件的试验，在水泥中加入 30% 石英粉，研制出了耐温加砂水泥，经过改进、完善，解决原用的 J-55 钢级改用 N-80 钢级套管高温下水泥与套管脱离、层间窜槽严重的问题，目前已成为热采井专用水泥。段拉卡、汤振阜、潘赞启等人为提高注入蒸汽的热利用率，自行研制预应力隔热管，加温后其内管伸长与外管焊接成为一根隔热管，经实测导热系数为 0.0374~0.0621 瓦 /（米·摄氏度），下井应用获得成功。自行研制的丢手可钻耐热封隔器，已成为油田常用的热采封隔器。1982 年 9 月，石油工业部科技委员会组织召开了全国稠油技术座谈会及攻关项目论证会，围绕我国稠油开发议题，交流稠油开采经验，部署"六五"后三年的稠油开发技术发展方向及稠油开发目标，论证稠油开采重大科技攻关项目。谢宏带队代表新疆油田参加这次会议，他作了新疆油田六东二区蒸汽吞吐试验及准备开发动用西北缘稠油资源的重大战略决策的报告，石油工业部领导和与会代表对他的报告给予了充分肯定。为响应石油工业部的号召，发挥准噶尔盆地稠油资源优势，全面开发新疆稠油，确保全国原油上产的需求，谢宏继续肩负起了加快新疆稠油开发的科技攻关项目组组长的重任。他亲自组织地质处、研究院、采油院的专家们召开分析和研讨大会小会开不下几十场，渐渐统一了思想。同时，经过调研，了解到当时加拿大稠油开采每年达到了上千万吨，于是他率领一批科技骨干，先后前往加拿大和美国等稠油石油开采先进国家学习、考察取经。此后的三年内，他先后组织选派了数十批、197 名技术人员到国外考察和技术培训，为稠油开采奠定了人才基础；同时，引进了 10 台稠油热采的关键设备——蒸汽发生器（锅炉），为后续稠油开采提供了设备保障。

克拉玛依油田九区稠油生产现场

1983—1984 年，研发团队成员陈德山、田效山为解决盆地西北缘稠油油藏埋藏浅、出砂严重的问题，在新疆九区对 9115 井等 5 口井采用砾石充填先期防砂试验获得成功。以后为简化工序和节省投入，发展为不填砾石直接下绕丝筛管防砂，称"后期防砂"。冯长庆、齐天喜等人为了解决自喷转抽油油井提高泵效，研制出了一种适应抽稠油的短柱塞、大间隙、大阀通道、油流进出口为流线的流线型抽油泵，减少油流阻力，泵抽汲黏度最大达1700毫帕·秒，在油田得到广泛应用，成为抽稠油的定型泵。

谢宏团队将克拉玛依油田六东二区的油藏条件与国外注蒸汽的筛选条件作对比，结果认为该区基本上适合注蒸汽热采。突出的有利条件是油层浅、工艺技术难度小，容易较快地取得经验，可作为我国蒸汽吞吐和蒸汽驱先导试验区。经过论证，同意在六东二区克下组开展注蒸汽吞吐试验。试验时间从1983年下半年开始吞吐，到1985年前做好蒸汽驱准备工作。

蒸汽吞吐试验获得成功以后，谢宏作为稠油项目的科技攻关组组长，一直不断地鼓励大家，希望大家能一鼓作气攻克稠油蒸汽驱开采的技术难关，坚定了攻克稠油规模开发的信心。1983年6月，九区九浅1井在侏罗系齐古组获工业油流，发现了九区侏罗系齐古组稠油油藏。采用引进的国外设备，进行单井蒸汽吞吐采油试验获得成功，注汽13天，开井生产97天，平均日产油达到19.7吨，油汽比1.26。这次试验成功让谢宏意识到新疆稠油规模开发的时候了。在他的领导下，1984年3月编制完成了《克拉玛依油田九区齐古组浅层稠油油藏注蒸汽开发方案》。截至1986年12月，试验区共完钻投产54口井，吞吐82井次，当年注汽10.22万吨，采油9.93万吨，油汽比0.97，试验初期达到方案设计目标。为继续扩大战果，加速九区齐古组油藏的开发力度和提供更多的重质油产量，谢宏团队于1984年9月编制完成了《克拉玛依油田九区齐古组浅层中质油油藏反九点注蒸汽开发年产100万吨方案》。该方案动用地质储量150.60万吨；于1985年付诸实施。截至1986年12月，累计投产98口井，吞吐141井次，当年注汽20.02万吨，采油17.47万吨，油汽比为0.87，达到设计要求。

两个方案都顺利进入现场，谢宏时刻关心着实施进展。在实施过程中，像蒸汽吞吐的合理参数、完井工艺、预应力固井技术、防砂技术、隔热技术、抽油技术等诸多问题需要继续攻关解决。针对不同的问题，谢宏带领着攻关团队组成不同的攻关小组，认真分析，制定出详细的攻关策略，为稠油的有效开发扫清障碍。通过系列技术的攻关研究和前期开发试验，九区齐古组注蒸汽开发的条件日渐成熟。为加快克拉玛依油田九区齐古组的开发，1985年初，谢宏带领他的稠油研发团队与石油工业部勘探开发科学研究院合作，编制完成了《新疆克拉玛依九区齐古组注蒸汽开发100万吨设计方案》，此次方案采用100米井距五点法井网，部署钻井1357口，建成年产能力100万吨，蒸汽吞吐后第三年转入蒸汽驱，油田年产油量在100万吨条件下稳产10年以上，最终采收率达45%左右。这个方案的实施是给康部长交上的一份圆满的答卷。1985年，克拉玛依油田浅层稠油注蒸汽吞吐工艺技术攻关通过了国家科委和石油工业部的验收，当时该技术达到了国际先进水平，于1985年获国家科技进步一等奖。

　　谢宏在改革开放以后，继续主持和组织新疆油田稠油开发，开展了蒸汽吞吐技术攻关，大力推动科技进步，使新疆稠油生产能力实现了200万吨的突破，另外，作为一个技术领导，他主持完成了准噶尔盆地西北缘逆掩断裂带含油特点和油气资源评价研究，不断拓展含油领域，发现了一批新油田和新的含油层系，新增探明储量8亿吨，为新疆油田的持续增产上产提供了坚实的资源基础。他还多次主持开展了新疆油田会战等任务，为推动新疆石油工业的加快发展做出了重大贡献。

我国压裂技术的开拓者朱兆明

朱兆明（1920—2019年），中国共产党党员，石油工程专家，教授级高级工程师。1920年1月5日生于太原的一个知识分子家庭，1937年考取河北高中（现北京17中），1946年以优异的成绩毕业于西北工学院矿冶系采矿专业。他满怀科学救国的热情，与同窗多年的妻子一同西出嘉峪关，行走了一个多月，到达地处戈壁荒漠的玉门油田，投身我国石油工业。当时，玉门油田是我国第一个初具规模的综合性石油企业。曾任玉门油矿采油工程师。中华人民共和国成立后，历任玉门石油局工程师、设计院院长，大港油田、石油工业部石油勘探开发科学研究院总工程师，长期从事石油开发工程技术的领导工作。

1954年4月玉门油田进行首次酸化压裂试验

1969年，他和全家来到湖北潜江"五七干校"进行劳动。即使在那段艰苦的岁月里，他仍然坚信党和人民，他常对家人讲："世界上没有任何一个国家和政府不发展生产和科学技术而能让人民过好日子的，我迟早还是会回到工作岗位上去的。"果然，1973年他又一次回到了阔别4年的石油工业部石油勘探开发科学研究院工作。

1976年，朱兆明向石油工业部领导建议：引进国外的成套大型压裂车组，建立全国性压裂酸化技术研究单位，学习国外先进技术，加快研发和应用压裂酸化增产技术，迅速缩小我国与西方国家在这一领域的技术差距，加快我国低渗透油气田开发及实现老油田稳产，整体提升我国石油工业发展水平。也是在这一年里，康世恩部长给朱兆明下达了一道"专搞压裂技术，为期10年"的不成文的命令。当时，中国处在极其困难的条件下，对美国现代压裂工艺技术进行了详细的考察和研究，制定了我国石油工业追赶美国现代压裂工艺技术的规划。1976年，石油工业部首次派团访美考察压裂项目，大港油田引进了首套1000型压裂车组并进行100口井压裂会战，引进压裂设计系统程序软件并实现微机程序改造，组建中国石油压裂工艺技术研究服务中心，初步建立了中国石油工业的压裂工艺技术体系，为中国石油天然气工业的进一步发展提供了极为重要的技术支持。

当时，中国石油天然气工业可以说是国家唯一的、最重要的经济支柱（占国家出口额的10%以上）。国家将斥资数亿美元，大规模引进美国先进的石油天然气压裂工艺技术，首套1000型压裂车组就高达2000多万美元，以促进中国石油天然气工业的发展。四十多年前的2000多万美元是当时国家外汇储备的2%，这对石油工业部来说可是个天文数字。

说干就干，1976年12月，朱兆明率考察组访问美国。当时中国和美国还没有正式建立外交关系，石油工业部派出的这个考察组首次出访美国意义格外特殊。那时的北京首都机场小得连廊桥都没有，朱兆明以前也曾多次从这里起飞去国内外执行公务，但这一次却非比寻常。往日里，送行的、离港的人们都是欢声笑语，依依送别，这一次的气氛却十分紧张。登机广播已经多次播出了，平时为人谦和的朱兆明却还在和外事人员磋商出访时间问题，甚至到了大声争论的程度，原来，出访前朱兆明做了初步的考察计划，从实际考察技术理念、方法、设备、材料、实施效果到学习了解一套完整的压裂工艺技术环节，至少需要20天。但是当登机前，外事人员通知他，由于种种原因，本次出访时间减半，听到这个消息朱兆明一下就"爆发"了。朱兆明从严肃地对外事人员说："本次考察不是儿戏，不能说变就变，此次考察就是要对美国压裂工艺技术关键进行充分的了解，要达到我们的目的！"说完朱兆明怀着极为沉重的心情第一次来到了大洋彼岸。

朱兆明是中国水力压裂技术先驱者之一

考察组到美国后的第一件事就是向中国驻美国联络处主任黄镇汇报来访目的和行程。黄镇在中华人民共和国成立后长期从事外交工作，积累了丰富的外事工作经验，遇事果敢决断。他听取了考察组朱兆明的汇报后指示：本次考察非常重要，不能走马观花，根据考察的实际需要，不设期限，确保考察任务圆满完成。他责成联络处一等秘书具体负责协助石油工业部考察组完成本次考察任务。

考察按最初的计划进行，包括考察公司的总部、研究中心、设备部、压裂施工现场等，其中考察组最关心的是 4 口井的现场压裂施工。中国当时的压裂水平比较落后，使用水泥车进行压裂，最高施工压力 35 兆帕，只能压开 1500 米以内的岩层；普遍使用油基压裂液，单井液量 50 立方米；支撑剂为天然石英砂，加砂量 4 立方米左右。考察组现场参观了美国得克萨斯州 4 口井的压裂酸化，使用专用压裂车组，施工最高压力可达到 100 兆帕，岩层压开深度 1600~3600 米；压裂液为更加安全可靠的植物胶压裂液体系，单井液量 240 立方米；支撑剂为天然石英砂和人造支撑剂，加砂量 60 立方米。压裂施工采用计算机程序设计，输入参数多达 30 余项，经过压前详细的地质诊断，采用相关实验室提供的实验数据，需要考虑岩石力学参数对水力裂缝几何形态的影响、压裂液流变性对施工安全及携砂能力的影响及支撑剂导流能力对压裂效果的影响。

经过 30 天的现场考察得出结论：美国压裂工艺技术已初步达到了现代化的水平，如果将这套技术用于中国，将对中国华北地区的黄骅凹陷深层和陕北延长统油层的开发发挥巨大作用，对中国其他地区的低渗透油气田开发也能发挥不可估量的作用。

考察结论进一步坚定了石油工业部领导们大力提升中国压裂工艺技术的决心，耗资 2000 多万美元的 1000 型压裂车组在各方的协作和努力下，于 1977 年上半年开进了大港油田。康世恩部长指示，使用刚进口的 1000 型压裂车组在大港油田进行 100 口井、增产原油 1000 吨的压裂会战，迅速掌握进口设备和技术以便推广。他任命朱兆明为工作组组长，张献放为副组长，亲自到大港指导 100 口井的压裂会战。大港油田领导裴虎全是军人出身，一接到康部长的指示就风风火火与工作组一同赶往会战前线，召开动员会，布置工作。参加此次大港油田会战的有赵汝城、李国才、李延美、蒋闿等人。会战经历 100 天，战果惊人，压裂油水井共计 101 口。压裂井深突破到 4000 米；部分采用国产水基冻胶压裂液，单井液量达到 300 立方米；加砂量提高到 60 立方米。到会战结束时，增油 724 吨，增注 249 吨，圆满完成了部领导交给的任务。

100 口井压裂会战结束之后，朱兆明走访了一机部（兵器工业部）有关技术部门，探讨 1000 型压裂车组国产化可能性。由于存在重型卡车大梁、变速箱、大功率高压泵四大难题，能造坦克的一机部对压裂车组国产化的计划也只能放弃。从此开始，中国以每年一到二套的速度引进美国大型压裂车组，在很短的时间内全国各油田都装备了进口的大型压裂车组，揭开了中国石油工业压裂工艺技术大幅度提升的序幕。

在 20 世纪 80 年代初，通过阶段实践和研究，朱兆明认识到，"能源危机"刺激发展的压裂工艺技术已不再是单纯的单井增产技术，美国西部 4 个盆地的大型压裂（MHF）试验获得了数 10 万亿立方米的天然气资源，其中 312 亿立方米的气田已投入开发，说明水力压裂已经成为一种有效的开发手段，成为石油工业中最重要的、最有贡献的技术之一，因此，中国必须大力发展压裂工艺技术。

要建立中国石油工业的压裂工艺技术体系，仅靠引进大型压裂车组是远远不够的，压裂材料国产化也非常重要。朱兆明把这项任务交给了赵以文、李延美、何秉兰等人，提出具体技术要求并按期检查攻关进度。到 20 世纪 80 年代中期，我国无机水基压裂液 CMC，植物胶田菁压裂液等已形成自己的压裂液体系，香豆胶压裂初步形成体系。

朱兆明联系调动克拉玛依油田的张景和到石油勘探开发科学研究院工作，专攻岩石力学。张景和等人采用电位法、声发射法等不同方法对压裂裂缝的方位和几何形态进行了研究，初步形成中国压裂检测手段，有些方法沿用至今。

为解决压裂设计程序化的问题，朱兆明对引进了 BJ 压裂设计软件并进行了推广。培训班开幕式上，他专门请来了秦同洛教授作开班讲演，秦教授远见卓识地指出计算机技术在石油工业应用是必然趋势。当时的 BJ 压裂设计软件只能在大型机上运转，油田的同志使用起来非常不方便。朱兆明要求王小波对 BJ 压裂设计源程序进行改造，应用到 PC 机上，王小波很快就完成了程序改造任务，全国各油田很快就实现了压裂设计计算机程序化。

1983 年朱兆明开始筹划组建"压裂酸化技术服务中心"。他深知只有建立自己的研究队伍才能真正掌握并发展压裂工艺的关键技术。他认为压裂酸化工艺技术的发展与数学、物理学、岩石力学、流变学、油田化学、矿物学等学科密切相关。因此，除马兴中、张森龙、蒋阗、俞绍诚、赵以文、王仲鑫、邵大珍、蔡玉春、单文文等老一辈的研究人员来自国内各油田之外，大多数研究人员由西北大学、西南石油学院或其他院校招聘而至。其中值得一提的是单文文，他是北大数学力学专业毕业、清华工程力学专业的硕士研究生，时年 37 岁，在 1983 年可以称得上是稀有人才。朱兆明听了单文文的情况如获至宝，当即就认定单文文就是"压裂酸化技术服务中心"的未来，最后将单文文从大港油田调入"压裂酸化技术服务中心"。朱兆明坚持把提高自身研究能力放在"压裂酸化技术服务中心"组建工作的第一位。"压裂酸化技术服务中心"也没有辜负部领导的希望，成为国内各油田压裂酸化难题的攻坚力量，为中国压裂工艺技术进步发挥了极其重要的作用。

1977—1985 年，大庆油田、胜利油田和长庆油田等掀起了压裂增产的高潮。在此期间，朱兆明任石油工业部全国压裂协调组组长，大批石油科技专家活跃在压裂工艺技术这一领域，其中王鸿勋、任书泉、万仁溥、张献放、罗英俊、李国才、蒋阗、胡博仲、周春虎、杨宏志、梁军岐、田学梦、刘泽凯、李文阳、庄善义、李连奎等人堪称当时中国压裂界的风云人物。朱兆明与上述专家共同成就中国石油工业压裂工艺技术发展的伟大成就。压裂工艺技术的发展不仅保证了大庆、胜利、长庆、中原、大港、吉林、华北等老油田的稳产高产，在吐哈、塔里木、苏里格等新油田的开发中也起到了至为关键的作用，更重要的是压裂酸化技术使我国数 10 亿吨非常规低渗透、难动用油气储量成功开发。

聚合物驱油的奠基者王德民

　　1937 年 2 月，王德民诞生在河北省唐山一个知识分子家庭，1955 年高中毕业，考入了北京石油学院钻采系采油专业。1960 年毕业的时候正值中国石油工业开始大转折，发现特大型油田的喜讯鼓舞着他不顾一切地放弃留校任教的机会，选择投身条件艰苦的松辽石油会战之中。

　　到了大庆油田，他被分配到采油指挥部的测试队。刚刚投入开发的生产试验区充满了挑战和机遇，他在现场实践中，留心观察、思考寻找研究项目，很快发现使用"赫诺法"计算的油层压力值普遍误差偏高的问题。他仔细研究了经典的"赫诺法"计算公式，发现误差偏大的症结并不在于公式本身，而在于开发井之间的压力波动相互干扰超出了公式的适用条件。当时，在大庆油田工作的著名油田开发专家童宪章，已经开始针对油藏投入开发后的实际情况在推导新的数学计算公式，但是由于干扰因素非常复杂，一时还没有找到简捷的途径。职务仅为试井队实习员的王德民抓住契机毛遂自荐，初生牛犊不怕虎的锐气激励着他向不稳定试井的难题单枪匹马地发起了冲刺。

　　王德民的英语水平出类拔萃，但是当时可供参阅的多数是来自苏联的俄文版技术资料。为此他废寝忘食抓紧一切时间自修俄语，连吃饭的时候都在默背单词。突破了阅读关，便开始借阅能够搜集到的所有参考资料，进行研读和公式推导。功夫不负有心人，一百余天的钻研终于在 1961 年的元旦迸发出灵感，一个前所未有的计算公式通过推演求出了合乎数学逻辑的解。

　　理论的成功还需要实践的验证，王德民将自己独立推导出来的压力计算公式与"赫诺法"做了系统的比较，结果令人震惊，计算出的压力误差值锐减了五分之四，一举达到了期望的目标精度。按照国际上的惯例，一项新方法的发明通常以发明人的姓氏命名，"赫诺法"的发明人便是荷兰壳牌石油公司一位名字叫赫诺（Horner）的石油工程师。由于当时松辽石油会战崇尚不计名利的奉献精神，王德民的重大发明被冠以"松辽法"的称谓全面推广应用。

　　王德民初出茅庐，一鸣惊人，攻下"松辽法"的卓越成就并没有让他就此止步。针对油水井不同的生产状态，他又接连推导出多种提高测压效率的新算法，使关井续流时间由原来不少于 72 小时缩短到 8 小时，并且计算出的压力值仍然保持比较高的精度，被连续命名为"松 I 法、松 II 法、松 III 法、松 IV 法"。

王德民首先涉足的不稳定试井研究是一个理论性和实践性结合很强的复杂领域，多年来很少有人取得突破性进展。童宪章对王德民的研究成果给予了高度评价，认为这是一项具有国际先进水平的创举，系列"松辽法"应用几年之后，国外的石油专业杂志上才见到相类似的报道。时年 26 岁的王德民出手不凡，在松辽石油会战期间连年被评为红旗手和科研标兵，破格晋升采油工程师。1963 年 10 月，他被调入刚组建的大庆油田采油工艺研究所，专职从事新工艺新技术研发，并被任命为测试项目组的技术负责人。

大庆油田是一个陆相沉积形成的特大型砂岩油藏，通过生产试验区多种开发方案的实践对比，最终确立了早期内部横切割注水、保持油层压力的开采方针。为解决油田注水后出现单层突进的尖锐矛盾，研发分层注水、分层采油的组合技术成为当务之急。王德民带领的测试工艺室首先要取得被分隔的各组油层注进了多少水、采出了多少油、压力是多少、封隔器是否密封等关键数据。当时国内外均没有成熟的分层测试工具和工艺，因地制宜的发明创造势在必行。1964—1966 年，王德民针对大庆油田开发初期使用水力压差式封隔器分隔油层、空心配水器实施定量分层注水、自喷采油的生产工艺，主持研制成功了"301 型分层测验器""104 型流量计""204 型产量计""501 型分层压力计"四种分层测试所需的仪器仪表，填补了国内空白。他不但是提出技术思路和方案设计人，还是现场试验和推广应用的组织领导者。1964 年冬季，在大庆油田开展分层配水会战的过程中，首创的分层测试技术发挥了重要作用，为大庆油田全面实施分层注水、分层采油，实现"六分四清"作出了开拓性的贡献，闯出了一条具有中国特色的油田开发道路。因此，他领衔研发的第一代分层测试工艺和仪器仪表获得了石油工业部的通报嘉奖。

王德民此时已经是采油工艺研究所的科研主力，由于他精通英语和俄语，潜心钻研的视野已经扩展到整个采油工程领域。面对第一代分层注水、分层采油工艺在应用中暴露出来的诸多缺陷，他开始思考分层注采工艺的革命性变革。但是，受当时"文化大革命"特殊情况的影响，王德民本人和他从事的科研工作都曾经遭受到较大冲击，逆境中他最担心失去从事科研的工作权利，时刻惦记着把同心的配产配注工具改变成偏心结构，突破第一代分采分注管柱至多只能分隔 5 段油层组的局限性，实现任意改变油水井工作制度的愿景。

1970 年 3 月，周恩来总理给大庆油田军管会的批示中要求"恢复起家基本功"。为尽快扭转由于遭受破坏而出现的油田产量下降、油层压力下降、含水量急剧上升的被动局面，被下放劳动改造的部分工程技术人员返回工作岗位，王德民列在其中。这时候他已经琢磨出了偏心式配产井下工具的基本雏形，急需进行设计加工和组合实验。在采油工艺研究所革命委员和诸多同志的支持下，王德民顶着"特嫌"的帽子，冒着被指责继续走"白专"路线的风险，拖着腰椎病严重的身体，夜以继日绘出了设计图。第一台样机实验遭遇失败，他不灰心不泄气，愈挫愈勇，在参加野外拉练的急行军中仍在思考着解决问题方案，鞋不合适将脚磨起了水泡，使他联想到原始设计上存在的缺陷。经过一年多反复修改设计和实验过程的经验积累，偏心配产器终于走出实验室，进入了现场试验。

取得初步成功之后，王德民又按照扭转"两降一升"的迫切需要，把偏心技术移植到配水器上，同时还研制成功了成系列的定位投捞工具，一举把这项划时代的分层注水、分层采油新技术推向了世界领先水平。1973年在大庆油田开始推广应用后，不仅收获了配水合格率由30%上升到70%以上的显著效果，而且能够做到分隔油层不受级数限制，根据配产配注方案采油工人自行操作，随时调整任意层段的生产参数。

工欲善其事，必先利其器。王德民的这项重大发明由于技术的先进性，不仅在大庆油田扭转"两降一升"被动局面的过程中立竿见影，后来长期高产稳产也成为大庆油田细分层系、深度挖潜的一柄利器。纵观全世界油田开发一百多年的历史，偏心配产配注工具工艺的发明独树一帜，与国外相类似的技术相比，不仅实现偏心的原理不同，并且单体的重量减轻二分之一，长度缩短三分之二，中心通道畅通无阻，操作十分简便，它具有百分之百知识产权的中国创造。

1973年，王德民（左）在研究偏心配产工艺

1976 年，在举国欢庆粉碎"四人帮"、开始拨乱反正的转折之际，王德民奉命完成了"大庆油田 5000 万吨原油产量稳产十年采油工艺规划"，1978 年 8 月，调离采油工艺研究所，被任命为大庆石油管理局副总工程师。此时，大庆长垣上的萨尔图、杏树岗、喇嘛甸三大主力油田全面投入开发。原油年产 5000 万吨十年稳产的前五年立足于原井网、老流程和现有的自喷开采工艺尚可支撑，但是后五年的持续稳产将面临极大的困难。油田综合含水率上升到 60% 之后，自喷开采工艺无法维系产液量的成倍上升。王德民审时度势提出了转变采油方式的宏大构想，组织领导了自喷采油转变为机械采油的系统工程论证。这一方案的确立，意味着业已成熟的与自喷采油相配套的绝大多数工艺技术将被淘汰，装机下泵之后是否还能够做到分层采油、分层测试，成为亟待破解的难题。国外的大油田多数是海相沉积，虽然大量使用机械采油，但是层系相对简单，通过多钻井分层系开采的办法规避了同井多油层干扰的矛盾。陆相沉积的大庆油田别无选择，必须要在每一口采油井钻遇多油层的条件下实现高水平的转抽。

1978 年 3 月，王德民光荣地出席了全国科学大会，获得了国家科学技术委员颁发的奖励。此后，偏心配产配注工艺普及到全国各油田，为中国石油产量突破一亿吨大关，采油工艺总体跨入世界先进行列，赢得了一枚高科技含量足赤的金牌。

从 1980 年开始，在王德民的组织领导下，集中了 1000 多位采油工程师分系统联合攻关，相继成功研发了抽油机井 10 项、潜油电泵井 8 项配套的新技术和新工艺，为大庆油田实现 5000 万吨原油连续十年稳产方案的实施提供了坚实的技术保证。

1985 年 8 月，王德民担任大庆油田总工程师。在第一个十年稳产规划即将如期实现的基础上，开始制定大庆油田原油 5000 万吨再稳产十年的规划，这时候最突出的问题是如何增加可供开采的石油地质储量。大庆油田开发初期核定的 22.6 亿吨地质储量当中，未包括厚度 0.5 米以下的一批薄油层，按照当时的采油工艺技术，这部分油层不具备开采条件，因此未列入储量统计表，统称为"表外储量"。王德民把大庆油田第二个 5000 万吨原油十年稳产的挖潜目标定在改造表外储层上，提出了应用"限流法"进行压裂改造薄油层的攻关课题，亲自带领项目组研究表外储层的岩石力学特性，引进设计软件，优化定位射孔和压裂施工的水力参数，筛选残渣少、携砂能力强的水基压裂液。经过室内的反复实验和施工现场的多次尝试，终于突破了国外普遍放弃开采厚度 0.5 米以下薄油层的"禁区"，使 140 多个厚度大于 0.2 米的薄油层依次裂缝填砂得以改造，降低了原油流入井筒的渗流阻力，在大范围沉积的表外储层生产试验区获得了平均单井日产 10 吨以上的好效果。

限流法改造表外储层的压裂技术的研发成功，犹如一把钥匙打开了封禁多年的储量仓库，使 6 亿多吨沉睡的地下原油转化为可供稳产接替的新增可采储量。以每年 5000 万吨的原油产量计算，大庆油田再稳产十年无须再为资源不足而担忧。1985 年，限流法压裂工艺获国家科技进步一等奖。1987 年 7 月，中共中央邀请七位在科研事业上作出重大贡献的中年专家到北戴河海滨度假，王德民位列第三，受到改革开放总设计师邓小平的亲切接见。

世界上任何油田都无法逃脱资源越采越少的结局，如何最大限度地提高原油采收率，是各国采油工程师为之奋斗的最终目标。采收率是采出来的原油占地下原油的比率，储量大的油田，如果采收率不高，产量也很难提高。1991 年开始担任大庆石油管理局副局长的王德民，主管科技工作，他把三次采油当中的注聚合物驱油提高采收率研究确立为大庆油田在高含水后持续高产稳产的主攻方向，领导全油田的科技力量未雨绸缪，展开机理研究和矿场先导性试验。

在大庆油田开发之初，由于地层压力大，石油是自己喷出来的，这是第一次采油。后来，地层压力不够了，就要往油层里注水，借助水的力量，把石油驱出来，这称为二次采油。注水驱油的后期，油田地下含水量增高，采出的石油减少。最严重的情况甚至达到采出 100 吨，其中有 95 吨水。"如果衣服洗不干净，就要加洗涤剂。"王德民经常说。王德民研究的三次采油，就是如何加这个"洗涤剂"，即聚合物。大庆石油含蜡多，遇冷很容易凝固，三次采油难上加难。曾有外国专家说，只有把大庆油田搬到赤道上，三次采油才有可能成功。

当时，三次采油是一项世界冷门的技术，20 世纪 80 年代三次采油技术在全球应用跌入低谷，但王德民仍旧坚持研究，1993 年，投资十几亿的厂房建了起来，产量也写入了生产计划，一旦出现问题，他就会被质疑。

王德民的研究就是为了从头发丝十分之一细的石头孔道中取出更多的油。经过多次实践，在 1996 年，聚合物驱油技术终于广泛应用于大庆油田。有人说，美国人没有做到的，中国人做到了！该技术 1998 年获国家科技进步一等奖。

2006 年，大庆油田宣布，10 年来聚合物驱油技术已经采到了 1 亿吨石油，这项技术的成功，相当于国家又找到了一个储量上亿级别的新油田。那时，世界石油采收率平均是 30%，但大庆却是奇迹般的 50%，王德民就是这个奇迹的创造人。

王德民不仅是这一国家级重大科研项目的提出者和组织者，也是亲自从事实验研究的实践者，他率领科研团队在筛选适合大庆油田油藏特征的聚合物过程中发现了黏弹性能够提高微观驱油效率的机理，并应用这一理论上的新认识成功地解开了注聚地面流程剧烈震动、井下抽油杆严重偏磨等一系列工程方面的难题，为注聚合物驱油转入矿场工业化推广开辟了降低成本、简单易行的技术途径。

实践证实，聚合物驱油使大庆油田的采收率在水驱基础上平均提高了 10 个百分点，即每注入 1 吨聚合物可增产 120 吨原油，从而使全面进入高含水阶段的大庆油田不但年产油没有下降，反而使原油 5000 万吨以上的稳产期延长到 27 年，主力油田采收率平均高于 50％，创造了世界同类油田开发史上的奇迹。

1994 年，中国工程院成立之始，王德民因在油田开发领域的杰出贡献当选首批院士。

在中国石油产量节节攀升的轨迹之中，王德民多次获得国家科技进步奖，成为使中国采油新工艺、新技术跻身世界先进之列的主要贡献者。蜚声海内外的王德民院士，耄耋之年依旧站在石油开采工程高端技术攻关的最前沿，为我国石油工业的可持续发展从事开拓性的新技术研究，他所取得的学术成就在国际石油论坛上连续引起轰动，2010 年曾获得美国石油工程师学会颁发的"提高采收率先锋奖"，他是我国唯一获得此殊荣的中国石油科学家。

抽聚螺杆泵的研制人魏纪德

大庆油田投入开发后，在 1986 年进入了高含水开采阶段，几乎大部分油井都已从自喷采油转到了游梁式抽油和电潜泵抽油的人工举升阶段，泵抽井年耗电量高达数 10 亿千瓦·时，占油田开发总耗电的三分之一以上。再加上油田一些区块由水驱转向了聚合物驱油开采，由于聚合物返出，抽油井断杆，泵抽困难等问题频繁出现，采油操作成本居高不下，这一系列问题的出现引起了大庆油田公司的关注。从加拿大引进的第一台螺杆泵 GLB120-27 在采油二厂投入试用，不但未见成效，还连续遭遇了 2 次杆断。负责本次螺杆泵试验的是魏纪德和他的试验团队，他 1988 年从大庆石油学院毕业来到研究所，一直勤于钻研业务，平时遇到问题脑子转得快，办法也多，解决了不少采油工艺现场遇到的难题。这次试验出现的问题，让魏纪德看在眼里急在心里，他捧着英文词典也不知用了多少个日日夜夜，翻译出了大量相关螺杆泵的英文资料，但这些没有任何感情色彩、冷冰冰的书面文字并没有给他一个确切的答案。俗话说，上天难，入地更难。他首先想到的是在地面进行模拟，泵下到井里，不模拟不知道井下到底发生了什么情况。于是，他带领项目组成员制定了严格的实验室实验方案，在研究所一口 12 米深的试验井搭建了一个简易的试验台进行模拟试验，如遇到停电了，就人拉肩扛进行试验，正是这个功不可没的试验台让大家对泵的水力特性有了新的认识。魏纪德不光是想解决引进国外泵的现场试验问题，更想设计出自己国家的螺杆泵。魏纪德利用了不知多少个不眠的夜晚，琢磨螺杆泵的结构原理和草图绘制，并很快付诸了实施，经过半年多的工作，一种新型螺杆泵的图纸设计出来了。螺杆泵的材质除钢材以外，还需要耐温和耐油的橡胶材料。为了得到适用的橡胶配方，魏纪德多次乘坐又慢又拥挤的绿皮火车往返于沈阳橡胶研究所和大港橡胶制品厂，有任何新发现就赶忙扎进油浸实验室做溶胀实验。当时的油浸实验室很简陋，没有降温设施，夏天热得像蒸笼，只要进去就大汗淋漓，他忍受着难以忍受的热浪。做实验经常赶上测试时间在夜里，为了保证实验数据的准确性，魏纪德就住在实验室。打开窗户蚊子会叮满身包，不开窗户闷得衣服都湿透，大家常开玩笑地说："住在实验室，要么一身包，要么含水高。"到了冬天没有暖气，刺骨的寒气尽情地渗进来，他和项目组成员就自己动手搭土暖气，这才得以熬过去。经过屡败屡战的上百次实验后，终于研制出了具有自主知识产权的橡胶配方，根据橡胶的油溶胀量确定了适合大庆油田油井的螺杆泵定转子合理过盈量，成功解决了橡胶定子抱死转子和脱胶问题。1990 年 10 月，魏纪德带领的项目组研制出了 GLB120-27 型国产螺杆泵，经 10 井次现场试验取得成功，使国产螺杆泵真正走入了大庆油田。

在现场生产过程中，井管柱脱落井内时有发生。魏纪德带领的项目组经过反复论证，研制出了一种反扣油管和上提下放坐封的油管防脱工艺，现场应用效果非常好。由于螺杆泵抽油杆既承拉又承扭，受力状态的改变使得螺杆泵杆柱断脱事故频繁发生，普通直螺纹抽油杆当上扣扭矩达到 1 千牛·米时，容易黏扣，卸不开。魏纪德和团队研发人员提出了拉扭分开的新想法，新一轮攻关试验又开始了，没成家的小伙子吃住在单位是家常便饭，他们夜以继日地绘图、修改，形成了插接式和锥螺纹式抽油杆两种结构，保证了在有限的空间内发挥插接结构的最大承载能力，抽油杆螺纹在大扭矩预紧情况下不黏扣、不滑扣。为了能随时收集信息，项目组人员吃饭、睡觉的时候都把纸笔放在身边，生怕错过任何灵感。很多人现在还保留着随身携带纸笔的习惯，问起原因，大家都轻描淡写地说："习惯了。"一句"习惯了"的背后，是代代传承的石油情怀。正是这数年如一日的执着精神，让所有出现的问题都能迎刃而解，项目组研发出了适应中小排量螺杆泵的直径 22 毫米、25 毫米和 28 毫米系列锥螺纹抽油杆，锥螺纹能够承受较高的上扣扭矩，产生较大的预紧力，尤其是上扣扭矩达 2.5 千牛·米、卸扣扭矩达到 2.7 千牛·米时，螺纹完好，卸扣方便，有效地防止了杆柱断脱事故的发生。防脱扣专用抽油杆很快在油田进行了推广，应用了"锥螺纹""插接式"系列抽油杆的井，杆柱断脱事故率由普通抽油杆的 20% 下降到 4%，螺杆泵井的检泵周期得到了有效延长。

魏纪德在小细节上也精益求精，在与采油前线进行交流时，发现螺杆泵驱动装置存在减速箱润滑油渗漏和井口密封盒漏油等问题，他巧妙设计了一种新型油杯结构和井口的井液低速机械密封结构，减少更换油封及减速箱擦除污油、井液渗漏带来的地面污染，大幅度降低了运行、维护成本，延长了螺杆泵驱动装置的使用寿命，使生产更加安全环保，深受前线维护人员的欢迎。后来，这两项"零"渗漏高效地面驱动装置得到了大面积推广应用，服务于吉林油田、大港油田、长庆油田和哈萨克斯坦等国外油田。

2000 年，大庆油田开发已进入高含水后期，开展了聚合物驱和三元复合驱三次采油技术。聚合物驱的油井抽油机杆管偏磨严重，检泵周期由水驱的 600 天缩短到 260 天，导致修井作业费用大幅度上升。三元复合驱采出井抽油机和电动潜油离心泵适应性差，因结垢等原因，导致检泵周期不足 100 天，最短的不到一个月。2000 年 8 月，魏纪德带领的项目组提出了在三次采油聚合物驱、三元复合驱油井应用螺杆泵采油技术方案，但是螺杆泵在三次采油井上的应用还没有先例。哪里有需要，哪里就有创新，为更好地发挥螺杆泵的技术优势，团队成员师国臣在 GLB500-14 型螺杆泵的基础上开发了 18 种型号的单、多头大排量低扭矩系列螺杆泵，满足了排量 2~300 立方米 / 天、扬程 500~1800 米聚合物井的举升需要，进一步扩大了螺杆泵的实际排量范围。

　　有的油井因为结蜡严重出现蜡堵停机、运行负荷大、断杆故障等问题，魏纪德带领项目组不分年节、不分白天黑夜地攻关，最终形成一套空心转子加单流阀方案，解决螺杆泵大排量热洗清蜡的问题。春节期间，别人都能休息几天好好陪陪家人，但想到那些因为结蜡而严重影响产量的高产井，魏纪德一天也不忍耽搁。到了大年三十，他把一起坚守的"战友们"都"撵"回了家，自己研究到夜里 11 点，外面响起了噼噼啪啪的鞭炮声打断了他，他这才带着对家人的愧疚放下手里的活往家赶，这些年魏纪德潜心研究螺杆泵，和家人聚少离多，经常加班不在家吃饭，回到家孩子都睡着了，陪伴孩子的时间真的太少太少。前段时间新泵大批下井时为了保证作业质量，项目组成员值守在作业井上，作业队干到几点他们就坚守到几点，后半夜收工怕回家影响家人休息，干脆就在办公室休息一下了事，在一次又一次的错过和遗憾中，孩子已经慢慢长大了，想到这些，魏纪德心里满是愧疚，可是想到和他一起奋战的兄弟姐妹，第二天吃了早饭，魏纪德又出现在了办公室里。正是有这样的团队，短短一年的时间，项目组就取得了空心转子螺杆泵不压油层热洗配套工具等重大技术创新成果，形成了螺杆泵井的热洗工艺。正常生产时，热洗阀在自身预紧弹簧和油管液柱的作用下，单流阀密封空心转子内腔；洗井时，将油井掺水流程的热水从油套环空注入，一部分洗井液经泵自身抽到油管内，另一部热洗液流经空心转子内腔，直接进入油管；空心转子螺杆泵还可与不压油层封隔器配套使用，洗井液通过地面热洗管线从油套环空注入，洗井液的压力将封隔器的单流阀关闭，将空心转子螺杆泵的单流阀打开，流经空心转子内腔直接进入油管。这种洗井工艺不仅实现了不停机热洗，而且洗井温度高，洗井液不进入地层，避免了洗井液对油层造成伤害，节约洗井时间，同时还降低了热洗费用，清蜡非常彻底，延长了螺杆泵井的热洗周期。

　　20 年的螺杆泵研制经历，从无到有、从有到精、从技术完善到管理标准从引进到取得了具有自主知识产权的多项专利和重大技术创新成果，涉及地面及井下，既系统又琐碎。20 年来，螺杆泵团队从当年的"小伙伴"一路拼到如今的"气质大叔"，而且队伍也融入了新鲜血液不断壮大，项目组的成员之间就像志同道合的友人共同参与一项拼图游戏一样，每个人都能各司其职，为绘制最终的美好蓝图不遗余力。魏纪德回想这 20 年的点点滴滴还历历在目，写报告到深夜的崔乃林、韩修廷、黄有泉，埋头做方案设计的孙延安，钻研英文资料的曹刚，推导型线公式的王国庆、郑学成，灯下制图的张明毅，为方案争论得面红耳赤的王劲松、汪清波、刘潮勇，马不停蹄的处理室内和现场试验的于波、陈广伟、马志权等。多少次"山重水复疑无路"，他们却"咬定青山不放松"，千磨万砺，最终换来了"柳暗花明"。螺杆泵这项技术与当前国内外同类技术相比较，技术水平、工艺成熟度、配套完善及市场竞争力都处于国际领先。截至 2004 年 12 月底，大庆油田在用螺杆泵井数已达 1627 口，平均检泵周期达到 464 天，取得直接经济效益近 8.3 亿元人民币。螺杆泵技术服务于哈萨克斯坦国家油田、吉林油田、玉门油田等十几个国内外油田，螺杆泵的应用国家、应用区域和不同井况条件范围也逐渐扩大。

异形游梁式抽油机的研制人郭东

郭东是一名石油装备科研工作者，从事石油装备工作 20 多年中，他累计创新发明 25 项，其中获得国家专利 15 项。郭东研制的新型抽油机在国内外油田广泛应用，每年创产值亿元以上，让中国石油装备名扬世界是他孜孜不倦的追求。

郭东 1956 年 3 月出生在河北省平乡县一个贫困的革命家庭。1974 年，他以优异成绩高中毕业，同年参军并被分配到技术兵种，当了一名维修焊工。从此，他爱上了这个行业，他自学了机械设计、机械制图和焊接知识。因技术高超，1978 年他从部队复员到华北石油管理局第一机械厂技工学校当了一名教师，一教学就是几年。然而，他又是一个"不安分"的先生；教学之余，他勤于琢磨，接二连三地为第一机械厂研制出了埋弧焊接自动跟踪装置等多项成果，使工厂大大受益。

1985 年的一天，酷爱读书的郭东在《石油机械》杂志上看到一篇文章，报道我国各大油田仍使用着 20 世纪初期美国研制的常规游梁式抽油机；该抽油机虽然结构简单、坚固耐用，但能耗大、效率低。看到这里，郭东不由自主地一拳猛砸到桌子上："我国能源这么紧张，而各油田还在大量使用这种能耗高的抽油机，为什么就不能让它变个样呢？"郭东不服输的劲头儿一下子就上来了，下决心要攻克这一难关，研究一种新型抽油机。

可抽油机对于郭东来说是"门外汉"，一切只能从零开始。为了解抽油机的形状、结构、性能等，郭东利用节假日，不顾自己晕车的毛病，每天乘车到 90 多公里外的井场观察，向工人师傅请教，一蹲就是几个小时。记得有一次，郭东忘记了时间，误了班车，到家时已经凌晨 1 点多了。

就这样一边看书，一边观察、思考，大概过了一年多，为了研制出新型抽油机，郭东完全进入了一种忘我的境界。那时，白天有繁重的教学任务，只好夜晚加班计算、画图，忙个不停。每一个零件做成啥样、多大尺寸，都需要反复计算；有时候理论上成立了，实际一做达不到效果还得推倒重来。那时候没有电脑，光草稿纸就用了几尺厚，计算器按键上的数字都磨掉了。盛夏的夜实在难熬，他在蒸笼似的室内一待就是五六个小时，大汗淋漓，蚊虫叮咬，他就在桌子下边挂个大灯泡想照跑蚊子，可蚊子照样在他身上咬了不少大包。几天下来，腿上抓挠得没有一块好地方，脊背上痱子一片。暑去寒来，他给出了300多张图纸，光数据就计算了200多万个。

终于进入样机试制阶段，郭东更是全身心地投入其中。他是一个研制者，更像一个操作工，凡是关键部位，他都爬上6米多高的架子，亲自拿焊枪去焊。一次在给抽油机试验台打水泥基础时，他和几个工人浇完最后一车灰浆，忽然狂风暴雨大作。为了保护基础不被冲坏，他冲在最前面；突然，一块被大风刮起的铁皮重重地砸在他的背上，后背瞬间被划开了一条长长的口子，可他硬是保住了水泥底座没被雨浇坏。

在工人师傅的帮助下，经过500多个日夜的苦战攻关，终于在1987年7月1日，也就是他入党10周年的那天，第一台异形游梁式抽油机样机设计出来了。为获得业界认可，1991年11月，郭东把样机装到华北油田采油四厂的油井，开始做现场对比试验：每隔两小时测一组数据，连测3个月，第一批样机上井试验取得成功。1992年10月，研究成果通过了部级鉴定，并投入规模生产。与原来的传统抽油机相比，异形游梁式抽油机对应用环境、井深、油黏稠度等工况的适应性更强，而且实现了小结构、大冲程，提高了采油效率，冲程增加70%，并且可节电15%~55%。这种节能型抽油机在中国石油科技新产品鉴定会上"一炮打响"，其中"变参数四连杆机构"技术属国内外首创。此后，这种抽油机销往全国20余个油田，并远销美国和加拿大等国际市场，在国际上成为常规抽油机的换代产品。

长期的科研攻关和现场试验，使郭东生活极不规律，一个当过兵的壮汉子，却接连得了萎缩性胃炎等疾病。有时工作中疼痛难忍，他就用几本书顶在胃部与办公桌之间抑制和压迫疼痛，依然不停地画图计算。为了减轻胃病的折磨，他多年来坚持不吃肉、不喝酒，饮食十分简单。他说，为了自己挚爱的科研事业，没有什么是不能克服的。正是这种无怨无悔的科研奉献精神，郭东自1994年以来，获得曲柄游梁抽油机、捞油车、系列配电柜等30多项发明。其中，节能抽油机、油井自爬式刮蜡器等15项成果获得国家专利。

由于科研工作成绩突出，郭东从一名教师成长为厂副总工程师、总工程师和副厂长。走上领导岗位后，郭东有机会赴北美、中东地区等考察石油装备情况。在开阔眼界的同时，郭东也很受刺激，因为所到之处，看到粗糙易坏的石油机械不少是我国生产的。一名东南亚外商曾当面质问郭东："你们的API证书（石油机械行业公认的美国石油协会产品质量认证）是不是花钱买来的？""中国造"不是假冒伪劣的代名词，关键是要加强生产质量管理，强化职工的责任心，他作为厂领导协助厂长分管质量工作后，就下定决心，让中国石油装备扬名世界。

郭东对影响产品质量的诸多因素进行了梳理后，他首先将因产品质量的事后处理变为事前控制，完善了工艺流程。在此基础上，按照厂长潘建全的要求，郭东草拟了一系列质量管理制度，比如将产品质量与每个员工的调资调级、评优评先、晋升奖励挂钩，实行产品质量"一票否决"；每月召开质量考核会，评选质量信得过班组、职工；在分厂、车间设立质量曝光台等。加强生产管理后，产品一次交检优质品率提高到了80%以上，外国专家称赞装备"质量一流"。

异形游梁式抽油机示意图

目前，超过五分之一的国内油井在使用郭东设计的异形游螺式抽油机。这一产品还出口到美国、加拿大、澳大利亚、墨西哥和蒙古等国，年均出口530多台，创汇1.45亿元人民币。1996年，异形游梁式抽油机获国家科技进步二等奖。

郭东从来没想过要出什么名，可是随着其科技成果"身价"的提高，他成了华北油田小有名气的人物。他连续两次获得油田重奖，并且上级规定万元奖励应属他个人所有时，他却说"工作是大家干的，功劳不能记在我一人身上"硬是坚持把奖金分给了大家。

当有一些生产厂家提出要用几十万元买他的专利时，或许以月薪20000元的优厚条件聘请他去工作，更有美国公司以年薪 30 万美元邀他加盟时，他都一一婉言谢绝。在利益唾手可得和高薪聘请面前，他不为所动。因为他忘不了自己是一名共产党员；忘不了厂领导为了他专心致志搞科研，特地调整了他的工作；忘不了在全厂住房十分紧张的情况下，厂领导提议，职代会一致通过，破例给他解决了住房问题……每每谈及于此，他总是按捺不住心潮澎湃，感到党和组织给予自己的很多很多，而自己奉献的很少很少。他说："我的根基在祖国的油田，我的希望在为国家创造出更多的科技新产品。"

一个人的创造力来源于对党和人民事业的热爱，有创造力的人才能把握时光，超越自我。尽管多次被评为华北石油管理局劳动模范、省部级劳动模范，获得过中国石油"铁人科技奖"，并获得全国科技成果推广先进个人等荣誉称号，但郭东没有被这些荣誉所左右，依然专心致志、脚踏实地地搞科研，不为名利所动。

如果说人生是一首歌，那么郭东身上最响亮的音符是拼搏。他的脚印是坚实的、清晰的，他时刻鞭策自己要为祖国石油奉献更多更多的果实。他的科研世界虽小，但在他的足下，永远是一条开拓者的路……

中深层稠油 SAGD 技术研发人杨立强

杨立强成长在三代石油人家庭，对石油工业有着一种深厚的情感。他在大学学的也是石油专业，1991 年他大学毕业，在辽河油田采油一线当过采油工。洼 38 井喷出原油的那一刻，他正在值班，激动的心跟着大地一起颤抖。看着油流顺着管线进站，是石油人最快乐的事。当时他心里暗暗地思索，一定为国家采出更多的原油，履行一个石油人的天职，这是他当时一个朴素的初心和使命。

辽河油田曙一区超稠油探明石油地质储量近 2 亿吨，每年辽河油田 270 多万吨的超稠油产量全部来自这里。但是，这一区块的原油性质极差，且随着开发程度的加深，蒸汽吞吐周期短、产量低、递减快的短板日渐凸显，平均一口井的寿命只有 3 到 5 年。研发接替的新技术关系到稠油油田能否可持续生产的大问题。2005 年元旦刚过，时任辽河油田特种油开发公司总地质师的杨立强，带领一帮科技人员，在前期调研、室内研究的基础上，开始编制《辽河油田曙一区杜 84 块超稠油蒸汽辅助重力泄油（SAGD）先导试验方案》。也许当时谁也没有想到，这个方案成了辽河油田未来 13 年持续稳产的重要组成部分。

一提起 SAGD 技术，我国关注稠油开发的科技工作者，尤其是杨立强和他带领的团队并不陌生。在 20 世纪 90 年代，辽河油田曾经在加拿大相关技术专家的指导下，开展过双水平井 SAGD 的现场试验，但由于当时对技术掌握不足，配套工艺不完善而停止试验，这项技术成为辽河技术人员的禁区。杨立强和他的团队要踏入禁区重新进行 SAGD 开发稠油的可行性研究时，有人曾善意提醒他，"年轻人，你再搞 SAGD，也想尝尝失败的滋味？"甚至有人背后把想搞 SAGD 的人叫作"傻瓜蛋"。重提 SAGD 技术意味着什么？杨立强心里十分清楚。

从 2001 年开始，任辽河油田特种油开发公司油藏所所长的杨立强带领科研人员苦苦求索稠油油田接替的技术，他从为数不多的英文资料介绍上了解到，在加拿大 SAGD 技术已经被应用在超稠油生产中。他将目光投向了世界稠油开采大国——加拿大。他通过自己的同学朋友四处搜集加拿大关于 SAGD 开采稠油的技术资料和相关信息，最后看到的技术报道让他兴奋不已，SAGD 技术是目前世界上开发稠油、超稠油的一项前沿技术，其采收率可达

60％以上，是常规的蒸汽吞吐和气驱开采的 2~3 倍。与此同时，他和团队科研人员将加拿大采用 SAGD 开采的油层与辽河油田曙一区的油藏数据进行对比，其结果更让他和团队雀跃欣喜，这个区块超稠油油层的地质条件与加拿大采用 SAGD 开采的油层相类似，在油层厚度等方面还要优于加拿大。但是油藏埋藏深度比加拿大的稠油几乎深 2 倍，加拿大是浅层稠油，而曙一区稠油属于中深层。SAGD 是否适合这个区块？他带领团队进入了更加深入的关于辽河油田稠油 SAGD 开采的辽河油田可行性研究，从理论技术、应用及经济性展开了多方面、多角度的论证。

杨立强和他的团队认为，只要解决三大技术关键就可在辽河稠油油田实施 SAGD：一是解决好 SAGD 井的钻采油藏工程方案的设计问题；二是解决提高蒸汽干度的问题；三是解决好高温下热采大排量抽油泵问题。杨立强对此坚信不疑，暗自给自己鼓劲，要把 SAGD 技术做成"大金蛋"。杨立强和他的团队将重点放在三大问题的研究上，经过近 1 年的努力，提交了在辽河油田杜 84 块实施 SAGD 技术的试验方案，辽河油田公司管理层决定由杨立强负责的辽河油田特种油开发公司来执行这个方案，公司领导要求"只许成功，不能失败"。杨立强为 SAGD 技术在辽河油田找到了新的领地，也由此开始了艰难的跋涉。

SAGD 技术通常采用"成对"的水平井来开发，而辽河油田油藏埋藏深、压力高、老井多。杨立强想到经过蒸汽吞吐后能够降低油藏压力，符合 SAGD 开采的压力条件，就采用原有蒸汽吞吐的直井作为 SAGD 的注汽井、新钻水平井作为 SAGD 生产井的新型 SAGD 技术开发方式，使原来的老直井得到了有效利用，降低了投资，又解决了超稠油油藏夹层多、油层连续性差、注采关系调整困难的问题。

对 SAGD 开发方式而言，井底对蒸汽的干度要求很高，超过 70% 才能让油流动起来，这是重力泄油的前提。而辽河油田稠油埋藏深，原有技术条件下井底干度仅能达到 40% 左右。通过改进井筒隔热技术，可以提高到 55%，那剩余的 15% 在哪里提高呢？杨立强想到油田的注汽锅炉出口蒸汽干度能达到 75%~80%，还能不能再进一步提高？通过调研，改用汽包炉能够达到目的，但投资较大。不过通过借鉴发电厂汽包锅炉的核心技术，并吸收国外汽水分离器优点，反复试验，数次改进，最终突破技术瓶颈，设计出符合 SAGD 要求的大容积球形汽水分离器，使注汽干度达到 99% 左右。

杨立强秉持"自主创新、集成创新、引进吸收再创新"的攻关理念，率领团队突破了一个又一个技术难题：提出蒸汽驱和重力泄油共同作用的复合驱理论，建立了蒸汽驱辅助重力泄油的新型开发模式，突破了国外 SAGD 开发深度 500 米的技术禁区。利用 SAGD 高温产出液和汽水分离器分离高温水的余热，给注汽锅炉进口水换热提温，大大节约了注汽成本。在这期间，他与团队成功研制出了循环预热专用井口、耐高温专用抽油泵及循环预热专用设备等，打破了国外垄断的井下高温高压监测、观察井管外光纤测温、双管井口、双管注汽等技术；开展了高温脱水、高温集输两项现场试验，形成了 SAGD 开采工艺技术配套。

身高 1.86 米的杨立强被大家亲切地称为"大杨"。2006 年底，辽河油田成立 SAGD 开发项目管理部，36 岁的他被任命为主任。在项目组成员眼中，杨立强是一个复合型人才。技术研究上，他的思路富有前瞻性，经常与国际油公司 SAGD 技术发展趋势不谋而合；现场试验上，他有魄力，"排兵布阵"能力特别强；现场施工中，他有办法，遇到难题总会迎刃而解。

2003 年 9 月 15 日，先导试验区馆平 11 井开钻。这是馆陶组 70 米直井间打的第一口水平井。垂直井深 650 米，水平位移却长达 1400 米，是一口有特殊井身轨迹的"J"状井。杨立强提出这样的设计出于避免边水对油层的入侵、增加泵深和躲开老井高温低压区易造成钻井液漏失的考虑。

2003 年 9 月 30 日凌晨，馆平 11 井到了下套管的时候，却出现了套管怎么也放不下去的情况。如果套管不及时下到井底，无论造成卡井还是井壁塌陷，都会白打一口水平井，重新再钻一口井就是 450 万元人民币的投资。大家都着急了，聚集在现场想对策。

杨立强闻讯连夜来到现场，他和技术人员一起细致分析后，果断提出了处理建议："加重钻杆增加一倍，加大管串自重；套管引鞋改成软金属材料，避免卡入地层；钻井液中加入树脂小球，增加润滑度；频繁通井，保证井壁光滑"。

经过几个小时的紧张准备后，2003 年 9 月 30 日上午 10 点钟，第一根套管下到井中，下到转弯处，使用加重钻杆。随后，一根连一根的套管顺利下入井中，11 点 30 分，该井的最后一根套管"倏"的一下进入井中，井场上技术人员和施工人员高声欢呼起来。

为了显著提高 SAGD 现场应用效果，需要技术不断创新，杨立强相继提出发展大机大泵、大排量注气锅炉等技术，完善水平井监测系统，水平井产量达到直井产量的 2~3 倍，成本却只相当于直井的 55%。他提出采用外加厚套管完井技术，有效降低了套变率，6 年来，节约大修成本 1.86 亿元。

SAGD 技术作为试验项目，需要相关部门和单位的协调配合。杨立强采用"矩阵式管理模式"，把 8 个 SAGD 先导试验井组并入一个作业区内统一管理，将项目组分为地质、工艺、生产运行三部分，每周召开一次生产例会，遇到问题，集体讨论，及时提出解决方案，避免重复劳动，同时集思广益，充分发挥了各部门的作用，使整个项目平稳高效运行。

从油藏工程到地面工艺的一整套适合国内超稠油生产特点，并拥有自主知识产权的

SAGD 技术，解决了超稠油生产各个环节中的技术难题，使采收率提高 30 个百分点，单井日产油从初期的 40 吨上升到 110 吨以上，各项生产参数都符合方案设计指标，总体达到了世界先进水平。

SAGD 技术的应用使辽河油田 1.05 亿吨稠油储量采收率提高 30% 左右，增加可采储量 3000 万吨，延长开发寿命 20 年，相当于又发现一个亿吨级新油田。

这项技术已获得 22 项国家专利，使我国成为继美国、加拿大之后第三个掌握该技术并规模化应用的国家。

2006 年 10 月，杨立强代表辽河油田向中国石油天然气股份有限公司作 SAGD 先导试验项目验收汇报，得到中国工程院院士韩大匡等 15 位专家的一致好评。SAGD 先导试验项目在中国石油首批十大重大开发试验项目中第一个通过验收。

2009 年元旦刚过，杨立强在办公室查看生产报表，发现先导试验区的高产井产量明显下降。他叫上司机直奔 40 公里外的井场。现场人员解释说，生产井井底温度上升了 10 摄氏度，可能是蒸汽窜入生产井，所以采取了降低采液量的办法来抑制汽窜。他马上问道："观察井温度、压力有什么变化？"现场人员回答："压力上升 0.5 兆帕，温度上升 8 摄氏度。"杨立强思忖片刻后，让操作人员把采液量提起来。看着操作人员不解的目光，他说出自己的分析过程：近期周围井集中转驱，注汽量增大，造成了 SAGD 生产井井底压力上升，导致产出液温度上升；想降压降温，就必须提高采液量而不是降低采液量。这问题看似简单，却涉及传热学、工程热力学等知识，这些原本属于热工专业、石油加工专业的知识，都是他挤时间自学得来的。一个判断的失误，用整整一个月的时间才能把油井产量提回到原来的水平。通过这件事，操作人员又记下杨立强的一句话：不全方位、多角度分析问题，得出的结论一定是错误的。

杨立强和他的团队倾注了 10 多年心血的 SAGD 项目成功了。如今的辽河油田 SAGD 已经成为稠油开采的主体技术，取得了多项重要研究成果，对于推动稠油开发方式的转变和促进国内同类油藏的开发，都具有非常重要的战略意义。

2009 年，以 SAGD 为主体技术的"中深层稠油热采大幅度提高采收率技术与应用"获得国家科技进步二等奖。

让水驱技术进入精细化时代的领军者刘合

　　刘合，1961 年 3 月出生于黑龙江，1982 年 7 月毕业于大庆石油学院石油矿场机械专业，2017 年当选为中国工程院院士，中国石油勘探开发研究院教授级高级工程师。在他人生旅途中，他跨过了一道道山峰，在科研上取得的成就令人羡慕，面对困难和挑战敢于应对，非常令人尊敬。

刘合在国外做报告

　　他长期工作在油田生产科研一线，从事油气田开发及工程技术管理研究，主持研发的桥式偏心、同心分层注水与高效测调工艺技术等达到国际领先水平，成为我国注水油田开发的核心技术之一。他在井筒控制工程技术、套损井预防和综合治理、低渗透油气藏增产改造等方面也取得了斐然的成绩，为我国老油田提高采收率、低渗透及复杂油气藏高效开发作出了重要贡献。

2001 年，大庆油田公司选派他赴加拿大卡尔加里大学深造。他感到这不仅仅是组织的关怀，也是鼓励与鞭策，更蕴含着深深的期望。在学习期间，为早日通过语言关，无论是课上还是课下，无论是什么话题，他主动与老师、同学用英语进行交流，不放弃任何机会进行听说训练；为了跟踪国内外油田采油工艺发展状况，他将当时近 5 年的 SPE 会议发布的重点文章搜集起来，进行系统学习和研究；没有时间读的文章，他就复印下来带回国继续研究；为了学习加拿大石油工业情况和科技进展，人生地不熟的他通过多次奔波、联络、沟通，付出了艰辛的努力。

远隔重洋的他一直挂念着重病在床的老父亲；2001 年初，父亲就已经重病卧床，他作为唯一的儿子，以"忠孝不能两全"来宽慰自己，毅然踏上了异国他乡的学习征程。孤寂的生活令他更加思念重病的父亲，只能偶尔通过电话询问父亲的病情，听听父亲的声音，向父亲说着一切都好的"美丽的谎言"。没能见到老父亲最后一面，成为他心中永远的痛。终于，在他知道再也见不到慈父容颜的那一天，再也聆听不到慈父教诲的时候，这个刚强汉子的眼泪止不住落了下来——谁说"男儿有泪不轻弹，只因未到伤心处"。一年后，当他满载学识重新踏上家乡土地的时候，才有机会在老父的墓前诉说异国他乡的思念，恳请他的原谅。

最终，他以优异的成绩完成了学业。留洋归来的他，没有就此停止了勤奋的脚步，而是以更加饱满的精神投入到工作中。2002 年初回国后，他被大庆油田公司任命为全国最大的采油工程专业研究单位——大庆油田采油工程研究院院长，新的世纪，他带领研究院开始了向新的科技高峰攀登。他很少休节假日，每周都有三四天的晚上在办公室里伏案学习工作到后半夜。在这期间，他组织的"桥式偏心分层开采及挖潜配套技术"等项目攻关，为成功解决桥式偏心分层注采系统注水、测试技术一体化联作的室内实验，实现双卡、测单层不改变工作状态的动态、瞬时监测，获取以前无法测取的 25 项分层资料，他在办公室一住就是 10 多天。当时，他患上了重感冒，发着高烧，医生劝他卧床休息，但他没有听从医生的劝告、坚持带病工作，在办公室一只手输液，另一只手翻材料，与有关技术人员讨论实验中遇到的技术难题。有一天晚上，他高烧 40 摄氏度，只好在 11 点多钟把大夫请到办公室继续为他输液。大夫感动地说："没有见过你这样的领导，干起工作不要命。"由于工作忙，他曾 3 次中断点滴，导致感冒一次次加重，前前后后拖了 20 余天。

21 世纪的到来，大庆油田面临着巨大的开发困难，储采失衡、产量递减、含水上升等问题，向油田的科技工作者提出了艰巨的挑战。刘合深感自己肩上担子的重量，也清楚地知道刚接手的采油工程研究院在油田的开发中发挥着举足轻重的作用；从主管技术的采油厂总工程师到采油工程研究院的院长，从带领油田一线技术人员进行技术实施者转变为全油田采油工程技术研发的承担者。伴随着工作的变迁，责任也随之发生了变化。油田需要低成本、高水平、高效益、可持续发展，作为技术领导就要以技术创新为根本满足这些要求。

2002年新年刚过，刘合院长就会同研究院党政领导班子带领科技人员深入采油厂，开展了调查研究，查找出油田生产中86项难题。回来后，经过技术委员会及有关部门的论证，确立了20项攻关课题，5项新技术推广项目。由于针对性强，符合生产实际，当年就有23项顺利通过大庆油田公司的开题论证。针对同心集成注水技术推广中存在的问题，他立下军令状："2002年要有一个交代"。话一出口，大家投来了惊疑的目光。了解他的人说：刘合这人能说到就能做到。"言出法随"，他一方面积极组织攻关，另一方面带领有关技术人员走访采油厂技术人员和一线工人搞调研。在有采油厂技术员、各方面专家参加的技术研讨会上，他深情地说："同心集成注水技术是我们油田在全国领先的技术，凝聚了科研人员多年的心血，实践证明技术原理是可行的，效果是显著的；但是由于我们油田情况较多年以前发生了较大变化，我们的技术没有及时改进给大家使用带来了麻烦，我们感到很抱歉；希望大家能够和我们一道珍惜这项来之不易的技术，指出毛病，提出要求，我们一定虚心接受，努力改进。"推心置腹的一席话，令所有与会人员为之动容。真情实意换来的是可喜的回报，在科研人员的攻关下，在采油厂的大力配合下，该项技术在工具结构、管理和操作程序上都有了较大改进，长度由原来的2.6米缩短到1.8米，质量由20公斤减少到10.7公斤，大大降低了工人的劳动强度，成功率则由过去的70%提高到90%，测试周期提高了近一倍。

刘合院长始终没有忘记完善水驱技术、发展聚合物驱技术是采油工程研究院的立院根本，从两个方面着手进行攻关，一是解决好低成本高效配注工艺技术，二是解决好采油井的正常采出工艺技术。在全院干部大会上，他引用古今中外创新事例，利用通俗易懂的寓言故事，深入浅出地启发大家，勇于挑战技术极限，加快技术创新步伐。他带领聚合物驱研发团队率先垂范，开始了一系列适合大庆油田特点的具有国际领先水平的工艺设备和工艺技术攻关。首先，发展和完善了聚合物驱螺杆泵采油配套技术。其次，创新研制了环形降压槽分注工艺，解决了剪切的难题。

他在大庆发展聚合物驱的同时，把目光放在了全国和海外，积极探索强强联合、谋求双赢，大大加快了科学技术向生产转化的步伐，仅通过联合攻关，研制聚合物驱螺杆泵驱动头就创效150万元。凭借先进实验设备，对中国石化胜利油田、南阳油田应用聚合物样品进行检验评价，使聚合物分注技术在中国石化应用，创产值110多万元。为了完成与中油一阿克纠宾油气股份有限公司签订的分层注水、分层堵水技术服务合同，他打破部门界限，成立了项目经理部，从技术、商务两个方面严格按照ISO9000及国际商务规范运作，使采油工程技术对外服务首战告捷，在海外市场打出了"大庆品牌"。为降低成本、提高效益，他采用"科学树"管理方法，对全院经营目标"分枝分节"进行管控，使成本得到有效控制，2002年上缴节余953万元。在全过程管理中，把阶段性、突击性的审计转变为常规性审计，实现了全过程跟踪审计，以合同"三审制"控制了签定预算外合同现象的发生。

新观念、新思路、新方法使大庆油田采油工程研究院工作登上一个新台阶。2002年，大庆油田采油工程研究院承担科研课题69项，实现产业化项目1项，通过评定验收23项，科技成果优秀率达到65.22%；国内市场创收648万元人民币，国外市场创收36.85万美元。

也许是他多年来在采油生产一线工作的缘故，与采油厂结下了不解之缘；也许是他生就的朴实无华的性格，养成了深入基层，与采油一线勤交流、勤沟通的作风。而这正是科研攻关中所必须具备的深入实际、求真务实的工作作风。他常对研究人员说，我们研究的东西要在生产实际中应用，要得到采油厂用户的好评，必须脚踏实地，科技人员、项目经理亲自去盯现场，掌握第一手资料，而不能当"老板"，指手画脚。否则，项目鉴定了，拿了红本，在实践中得不到推广应用，他坚持走技术常用常新的理念，不断适应变化的油藏的需要，分层注水技术一干就是40年，形成了"第三代"和"第四代"分层注水技术。他要求科研人员要务实，要面向油田开发实际，科学论证，严格选题；要向油田专家请教、与采油厂的技术人员交朋友，多交流信息；对于技术中存在的不足，要敢于面对现实，共同讨论解决方案。有时为了一个疑点、一个问题，要与有关人员反复磋商，力求达成共识。

新领域意味着新挑战，新挑战意味着新机遇。当选中国工程院院士的刘合，正以崭新的视角审视着前方，以坚实的脚步求索跋涉，竭尽全力地攀登着一个又一个科技高峰。为更好继续保障国家能源安全，他将新的研发重点聚焦在第四代分层注水技术的研发上，这项新技术是采油工程技术领域中的一项集"机、光、电、智一体化"的高新技术，可谓是采油工程技术走向智能化的最核心技术。他已在该技术领域取得了井下注入装置由地面一键自动控制的重大突破，已进入现扬先导试验，还在走向注入采油的智能控制……。刘合院士还提出在油气开发方面，应瞄准原油稳产上产和效益开发，加强提高采收率技术攻关，推动油气生产持续健康发展。重点深化战略规划研究，支撑老油田产能建设和效益挖潜，推动低渗透低品位储量有效开发，加强复杂油气储量效益动用研究。刘合院士始终以"我为祖国献石油"为神圣使命，在当前复杂多变的国际能源大环境和推进生产及消费革命的中国能源新形势下，探索和实践着油气勘探开发创新之路，必将使花甲之年又焕青春再创辉煌！

中国石油重大科技成果中的

*创新*故事 >>>

钻井工程 >>>

套筒滚子链条长寿的秘诀

石油钻机滚子传动链是柴油机驱动钻机的关键动力传动和驱动部件，链条的主要任务是连接大功率发动机（1500~2000马力），提升几千米钻具的重载荷，保障钻具起得动、起得快、放得下；驱动旋转设备和钻具，为钻井作业提供一定的转速、扭矩和保持一定的钻压；实现发动机的传递并分配给各系统，完成变速、减速、并车、倒车等传动和驱动功能。由于其驱动功率大、传动速度快、传动距离远、精度高，且制造成本低、维护简单，在钻机机械传动连接中被广泛应用。

大港石油管理局总机械厂于1973年开始生产32S石油链条。1975年，国家确定对100项基础产品进行攻关，链条产品排在第33项，该项目被列入第一机械工业部和石油工业部攻关计划，受到高度重视。1976年，石油工业部组织由大港油田总机厂牵头的九个单位共同开展"石油钻机2英寸双排套筒滚子传动链条质量"攻关。历经4年持续攻关，完成6个程序，项目于1979年通过两部委组织的技术成果鉴定和联合推广应用，标志着我国石油钻机链条产品的制造水平、制造实力和产品标准及规范上了一个新的台阶，提高了石油链条的可靠性。石油钻机钻井能力得到新的保障，不修不换打完1口3200米中深井，链条寿命由过去600~1000小时上升到3000小时。实践表明，通过千节链条传动和驱动，以机械方式带动了整个钻机作业链运转，实现良性循环。

当年链条质量问题多，使用寿命短，严重影响钻井作业效率

链条传动主要由链条、链轮、张紧装置、润滑装置和密封链箱等几部分组成，由于传动链长期在高速、重载、大风沙、冲击及润滑不良的条件下工作，卡、松、晃、断现象多，所以链条是系统中最薄弱的环节。链条使用寿命短，导致钻机经常停钻，严重影响了钻井周期，同时由于停钻导致井筒岩屑堆积，也极易引起井下卡钻等复杂事故发生。

当时，我国油田勘探开发领域中大量使用大庆Ⅰ-130、R3200、ZJ130等机械传动类型的钻机，其配套的2英寸双排及三排链条约占我国石油链条的70%。由于原链条设计为开放式润滑，仅适用于低速、轻载和井深在 2000 米以内的钻井施工。后来，随着油田会战及上产需要，在原有钻井设备的基础上，要求加速油田开发，利用现有旧钻机打 3000~4000 米的深井，只有采用提高钻速和钻压等强化钻井参数的措施才能实现，结果导致链条工况恶化，安全系数下降。尤其是用于绞车传动的 2 英寸双排链条销轴断裂增多，往往需要在钻井作业中多次更换链条才能完钻，导致钻井周期延长，钻井成本增加。立项攻关，提升链条使用寿命，满足钻井作业进步的需求已经势在必行。

攻关组以不入虎穴焉得虎子的决心，深入钻井作业现场调查分析链条短寿原因

"工欲善其事，必先利其器"，为有效解决链条产品使用寿命短的问题，按照石油工业部要求，大港油田总机厂牵头组织成立了由大隆机械厂、吉林工业大学、兰州石油机械研究所等单位组成的"产、学、研"一体化的 2 英寸双排套筒滚子传动链条质量攻关小组。总机厂攻关小组主要由王彦平、穆志敏、陈文新、李春富、王纪本等人员组成。攻关小组以"发挥优势，聚力攻克"的准则进行联合科技攻关，负责项目的前期方案制定、实施、现场试验、效果跟踪及成果固化等内容。

项目攻关小组以延长链条使用寿命为目标，在充分认识到当前链条的质量问题直接影响到钻井速度的提高、钻井成本的下降和钻井井深的基础上制定了科学合理的科技攻关方案和 6 个程序。之后，攻关组以"啃硬骨头"的劲头，在科研设备落后、研发资金短缺的情况下，发扬"大庆精神"，不计报酬，主动放弃个人休息日、节假日，加班加点地开展研发和试验。

研发人员首先克服了交通不便的困难，想方设法通过搭车、乘坐长途汽车、步行等方式，几经辗转，深入使用此种链条的井队进行调研。通过将链条损坏的部件取回，通过清洗、解剖对卡点及裂纹断口进行分析，查找出链条损坏的主要原因为润滑条件差，导致磨损加剧，加上销轴等材料的弯曲疲劳强度不足，最终导致链条断裂。

攻关不怕艰，创造条件砥砺前行，全面提升链条产品性能和寿命

查找到链条使用寿命短的原因后，攻关小组以材料选择、制造工艺研究及热处理工序提升为重点，制定了详细的技术提升及改进措施，按照整体设计、材料优选、工艺改进、专项台架考核标准建立、现场试验及应用效果验证 6 个程序，完成了链条寿命提升的整体攻关。

1）整体设计

攻关组深刻认识到技术和质量提升中"细节决定成败"，由王彦平负责整体设计和协调，针对链条现场恶劣的工作环境，重新设计开发了新颖的链条套筒结构，将原开放式润滑改进为相对密封润滑，有效地减少了风沙对传动链的磨损，改善了链条内部工作环境。同时，攻关成员在各零件配合、尺寸设计过程中，采取边试验边改进的方式，先后经过十多次设计、加工、试验过程，获得了销轴、套筒与链板之间的最佳过盈量尺寸，提高了链板的抗疲劳性能，并使装配牢固度明显增加，保证了内、外径有较高的抗扭能力，解决了链条松动散架的问题。此项研究取得了决定性的技术突破，提高了零部件的精度和质量，有效地保障了链条始终在正常的工作状态下运转。

2）材料优选

通过试验，完成了销轴和链板材料的优选，提升了链条关键零部件的抗磨损及抗疲劳破坏能力，从而达到提高整节链条强度的目的。在改进结构及装配要求的基础上，对各传动件的强度分别进行了校核分析，经过反复的试验和优选，最终销轴材料选定为既有较高硬度又能维持良好韧性的 20Cr2Ni4A 高级合金钢，链板选定为有较高抗疲劳强度的 42CrMo。

3）工艺改进

根据重新设计的套筒滚子链独立滚动密封体系要求，在以下方面进行了工艺的改进和提高。

（1）销轴热处理工艺。通过对销轴材料 20Cr2Ni4A 高级合金钢的深入研究及多次性能试验，确定了渗碳—空冷—高温回火—淬火—低温回火的热处理工艺，克服了销轴化学热处理的缺点，使其具有较高的硬度又能维持良好的韧性，大大提高了销轴的耐磨性能及抗疲劳能力。

（2）滚子低碳马氏体强化。通过对加热温度、加热介质、保温时间及冷却介质的试验优选，掌握了滚子处理关键工艺参数，解决了淬火变形问题，保障了批量生产的实现，同时采用低碳马氏体强化技术使滚子工艺压裂强度比原来提高了近一倍。

（3）链板热处理工艺。通过对链板热处理工艺的深入研究，改进盐浴电炉、氮基保护器气氛炉等设备，开发了装夹—加热—油淬火—清洗—回火的热处理工艺，后经挤孔处理后其抗疲劳性能可以高达 74.48 千牛，性能指标远远超出了 API-7F 标准中当时对链条抗疲劳强度的要求。

同时项目攻关组还研制形成了套筒卷圆成型及热处理工艺、销轴端镀铜防渗措施等关键部件的加工制造工艺，大幅度提升了链条各零部件的综合性能及使用寿命。

4）专项台架考核

由于石油链条试验牵涉面广、时间长、成本高，项目组对试验方法和试验方案均进行了认真研究，科学合理地制定了链条的室内台架试验方案，力求用最小的代价取得最满意的成果。

（1）室内性能试验。为保障后续质量攻关工作的顺利实施，减少由于质量问题产生的损失，项目攻关组在销轴和链板热处理工艺参数优选、金相组织分析与控制等方面进行了大量试验，最终形成了成熟稳定的加工制造规范工艺，为后续项目的顺利实施奠定了坚实的基础。

（2）可靠性台架试验。在兰州石油机械研究所的疲劳试验机上，采用三点弯曲脉动疲劳试验，应用升降法测出了销轴的疲劳极限和分布规律，验证了销轴安全及可靠性；同时设计了专用卡具并进行了链段疲劳试验，测出了链段的疲劳极限和分布规律，验证了链板和销轴的抗疲劳能力。最后通过专用的链条可靠性试验台，按规定的技术要求进行了耐久试验，统计了零件失效数，测试了过盈配合部位和止锁结构的牢固性，检测了链条磨损伸长量，为可靠性分析评估提供了参考依据，保障了现场试验的安全性。

5）标准规范建立

在项目攻关过程中制定了零件和整体链条产品质量标准和有关规范，建立并实施链条产品制造工序和有关管理制度。

6）现场试验及应用效果验证

由于石油链条长期在润滑不良的条件下工作，因此现场使用寿命的考核是链条质量攻关中最后也是最重要的一环，材料更换、工艺的改进都需要通过现场试验最终验证。攻关小组为使试验具有充分的代表性，对试验的井队、井下地层状况、钻机型号、钻井工艺等因素进行了综合考虑后优选了试验地点，克服天寒地冻种种困难，先后深入大港、中原、辽河等油田进行产品现场试验，跟踪链条使用效果。各试验井队试验链条均装于钻机传动部位和驱动部位，由井队师傅按要求使用、维护和保养。"梅花香自苦寒来"，通过连续五个多月的现场试验考核，由于新的滚子链条强度高、不断链，显著减少了发生事故的可能性，使用效果受到钻井队工人师傅的高度评价，也很好地完成了不修不换打完一口 3200 米深井，或连续工作 2000 小时以上，甚至累计寿命达到 3300 小时的立项目标。

1976—1979 年，两部联合实施的"石油钻机 2 英寸双排套筒滚子传动链条质量攻关"项目，使当时主力钻机大庆 I -130 型钻机链条的使用寿命大幅度延长一倍以上，有效地解决了链条强度和耐疲劳寿命低等一系列问题，满足了重负荷快速钻井作业的需求，深受钻井队的欢迎该项目不仅大幅度提升了国产链条的设计、制造及检测水平和能力，也为后续攻关培养了一批技术骨干和专家队伍，为中国石油钻井的发展作出一定的贡献。

"石油钻机 2 英寸双排套筒滚子传动链条质量攻关"于 1979 年获中国石油天然气集团公司优秀成果一等奖。

李克向研究喷射钻井技术

喷射钻井是国外 20 世纪 60 年代发展，70 年代完善的一项先进的钻井工艺技术，现今仍广泛应用于先进国家的钻井工艺；1979 年开始用于生产。

喷射钻井与常规钻井的区别是：钻头在井底工作时，喷射钻井增加了 2~3 股射流的水力冲击作用，由于钻井过程中钻井液柱的压力往往大于地层孔隙压力，造成的压差使钻头牙齿破碎的岩石（岩屑）不易脱离井底，使钻头产生重复切割，降低钻井功率。喷射钻井时，射流直接冲击井底，可使钻屑及时脱离井底，使钻头牙齿切削新鲜地层，从而提高钻井效率。

1972 年，江汉会战结束，李克向调到石油勘探开发规划研究院，任钻井副总工程师、生产办副主任、工程室主任。当年就参加了以唐克部长为团长，焦力人、宋振明副部长为副团长的考察团，赴加拿大、法国。参观考察后他发现，国外喷射钻井、低固相钻井液和四合一牙轮钻头三大技术，对推动钻井技术发展起了很大作用。回国后，李克向以书面报告形式向石油工业部领导建议发展这三大技术。部领导决定由张文彬和焦力人两位副部长负责推进喷射钻井三项技术的试验、推广应用。为了保障这三项新技术生根发芽成长，由李克向负责新技术培训、装备配套和试验井，并先在胜利油田办起第一期钻井总工程师培训班，讲解喷射钻井、低固相钻井液、四合一牙轮钻头。部里有关部门抓了以固控设备、高压管汇、球型空气包、三简一轻等为主的钻机技术改造和装备配套，为下步开展试验、推广喷射钻井技术创造了条件。

1982 年底，为了弄清困扰钻井队年进尺进一步提高的症结，李克向组织有关同志一块下到油田现场调研，先后来到华北、胜利、四川、中原、新疆等油田。他从调查分析出发，带着两个问题：一是喷射钻井的泵压多大合适？二是 1979—1983 年全国平均队年进尺总徘徊在 10000 米左右，能不能再提高呢？

在华北油田调查后，通过座谈分析资料，他们发现了凡是泵压升得高的钻井队，钻头比水功率都大，喷射速度高，钻压也大，而喷嘴排量较小。为了弄清楚原委，他赶到中国石油大学钻井水力实验室，将现场调查结果和中国石油大学刘希圣等老师做的室内实验结果一起做了分析，证明提高水力功率能提高机械钻速，再经深入分析讨论认识到：水力因素既能清除岩屑又能辅助破岩，实际存在着水力因素与机械因素互为破岩的过程。通过理论结合现场作业工况参数，初步找到了影响提高钻速的症结所在。

调研钻井作业现场状态基本搞清后，回到部里，李克向以《实践论》《矛盾论》为指导，采用辩证思维方式，化繁为简、分类排列喷射钻井作业三种状态。同时，为了便于牢牢掌握和普及推广，李克向确定将以上三种状态概括为三个阶段，即泵压为 10~12 兆帕，比水功率小（0.34~0.35 千瓦/平方厘米），此阶段为喷射钻井一阶段，该阶段机械钻速最低、成本高；泵压开到 14~15 兆帕称谓二阶段，机械钻速中等，泵压开到 18~20 兆帕，比水功率高（1.4 千瓦/平方厘米），此阶段为喷射钻井三阶段，机械钻速最高，成本最低。他给石油工业部科技领导小组写了报告，建议发展喷射钻井三阶段钻机，巩固二阶段钻机，消灭一阶段钻机；建议各油田做出规划，分期分批实现，还建议做出装备配套规划分期实现，重点抓好大功率钻井泵的配备。

石油工业部领导采纳了李克向的建议，从 1984 年起在全石油系统组织推广这项技术，钻井速度有了大幅度提高。1984 年全国平均队年进尺提高到 12756 米，1985 年全国平均队年进尺又提高到 13794 米，结束了五年来台年进尺在 10000 米左右徘徊的局面。"七五"期间，每年计划钻进 1500 万米，如按原计划台年进尺 12000 米，则"七五"期间需用 1200 台钻机；如提高喷射钻井水平，台年进尺可达到 15000 米，有 1000 台钻机就可满足要求，比原来少增加 200 台钻机，节省了大量资金。"喷射钻井技术的研究与应用"1985 年获国家科技进步一等奖。

1997 年喷射钻井在规模推广前，全国平均每台钻机年进尺只有 7206 米，规模推广喷射钻井后，全国平均每台钻机年进尺提高到 10442 米，平均每台钻机一年多钻进进尺约为 3000 米。以辽河油田为例，没有采用喷射钻井的 27 个钻井队，平均钻井井深 2236 米，台年进尺只有 7534 米，实行喷射钻井的 53 个钻井队，平均钻井井深 2592 米，平均台年进尺达到 13005 米。

罗平亚研究保护油层钻井液的故事

深井磺化酚醛树脂类钻井液是我国为钻深井和超深井而设计、研究的新型水基钻井液体系。它成功地解决了我国深井钻井液的耐热稳定性、流变性、滤饼润滑性和抗可溶性盐类污染等问题，填补了我国深井、超深井水基钻井液体系的空白。

罗平亚教授发明的一系列钻井液，特别是抗高温深井钻井液和两性离子聚合物钻井液，把中国的钻井液科技水平提高到世界的前列。

罗平亚院士

主动请缨奔赴钻井一线攻关

1973年冬，承担"女基井"超深井钻井任务的四川石油管理局成立了"三结合"钻井液技术攻关组，要求西南石油学院派出一名教师下到钻井现场协同攻关，一年一轮换。罗平亚得知消息后，主动跑去报名，卷上铺盖卷，揣着粮油关系证明下到钻井队。参加了 6000 米超深井——四川武胜女基井的钻井液技术攻关，从此，罗亚平的人生轨迹发生变化，他将自己的一切交给了钻井液，交给了油田化学事业。

罗平亚来到武胜龙女寺钻井工地，他是唯一的化学专业大学毕业生，组织上要求他担任钻井液攻关组主要技术负责人。

此前所使用的钻井液为一般材料制成的。如果钻达 6000 米，井下温度会达到 180~220 摄氏度，一般钻井液性能都会变坏，丧失作用，井就无法继续钻下去。当时全国没有人搞过，抗高温深井钻井液，缺乏必要的物质条件和搞科研的气氛。

研究工作异常艰苦，实验室在遂宁，中试工厂在成都、重庆，钻井队在武胜，来回奔波是家常便饭。当时，许多单位和工厂处于瘫痪或半瘫痪状态。有一次，为找一根玻璃电极，罗平亚竟在成都足足找了两天，最终还是在四川石油管理局的一个处长帮助下找到的；还有一次，为了找几斤煤油，也是想方设法托人开条子才买到了。

罗平亚在钻井液攻关中严格要求自己，凡是技术设计、方案设计、分析数据、修改方案都是亲自动手；重活、脏活、有毒有危险的工作，总是冲在前面。在进行新产品试制和现场试验时，曾经三次遇险受伤：1974 年，反应釜内的高温高压液体突然喷出，反应液灌入罗平亚脚内，烫伤严重，他忍着剧痛一直坚持到试验结束；1975 年，井队的三相闸刀因进了雨水，合闸时，整个闸刀全部烧断，罗平亚右手被严重烧伤，至今手腕上还留着鸡蛋大的疤痕；还有一次，在重庆化工厂做试验，突然 100 摄氏度的高压苯酚把反应釜的安全阀冲掉，有腐蚀性的苯酚液体从头淋到脚，致使他全身烫伤，双眼疼得睁不开，被送进医院。罗平亚躺在病床上，心想：现在变成瞎子，恐怕再也无法搞科研了。出乎意料的是，在医院大力抢救精心治疗下，历经 13 天，罗平亚的双眼竟奇迹般地复明了。他伤势未愈，脸部麻木，他就在床头柜上留下一张感谢医生的纸条便偷偷地跑出了医院，开始了新的拼搏。

汗水和心血浇灌的 800 多个日日夜夜，罗平亚与现场技术干部和工人师傅密切配合，终于探索成功打超深井最关键的钻井液技术新途径，研制出了急需抗高温钻井液新型控制剂 SMP-1、SMP-2 和抗高温钻井液处理剂磺甲基腐殖酸 SMC。

1975 年秋，运用该钻井液成功钻成中国第一口超深井女基井，井深 6011 米，实现毛主席提出的"我们也要打 6000 米"的指示，为中国石油钻井史谱写了新的篇章。此后，又陆续钻成 450 口深井和超深井，找到了近十个深部油藏，并解决了一些地区深井打不下去的问题。应用该钻井液第一次钻成了石炭系井，发现了石炭系成片气藏。

四川、华北、青海等油田推广这种钻井液后，大幅提高了钻井成功率和钻井速度，钻井总成本明显下降，从 150 台钻机统计，每年可缩短 18.9 个钻机月，每个钻机月作业费按 14 万元计，6 年内共节约费用 1588 万元。

深井磺化树脂类钻井液诞生

初次获得成功，使罗平亚一头扎进钻井液的学问里，早就忘了一年轮换一次这个规定，在现场一干就是五年。

1975 年，罗平亚又担任了我国第一口 7000 米超深井——关基井深井钻井液攻关组的主要技术工作。

高温会使钻井液变坏，能不能研制出一种新的处理剂混合到钻井液中，使钻井液在高温下不变坏，甚至变得更好呢？他一直在辩证性琢磨这个难题，于是他从研制磺甲基腐殖酸和磺甲基栲胶基础上入手，进行了改性磺甲基酚醛树脂方面的研制工作。进入 1979 年，他相继完成了室内研制和中试抗高温抗盐的钻井液处理剂——磺甲基酚醛树脂 1 型和磺甲基腐殖酸，经过关基井深井段现场应用，考核效果非常良好，成功地解决了我国第一口 7000 米超深井高温钻井液技术难关。

罗平亚在不断深入研究深井高温钻井液作用机理的基础上，在国内外首次提出了"利用高温改善钻井液性能"的理论观点，这种"井越深、温度越高、作用时间越长、性能越好、工艺越简单、成本越低"的超深井钻井液系列，于 1985 年终于完全建立起来。"深井磺化树脂类钻井液"形成了思路完全不同于国外钻井液系列的基本概念，基本实验方法和基本理论、产品性能超过美国"王牌"产品 RSinex，在世界上处于先进水平。全国普遍使用后，按当时的物价计算，一年可创经济效益 7000 万元。

创立两性离子聚合物处理剂

科学的探究没有止境，罗平亚的研究尚未达到理想的境界。他的头脑跨越国界，他的双眼瞄准世界先进水平。

聚合物钻井液技术是国内钻井液两大主要技术之一。他从研究聚合物钻井液作用机理出发，首次提出"两性离子聚合物钻井液处理剂"的新观点，重点研究聚合物官能团种类、配比、分子量等对抑制泥页岩水化分散和抗温抗盐钙作用机理最终与其他同志一起，设计、研制开发出系列新型两性聚合物处理剂，研究出与之相应的聚合物钻井液应用技术，解决了国内外聚合物钻井液抑制性与良好性能难以协调兼顾的技术难题，成为我国聚合物钻井液技术的主要组成部分及发展方向。

屏蔽式暂堵新技术出现

保护油层技术是一种多学科多专业的综合技术，是在油气井钻井工程和开发工程中渗透与交叉而产生的一系列技术。这些技术受到世界石油工业界同行的极大重视，成为近三十年来国外油气田勘探开发领域发展最快的技术之一，我国将其列为国家"七五"重点攻关项目。钻井、完井中对油层的保护是第一关口，但由于技术和经济原因，钻开油层时，钻井液在正压差作用下进入油层，其液相和固相粒子对油层必然会造成伤害。进入20世纪80年代末期，罗平亚与团队致力于保护油层的钻井、完井技术研究。他在充分研究固相粒子对油层损害机理的基础上，提出了在"打开油层的极短时间内（几分钟），人为地在油层井筒表面的几厘米内形成一个渗透率为0的损害带"。这种快速形成的浅层有效的损害带成为后期钻井、固井作业对油层损害的屏障，制止了对油层的进一步损害。完井后，用优化射孔技术将其射穿，从而达到在钻井、完井过程中，完全保护油层的目的。这种设想，"把钻井中客观存在、不可消除的对油层造成损害的两种不利因素——正压差及钻井液中的固相粒子，变更成为实施对油层完全保护的必要条件"，从而解决了国内外一直希望解决而尚未解决的技术难题。他的这种设想，经过理论分析、实践、验证和计算机模拟之后，其可行性得到证实，经过对其影响因素和边界条件进行充分研究，建立起了相应的物理模型和数学模型。以此为基础，研制出可以有效实施的"屏蔽式暂堵"系列技术，在国内上万口井进行推广，平均单井增产10%~20%，是全国石油公司重点组织全面推广的技术之一，已成为我国保护油层钻完井的主要技术。

"钻井抗盐稀释剂—磺甲基栲胶"于1980年获中国石油天然气集团公司优秀成果一等奖；"深井磺化树脂类泥浆"于1985年获国家科技进步二等奖；"钻井液用两性离子聚合物降滤失剂JT888系列"于1996年获中国石油天然气集团公司科技进步三等奖；"钻井完井过程中保护油层的屏蔽式暂堵技术"获中国石油天然气集团公司科技进步二等奖。

让石油管材更安全的李鹤林院士

"铁人"话启示攻关新目标，瞄准问题导向研发升级

1963 年 11 月，李鹤林由石油工业部借调到北京，在赵宗仁工程师指导下编写《石油机械用钢手册》。李鹤林节假日都不休息，查阅了合金钢方面的图书、期刊 140 多册，对我国和世界各主要工业国的合金钢状况有了全面系统的了解。两年后，《石油机械用钢手册》由中国工业出版社出版了 4 个分册。

在生产一线参观指导的李鹤林院士

1965 年 12 月的一天，李鹤林见到"铁人"王进喜后，改变了他的工作目标。他和王进喜在石油工业部招待所畅谈了 3 个多小时。临别时，"铁人"紧紧握住他的手，语重心长地说："直到现在，我们用的'三吊'还是外国货，这些洋玩意儿肥头大耳，钻井工人到 30 来岁就干不动了。你们要赶紧研制出我们自己的轻型'三吊'，把那些傻大笨粗的洋'三吊'赶下我们的钻台！"铁人"的话重重敲打在李鹤林的心上，他回到宝鸡石油机械厂，开始了石油机械用钢的研究开发和吊环、吊卡、吊钳的研制。凭着坚强毅力，小吨位"三吊"两年后诞生了。1970年，他把刚研制成功的两副50吨小吊环寄给了千里之外的王进喜和他的1205钻井队，应用效果良好，王进喜很快发来了热情洋溢的贺信。

在研制出小吨位轻型"三吊"之后，他和同事们又马不停蹄地奔向难度更大的新目标——大吨位轻型"三吊"，经过无数次失败后，终于获得了成功。同时，他还研究开发了高强度高韧性结构钢、无镍低铬无磁钢等10余种新材料，并系统地研究了喷丸强化和渗硼、氮化等表面热处理工艺，开展了十几种基础零部件的科研攻关，均取得较好的成效。

1978年3月，李鹤林出席了全国科学大会。他主持完成的"轻型吊环、吊卡、吊钳""无镍低铬无磁钢""高强度高韧性结构钢"等4项成果获全国科学大会科技成果奖，他本人获"全国先进科技工作者"称号。乘全国科学大会的东风，宝鸡石油机械厂组建了研究所，李鹤林任研究所副主任工程师兼材料研究室主任。1979年6月，他光荣地加入中国共产党。

多年来，我国使用的钻杆几乎全部是从国外进口的，每年花几亿元。长期以来，各油田不断发生钻杆刺穿、断裂事故，造成了重大经济损失。各油田纷纷邀请他们进行失效分析和仲裁。1981年，石油工业部成立石油管材试验研究中心，挂靠宝鸡石油机械厂。为解决这个老大难问题，1985年，李鹤林组织了一个钻杆失效课题组，奔赴各油田进行了历时3年的调查，并对200多起钻杆失效事故进行了系统分析研究，终于找到了问题的症结——钻杆内加厚过渡区结构尺寸不合理，导致严重的应力集中和腐蚀集中。李鹤林的研究成果澄清了国外在钻杆失效领域的一些疑点，并首创了双圆弧曲线结构提出了解决问题的方案。

1987年6月，他和石油工业部机械制造局赵宗仁副总工程师一起，参加了在美国新奥尔良市召开的API第64届年会，他的论文《钻杆失效分析及内加厚过渡区结构对钻杆使用寿命的影响》在大会上引起了轰动。会后，API决定采纳他们的成果，用于修订标准。日本、德国的几家钻杆生产厂也不惜巨资，按照这一成果对原生产线进行技术改造，并邀请李鹤林去指导。石油管材试验研究中心取得的一系列成果，进一步得到了上级领导机关的关心和重视。

研制新钢种新材料，石油机械品质升优

在提高石油机械产品质量和寿命的科技攻关中，李鹤林继承和发挥了他的恩师周惠久院士"从服役条件出发"的学术思想，提出了"以失效判据为依据，结构强度和材料强度相结合"的学术观点，并用这一思路对石油机械用钢进行了系统的研究。

中华人民共和国成立初期，我国合金结构钢一直照搬苏联钢种，以铬、镍为主。20 世纪 60 年代初，从苏联进口铬、镍受到限制。1965 年，国家经委提出开展一场"钢铁革命"，用国内富有元素代替合金钢的铬和镍。李鹤林在这场"钢铁革命"中，从石油机械的服役条件出发，分析、研究了一批关键的、有代表性产品的数据，有针对性地研究开发了高强度高韧性结构钢、无镍低铬无磁钢、高强度铸钢等 10 余种新钢种，把节约铬、镍与提高石油机械产品的质量和寿命相结合，取得了良好的效果，对我国石油勘探开发所需的钢铁材料作出了贡献。这些钢种有强大的生命力，至今仍在使用，有的还列入了国家标准。例如吊环原用 35CrMo、40CrNiMo 等含铬、镍的调质钢，采用高强度高韧性结构钢 20SiMn2MoVa 并改进结构设计和进行综合强化后，质量技术指标居国际领先水平。其自重只有苏式吊环的三分之一，而其寿命是美国 BJ 公司同类产品的 1.5 倍，是我国首批荣获国家质量金质奖的产品，也是获美国石油学会（API）质量认证并取得了 API 会标使用权的第一种中国产品。石油完井用的射孔器原用 PCrNi3Mo 油田中极易开裂。他分析服役条件，认为射孔器用钢在高强度应用环境中，必须有较大的塑性容量，他建议采用 20SiMn2MoVA 较妥。结果，更换钢材的射孔器寿命提高 1 倍，并节约材料费 30%。再如高强度铸钢用于吊钳和防喷器后，吊钳比国外进口同规格的负荷能力提高 1 倍，质量降低 100 多公斤；防喷器比美国同规格的强度提高 25%，塑性韧性更好。无镍低铬无磁钢等 3 种无磁钢用于各型电测车后，解决了油田长期存在的测井磁化干扰问题；高铬耐磨铸铁使钻井泵缸套寿命提高 5 倍；活塞杆用钢及表面强化工艺使活塞杆使用寿命提高 1 倍；对刹车鼓进行失效分析和正确选择材料使其寿命提高 2 倍；对吊钳牙板进行材料设计试验和热处理工艺研究，寿命提高 2 倍；高强度易切削防磁钢的研制成功，解决了电测车拉紧螺栓使用中的伸长失效问题。

科技领域再开拓者，创"石油管工程"新概念

20 世纪 70 年代后期，李鹤林的工作重点转移到石油管材方面。他从自己承担的一系列输气管道爆炸等灾难性事故和油井管断裂落井恶性事故的失效调查分析中，深刻认识到石油管应用方面的科技问题在石油工业中占有十分重要的地位。作为石油管材研究中心的学术带头人，他将石油管应用中的一些深层次问题列为主要研究对象，把深入研究石油管的服役行为和失效机理作为首要任务。在对石油管失效事故大量统计分析的基础上，他认为石油管的服役行为总体上包括力学行为、环境行为及两者的复合。1988 年初，在李鹤林的主持下，管材研究所增加了管柱与管线力学研究室、腐蚀与防护研究室及安全评价研究室。石油管的应用基础研究逐步发展为石油管的力学行为、石油管的环境行为、石油管失效的诊断及预测预防三个领域，并成为有机整体，形成了"石油管工程"的新概念。1998 年 6 月，在中国工程院第四次院士大会期间，李鹤林在机械运载学部的学术会议上作了题

为《"石油管工程"的研究领域、初步成果及展望》的学术报告。其后，他的专著《石油管工程》出版了。李鹤林在该书前言中阐述了"石油管工程"的形成过程，并强调指出："石油管工程"致力于研究不同服役条件下石油管的失效规律、机理及克服失效的途径，其最终的目的是提高石油管服役的安全可靠性，延长使用寿命，最大限度避免和减少失效事故，提高石油工业的整体效益。

多年来，李鹤林在"石油管工程"的科技领域开展了系统的研究工作，主持完成国家级和部级重点科研项目 40 余项，社会效益及经济效益都十分可观。其中，《钻杆失效分析及内加厚过渡区结构对钻杆使用寿命的影响》成果在钻杆刺穿孔洞形成机理、应力集中和腐蚀集中的变化规律等关键技术上有重大突破，并建立"先漏后破"准则，首创了双圆弧曲线结构。这项成果被国外各主要钻杆制造厂采用，新型钻杆使用寿命提高 2~3 倍。我国每年节省采购费约 1 亿元。该成果在 API 第 64 届年会上受到很高评价，并被采纳修改为 API 标准。"提高石油钻柱安全可靠性和使用寿命的综合研究"项目包括 8 个专题。建立了满足"先漏后破"准则的韧性判据，建立了钻具寿命各分曲线和判废标准；用人工智能语言，构造了钻柱失效安全库和综合统计分析库，以及计算机辅助失效分析系统。这些工作在前人研究的基础上有了较大的突破和创新，《钻柱韧性判据研究》等 5 项成果，被 API 采纳修订标准；《油层套管射孔开裂及其预防措施的试验研究》，弄清了影响油层套管射孔开裂的主要原因，解决了薄油层开采射孔串槽问题，大幅度延长了油井寿命；《石油钻铤失效机理及钢技术研究》成果被各制造厂采用后，钻铤由过去 100% 依赖进口，转变为 90% 以上立足于国内，年节约外汇 1400 万美元；提高非调质 N80 套管韧性水平的研究成果被阿根廷 Siderca 公司采用后，产品质量达到国际先进水平，该公司支付我方 100 万美元。由于他提出的学科方向和研究领域科学正确，石油管材试验研究所发展迅速，成为国内外有影响力的石油管工程研究基地，同时又是石油管材质量监督检验测试中心、国家进出口商品检验局认可实验室、中国科协失效分析和预防中心石油管材与装备分中心、国际标准化组织 ISO/TC67/SC1 和 SC5 两个委员会和 API 第一委员会中方技术归口单位、API 螺纹量规检定机构。

提出和完善"失效分析与反馈"理念

20 世纪 60 年代起，李鹤林主持完成了四川输气管道爆裂、黄岛油库爆炸起火、塔里木深井井架倒塌等 600 多项事故的失效调查分析，提出和完善了"失效分析与反馈"的理念。在他的许多著作中，特别强调失效分析的反馈，把设计、制造、储运、现场维护和使用等部门的反馈列为失效分析的一个重要环节。在失效分析实践中，他和他的同事们创立了包括全国钻具失效分析网、失效安全库、综合统计分析库和计算机辅助失效分析系统的失效分析与反馈闭环系统，使石油机械和管材防止失效分析工作有重大突破，失效事故大幅度减少。全国钻柱失效事故由 1986 年前每年 1000 起左右，下降到 1996 年 250 起左右，累计减少直接经济损失近 5 亿元。他主持的 20 多起涉外失效分析项目，共向外方索赔 400 多万美元。"钻杆失效分析及内加厚过渡区结构对钻杆使用寿命的影响" 1988 年获国家科技进步二等奖。鉴于他对失效分析工作的贡献，被授予全国有突出贡献的失效分析专家，并担任中国科协工程联失效分析与预防中心副主任及石油管材与装备分中心主任。他孜孜以求的石油管工程事业的美好前景正展现在人们面前！

让钻井平台"漫步"滩海的顾心怿院士

1974 年，胜利油田在渤海湾海边 5 号桩一带钻到一口高产井，这使胜利油田不仅陆上有油，浅滩、浅海也有油的说法更有了说服力和鼓舞力。但这一带传统的半潜式、自升式等钻井船受吃水限制不能作业，陆上钻机又下不去。如何在浅海搞石油勘开发成了难题。

为了尽早勘探浅海石油资源，1975 年春，胜利油田在当地政府的支持下，组织上万名民工修筑海堤向海上进军，顾心怿看到了民工在泥泞海水上奋战的壮观场面，被深深地感染了。这不是"精卫填海"新说吗？黄河多么伟大呀，养育了一群英雄的儿女。在感动的同时，顾心怿也深深自责，不能光靠老百姓吃苦、拼命来搞勘探，真正征服咆哮的大海采出石油，还应依靠科技进步。于是，一个设想强烈地撞击着顾心怿的心设计坐底式钻井船向浅海进军。这个初步设想受到油田领导的肯定，进而得到石油工业部的支持。

处在困难关头、咬紧牙关重要、三结合完成设计方案

由于从未接触过海洋石油装备，顾心怿只能通过学习钻研浅海坐底式钻井船领域专业知识，对国外坐底式钻井船有了初步了解，比如，船体自重要轻、吃水要浅、强度要好，在大风大浪中要抗滑、抗淘空等。这些问题不解决，即使造出钻井船也打不成井。研究设计工作由于难度太大而一度受阻，原先成立的联合小组也解散了。这时有人扇冷风说："就剩下你们几个旱鸭子还想下海？"但顾心怿心想：下海是扩大找油领域、发展石油生产的需要，咬紧牙关再难再险也要把研究工作搞下去。

为了成功地设计研究钻井船，顾心怿顶着烈日冒着寒风应用"三结合办法"到海边、船厂、各院校、科研单位去请教、学习、试验。在济南黄河船厂和天津大学等单位的帮助下，终于在 1976 年形成了完整的设计方案，研究设计出了国外同类钻井船上没有的长方形断面抗滑桩和钻台调平装置，解决了抗滑移和坐底不平等技术难题，顾心怿给它取名"胜利 1 号"。

带病坚持一线攻关、胜利 1 号建造竣工、浅海钻井作业成功

设计已毕，找建造厂家又犯了难。许多厂家都不愿接建造这条船的活儿，只有刚刚组

建的烟台造船厂勇敢地承担了建造任务。但它条件有限，顾心怿与设计组的同志只好住进船厂的木板房，既参加建厂，又担当造船专家，整天忙忙碌碌，节假日在厂里过，过年也不回家。有一次，顾心怿回东营汇报工作，到家的第二天得了急性阑尾炎，住进了医院。他放心不下造船的事，问大夫能否推迟几天手术让他回烟台安排一下工作。医生说不行，必须马上手术。妻子李巧云在一边哭泣说："你命都快没了，还想你的船！"手术后刀口有点化脓，顾心怿执意要出院，第7天他就回到了烟台造船工地。

1978年11月，在科学的春天到来之际，祖国大地呈现出勃勃生机。钻井船下海后安全抵达渤海湾预定井位。不到一个月就打完了第一口试验井，取得了拖船就位、压载坐底、钻井生产、起浮退场一次成功。胜利1号诞生后，对埕东、垦东、五号桩等地带起到侦察作用，揭开了油田极浅海油气勘探的序幕。

胜利1号钻井平台

自此，我国有了第一艘固定甲板高度带抗滑桩的钢质坐底式石油钻井船，它可于无冰期在水深1.8~6米的浅海中沉下坐在泥砂质海底上钻井，这不仅填补了我国浅海钻井装备空白，还使我国跻身于世界上能设计建造坐底式钻井船的极少数国家之列。据估算，建造胜利1号比购买一艘外国船节约资金3000万元。

1984 年，顾心怿去美国考察坐底式钻井船时，美国人说："只有我们美国能设计制造这种钻井船。"顾心怿没吱声，只拿出胜利 1 号的照片，外国人争相传看。当知道这完全是用中国的材料、由中国人自己设计建造的钻井船时，他们既惊讶又佩服。

好事多磨，胜利 1 号顺利"复出"

好事多磨，飘着中国国旗、打了 3 口井的胜利 1 号遇到了严峻的挑战，从日本进口的渤海 2 号钻井船翻了。不久，出于安全考虑，胜利 1 号被拖到天津放起来。在"渤 2 事件"的影响下，当时这样做是可以理解的，但也意味着胜利 1 号要报废了。有人冷言冷语："外国的大船都翻了，何况咱这土造的？"顾心怿不气馁，他坚信，胜利 1 号虽然比较简陋，采用的都是国产设备和材料，但总体设计合理性使它的整体稳性、抗滑性、安全性能均较好，而且有些性能还优于国外同类钻井船，像单油缸驱动长方形断面抗滑桩和液压顶升机械锁紧的开架调平装置等都是外国同类船上没有的，属发明创造。他相信胜利 1 号的稳性很好，不会翻。他向油田、石油工业部领导反复阐述，石油工业部领导决定胜利 1 号检修后重新出海。

顾心怿很高兴，但必须拿到船检局检验证书才是最终的胜利。顾心怿请天津船检局检验，哪知验船师上船后，转了一圈没有吱声就走了。顾心怿跟上去问，验船师说："形势这么严峻，这个船我不敢出证书。"听了这话后，有人着急：怎么办？有人灰心："报废算了"；有人劝解顾心怿："不是你造得不行，是形势所迫"。形势确实严峻，但顾心怿相信科学，相信分析计算和实验的结果，胜利 1 号是好的，它刚刚诞生就要夭折了，他痛心；他又找到船检局的一位总工程师。历史的备忘录上记载着顾心怿与总工程师的一段对话：

"胜利 1 号要求检验出海。"

"听说了，我们不能出证明，原因不用多讲。"

"我们要去打井，要去找油。"

"打井找油是对的，这样吧，要打井找油你就去吧，我不出证明，也不阻拦你。"

"那不行，不能名不正言不顺地干，要正大光明地干；你知不知道中国海岸线上还有几条中国造的钻井船在打井？"

"不知道。"

"我可以告诉你，一条也没有了。我们的胜利 1 号还想出海找油。中国这么大的海域光靠外国钻井船行吗？我强烈要求你检验。如果不合格，你可以给我不合格的证书，我报废它，再造好的。如果能用的话，你应该支持我，为我们国家争口气。"

顾心怿越说越激动。旁边的人直捅他：别跟人家吵。一腔爱国之情，一股不计个人得失、勇担重任的凛然之气感动了同样爱国的天津船检局的同志们。1980年下半年，经历了一番考验和波折的胜利1号终于又飘扬着中国国旗在海上打井了，直到1989年他光荣退役，一共打完了20口井（包括深井、试油井），取得了重大勘探成果。"胜利1号坐底式石油钻井船"于1986年获中国石油天然气集团公司科技进步二等奖、"胜利1号坐底式石油钻井船（平台）"于1987年获国家科技进步三等奖。

再接再厉，誓夺"会走路平台"

在岸边极浅海域，胜利1号这样的钻井船不能满足极浅海石油勘探的需要。地质专家们殷切地说，为啥不能再往岸边靠近些呀，海里有油，岸上有油，海岸之间可能还有油。恳切的质询与迫切需要再次激发了顾心怿的干劲。在科研这条充满艰辛的道路上，顾心怿越战越勇，他要不断地创造发明"下一个"。

炎热的夏季，他和同志们多次坐登陆艇、小渔船去海边调查了解地基地貌。一次，顾心怿又坐登陆艇乘大潮开进极浅海区，潮退得很快，等他们工作完毕后想返航时，登陆艇已经搁浅了，两天两夜没有出去。这时，船上的一位同志因家有急事不得不跳下船步行上岸。顾心怿有一双慧眼，就是这样一个普普通通的场景使他从中得到一个突破性的启示：既然人的双脚能在海滩行走，为什么不造一条"会走路"的钻井船呢？那再理想不过了。

智慧之锁由此开启，时间是1982年。

为了尽快设计出理想的船，图纸画了一张又一张，方案设计了一页又一页。难度太大，稳性、抗滑等不必说，单是这"会走路"带来的一系列问题就够难煞人的。顾心怿设想出一种内外脚交替行走的船，这种船巧妙地将整个钻井平台分为内体和外体两部分，采用液压机械，让内外体在海底自己抬起后再向前交替行走。由于这一设想带来的技术难度太大，在一片赞成、支持声中，也有一些人开始善意地担心和怀疑它的可行性。但正如古往今来任何一项发明创造一样，无论它面临怎样的争议和困难，都失却不了其自身的科学性与强大的生命力。1983年五六月份，基于初步设想建造的一条长10米、宽5米的"会走路"的模型试验船（山东沾化船厂建造），由顾心怿亲自"陪驾"，从山东东风港出发，直驶蔚蓝色的大海。顾心怿心潮澎湃，这条模型实验船就好比是希望之船，光明之船。顾心怿陪着它沿海岸漂了半个多月，行程几百里，在5个典型地段进行了"爬行"试验，取得圆满成功。

顾心怿带领由胜利油田钻井院和上海交通大学组成的一个多学科、多年龄段的高科技人才组成的联合设计组，完成了大直径（1米）举升油缸、大行程（10米）水平牵引油缸、轻型内外体空间桁架、悬臂支架、大通径平衡阀、每组载重达1200吨的大型全浮式轨道车轮组和导向机构等高难度设计，使平台内外体不靠海水浮力而靠自身的机械动力交替举起或着地，互为依托牵引前进，从而实现步行动作。

勇攀船舶创新，步行海滩胜利

1985年，胜"利2号"极浅海步行坐底式钻井平台由青岛北海船厂正式承建。

1988年9月19日，阳光宜人，人声鼎沸。胜利2号披红挂彩，在青岛北海船厂海滩，随着火爆的鞭炮声，成功地一步一步走向大海。它太神奇了，在场的所有人第一次目睹了"走着路"下水的船，人们欢呼雀跃，赞不绝口。它极大地增强了胜利人的信心：在2~6.8米深的海域，它像一般坐底式平台那样作业；而在2米以内的海域搁浅后，还可以"步行"前进或后退。这种"两栖"特点较好地克服了胜利油田海陆过渡带（海滩、潮汐带、浅海区）坡度小、宽度大（宽处20多千米，窄处也有5~6千米）、海洋钻井船进不来、陆上钻井设备下不去的难题。它是完全由我们国内科研人员研究设计、主要采用国产设备由国内船厂建造、当时国内外尚无先例的特殊钻井船。它的出现为世界石油勘探开发钻井船家族里增添了崭新的一员：除了船式、半潜式、自升式、坐底式之外又有了步行坐底式。世界科研地平线上升起一颗闪亮的星，向海图强为国家贡献石油资源。

胜利2号开创了我国极浅海爬滩技术的新领域，实现了极浅海移动式钻井平台不靠海水的浮力来移动，而靠海床（滩）的承载力实现移动的重大突破。"胜利2号极浅海步行坐底式钻井平台"于1995年获国家技术发明二等奖。

顾心怿是个发明狂，20世纪80年代还发明了链条式抽油机，20世纪90年代又发明了液压蓄能修井机。连同海上坐底式钻井船，自走式钻井船，这4项发明被称为顾心怿的"四大发明"。

我国第一代钻井工程水射流专家沈忠厚教授和团队的科研故事

滴水穿石说的是石头固然坚硬，但只要有足够长的时间，滴水同样可以穿石。于是便有人探索，前提是必须给予水以足够的压力，形成高压水射流。

中国石油大学钻井工程专家沈忠厚教授，怀着对水那一份情有独钟的情感，孜孜不倦地从事高压水射流的研究，并有效地应用于石油钻井工业，目前至少已为国家创造直接经济效益 1.7 亿元以上。

沈忠厚院士

20世纪70年代末期，一个偶然的机会，沈忠厚听到同行介绍国外有人用水（即水射流）来切割金属板，如裁剪布匹一般，切口整齐划一，几乎没有毛刺，沈忠厚一下子把眼睛惊愕地睁大 …… 自此开始进入水射流这个神秘的世界。

搞钻井工程的人都知道，钻井一天的耗费就是好几万元。要想减少耗费，只有两个办法：一是提高钻速，二是提高钻井质量。沈忠厚想：倘把水射流应用于钻井（即喷射钻井），加快破岩速度，提高钻头在井底的工作效率，不正是一个行之有效的提高转速、大大减少钻井费用的最佳方法吗？于是带着一连串喷射钻井的疑问，沈忠厚于1981年3月，远涉重洋，以访问学者身份赴美国西南路易斯安那大学和 N.L 公司考察。

沈忠厚永远也无法忘怀那短暂的三个月。在学习中，沈忠厚碰到一个关键问题一直无法搞清楚：射流自钻头喷嘴落到井底的水力参数（包括动压力、水功率、冲击力、压力梯度等）分布情况。然而，传统的研究方法仅限于研究射流在喷嘴出口处瞬间的水力参数，而水射流喷射段（自喷嘴出口处落到井底的射流段）的水力参数分布情况却一直是个谜。因为这一区域复杂得已是无以复加，根本无从下手研究，但是，倘要提高射流在井底的工作效率，不揭开谜底又何从谈起呢？

沈忠厚把全部身心都深深沉浸于这个令人苦恼偏又极富有魅力的课题之中，忘记了周围的一切。

一天，美国喷射钻井奠基人、全美最著名的喷射钻井权威戈恩斯教授，在美国休斯敦作喷射钻井技术讲座。讲座结束后，沈忠厚走到戈恩斯教授面前，向他请教那苦缠于心的难题。已是70高龄的美国专家愕然地望着这位来自东方的学者，无可奈何地摊了摊手又耸了耸肩膀："沈教授，你要是把这个谜底揭开，你便是……"戈恩斯竖起大拇指。

"您等着吧。"来自中国的学者，握紧了拳头，暗暗地拧着一把劲。

提起这段经历，沈忠厚颇有感慨地说："传统的科研有相当一部分课题是跟着人家屁股后面的，人家搞出什么来了，马上就跟着搞什么。这样做的结果，你最多只能当老二，不可能当老大；当然国外先进经验不是不要学，但倘若我们能突破常规的研究方法，搞出个成果来，国外不是要反过来向我们学习吗？我们要有这个勇气。"

沈忠厚回国后即投入该课题紧张而有序的研究中。实验室里、计算机旁、钻井现场，处处有他的影子。他做过肺切除的手术，身体本来就不好，没日没夜的忙碌，这老伴实在看不下去了，说："你这把老骨头，不要命了呀！"他乐呵呵笑了："这把老骨头再不干点革命，不就废了吗？"一句话噎得老伴无可奈何。于是，电影远离了他，电视远离了他，节假日更是远离了他。睁眼闭眼，面前便是"射流""井底""功率"；脱口而出，三句话就会绕到"衰减规律""淹没非自由射流"上去。终于，在 1986 年 3 月，沈忠厚完成了《淹没非自由射流压力衰减规律的研究和井底水力参数计算》的论文，并在第二届国际石油工作会议上宣读。那浑厚有力的声音，使与会者惊奇地意识到，中国石油工程专家在喷射钻井方面已走到他们的前面。这时候，沈忠厚首先想到的就是给戈恩斯教授写一封信。他永远忘不了那幽默、开朗的老头儿。戈恩斯教授很快回信了，对他的成功表示热烈的祝贺，认为他当之无愧地站到了喷射钻井的前列。SPE（国际石油工程师协会）更是极力推崇这一理论的成果，论文由沈教授再次修订后，重新发表于美国石油钻井方面的最权威的杂志《SPE 钻井工程》上。

通过室内模拟台架实验，找到了淹没非自由射流喷速动压力和水功率衰减规律，建立了钻井射流在不同喷距下，射流到达井底喷速动压力，水功率、冲击力和压力梯度计算模式。建立了以井底获最大水功率为目标函数优选水力参数的新模式和新程序。根据以上理论成果研究设计了加长喷嘴，解决了加长喷嘴寿命问题，采取的技术路线是在精密铸造加长管内部加焊一层碳化钨硬质合金 WC 衬套，以抵抗钻井液流对喷管的冲刷，取代了国外加长喷管内部采取渗碳或渗硼的加硬方法。使加长喷管寿命长达 90~120 小时，最高达 146 小时，可与镶齿钻头寿命同步。通过精密计算，将加长喷嘴设计成特殊直形状，一方面可减少钻井液对加长喷管内部冲刷，另一方面可以装在 8½ 英寸钻头的有限空间内，解决了国外长期未解决的一个难题。

根据在全国 13 个油田使用、返回的 400 多只钻头的资料统计表明，平均机械钻速提高 30%，平均单只钻头进尺提高 40%。据统计，全国 13 个油田使用加长喷嘴钻头 3300 多支，至少可获直接经济效益 1.7 亿元。

1989 年 3 月，该课题又顺利地通过中国石油天然气总公司部级鉴定，鉴定书上赫然写着："理论研究成果解决了钻井工程中优选水力参数长期未解决的一个重要理论问题，丰富了淹没非自由射流理论，成果水平在国内领先，达到国际先进水平。"

"提高射流在井底工作效率的研究"于 1990 年获中国石油天然气集团公司科技进步一等奖，于 1991 年获国家科技进步二等奖；"加长喷嘴牙轮钻头"于 1997 年获国家技术发明三等奖。该成果还获得两项国家专利和一项美国专利，沈忠厚也因此先后被评为"能源部特等劳动模范""石油工业有突出贡献专家"。美国、英国权威机构的名人词典上，也赫然收入"沈忠厚"的条目。

就在沈忠厚抓紧时间研究加长喷射钻头的同时，他另辟蹊径，先后于 1982 年、1984 年开始研究自振空化射流钻头（命名为中国石油大学第二代钻头）、联合破岩钻头（命名为中国石油大学第三代钻头），在理论和实践上都取得重大突破。如自振空化射流钻头，采用一种全新的射流（脉冲射流，即非连续性射流），将水力机械中极富破坏作用的空化现象化害为利，利用它来破碎岩石，结果破岩效果为连续射流 3~4 倍，从而大大提高了钻井速度。据现场测试表明，在相同条件下，平均机械钻速提高 35%~45%，这无疑又为钻井速度的提高开辟了一条新途径。1991 年，在阿根廷举行的第 13 届世界石油大会上，根据此成果撰写的论文《新型射流理论及其在钻井中应用前景》在大会上发表，受到与会者的广泛好评。

1989 年沈忠厚与学生现场试验钻头

关于自振空化射流的研究，美国水航公司早就开始了，却始终无法攻克这个堡垒，只好知难而退；沈忠厚迎难而上，经过九年攻关，终于走在了外国同行前头。

有记者访问沈忠厚老师曾提到如下问题："自 20 世纪 80 年代以来，您这几代钻头几乎是同时研究，您不担心顾此失彼吗？"沈忠厚泰然地说道："搞科研，一个项目往往要搞十年乃至几十年，倘十年磨一剑，虽然保险，但很难有大的突破，而同时搞几个互相关联的项目，一可以节约研究时间，二可以发现相互间的缺陷，及时取长补短，加速问题的解决。当然，耗费的精力、体力要更多一点。"

难道真的就是多一点吗？十年磨一剑与十年磨三剑之间，难道真的就是多一点所能说明的吗？这袒露着的不正是一个老知识分子、老共产党员忘我奉献的崇高境界吗？

阳离子聚合物钻井液技术的发明

了解国际钻井液现状，提出国内钻井液发展设想

1978 年，张克勤由长庆奉调北京；1980 年，他被任命为石油勘探开发科学研究院钻井液工艺研究室主任，开始进行钻井液技术研发。

张克勤首先想弄清楚当今世界上钻井液的现状。他下功夫搜集、整理、研究了大量国内外有关资料。为了集中精力，他干脆住进了办公室。他把国外《世界石油》杂志上刊登的全世界 2700 多种钻井液处理剂的资料，按钻井液处理剂功能进行分类综合分析，又详细查阅分析了这些产品的基本原料成分。得出结论："说国外有 2700 多种处理剂是一种假象"。实际上只是 120 种，而常用的只有 20 多种。他还不放心，又将各国的知名钻井液公司所出售的产品进行了横向对比。结果钻井液处理剂的总数也只有 140 多种，与他的上述分析基本上吻合。

通过对这 100 多种钻井液处理剂原材料的分析，张克勤找出了钻井液处理剂中占主要成分的是人工聚合物类、纤维素类、木质素类、沥青类和淀粉类等几大类，为我国研制处理剂得出了明确的目标。许克勤对国外钻井液处理剂的状况有了一个真实的概括性的了解，弄清楚了我国和国外在钻井液处理剂方面的差距。而这一信息正是在改革开放初期，对国外情况知之不多的情况下所急需了解的。

1983 年，石油工业部科技司召开全国性钻井液处理剂三年发展规划会议，从此中国开始有计划地发展钻井液技术。张克勤在会上作了专题发言，系统地分析了国际上钻井液技术发展动态，结合我国实际情况提出了我国发展钻井液处理剂的 7 条意见，为中国钻井液技术发

展绘制了蓝图。这 7 条意见被科技司全部采纳，并以科技局文件的形式发给全国各油田遵照执行。他这 7 条意见，符合三年发展规划时期的实际，经过十几年的实践，证明是完全正确的。

奋力攻关，钻井液跻身于国际行列

1986 年，我国开始执行第七个五年计划，"定向井、丛式井钻井液技术研究"子课题就落到了钻井液工艺研究室的头上。张克勤全力以赴，带领全室同志投入这一国家课题中。取得了四项重大的成果，其中一项是"阳离子聚合物水基钻井液体系"。

研制阳离子钻井液体系是一个有很大风险的项目。自从进入旋转钻井技术时期以来，钻井液一直是阴离子体系的，这一体系的缺点是当钻遇地层中含有石膏、盐岩层时，钻井液性能就会因阴离子的侵入而迅速变坏。直接影响钻井，甚至会造成卡钻，而阳离子钻井液能够有效地解决这一矛盾。在当时看来，研制阳离子钻井液是一个破天荒的举措。果然，张克勤的开题报告引起了轩然大波。有人摇头说："没听说过，什么是阳离子体系。"有人讽刺说："异想天开，标新立异。"有人担心说："恐怕搞不成吧？"而张克勤却坚信这种体系是能够搞成的。经过紧张的室内实验，熬过多少不眠之夜，张克勤和他的同志们真的拿出了新型阳离子聚合物钻井液！

研究"阳离子聚合物钻井液运用"辩证的观点，综合分析了钻井液技术的发展规律。在"不分散低固相聚合物钻井液"技术的基础上进一步发展研制而成。攻关成果是阳离子聚合物带正电荷，中和能力强，聚合物链长，架桥作用好，其分子量较小故又能进入黏土片的晶层间形成永久性的吸附，所以比无机盐或其他阴离子型的聚合物有着更好地抑制泥页岩水化、膨胀、分散的能力。

1986 年 12 月，北国千里冰封，我国又一座 15 口井的大型定向井、丛式井"10 号平台"在辽河油田开钻。年近花甲的张克勤带着他的新型阳离子聚合物钻井液也进驻井上，进行现场试验。

头两口井用"阳离子水基钻井液"打完后，由于诸多原因，并没有充分显示出优越性。此时，有一些同志失望地说："阳离子钻井液就不要搞了，还是继续用钙处理钻井液来打吧。"

张克勤承受着各个方面的压力和困难，夜以继日地蹲在钻井液槽子旁边进行观察测量，用当时仅有的一些阳离子型处理剂进行调整处理。后来的十几口井越打越好，越打越顺，这个平台的 15 口井很顺利地打完了。人们在总结的时候，交口称赞"阳离子新型聚合物水基钻井液"出了大力，现场试验取得了完全的成功。

随后，中国石油天然气总公司将其列为重点技术推广项目之一，在全国各油田推广使用。当外国专家要把"阳离子体系"作为一项最新技术向我们介绍时，我们的技术人员说："这种体系在中国已用了几百口井了。"一句话令外国专家瞠目以对。

通过"七五"攻关,"阳离子水基钻井液体系"研制成功,在理论上有所突破,它使我国的钻井液技术水平跨入了国际行列。阳离子聚合物钻井液已在辽河、南海北部湾、二连地区、塔里木地区、田车地区、吐哈地区等 30 多口井上使用,取得了良好的效果。实践证明,阳离子聚合物钻井液具有很强的抑制黏土矿物水化膨胀分散的能力和良好的流变性、低滤失量,所使用的井径扩大率均小于 10%,多数在 5% 左右,润滑系数均小于 0.1,多数在 0.08 左右。

重视试验现场,辩证变与不变

张克勤在数十年的科研工作中,总是时时注意学习辩证法,正确分析问题,处处注意运用辩证法,认真解决问题,他的论点或者结论有时与他人的大相径庭,甚至完全相反,但往往是既精辟又实用,为钻井液同行们所津津乐道。

1986 年夏天,张克勤正在张家口参加钻井液产品鉴定会,突然接到辽河油田研究院钻井所所长辗转打来的一个电话,要他会后不要回北京,直接到二连"哈 26 井"去,解决紧急的钻井液问题。

当时二连地区钻井过程中出现的井壁垮塌问题被认为是世界性的难题,钻井所已经派出 3 名同志驻在哈 26 井上进行工作,仍不能有效地解决难题。张克勤到井上后,经过仔细地观察和分析,果断地下达了一系列作业指令,他向钻井液中所加的处理剂全是当时教科书上明令"禁加"的。几十双眼睛紧张地盯着井下的每一刻细微的变化,到第 3 天,井下转危为安,正常打钻了。结果这口井打得出乎意料的顺利,电测、下套管、固井都是一次成功。有了这口井的示范,该地区的钻井速度成倍地加快,所谓"世界性的坍塌"难题"国内三大钻井液重点灾区"的说法,就再也没有人提了。回到北京大家问张克勤到底是个什么问题时,他又笑着说:"反其道而行之。"

20 世纪 80 年代初期,我国引入了国外 20 世纪 60 年代在提高钻井速度上效果很显著的"不分散钻井液体系"。这种体系在执行过程中硬性规定了不准在钻井液中加入任何"分散剂"。结果由于加入的聚合物单一,又太多,使钻井液的滤饼很厚,流动性不好,起下钻遇阻,坍塌掉块,测井成功率低,井壁很不稳定。张克勤去了之后,并没有局限于教条的死规定,而是从井下的具体情况出发,改善了滤饼质量,改善了流动性,原来认为很难解决的问题很容易就解决了。这就是变与不变的巧妙之处。

实际上早在 1982 年,当"不分散钻井液体系"刚引入我国时,张克勤参加石油工业部组织的"钻井翻番检查团"到各油田进行巡回检查并讲课,就提出了这一体系的缺点和解决问题的原则。他当场就编了几句顺口溜来阐述他的观点:"过去钻井液要分散,现在要搞不分散，分散还是不分散，辩证观点来分辨，分散之中有絮凝，絮凝之中有分散。"只是它的这些话在当时没有引起大家的重视，许多同志专业功底浅，不敢越雷池一步，结果反而走了弯路。

张克勤对整个钻井液技术的发展有一套清晰的思路，他把具有自己独到见解的观点总结概括讲给大家听，很受同志们欢迎。

他说，钻井液技术的发展也就是对钻井液中黏土（包括钻屑）处理技术的发展，而其发展核心是如何保持井壁的稳定，也就是利用钻井液这一循环流体的性能稳定来达到保持井壁稳定的目的。他又进一步阐明这种相互关系说："钻井液的技术进步总是围绕着既要地层井壁稳定，又要钻井液性能稳定这一对矛盾进行着。这一对矛盾是相反相成的，是对立的统一。而所谓钻井液技术不外是如何运用辩证的思维方法来发现矛盾，利用矛盾，转化矛盾，达到为我使用。利用物理和化学的手段，使钻井液性能稳定与地层井壁稳定达到相对的统一。"张克勤的这些言论相当精辟，高屋建瓴，深邃而又通俗，使大家获益匪浅。

"历尽坎坷终不悔，锋凌瘦骨拓荒牛。"这是 1983 年张克勤在北京石油勘探开发科学研究院作典型事迹报告时，一位领导同志送给他的两句话，这正是张克勤为石油钻井工程科研事业不懈追求与奋斗的真实写照。

发明环空实验架的刘希圣教授

20世纪80年代初，刘希圣在我国首次建立了第一台大型全尺寸直井环空模拟实验架，系统地开展了垂直井环空水力学及携岩基础理论研究，这项研究也是刘希圣的主要科技成果，是他对国家的创造性贡献之一。

刘希圣（右1）在科研工作中

20 世纪 70 年代后期，环空水力学已在国际上悄然兴起，而我国当时在这方面还是一片空白。经过慎重考虑，刘希圣大胆地提出了建设环空水力实验室的设想。当时有人提醒他："环空水力学实验要求有先进的测试方法与之配套，可我们并不具备测试条件。"这一点，刘希圣心里何曾不知，测试方法问题将是建设环空实验架必然遇到的难题。但是刘教授决心已定，他说："石油工业要发展，钻井科研方面大有文章。国外已经开始了环空水力学的研究，我们不干就更落后了。"

建设环空实验架，仅是 120 毫米和 75 毫米的等边角钢，就需要 150 米长，另外还需不锈钢管、有机玻璃管等多种原材料。当时华东石油学院办学条件还较差，学校正处在艰难的第二次创业之际，为了节省资金，他四处求授。建校处把角钢买来了，胜利油田钻井服务公司一听说实验架急需不锈钢管，在自己短缺的情况下，还是挤出了一部分钢管供给实验架的建设急用。为了确保工程质量，他对每一个环节都进行了严格的把关，尤其是在施工进入关键阶段的时候，他一直盯在现场解决难点。那个高高矗立的环空实验架不知带给他多少不眠之夜，牺牲了他多少休息时间。

科研征程上的跋涉是艰辛的为了找到与环空水力学实验相配套的先进测试方法，他做了很多尝试，几经失败仍不气馁。1980 年，他派助手到南京大学去取经，后又到南京水利科学研究所去了解运用同位素测试的信息。最后，在郑州的黄河水利委员会了解到他们用同位素示踪测速方法，研究黄河砂漕运移规律。这恰恰与环空水力学实验中岩屑运移规律的测量相似，助手急忙报告获得的这一重大发现。从此南来北往的火车上，频繁地留下了他和实验室的同事们的身影。经过十多次往返郑州，终于从黄河水利委员会那里学到了同位素示踪测试方法，研究工作自此"一日千里"。1987 年，华东石油学院接待的第一个国外进修生，就是苏联莫斯科石油学院的马尔科夫副博士，他专程前来向刘希胜学习同位素示踪技术。在这之前刘教授恐怕从未想过，自己有一天会成为"苏联老大哥"的师父。

随着科研工作的逐步深入，刘希圣及其实验室的攻关小组成员干劲十足，越战越勇，不久实现了用环空水力学移出上千吨的破碎岩屑，及时安全运抵地面，从而保障钻井作业处于安全状态，减少井下作业的隐患，这是把关井下作业过程、实现安全的第一大关。可以减少和杜绝因岩屑堆积于井筒内造成井下钻具卡钻事故或井壁坍塌，从而提高钻头破碎新鲜地层的效率。

如今进入中国石油大学钻井实验馆，迎面便是环空实验室。威风凛凛的环空实验架矗立中央，那个全尺寸垂直井环空实验架，共有四层楼高，六个台阶迂回盘旋，把四个操作平台连接在一起。规模如此宏大的实验设备，即便在世界上也是不多见的，苏联石油工业部科技局局长率考察团参观实验架时，惊问中国石油大学是否在搞岩屑的研究，而苏联当时还没有搞出什么结果来。考察团感叹这项工作了不起。世界银行考察小组和英国浅海钻井专家及一大批外国客人也曾慕名专程参观。

有了环空实验架作为坚实的实验基础，他在"七五"期间，顺利拿下了国家重点攻关项目"定向井、丛式井钻井技术研究"。1986—1990 年刘希胜作为四大攻关集团中（华东石油学院和大港油田合作）的大港油田攻关集团的总技术负责人之一，与其他负责人陈后勇、王寿增等一道带领着整个攻关集团成员，协同作战，全面研究了定向井丛式井中的重大理论和技术问题。取得了多项重大科研成果。这些成果均产生巨大经济效益和社会效益。从 1986 年至 1989 年间，共完成了定向井、丛式井 143 口，节约建设投资 6791.7 万元，累计产油 68 万多吨。该项目于 1990 年通过国家鉴定，评委一致认为研究成果达到 20 世纪 80 年代的国际水平。该项目中的子课题"定向井环空水力学及携岩机理的研究"，是在建立定向井环空实验架的基础上进行研究的结果。他发展了定向钻井、丛式钻井环空水力学的理论和应用。对于钻井作业，明确提出了钻井液在某种条件要求下才能实现携屑要求，取得环空清洁、又不冲蚀井壁，保障井径规则，实现安全定向钻井作业的要求。该项目的研究成果被国内外同行公认为"具有独到见解"。

在 1991—1995 年参加的"八五"国家重点攻关项目"石油水平井成套技术"中的"水平井环空水力学理论及应用技术研究"课题方面，刘希圣利用流体力学、固液两相流理论，首次进行了非牛顿流体在水平井偏心环空螺旋流流场的理论研究，并应用有限差分法对这一复杂问题进行了深入分析，首次建立了有关偏心环空螺旋流、层流流场的数学模式，首次发现并研究了螺旋流中存在的二次流动。

在多功能环空实验架上，他进行了九种钻井液、多种参数、对携岩效率影响等系统的研究，取得了重要的规律和结论，所建立的水平井岩屑床厚度及环空固液两相流的环空压降的经验模式，亦得到了现场试验的验证。这些成果对进一步深入研究水平井环空携岩机理具有重要的指导意义，并填补了环空水力学领域中的空白。

国外石油工程专家认为，刘希圣所形成的一套较为完善的水平井环空水力学携岩理论及应用技术，对丰富环空固液两相流理论作出了创造性的贡献，研究成果在国外同类研究中已处于领先地位，达到 20 世纪 90 年代国际先进水平。

基于刘希圣教授对我国石油钻井学科的卓越贡献，1986 年 8 月，他被国家学位委员会批准成为中国石油钻井学科第一位博士生导师。1996 年，被授予首届铁人科技成就银奖。

刘希圣主编的《钻井工艺原理》

气体欠平衡钻井技术的闪光点

平衡之术，是中国五千年来道家思想的集中体现，但是要想走出中庸、开启创新局面，打破平衡就显得更加地迫切与必要。

须家河，是四川盆地下流淌而过的一条古老的"河"。据勘测，四川盆地上三叠统须家河组天然气总资源量达 9065 亿立方米，占盆地天然气总资源量的 16.96%。须家河组储层具低孔、低渗、高含水饱和度、非均质等特征，特别是含伊利石和绿泥石等黏土矿物的储层在钻井、完井试油过程中易受水敏、酸敏和固相损害，一旦损害不可逆转，就会给油气勘探开发带来诸多困难，在以往多年的勘探中该问题未能取得大的进展。针对这一难题，西南油气田分公司聚集了来自公司、高校及现场试验单位等众多专家、学者，开展了"四川盆地欠平衡钻井完井技术攻关研究"的项目攻关，最大限度地发现和保护了油气藏，取得了勘探与开发上的重大突破。

开篇布局——谋定而后动

对于中国石油工业来说，欠平衡钻完井是一个既熟悉又陌生的词汇。熟悉是因为我国应该是世界上最早尝试欠平衡钻完井技术的国家之一，早在 20 世纪 60 年代中期，四川盆地的油田人员就认识到了过平衡正压差对裂缝型气藏的严重伤害，试用了清水边喷边钻和不压井起下钻技术，起到了良好的效果。陌生是因为虽然欠平衡钻完井在中国起源很早，却在西方实现跨越式发展，最终又以"舶来物"身份回到中国，并成为目前大力推广的"明星"技术。

何为欠平衡钻完井？石油人有句朴素的话：压力是灵魂。而欠平衡钻完井就是一个与灵魂打交道的艺术。它的革命性变化就在于一改以往过平衡钻井的"压着打"，要求井筒液柱压力小于孔隙压力，大于井壁坍塌压力。其中，对压力"度"的掌握成为关键。而研究与攻关欠平衡钻完井技术的必要性，就在于其在应对低压、低渗透、低产和难采储层等油气勘探开发中的先天优势。通过与压力的博弈，不仅可以提高对储层油气的发现和保护，更可以显著提高单井产量。

为什么会在四川盆地开展欠平衡钻完井技术研究？项目组核心成员、时任西南油气田分公司工程技术处副处长，现任西南油气田分公司首席专家陈刚说："四川盆地的上三叠统须家河组，在 20 世纪 50—60 年代就开始搞勘探开发，但效果一直不好，仅仅只在中坝、平落坝零星打出了些低产井，但是作为四川盆地重要的接替层系，我们必须认真对待；须家河这种储层有低孔、低渗、低压的特点，而且有强水敏性，在钻完井过程中，储层很容易被伤害，于是我们自然就想到了'欠平衡'"。于是，在国内欠平衡钻完井技术发展与应用领域，四川盆地成为一块试验田，更担起了领跑者的重任。

陈刚说，在整个研究攻关的过程中，用什么样的理论来支撑，这是不能回避的首要问题。于是，以西南石油大学孟英峰教授为代表的高校团队在这个阶段发挥了重要的作用。"一盘棋、一家人、一条心、一股劲"，这句话很好地形容了项目团队当时的研究状态。通过努力，项目组比较明确地回答了欠平衡钻井、完井战术性实施问题，初步形成了欠平衡钻井决策、设计、施工、分析的试验评价体系和支持理论体系，这些理论支持为在四川盆地规模化推广应用欠平衡技术，奏响了高昂的序曲。

中盘杀敌——厚积而薄发

虽然对于欠平衡钻完井探索很早，但由于欠平衡钻井时井筒液柱压力小于地层孔隙压力，本质上就是边喷边钻，井喷由潜在的风险变成可能发生的事实，安全风险一直是规模应用欠平衡钻完井技术的"拦路虎"。

2003 年，正当这一技术在邛西 3 井取得突破时，发生了"12·23"事故。在安全环保形势严峻、标准和要求进一步提高的情况下，还敢不敢继续推进欠平衡钻井技术的研究和应用？一边是安全风险，一边是上产任务，哪一边都不敢放也不能放。在这样的情况下，跑现场、驻井队、盯进度成了家常便饭。学钻井专业出身的陈刚戴着眼镜，说话不紧不慢，是个温文尔雅的人，但是他说，项目攻关那几年"发过不少火，骂过不少人"。

就是在这样的"高压"下，团队调研了国内外欠平衡钻完井技术水平和发展趋势，结合四川盆地上三叠统地质特点和储藏特征，对欠平衡钻完井理论、工艺及装备技术配套进行联合攻关研究，形成了欠平衡钻井、带压起下钻、欠平衡取心、带压测井、带压下尾管射孔、带压下油管等全过程欠平衡钻井、完井配套技术。形成的 6 项理论基础、5 项欠平衡钻井配套技术、6 项装备，2000 年以来在四川盆地的邛西、梁董庙、潼南、南井沟、充西等构造共进行了 56 口井 58 井次的欠平衡钻井应用，取得很好的效果，累计获测试产气215.62 万立方米 / 天、产油 13.75 吨 / 天。

其中最让项目团队骄傲的，应该要算邛西构造，以至于陈刚现在说起来都掩不住满脸笑容。他说邛西构造"几上几下",是一个连外国公司都没有成功的区块,但是我们用欠平衡搞成了。邛西 3 井全部采用自主研制的欠平衡钻井装备,首次在国内成功进行了全过程欠平衡钻井技术综合配套试验,获 45.67 万立方米 / 天的井口测试产量,计算无阻流量 77.47 万立方米 / 天。同时,继该井之后,邛西构造的所有探井、开发井全部采用全过程欠平衡钻井技术均获成功,而且口口井高产,全部实现当年发现、当年探明、当年建成投产。

在四川盆地西部,团队提出了适合该地区的欠平衡钻井液和完井液配方,对储层的出气量、井口回压对井筒压力分布的影响规律有了初步的定量认识。

在四川盆地中部,针对川中地区储层的物性情况和储层伤害的评价研究,试验并形成了一套适宜于香溪群地层的欠平衡钻井工艺技术,优选出了有利于欠平衡钻井后储层保护的完井方法。同时形成了欠平衡钻井作业的钻井液体系和性能指标,以及适宜该地区欠平衡钻井欠压值确定的规律。

针对地层压力当量密度低于 1.05 克 / 立方厘米的低压、低渗透油气层的勘探、开发难题,通过室内实验优选出了气基钻井液、稳定泡沫钻井液和黏稠泡沫钻井液配方,并提出了优选配方的合理性能指标;对充气欠平衡钻井、天然气欠平衡钻井、泡沫欠平衡钻井和雾化欠平衡钻井工艺技术进行了研究,为勘探开发低压、低渗透、衰竭性油气藏提供了新的思路和手段。

收官复盘——勇"忘"而直前

为什么欠平衡钻完井技术能够在四川盆地取得成效与长足进步?总结起来有这样三点原因。第一,时代的呼唤,新增储量中低效储层占比提高,而我们坚信"只要有地质储量,就能实现有效开发";第二,四川盆地复杂的地质条件造就了其扎实的井控技术基础;第三点最为关键,西南油气田甲乙双方对发展欠平衡技术认识统一,紧密合作,共同推进,使该项技术获得了广阔的发展空间。

通过对欠平衡钻完井技术的配套与应用,极大地加快了四川盆地须家河油气勘探开发进程,实现了欠平衡钻井技术从单一到全过程的重大突破,取得了很好的经济效益,使该项技术成为了四川盆地上三叠统储层勘探开发油气藏的重要手段。

虽然进步与成效巨大,但西南石油大学孟英峰教授曾提到,"欠平衡钻井应该是满足未来复杂油气藏勘探开发需求的革命性技术进步"。安全风险、技术配套和投资压力仍是影响欠平衡钻完井技术发展的主要因素。目前,中国石油对欠平衡钻完井前沿技术的探索方兴未艾,这项"古老"技术正在展现出全新的风采。

匠心同创新，攻关防喷器

随着气体（欠平衡）钻井成功列入国家 863、国家科技重大专项、中国石油新技术推广等项目，攻关团队经过 10 余年攻关，克服了重重困难和质疑，成功研制了气体（欠平衡）钻井工艺技术的所有关键设备，如 XK 系列旋转防喷器、专用空气压缩机、增压机、膜分离制氮装置等气体钻井核心装备，取心工具、空气锤、不压井完井暂堵衬管等关键井下工具，真空除气器、四相分离器等配套处理设备，实现了气体（欠平衡）钻井到完井的全过程欠平衡作业，多项技术指标达到了国际领先水平，显著推动了我国气体（欠平衡）钻井技术的发展，结束了被别人牵着鼻子走的时代，提升了中国石油工程技术的服务保障能力和核心竞争力。

旋转防喷器是气体（欠平衡）钻井的核心井口控制装备，安装在环形防喷器上面，是保证气体（欠平衡）钻井作业顺利实施的关键所在。早期国内生产的旋转防喷器压力级别低、使用寿命短，高端产品一直被外国公司垄断，进口价格昂贵、维修程序烦琐、供货周期长……1999 年，四川石油管理局高级工程师羡维伟主动请缨担起了攻关任务。

万事开头难，羡维伟每天起早贪黑地翻阅、研究国内早期低压力级别旋转防喷器的设计图纸，对照国外有限的技术翻译资料进行研究，这导致视力急剧下降。为了攻克"旋转动密封在岩粒冲蚀、腐蚀介质中密封间隙大，且伴随无序振动、井口不对中条件下承压低、寿命短"的难题，羡维伟带领攻关团队不分昼夜地讨论、制定方案，反复论证方案 120 多次，设计图纸上千张，对待每一道加工工艺和装配流程更是丝毫不敢马虎。经过 700 多次试验的失败，他终于搞懂了旋转防喷器的旋转动密封机理，进而带领团队先后攻克了偏心旋转跟随密封、压力平衡与节流降压密封、液压胶囊补偿密封等关键技术，成功研制出高性能旋转防喷器，最大密封间隙 0.8 毫米，最高动密封压力 21 兆帕，最高静密封压力 35 兆帕，使用寿命 2000 小时以上，远高于美国石油协会 API16RCD 规范要求的 200 小时额定值；承压过接头数超过 3000 对，远高于 API16RCD400 对的额定值。2001 年 10 月，羡维伟攻关团队研制的第一台 XK35-10.5/21 型高压旋转防喷器，在四川川东东安 1 井首次开展欠平衡气体钻井现场试验，累计无故障运转时间 775 小时。

"我们终于成功了"，更加瘦弱而疲惫不堪的羡维伟在这一刻禁不住展开了锁眉，露出了久违的笑容。

为了进一步提升装备的适应能力，羡维伟带领团队历经 10 余年的艰辛付出，研制出动密封压力从 3.5~21 兆帕，静密封压力从 7~35 兆帕，通径尺寸从 180~700 毫米共 16 种 XK 型旋转防喷器系列产品，性价比远远高于国外同类产品。"中石油自主创新重要产品""中国专利优秀奖""国家重点新产品"等桂冠也接踵而至。羡维伟被誉为四川当代十大专利发明人，一举成为行业翘楚。

空气压缩机、实现国产化

长期以来，空气压缩机主要依赖于国外进口，价格高，服务也不及时，对国内天然气开采形成制约。多年来，李德禄一直醉心于进口机组研究，反复推敲进口机组的技术核心，查阅各种技术资料和手册，咨询相关院校，积累了丰富的石油装备设计经验。接到气体钻井压缩机装备研究试制任务，他甚至三天三夜都没有睡觉，一口气完成主机设计，希望早日开始试制。他和他的团队，经过 70 多个日日夜夜，以最快的速度完成了项目的所有图纸设计任务。

为了保证机组的可靠性，从加工试制到装配，再到试验，他都亲自到一线指导，遇到问题，马上对照设计图纸，反复研究、修改、完善加工和装配工艺。"机组的排气温度太高，活塞环又漏气了，气阀弹簧也断了。看来关键部件实在难过高压环境这一关啊！"经过多次反复模拟试验，一位年轻的技术人员在李德禄面前叹道。

"我就不信这个邪！"那段时间李德禄拼命地思考，茶不思饭不想，经常在办公室一待就是 10 多个小时，连走路吃饭睡觉，脑袋里都在琢磨如何解决这个拦路虎。有一次，由于专心思考问题，他把一百元人民币当成废纸丢进了垃圾桶……这样的"笑话"闹了不少。

山重水复疑无路，柳暗花明又一村。经过努力，李德禄终于找到了解决问题的办法，终于攻克了气体钻井成套装备核心技术，成功研制出气体钻井专用双螺杆空气压缩机、增压机、膜分离制氮机，并于 2006 年成功实现增压机商业化应用，2007 年实现空气压缩机、膜制氮同步国产化应用，大大降低了气体钻井的运营成本，为气体钻井技术大规模推广应用创造了必要条件。

李德禄带领他的团队敢于"破冰"，完成了一个不可能完成的任务，填补了我国气体钻井空气压缩机、增压机、膜制氮国产化空白，为石油装备业争了气，为民族工业争了光。气体钻井专用空气压缩机 2009 年荣膺"中国专利优秀奖"，FY400 气体钻井专用增压机入选国家自主创新产品和国家重点新产品。

研发自主知识产权的气体（欠平衡）钻井井下工具

气体（欠平衡）钻井配套工具是制约应用效果的瓶颈问题，待研发的工具多，甚至有的工具连国外都没有，难度可想而知。2004 年，四川石油管理局将这一艰巨任务交给主攻气体钻井的高级工程师魏武，他既高兴又忐忑，但丝毫没有犹豫，迅速组建了一支以博士、硕士为主的研发团队，开始攻关。

"气体钻井取心在国外无任何经验借鉴，只有我们自己想办法干，要搞国际首创，只要有信心就干得出来。"魏武经常这样给团队成员鼓劲、打气。为了解决气体介质条件下取心岩心成形的难题，魏武带领研发团队夜以继日、废寝忘食地工作，吃住都在办公室，常常忘记了周末和节假日，家人生病住院都无暇照顾……他们经过深入解析常规钻井液取心工具和工艺，反复开展气体钻井的室内实验和中试验证，终于找准了气体钻井取心岩心破碎的关键突破口，设计出气体钻井专用取心工具，解决了气体介质下岩心冲蚀及钻头冷却的难题。

"气体钻井破岩效率最高的是空气锤，没有这个宝贝，速度就上不来，我们哪怕砸锅卖铁都要搞出来！"魏武和他的团队是铁了心，和这个宝贝疙瘩杠上了。想到了联合创新，他们主动与中国石油勘探院接触，一拍即合。经过历时多年的联合攻关，在空气锤耐高温、耐磨和抗冲击核心领域取得了重大突破。

要让气体钻井之路越走越宽，有了空气锤还不够，必须得形成产品系列化，满足不同井眼条件才会有大用处。魏武一门心思惦记着这事儿，带着团队反复与联合方沟通，多次主持研究、讨论、论证方案……又不知过了多少个日日夜夜，联合攻关组在空气锤系列化方面取得了重大进展。空气锤实现从外径 180~330 毫米产品的系列化，能够满足直径从 215.9~660.4 毫米不同井眼条件下的气体钻井需要，平均机械钻速从不足 5 米 / 小时提高到 18 米 / 小时，最高达到 37 米 / 小时。"我们终于具备了与国际大公司同台竞争的能力！"一组新鲜的产品和现场试验数据摆在魏武面前，他激动万分地说一句。

10 多年来，魏武和他的团队面对重重困难和挑战，成功研制了气体钻井专用取心工具、空气锤等配套井下工具，大大拓宽了气体（欠平衡）钻井技术的应用范围，成为复杂地层钻井提速治漏的攻坚利器，也为他们的梦想插上了腾飞的翅膀。吹尽黄沙始到金，核心装备规模应用，形成的气体钻井技术实现钻井"革命性"进步，迅速占领了国际市场，强力支撑了重点工程建设，赢得广泛赞誉。四川石油管理局不仅注重技术原创研发，更重视科研成果的转化与应用。随着气体（欠平衡）钻井核心装备的国产化，气体（欠平衡）钻井技术也在许期聪、邓虎等专家的领军下不断创新、完善和配套，组建了全国最大规模的气体（欠平衡）钻井专业化公司，培养了一批年轻的技术骨干。

梦想总是需要现实来丰满。自 2004 年以来，这支年轻的队伍不怕疲劳，不畏艰难险阻，战高温、斗酷暑，连年南征北战，活跃在祖国的西南盆地、西北沙漠、东北平原和广袤辽阔的海疆，先后在西南、塔里木、松辽、渤海湾、南海西部等 17 个油气田推广应用气体（欠平衡）钻井技术 1245 口井，并以中国石油人更加昂扬的姿态迅速进军伊朗、肯尼亚、缅甸、土库曼斯坦和阿曼等国际市场，在国内外市场上树立起了一座又一座丰碑，为四川龙岗气田、川中龙王庙组特大气藏全面投产、长宁—昭通国家级页岩气示范区等一批重点工程建设作出了不可磨灭的贡献。

气体（欠平衡）钻井核心装备及技术的规模化应用创造直接经济效益超过 17 亿元（技术服务费用和销售收入总计）。项目成果显著提升了我国气体（欠平衡）钻井技术的水平，为有效开发深层、低渗透、海洋油气资源提供了先进的技术手段，被誉为"革命性"技术进步。在取得辉煌成绩的同时，气体（欠平衡）钻井攻关团队还不忘开展技术的延伸研究，不久的将来，带压作业技术又将为页岩气等非常规资源开发和深部储层的气藏保护发挥愈加重要的作用。

"气体欠平衡钻井核心装备研制与推广"于 2010 年获中国石油天然气集团公司技术发明一等奖。

走出国门的顶部驱动装备

顶驱，全称"顶部驱动钻井装置"，是区别于传统转盘钻井动力的新型驱动方式，是当今世界钻井三大前沿技术之一。20世纪末，石油行业蓬勃发展，国际钻井施工领域在竞标中要求配备顶驱装置，当时世界上仅有美国、加拿大、挪威等少数国家处于垄断地位。因需求量急剧增加，顶驱价格从最初的每台120多万美元很快暴涨到了200万美元，供需关系严重制约着中国石油企业走出去战略。实现顶驱技术国产化，中国石油"北石"攻关团队立下了汗马功劳。

从无到有——宝剑锋从磨砺出，梅花香自苦寒来

面对施工队伍无法配备顶驱走出国门的尴尬局面，各级领导专家认为必须加速推进顶驱国产化。2002年底，中国石油集团党组研究决策，要充分发挥中国石油产学研造整体优势，立足北京石油机械有限公司（以下简称北石）的研发和加工制造能力，尽快研制具有自主知识产权的顶驱装置并推广应用。当时的北石领导班子对此顾虑重重，一边是研制国之重器的责任使命，另一边则是一旦失败后500多名职工的生存吃饭问题，一时难以抉择。班子成员坐在一起重读了《矛盾论》和《实践论》，大家都认为"事在人为""只要思想不滑坡、办法总比困难多""国家的需要就是我们努力克服困难大有作为的时机"，最终决定背水一战。

2003年3月，以中国石油勘探院机械所沈泽俊、李一心等专家为首的顶驱产业化项目攻关团队正式成立；同时，中国石油天然气集团公司成立了专家组，负责为北石顶驱科研把关。时任北石厂厂长兼顶驱项目组组长的刘广华创造性地提出"用中国人的智慧加全球最佳资源打造中国顶驱"，认为目标必须瞄准世界一流水平，研制出技术领先、质量可靠、具有自主知识产权的顶驱产品。后来十多年的发展历程，也恰恰印证了他的判断。

创新源自强大的责任心和不服输的精神。在铁人精神、大庆精神的感召下，北石人把"高起点、高技术、高配置、高质量和优质服务"的目标铭记于心，仅仅用了三个月时间，就改造建成了一座占地约 2000 平方米的新车间。

项目团队经常通宵达旦，废寝忘食，实现了当年立项、当年出成品、当年通过出厂评审的目标。2003 年底，拥有自主知识产权的第一台 DQ70BSC 顶驱成功下线，北石在业界创造了一个奇迹。

据参加项目的老同志回忆，那段时光大家吃的方便面加在一起"一火车皮都装不下"。2003 年 7 月的一天，大家又熬夜奋战到凌晨两点多，一个个疲惫不堪，这时有人提出先不回家了，一起去天安门看升旗仪式。曙光中，当鲜红的国旗冉冉升起，大家不由自主高唱起国歌，热血沸腾，精神抖擞，一切的辛苦与劳累都烟消云散了！

2004 年 1 月，三套交流变频顶驱装置在北石顶驱中心高高矗立，由中国石油、中国石化和中国海油三大石油公司的专家们组成的验收团队在此召开了顶驱出厂评审会，一致认为北石顶驱"综合性能国际一流、顶驱配置国际一流、检验试验手段国际一流、顶驱外观国际一流"！

北石顶驱的研制成功，及时解决了国内钻井队伍出国打井的瓶颈问题，结束了顶驱长期依赖进口的历史，在中国石油装备发展史上具有里程碑意义。

市场开拓——十年寒窗无人问，一举成名天下知

当时市场对国产装备并不信任，北石顶驱推广难度极大。2004 年春，四川石油局某钻井公司在新疆霍 001 井施工，在钻至 2883 米时，遇到砾石层发生严重跳钻，原钻机配备的进口顶驱被震坏，维修需要较长时间。北石得知了消息，迅速提出试用北石顶驱的建议，中国石油天然气集团公司也承诺对试用北石顶驱给予一定的资金扶持，但钻井公司仍然犹豫不决。经过前后三四轮的交流协商，最终凭借北石的信誉与执着，对方才勉强答应一试。

2004 年 3 月 17 日，新疆油田大雪刚过，寒风刺骨，10 余名北石顶驱工程师在钻井平台经过一昼夜的奋战完成了顶驱的安装调试，保证了井队按时重新开钻。霍 001 井工况异常复杂，对顶驱装置的性能和质量要求非常高，当时有千百双质疑的眼睛在盯着，北石顶驱能否经得起考验？

北石顶驱连续运行 7 个月，历经了钻进、取心、测井、下套管等作业，累计进尺达到 2000 多米，成功经受住了跳钻、卡钻、井漏等恶劣工况的考验，充分展示了北石顶驱的技术先进性和质量可靠性。

第一口井的试用让四川石油局非常满意，随即决定将该顶驱安排到另一口井上继续使用，并在以后的十多年里，该钻井公司一直与北石保持着非常稳固的合作关系。

同年，全球顶尖钻井公司之一的美国 Rowan 公司也决定采购北石顶驱，合同协议在人民大会堂签订。这是该公司首次在欧美以外的国家采购石油装备。经过三口井的现场应用后，Rowan 公司对北石顶驱给予高度评价，此后又陆续追加了多份订单。

随后，北石顶驱又陆续在"塔深 1 井""莫深 1 井""马深 1 井"等历年亚洲最深井的钻探中发挥了重要作用，并成为第一个在中国南海钻井平台上成功应用的国产石油钻井装备……一份份耀眼的成绩单，逐步把北石顶驱打造成了国内外深井、复杂钻井施工的首选装备。"交流变频顶部驱动钻井装置"于 2005 年获中国石油天然气集团公司技术创新一等奖。

随着北石顶驱声名鹊起，国内外订单如雪花般纷至沓来。2007 年，第一百台北石顶驱成功下线，北石一举成为当时全球生产规模最大的两家顶驱供应商之一，国内市场占有率超过 80%。北石累计生产销售顶驱已超过 600 台，60% 应用于海外市场，出口到全球五大洲的 40 多个国家和地区。

科技创新——路漫漫其修远兮，吾将上下而求索

在顶驱研发攻关期间，面对时间紧、技术难、任务重的重重压力，北石采用了三维数字化和有限元分析相结合的设计手段，对每个关键零件和主要承载件受力情况进行分析，使产品结构更加科学合理。技术人员经历了多次设计改进，不断提高，既追求性能又注重外观。

第一代顶驱的泥浆伞偶尔出现漏失，对齿轮和轴承造成腐蚀，影响钻井作业。发现这一问题，时任总工程师的邹连阳就马上组织人员研究，反复查阅资料、比对方案，进行计算和实验，最终设计出了新一代泥浆伞，完美解决了漏钻井液问题。

北石顶驱在技术创新方面永不停步，多年来持续攻关研发了主轴旋转定位控制、扭摆减阻控制和软扭矩控制等多项北石首创的特色技术。为设计 1000 吨国际领先水平的顶驱综合性能试验装置，耗时近 3 个月，先后修改了 19 次方案。该装置可以对顶驱进行标准载荷的 2 倍拉力试验及综合测试。

北石在钻井工艺技术和机电液一体化装备制造方面形成了中国石油的自主品牌，成为国内顶驱行业标准的制定者，先后获得 20 余项发明专利授权，每年至少研发一个新型号，能满足 2000~12000 米所有钻机的配套，覆盖了极地、陆地、海洋和非常规油气勘探开发等各种生产作业工况。

北石公司为 12000 米钻机配置的顶驱

2008 年，北石顶驱连续赴俄罗斯远东极低温地区作业。

2009 年，北石顶驱通过中国船级社 CCS 型式认可，走向海洋平台。

2013 年，壳牌全球第三套智能钻机（SCADA Drill Rig）选配北石顶驱。

2014 年，北石顶驱成为在中国南海区域作业的首台国产顶驱装备。

2015 年，"克深 902 井"钻进至 8038 米完钻，配套万米钻机应用的北石 DQ120BSC 型顶驱装置，代表着中国顶驱设计制造技术的最高水平。

2016 年，"马深 1 井"使用北石顶驱完钻井深 8418 米，刷新了亚洲最深井的纪录。

2017 年，北石顶驱完成了国内最深页岩气井——足 201H-1 井的钻井施工任务，完钻井深 6038 米。

2018 年，北石页岩气专用智能顶驱在四川威远页岩气区块进行开采作业，配套的智能控制技术有效解决了黏滞卡钻、井下摩阻等实际问题。

技术创新是引领发展的第一动力。北石人响应国家创新驱动发展战略，走出了一条国产装备发展的成功之路。

服务为本——雄关漫道真如铁，而今迈步从头越

随着"中国制造 2025"的大力推行，国内制造业服务化得到加速推进。北石早在十年前就意识到服务的重要性，秉承"品德、品质、品牌"的理念，依靠员工的优秀品德打造产品的优良品质，用产品的优良品质铸就国际知名品牌，坚持以客户为导向，将服务理念贯穿整个产业链；坚持与国际顶级供应商密切合作，同时实行在役终身服务，坚持国内 8 小时内到达，国际 24 小时内到达的服务准则。

十余年间，北石顶驱服务团队遍布世界的每个角落。他们守候在炎炎沙漠、荒凉戈壁，甚至是枪林弹雨……服务工程师秉承着用户至上的企业精神，对客户需求及时响应，每一次处理现场故障都是在与时间赛跑，争分夺秒，风雨无阻。

顶驱中心的范瑞生师傅，是大家公认的踏实肯干、技术过硬的"老大哥"，是服务团队的骨干和核心力量。2006 年，从未学过英语的范师傅在荒漠上的美国井队现场服务 100 余天，靠着过硬的专业技术，克服了语言交流障碍，圆满地完成了现场服务任务。在这期间，范师傅的老父亲不幸去世，他因身在美国，没能见上父亲最后一面，留下了终生遗憾，只能在万里之外朝着祖国的方向含泪跪拜。

李治军是一位年轻的服务工程师，2014 年 4 月，他所在的苏丹某钻井队突遭恐怖分子袭击，子弹呼啸着穿过井场大门从他身边飞过，李治军躲进了一个离自己最近的营房。当一枚火箭炮"轰"的一声在屋外炸响时，死亡离他只有一面墙的距离。幸运的是，恐怖分子没有冲进他躲藏的那间房屋，洗劫后离开了井场。每当他想起这件事时，仍然会心有余悸。

伴随着顶驱的创新研发和产业化推广，北石获得了多项荣誉和表彰。2013 年，顶驱中心被人力资源和社会保障部、国务院国资委授予"中央企业先进集体"荣誉称号。

荣誉是对过去成绩的肯定，更是对未来发展的鞭策！作为国产顶驱先驱者，北石将按照中国石油天然气集团公司的战略规划和要求，大力实施"规范化、精益化、智能化、国际化"发展战略，不断开拓创新，砥砺前行，努力为中国石油工业发展作出新的贡献！

近钻头地质导向钻井系统诞生记

2009 年，苏义脑带领科研团队历经十年艰苦攻关成功研发 CGDS 地质导向钻井系统，此举使我国成为继美国和法国之后第三个掌握这一高端钻井技术的国家，使中国石油天然气集团公司成为世界上第四个掌握这一高技术的公司。

艰难立项　矢志攻关

"给钻头装上眼睛和鼻子，让钻头闻着油味走"，曾经是几代石油地质学家和钻井工作者的梦想。法国斯伦贝谢公司花费上亿美元巨资于 1993 年首先成功研制全球第一台地质导向钻井系统 IDEAL，随后美国贝克休斯公司也相继推出了自己的类似系统，把这一梦想变成了现实。

苏义脑院士

地质导向钻井技术是通过"测量、传输、导向"的功能，即通过近钻头地质参数与工程参数的测量、井下与地面的双向信息传输和地面控制决策，引导钻头及时发现和准确钻入油气层，并在油气层中保持很高的钻遇率，从而提高油气发现率和单井产量，达到增储上产的目的。在薄油层水平井中，它的这一优势愈加突出，因此被业内人士称为"航地导弹"，国际钻井界也誉之为"21世纪的钻井前沿技术"。

由于地质导向钻井系统是一个集机、电、液和测、传、导一体化的高技术系统，研制成本高且技术难度极大，所以外商实行高度垄断，只提供高价技术服务（在中国平均每口井服务费用高达数百万元人民币）而不出售产品。而且国际钻井界也把是否拥有地质导向钻井系统作为衡量一个国家钻井技术水平高低的标志，我国钻井队伍走出国门后曾因手无这一利器而受制于人，失去投标资格。

苏义脑对这一技术的关注起始于两件事。一是1991年8月在大庆油田树平1井（国家"八五"科技攻关项目的第一口薄油层中半径水平井试验井）的轨道控制中，由于测量仪器的传感器离钻头的距离远达十几米，给着陆控制带来了很大难度，此后使苏义脑产生了想把测量传感器尽量放置在钻头附近的强烈愿望。二是1996年钟树德局长在就任中国石油天然气总公司的工程技术局局长后到石油勘探开发研究院调研，提出开发新技术的建议，当时苏义脑提出"研发地质导向钻井系统"并得到他的认可。由此苏义脑即开始着手进行有关的准备工作。1997年4月在西昌召开的第二届全国钻井院所长会议上，苏义脑作了专题报告《地质导向钻井》，其中论述了地质导向钻井系统的功能和结构特征，并分析了当时国内的技术基础，最后提出要立项攻关的建议。但是没想到这一建议当即就被否定并搁置下来。这一搁置就是两年。

1999年五一节刚过，应西仪厂（西安石油仪器总厂）领导之邀，苏义脑带领钻井所的几位专家专程赴西安商谈合作，双方建立战略伙伴关系，并商谈联合向中国石油天然气集团公司申报研究项目。当时提交讨论的选题有地质导向钻井系统、旋转导向钻井系统和LWD（随钻测井系统）3项，但前提是因受财力、人力限制三者选一。苏义脑的发言归结为"2个判断，3点分析和1个结论"，最后会议形成"申报地质导向"的决策。第一个判断是"中国的水平井在未来几年中会有大的发展"。当时的背景是水平井不被开发方面看好，处于徘徊时期。但苏义脑作为水平钻井国家项目的主要攻关人员之一，深知它的作用和价值，特别是对东部薄油层，水平井将是提高单井产量和采收率，进而稳产上产的重要技术手段。后来的情况证明了这一点。针对第一个判断的分析是：水平井特别是薄油层水平井迫切需要地质导向工具，而旋转导向工具明显次之，所以二者相比应选地质导向。第二个判断是"带有近钻头测量功能的地质导向系统产品，国外公司10年内不会出售"。据说当时国内某油田曾和外商谈过出价 2000 多万美元购买 1 套却遭到拒绝。苏义脑分析关于 LWD，1997 年中国石油某公司已从美国买回 1 套（价格折合人民币 8817 万元，而且还不卖给重要软件），如果我们立项搞 LWD，假设用 8 年研发出来，也是外商 10 年前就卖给你的技术，还不用说这 8 年人家又有新的进步。而如果我们搞地质导向，8 年后研制成功的仍然是外商垄断不卖的技术，其意义不言自明，当然也应选地质导向。又因为钻井特别是薄油层的水平钻井要求工具系统要具有测量、传输和控制导向功能，这些正是地质导向系统的优点；相比 LWD 只是一个测量系统而无导向能力，进不了储层又何谈测量？所以还是要选地质导向。此外，因为我们长期从事钻井科研，无论在工艺、工具、仪器、软件诸方面都有相当的基础，所以攻下地质导向钻井系统这个难关确有一定把握。综合上述的 2 个判断和 3 点分析，结论就是应把地质导向作为立项的首选。在西安期间，恰逢 1999 年 5 月 8 日美国用 5 枚导弹轰炸我国驻南斯拉夫大使馆，举国悲愤，苏义脑对这次西安之行和此次会议记忆犹新，当时很强烈的感觉就是技术落后会挨打，应该抢占钻井技术的制高点。

回京后不久苏义脑向钟树德局长作了汇报，他果断拍板，决定立项攻关。钟局长又与科技局协商，征得同意立项，并定下来要在 1999 年 6 月 14 日召开项目可行性论证会。项目实行甲乙方合同管理，中国石油勘探院钻井所、西仪厂和北京地质录井公司为乙方，甲方为中国石油工程技术局和科技局两方各投资 50%。就这样，被搁置两年多的我国地质导向钻井系统研制项目在钟局长的力推下艰难起步了。这一天，1999 年 5 月 20 日，对于中国的地质导向技术，注定是一个要进入大事记的日子。

经费紧张、实心不改

立项后，上述三家单位的 40 余名科技人员齐聚中国石油勘探院钻井所，集中进行可行性论证的准备工作，于 1999 年 6 月 14 日顺利通过了可行性论证。接下来，在中国石油天然气集团公司科技局的主持下于 7 月 27 日召开了课题启动会，宣布苏义脑担任课题长兼总体设计组组长，下设两个专题组，即：专题 1——无线随钻测量系统 MWD 研制；专题 2——测传马达研制。课题组的三家单位相关研究人员进入这两个专题组。从这一天开始，课题组 40 余名研究人员又一次封闭在钻井所开始进行 CGDS-1（China Geosteering Drilling System，中国地质导向钻井系统第 1 型）系统总体设计和分系统设计，至 1999 年 9 月 15 日通过了专家论证会的技术审查。在这次论证会上，与会专家充分肯定了开展这一攻关的必要性和重大意义，称之为"我国钻井界的两弹一星"，并且指出"研制经费 1648 万元人民币实在是太少了""折合区区 200 万美元，而国外研制经费高达上亿美元"，强烈建议增加研制经费。专家们的真知灼见让苏义脑和与会的项目组成员十分感动，但是，令苏义脑始料未及也更让评审专家们无法想到的结果是，在课题合同执行过程中，经费不仅没有增加，反而中途停止拨款，合同规定的 1648 万元总经费只提供了 550 万元（实际到课题组的经费是 490 万元），仅占原本就少得可怜的 1648 万元的 29.73%。而实际情况是，仅凭着这杯水车薪般的经费，我和项目组全体人员开始了艰辛备尝的科技攻关，在中国石油勘探院钻井所林建所长的支持下，想尽办法集中资金，历经 6 年半终于研发成功 CGDS-1 地质导向钻井系统，填补了国内空白。

在地质导向系统的攻关过程中，苏义脑始终面临着两大难关：一是经费的严重匮乏和科研环境约束；二是技术本身的高难度与外商的封锁，从某种意义上说前者超过后者。

在高难度技术攻关全面铺开之后，科研经费的极度匮乏使课题组面临着"何去何从"的选择。按照课题的计划安排，2000 年需要 800 万元的研制经费，但直到 1999 年 7 月份，资金数额仍然是零，但即便如此，苏义脑团队还是硬着头皮召开了原定的技术会议，调整攻关思路。这种局面给课题组带来了很大影响，造成接产单位退出、部分研究人员流失，同时非议不绝于耳，甚至在攻关过程中几次流传着"要亮黄灯、红灯"的消息。苏义脑横下一条心，坚持不向课题组成员传递压力，自己默默承受着这一切，想尽办法化解困难。他曾多次书写蒲松龄的对联（有志者事竟成，破釜沉舟，百二秦关终属楚；苦心人天不负，卧薪尝胆，三千越甲可吞吴）和郑板桥的《竹石诗》（咬定青山不放松，立根原在破岩中。千磨万击还坚劲，任尔东西南北风）以自我激励，他深知这一项目的重要意义和立项之艰难，如果错失了这一机会，我国的地质导向系统不知要等到何时才能成功！后来，在科技局的支持下，以地质导向系统研制为内容申报国家重大仪器研制项目后，团队获得了国家 300 万元的经费支持，又把原本属于钻井工程重点实验室的储备项目研究费用一点一点集中到这个项目上来，才捉襟见肘地勉强支持着研制工作艰难前行。

面对经费的匮乏，迫使苏义脑不断地调整攻关思路。原本计划"先大后小"，即先集中全力攻下大系统，然后把已经掌握的单项技术进行辐射去研发几项较小的工具系统（如工程用的 LWD、PWD、正脉冲 MWD 等，当时均属外商对我们高价服务或天价出售），但因为严重缺少资金，只好"先小后大"，即先做单项技术，攻克后即把它开发成独立工具投入现场使用，以期取得效果，打开局面。如把测传马达的测量技术难点演变为研制采用井下存储式的近钻头随钻测井短节 NBLOG，同时为大系统提供先导试验；又如，研发 PWD 工具，满足欠平衡钻井需要。

调整路线、加速攻关

面对技术的高难度和外商的技术封锁，迫使苏义脑不断地调整技术路线。在攻关的初期，对于 MWD 分系统的正脉冲发生器，苏义脑安排了这样的技术路线：为减少攻关点和尽快完成 CGDS-1 大系统，同时考虑人力有限，决定先采用哈里伯顿公司的产品，因为参加课题攻关的单位之一北京地质录井公司，他们既是本系统的接产单位又是哈里伯顿出售的 LWD 的用户，外商按照合同应该给他们提供正脉冲发生器；等完成 MWD 的研制后再组织人力自行研发正脉冲发生器。但是当外商了解到苏义脑团队在研发 CGDS-1 地质导向钻井系统时，2000 年下半年不顾北京地质录井公司已经交过预付款就撕毁了购买合同，迫使苏义脑迅速调整技术路线，立即组织开展对正脉冲发生器的自行研发攻关。其中电磁阀所用的电磁钢国内没有，于是委托国外的一位朋友代为在美国采购，但后来的结果是美方不允许对中国出口。这样就把苏义脑团队逼到了背水一战的地步，决定自行炼制这种特殊钢——和北京钢铁研究总院合作，用小炉 5 千克、10 千克地试炼，前后摸索了几种配方和 3 种热处理工艺，总算得到了满足设计性能的电磁钢，解决了攻关的急需，同时也为我国增加了一个新钢种。

艰难的环境磨炼着课题组全体成员的意志，高难度的技术又逼迫他们去提升自己的水平。由于 CGDS-1 地质导向钻井系统完全是一个自主创新的复杂大系统，要自主创新就要从应用基础理论研究做起，靠自己的力量完成了随钻电阻率测量的理论分析和建模以及一系列室内单元实验，自主成功研发正脉冲发生器，突破了井下无线短传技术，开发了方位自然伽马测量仪器、数据接收短节和地面信号接收与处理系统等，并在此基础上成功开发 CGMWD 无线随钻测量子系统、CAIMS 测传马达子系统和 CGDS-MS 地面硬件子系统，在室内实验和现场试验通过后，正式组成 CGDS-1 大系统，再进入室内联调和现场下井试验及工业化应用。

有几个难以忘怀的片段记忆犹新。在井下的天线线圈制作完成后，苏义脑和几位有关研究人员深夜在北京航空航天大学的振动试验台架上进行全频振动试验；2001 年 7 月的一天，他们冒着 37 摄氏度的高温，在北京望京的一个大院场地上完成了井下无线短传技术试验，此举使他们继斯伦贝谢公司之后在世界上第二个掌握了这一技术；2002 年 7 月，课题组的几位研究人员带着研制的正脉冲发生器和自制的测试装置，奔赴数千千米到塔里木油田进行井口测试，冒着沙漠的高温，手拉肩扛，其中就有年近花甲的老同志；先后有两位研究人员的母亲住院和病危，当苏义脑得知后马上让他们迅速离队回家；课题组曾几次在三九寒冬于冀东油田坚持开展现场试验，几位同志一连多天夜里坚守在计算机前，替班同志就在值班房的小床和椅子上勉强休息；为了能取得井队的配合，课题组用自己的奖金为井队买猪肉改善生活，拉近了和井队人员的关系，取得很好的效果。

成效显著、填补空白

从 2002 年 3 月开始，CGDS-1 地质导向钻井系统的先导型样机、多个分系统样机先后在冀东油田、大港油田进行过 10 次功能、性能现场下井试验，为大系统的全面试验提供了重要基础。2006 年 1 月，大系统性能试验在冀东油田一举获得成功，实钻进尺 923 米，标志着为期 6 年半的攻关取得了预期的成果。2006 年 4 月,又在冀东油田进行了一次全面钻穿多个储层的试验,证明了系统的可靠性和即时发现油气层的能力。

2006 年 3 月 3 日,中国石油天然气集团公司科技局在北京组织了 "CGDS-1 地质导向钻井系统研制" 成果鉴定会。苏义脑代表项目组作了成果汇报。由多名业界知名专家组成的鉴定委员会给出了如下结论:"地质导向钻井系统是国际钻井界公认的 21 世纪钻井高新技术,研发难度很大,目前只有少数国外石油技术服务公司拥有此项技术,只提供高价技术服务,而不出售产品。CGDS-1 地质导向钻井系统是我国具有自主知识产权的第一套地质导向系统,它的研制成功对推动我国油气钻探技术的进步具有重大意义。专家组一致认为,该项目技术难度大,创新性强,是我国油气钻井技术的重大突破,具有广阔的应用前景,同意进行工业性应用,建议加快推进产业化进程。"鉴定会后,研制工作转入产业化阶段。

2006 年下半年,中国石油天然气集团公司工程技术分公司专门组织了多个油田的钻井专家参加我们项目组在辽河油田用近钻头地质导向钻井系统钻水平井的技术观摩,获得成功。是年 11 月 13 日,中国石油天然气集团公司科技局在北京组织专家对 "CGDS-1 地质导向钻井系统" 产品开展鉴定会。苏义脑代表项目组作了产品汇报。鉴定会给出的结论是:"该项目技术难度大,创新性强,是我国油气钻井技术的重大突破,属国内首创并达到国际先进水平。同意通过鉴定,建议批量生产并扩大应用规模。"此时我们已经达到了年产 10 套的生产能力。

2006 年 12 月 28 日,中国石油天然气集团公司举行产品发布会,宣布中国石油已具有自主知识产权的 "CGDS-1 地质导向钻井系统"。我在大会上做了产品介绍。至此,我国成了世界上继美国、法国之后独立拥有这一高端钻井技术的国家,中国石油集团成了继斯伦贝谢、贝克休斯和哈里伯顿等三大公司之后第四个独立拥有这一高端钻井技术的公司。

此后,应用 CGDS-1 地质导向钻井系统先后在几个油田进行工业化钻井,取得良好的技术效果和经济效益。例如在江汉油田的浩平 2 井钻薄油层水平井,油层厚度仅 0.66 米,钻遇率达 100%;在大庆油田薄油层水平井钻井中,油层厚度为 0.2~0.9 米,钻遇率接近 100%。

2008 年 5 月,CGDS-1 地质导向钻井系统(模型)在美国休斯敦 OTC 石油大会和技术展览会上展出,一时成为热点。2009 年 2 月 12 日,时任中央政治局常委贺国强同志带领多位中央和国家部委领导到中国石油天然气集团公司进行工作调研,专程参观视察 "CGDS-1 近钻头地质导向钻井系统",由我做专题汇报。2010 年,我国首次在上海举办 "世博会",作为我国一项有代表性的油气钻井技术,"CGDS-1 近钻头地质导向钻井系统" 入选石油馆。"CGDS-1 近钻头地质导向钻井系统" 被评为国家自主创新产品。"CGDS-1 近钻头地质导向钻井系统与工业化应用"于 2009 年获国家技术发明二等奖。

2004 年，在接待一位记者采访时苏义脑说过如下 3 句话："进步的起点在于追求，发展的关键在于创新，成功的秘诀在于坚持。"这就是苏义脑在这一攻关中的切身感悟。同时，总结地质导向从预研立项、组建团队、开展攻关到成果转化的全过程，2007 年苏义脑写出了如下的《科研三字经》：

科研三字经
——关于战略科学家 / 项目长 / 技术专家的思考偶得

布大局，虑长远。探需求，勤调研。

寻突破，拿产权。提方向，做可研。

求创新，定方案。把总体，管路线。

组团队，抓关键。掌进度，破难点。

重基础，盯实验。作决策，担风险。

鼓士气，稳大盘。让名利，举英贤。

追实效，慎宣传。推产业，谋发展。

其实，如果再进一步把十年的体会浓缩一下，那就是苏义脑以前曾说过的四个字："用心，坚持"，如此而已。

宝鸡石油机械研制 12000 米特深井石油钻的故事

上天不易，入地不难

　　"上天入地"是人类千年来的梦想。但是万米以下的地层，高达 200 多摄氏度的地温，以及相当于万米海底的压强，钻探时钻机动力传递等诸多问题难以逾越，因此有人感叹说"上天不易入地难"。12000 米钻机研制成功，为中国叩问万米以下超深地层，成就地学强国之梦提供了利器。

12000 米特深井交流变频电驱动钻机

纵观石油勘探史，钻机每一次升级都会带来勘探的新发现。在我国，1200 米、3200 米机型成为主打钻机时，发现了大庆、胜利、辽河等油田；5000 米钻机投产后，发现了吐哈鄯善油田、四川广安气田；7000 米钻机登场，又有塔里木、大庆徐家围子等一批油气田先后被发现；12000 米钻机的问世意味着人类叩问入地极限的庞大工程正式启动。2011 年 9 月，中国石化使用 12000 米钻机，钻出了我国埋藏最深的大型海相气田——元坝气田，气田深度超过 7000 米。12000 米钻机的研制成功，成就了许许多多业内专家的梦想、更圆了百万石油人的梦想，在这艰辛付出的背后却隐藏着一个个不为人知的故事……

产品的超前研发，要看得准、想得到、有胆识

2005 年下半年，中国石化就 12000 米特深井钻机的研制在国内外进行考察调研，时任宝鸡石油机械公司副总经理的王进全得知这一消息后，坚定地说，"我们要做 12000 米钻机。"当时身边的设计人员个个瞠目结舌。要知道，当时陆地用 12000 米钻机仅有美国在 20 世纪 80 年代生产过一台，国产的 9000 米钻机尚在研制中，而他却凭借对公司研发能力的判断和卓越的胆识，毅然决然地组织科研人员投入到 12000 米钻机方案的制定中。

在宝鸡石油机械公司的积极努力下，国家科技部于 2006 年初启动了将 12000 米钻机研制列为国家"十一五""863"计划重大项目的立项论证工作，中国石油在 2006 年将该项目列入重大专项研制项目。

"对于产品的超前研发，一定要看得准、想得到、有胆识。"王进全这样说。正是因为宝鸡石油机械科技人员的超前介入、超前研发，以及敢想敢干的工作态度，才有了后来"探地神针"的横空出世！

2004 年，宝鸡石油机械在研制 9000 米钻机时，因不具备生产该钻机的关键部件，向美国一家钻机设备制造公司订购，对方不仅要价高昂，还以种种理由拖延交货，交货时间比合同约定时间晚了一年多，严重影响了工程进程。国外技术垄断的"切肤之痛"使王进全更加深刻地认识到，自主创新能力差就会受制于人。

在 12000 米钻机研制项目立项之初，王进全就下定决心：从钻机的总体设计到关键技术研发、核心部件的研制都必须自力更生。在他的主持和积极推动下，12000 米钻机的关键部件全部实现了国产化，大大提升了宝鸡石油机械公司的钻机配套能力。他率领的 12000 米研发团队荣获"十一五"国家科技计划执行优秀团队称号。

困难虽多，可标准绝不能低

2007 年初冬，时任宝鸡石油机械公司技术中心钻机室主任的贾秉彦，总爱去公司钻机试验场上转一趟，看着蓝天白云下高高耸立的井架，他疲惫的脸上总会露出舒心的笑容，他是12000米钻机的主设计者。

2005年，作为9000米钻机的主设计者，贾秉彦还未来得及长吁一口气，品尝一下成功的喜悦时，12000米钻机的设计任务又压在了他的肩上。不善言辞的贾秉彦什么也没说，只是带着钻机室60多人的研发团队迅速投入工作。

这是一个前无古人的浩大工程，当时全球仅美国有一台12000米钻机，可谁也没见过。虽然有9000米钻机的研制基础，可是12000米钻机的井架、大钩、转盘等部件，比以前的钻机大了许多，量变引起质变，部件的工作原理、设计思路都得另辟蹊径。

"困难虽多，可标准绝不能低。我们必须瞄准国际先进技术水平。"贾秉彦这位机械加工专业出身、又在机械加工行业工作了17年的知识分子，对研发团队提出了要求。他亲自负责钻机主要技术参数的确定、各部分的配套方案、传动系统整体设计。

贾秉彦认真做好市场调研，无数次走访油田与用户沟通，一次一次地上北京找石油行业的专家讨论，上网查找技术资料。钻机的主要参数反复修订多次，才最终敲定最优方案，拿出了"12000米钻机专项计划和质量计划"，得到业内专家的高度评价，被确定为国家"863"计划"先进钻井技术和设备"的重要课题之一。

由于压力太大，加之经常加班到凌晨一两点，这样高强度的工作，让有高血压的贾秉彦经常头晕，一晕就必须吃降血压的得高宁，等钻机研制成功后，两年时间竟然吃了8瓶，而以前一年也吃不了两瓶。

众志成城，打造出亚洲最大转盘

2006年5月，12000米钻机需要一个直径1.96米的高精度弧齿转盘。这是钻机的核心部件之一，靠它动力才能传递到万米地下。加工这么大的转盘，他们找遍了全国都没有人能接这块"烫手的山芋"，即将到龄退休的宝鸡石油机械公司高级工程师刘志学愁得夜不成寐。

"我们自己干！"曾经多次参与过宝鸡石油机械公司重大项目、具有多年转盘制作经验的刘志学说出自己的想法。

可宝鸡石油机械的弧齿铣加工转盘最大直径是1.6米，差之甚远。要想加工在国内也是别无选择。领导研究后认为在确保安全的情况下，可以一试，于是成立专项攻关小组，并把这副重担交给了经验丰富的刘志学。这样，退休后的刘志学只在家里待了一星期，又被公司请了回来，同时请回来的还有他的师父、高级技师谢天增。

"在1978年那么艰辛的条件下，前辈们创造的40寸弧齿刀盘都能荣获全国科技大会奖，现在这么好的条件，我们更是没有推诿的理由"，有着20年党龄的刘志学还是接受了这个任务。

于是，刘志学和他的师父谢天增及自己的弟子徐强师徒三代携手攻关，从齿轮参数、设备参数、工艺参数、刀具参数等方面进行深入研究。为了保证设计需求，他们经过反复计算确定了齿轮参数，并针对工艺和刀具进行了重点攻关。

开工这一天，师徒三人和车间负责人都到了机床前，并研究商量，制定了低转速、小进深、多次进给的操作方案。开始进刀了，机工的手一刻也不敢离开操作盘，打算随时处理复杂情况。一刀、两刀、三刀，一点一点地小心进刀，一切顺利，大家长出一口气。

经过50余天的不懈努力，他们师徒三人终于成功加工12000米钻机用ZP495转盘大弧齿轮，经核对检查，接触区达到设计要求。按照试验大纲要求装机试运转试验，噪音、温升等指标均达到了设计要求，ZP495转盘弧齿锥齿轮研制取得了圆满成功。

一个亚洲最大的转盘由此诞生，这在国内机械制造行业、在石油系统都是前所未有的奇迹。

"好钢"是这样铸造的

12000米钻机的大钩要负荷900吨的质量，有它能吊起90辆10吨重的卡车，同时要能在零下40摄氏度的低温下工作。这对钢材的强度、硬度、耐低温提出严格的要求。

宝鸡石油机械公司铸造厂原厂长武占学带领团队历时三年，经过多次试炼，多次性能检测，多次化学成分优化的反复验证，终于成功研制了适应钻采提升装备的新材料——"大钩钢"，并形成了一套完整的"大钩钢"炼钢、铸造和热处理控制的热加工工艺。

研制成功的"大钩钢"，结束了长期以来钻机提升装备依赖外购配套的历史，其强度、塑性等力学性能指标远远高于API的要求。该材料的钢种设计和生产制备方法于2009年被授予国家发明专利。

还有钻机井架主设计李厚岭、钻机底座主设计李治平等人，他们都用自己的智慧在12000米钻机上创造了一个又一个"第一"。自主创新让这部钻机的核心部件基本实现了国产化。

由业内顶尖专家组成的万米钻机验收委员会给予的评价是：这台钻机在多项技术上有重大创新，整体性能达到国际先进水平。

傲然问世，冠居全球

2007 年 11 月 16 日，一个被喻为中国石油钻采装备制造的"航空母舰"挑战入地极限"利器"的诞生，让"中国制造"再度成为世界瞩目：国家"863"计划重点课题项目——我国首台具有知识产权的 12000 米特深井石油钻机在宝石机械公司研制成功。

这一"爆炸性"消息一经发布举世哗然，以新华社、人民日报、中央电视台为代表的 500 多家媒体集中进行了报道或转载。

12000 米特深井钻机是世界上第一台数字变频超万米的特大型钻机，也是当时全球技术最先进的特深井陆地石油钻机，它不仅填补了国内空白，在国际上也属领先水平，其技术指标均比此前美国生产的全球仅有的一台 12000 米钻机先进。

2011 年 3 月，"探地神针" 12000 米特深井钻机在参加"十一五"国家重大科技成就展时，受到了党和国家领导人的关注与好评。时任国家科技部副部长的王伟中曾自豪地说："12000米钻机是一个扬国威、长志气的项目，我们太需要这样鼓舞人心的例子了。"

2011 年，该钻机被列入中国企业新纪录 20 个重大创新项目之一和首批"国家自主创新产品"。"12000 米特深井钻机"于 2011 年获国家科技进步二等奖。

12000 米钻机钢结构塔式井架高达 52 米，相当于 20 层楼房，重达数百吨，能在 55 摄氏度高温的赤道和零下 40 摄氏度的极地环境下正常工作，并能根据工况自动加减速、刹车、报警，使钻井作业的智能化水平和安全系数大大提高。

它的成功研制，把我国陆地和海洋深水油气田、大位移井及其他复杂油气田超深油气藏的勘探开发水平提高到了一个新的层次，使我国成为世界上第一个独立研制并拥有该级别交流变频陆用钻机的国家。

辽河油田全新水平井技术谱新篇

1992 年 4 月 27 日，冷 43- 平 1 井开钻了，水平井技术在辽河油田正式 "试水"。这个时候，谁也没能预料到它的前行步履蹒跚，举步维艰，谁也没有预料到它终会星光熠熠，闪耀辽河油田。1992—1999 年，辽河油田钻成 12 口水平井、12 口侧钻水平井，工程原因导致 6 口井或报废、或生产周期短、或地质目的未实现，技术成功率仅为 75%，远低于国际水平 95%，平均储层钻遇率 82%，最低储层钻遇率 53.5%。再看一看成本，水平井平均每米进尺 4594 元，侧钻水平井平均每米进尺 10290 元，远远高于直井进尺成本 3500 元 / 米，这组数据让众多采油厂投资方对水平井望而生畏。进入 2000 年，辽河油田暂缓水平井的部署……

锲而不舍，集成创新，水平井上见成效

辽河油田重组改制后，作为存续企业的辽河石油勘探局，站在企业战略发展的高度，审时度势，于 2000 年 4 月组建了辽河油田工程技术研究院，加大科技创新和新技术推广应用力度，为油田上产和企业发展提供技术支撑。工程技术研究院成立之初，院领导班子组织开展了 "油田开发中后期如何再看钻井" 的大讨论，积极探索工程技术研究院的发展定位和主攻方向。时任院长刘乃震带领班子成员和技术骨干，通过研究分析发现，水平井技术在 20 世纪 90 年代就已经成为国外油田开发的主体技术，开发效果显著。在北美，加拿大水平井占年度总井数的 41%，美国为 9%，稳定产量是直井的 2~5 倍，平均增加可采储量 8%~9%，相当于提高采收率 0.5%~2%；在沙特可提高采收率 5%~10%。国外已经验证过的技术，为何在辽河油田竟是一副山穷水尽的局面？经过全院上下系统研究和全面分析，从油田地质到钻井工艺；从钻完井工具到随钻仪器；从钻井周期到成本问题，查阅的井史、技术总结等资料超过千份。最后得出四点结论：一是技术不配套导致钻井周期长；二是工程和地质脱节导致目的层钻遇率低；三是随钻仪器和专用工具全靠引进导致成本居高不下；四是尽管试验阶段水平井各种各样的工程问题较多。但侧钻水平井在后评估周期内，24 口井累计产油 26.8 万吨，平均单井产油超过 1.1 万吨，结论是有效益的。在统一认识的基础上，团队提出了以钻井新技术提高储量动用程度和采收率作为主攻方向，按照工程与地质

紧密结合、技术与装备高度配套、研发与应用相互促进的发展思路，加快推进发展水平井 /
侧钻水平井 / 分支水平井领域技术，积极扩大推广与应用规模，为油田持续稳产提供强有
力的高质量新技术支持。

工程技术的进步需要技术与管理并举，总体思路就是出路。首先，重新塑造创新体制
和服务方式，追求携手合作推进体系；其次，针对重点区块开展地质和工程的综合研究；
再次，规划科技、经济最优化结晶，实施一体化建井总承包；最后，构建和谐互助、优化
线路，实施精细现场作业。团队经过近一年时间的先导性技术试验和生产准备，多次与甲
方沟通交流、解疑释惑，以对水平井技术的深入理解和对技术路线的百遍推论，剖析水平
井实效案例，最终取得了采油厂和辽河油田公司认可。

2001 年 7 月 23 日，锦 27- 平 1 井正式开钻，仅用 29 天就顺利完钻完井。同年 8 月 29 日，
锦 27- 平 1 井实现竣工投产，初期日产油平均 19 吨，是邻近直井的 3.6 倍。该井的高产，
攻破了辽河油田水平井规模化应用的堡垒。经过夜以继日、韧性十足的攻关试验和示范推
广应用，截至 2004 年底，辽河油田完成了 55 口水平井，技术成功率 100%；水平井平均每
米进尺 3537 元，侧钻水平井平均每米进尺 7648 元，比 1999 年统计数据分别降低了 23% 和
26%。历经这一轮水平井科技进步的征途，形成了水平井优化部署、井眼轨道优化设计与控
制、随钻地质导向、钻完井专用工具等配套技术，取得了储层平均储层钻遇率 92%，同比
产量是直井的 3~5 倍，成本控制在 2 倍以内的重大技术经济硕果。

截至 2011 年底，辽河油田累计完钻水平井 1060 口，累计生产原油 1130 万吨，水平
井平均单井日产油为 10.3 吨，是直井的 4.6 倍，以 6.8% 的井数承担辽河油区 24% 的产
量。在中国石油整体层面上，水平井技术的不断发展和提高，推进了水平井的工业化应用，
2001—2012 年，累计应用各类水平井 6431 口，平均单井日产量是直井的 3.57 倍，新建产
能 4415 万吨，少钻新井 1.4 万口，少占土地 35.4 万亩，为中国石油 49.1 亿吨难采未动用
油气储量经济有效开发提供了强有力的技术保障。

聚焦难点，继续攻关，分支井更上一层楼

辽河油田开发进入中后期，开发对象复杂化的趋势越来越明显。为了使水平井由"一
井一层"发展为"一井多层、一层多支"，提高多层油气藏平面和纵向动用程度，实现水平
井立体高效开发，辽河工程技术研究院又瞄准了多分支水平井的创新。该技术是在一个主
井眼内向同一（或不同）油气层，侧钻出 2 个或 2 个以上分支水平井眼，在水平井眼侧钻出
若干分支井眼，具有油藏接触面积大、控制储量多、单井产量高、开发成本低等显著优势。
当时，辽河油田开发近四十年，开发途径已经从大型、整装的油田转向边际效益油田、断

块、复杂类型油藏，对降低吨油成本的需求更迫切。为打破国外公司的技术壁垒，避免知识产权纠纷，辽河工程技术研究院组织技术骨干开展自主技术攻关，从方案设计、工具制造开始，进行了几十次的方案研究论证，上百次的地面模拟试验。

2003 年 1 月，辽河油区首口老井侧钻双分支水平井静 31-59FP 开钻了。这是一年中最冷的时候，一台钻机孤零零地耸立在平均气温零下十五摄氏度的北国大地，四下望去，只有一望无际的白雪。负责人余雷带队在这口老井中完成两个侧钻分支工具安装，核对长度，确定深度，井口上扣……一遍遍重复中，金属性的工具总是冰冷冰冷的。白日里高空的太阳闪映在雪地上，反射出刺眼的光芒，夜晚皎洁的月光更平添了一丝清冷，凛冽的北风从早到晚一个劲地刮，24 小时两班倒的他们，由 500 米外热气腾腾的野营房走到井上，棉袄里外都凉透了，当除夕钟声敲响的时候，仍坚守在冰天雪地中。不辞严寒的付出终有回报，该井竣工投产，初期日产油 27 吨，为邻井平均产量的 8~10 倍，为老油区挖潜增效注入了新的活力，并得到了辽河油公司的认可。截至 2004 年完成了 6 口分支井，这项技术逐渐成熟，实现了窗口完整性、稳定性、重入性等核心技术的突破，定型了自主知识产权 "DF-1" 型分支井系统，整体水平已经达到了 TAML4 级。

在边台潜山，分支水平井井数占比达 21.4%，贡献区块产能为 48.5%，实现了断块油藏792 万吨难采储量的高效开发；在兴隆台潜山，水平井、多分支水平井共计 61 口，占比为60%，年产原油 80 万吨，占比达 80%，实现了纵向 2300 米油气储层 1.27 亿吨储量的立体高效开发，与直井相比，节省投资 14 亿元，采收率可以提高 15% 左右。与此同时，该技术还先后走进了大庆、新疆、四川、哈萨克斯坦北特鲁瓦等油田，累计实施 200 多口井，涵盖了稀油、稠油、超稠油、高凝油等多种不同类型的油藏，打破了国外公司的垄断，成为继贝克休斯、哈里伯顿、斯伦贝谢、威德福公司后，拥有独立自主知识产权分支井系统工具和工艺技术的第五家油服企业，是世界上少数几家进入规模化推广应用的分支井体系，整体技术水平达到了国际先进、国内领先。

拓展领域，发展技术，磨刀石上建奇功

2005 年，中国石油在苏里格气田实施 "5+1" 快速建产风险作业模式。苏里格气田是我国最大整装气田，以低压、低渗透、低丰度的 "三低" 著称，属于致密砂岩气藏，经济有效开发成为世界级技术难题。国际上把渗透率小于 50 毫达西的油田称为低渗透油田，苏里格气田 70% 的储层渗透率小于 1 毫达西，平均渗透率只有 0.3 毫达西，堪称 "磨刀石"。

当时的苏里格气田以直井方式开发，平均单井日产 1 万立方米，水平井靠原始自然产能不能连续产气。低品位资源和高效益开发需求的矛盾，摆在了团队面前。凭着他们多年对水平井技术和功能的理解与认识，在苏里格气田风险作业开发伊始，就集中攻关，积极探索水平井开发致密气的可行性。2005年底苏10-28-37井钻遇最大单层厚度19.7米厚气层，射孔后自喷，3毫米油嘴日产气2.3万立方米，为开展水平井自然产能开发试验提供了一线希望。在团队反复研究和设计论证后，2006年11月部署实施了苏里格气田合作开发后第一口水平井——苏10-30-38H井，初期采用裸眼完井。2007年5月投产，初期日产气仅3万立方米左右，一个月后不能连续产气，未达到预期目标。后续采用深穿透复合射孔作业，破除近井储层伤害，也未见增产效果。深入调研，经分析引入水力喷射加砂压裂技术，采取一点法进行压裂改造，初期日产气稳定在3万立方米。设想压裂1段产量3万立方米；如果压裂4段就能产10万立方米以上。按照这样的梦想，团队又进行了调研，认识再认识，以它山之石可以攻玉的招法，借鉴北美页岩气开发理念，细致部署实施了苏里格气田第一口"水平井＋多段压裂"现场试验井——苏10-31-48H井。2009年5月23日该井完钻，井深4268米，水平段长805米，引进贝克休斯裸眼封隔器完井分段压裂工艺，共计4段压裂改造，终于取得初期日产气10万立方米，它是周围直井的6倍，标志着应用水平井多段压裂开发致密气试验尝到了"甜点"，取得了重大突破。

经过扩大试验和技术引进消化再创新，他们又提出一个大胆的想法——苏53区块水平井整体开发。由于国内外没有先例，刘乃震主持开展"甜点"区水平井开发部署研究与先导试验，建立三维地质模型和岩石力学模型，开展水平井多段压裂裂缝拓展规律研究，优化水平井井网、井眼和裂缝参数设计，编制完成《苏53-4井区10亿立方米产能水平井开发方案》；与原直丛井开发方案相比，少钻井500口，采收率提高16.3个百分点。2011年底，苏53区块投产38口水平井就建成了10亿立方米产能，标志着我国水平井多段压裂技术工业化突破，开创了致密气藏水平井整装开发的先河。2013年底，用100口水平井建成了20亿立方米产能，实现了区块风险作业产能规模的翻番，成为国内致密气开发的典范。

高点定位，高端创新，导向钻井锋芒闪耀

2010年后，油气资源的勘探开发进入高风险性困惑时段，随着油气勘探开发的不断深入，资源品质趋向劣质化，开发对象复杂化的趋势越来越明显。如何经济有效开发薄层油气藏？关键是攻克高端钻井技术，让钻头沿着油气层走，水平井眼要打得准打得长，做到"指哪打哪"。当时，国际三大油服公司（即斯伦贝谢、哈里伯顿、贝克休斯）垄断高端技术和市场，控制市场定价权。为了扭转在国际市场上的被动局面，必须要有自主高端技术和优质品牌。由于国内起步比较晚，为了迎头赶上，团队赴美对多家有实力的企业和高校研发团队进行实地考察、广泛调研，经过深入交流与洽谈，选择美籍华人刘策教授带领的休斯敦大学电法测井实验室作为外协单位。他们不仅在技术人才和研发实力上具有优势，而且更有一颗将学识成就报效祖国的赤子之心。"核心技术国外研究、装备成套国内完成、知识产权长城独有"的合作方式就此成形,自此具有自主知识产权的随钻测量仪器研制正式踏上了"快车道"。

随钻电磁波电阻率测井仪 GW-LWD(BWR)于 2010 年 2 月立项,2011 年 10 月通过中国石油科技成果鉴定,只用了 20 个月的时间,拥有了高端完全自主知识产权,鉴定意见为"实现了国内首次设计与制造,达到国际先进水平"。

2014 年,随钻方位电磁波电阻率测井仪 GW-LWD(BWRX)通过了中国石油科技成果鉴定,鉴定意见为"属国内首创,达到国际先进水平"。GW-LWD(BWRX)长度仅 3.73 米,在同类仪器中仪器长度最短(国际上最短为 5.6 米),探测深度可达 6 米,使储层由"看得见"到"看得清""看得远",实现了水平井井眼轨迹的精准导航和导向钻井技术由量变到质变的跨越。

后续发明的单发单收天线系近钻头电磁波传播电阻率测量方法,在 1 米长仪器内解决了仪器短无法补偿的难题,实现了传播电阻率的高精度测量,测量点距钻头仅 0.4 米,达到国际先进水平。

随钻中子密度测井仪研制成功,现场试验 3 口井,测得的数据与电缆测井资料吻合。

2019 年国内首套具有主动性的指向式旋转导向系统已经完成样机制造,并成功进行了增斜、稳斜、降斜和扭方位现场功能试验,标志着我国具有自主知识产权的指向式旋转导向技术取得了突破。

按照研发、制造、服务一体化思路,建立了随钻测量与控制技术产业化基地,配套了室内实验、刻度标定、模拟试验、检修维修等条件,实现了直径 120 毫米、172 毫米和 203 毫米 GW-LWD(BWR)随钻测井仪的系列化。

研发过程中,获得的知识产权数量不胜枚举,水平井矢量化高精度随钻电磁波导向钻井系列技术已在 6 个国家 21 个油气田规模化应用 1473 口井,创造了显著的经济效益和社会效益。

在不到 10 年的时间里,刘乃震带领的团队走过了国际上 30 年的发展历程,使中国石油成为世界上贝克休斯、斯伦贝谢、哈里伯顿之后,第四家拥有该技术的公司,推动了我国水平井导向钻井技术跨上了一个新台阶,多年追逐的高端装备梦想终于变成现实。

中国石油重大科技成果中的

>>> 创新故事 >>

储 运 >>>

萨尔图油气集输流程诞生记

1960 年 4 月，松辽石油会战指挥部决定在获得高产油流的松基 3 井所在地——萨尔图区块开展现场试验，以获取第一手的开发数据，为指导油田整体开发部署提供决策依据。经对探井采出的油样进行测试分析，大庆原油具有凝固点高、含蜡量高、黏度高的"三高"特性，原油凝固点为 28 摄氏度左右。因此，原油集输温度必须高于此值，否则将失去流动性，极易造成集油管线凝管事故。安达设计院设计人员负责承担油气集输工程的方案设计，他们从来没有遇到过这种"三高"原油的集输问题。在大庆极端严寒的气候条件下，采取什么方式把从油井中采出的原油输送到输油站进行集中外运，成了制约萨尔图油田开发的一个难题。萨尔图试验区的开发方案已经确定，钻机已进入生产试验区开始钻井作业，必须在投产之前找到适宜的原油集输办法，确保试验区工作顺利进行。

解放思想，勇于创新。萨尔图油田油气集输设计组的组长和副组长分别是毕业于清华大学石油系的宁玉川和毕业于西安石油干部学校的冯家潮，两人先后从四川设计院来到大庆参加会战。宁玉川就"三高"原油在严寒地区的输送问题，曾向在北京工作的苏联储运专家奥列涅夫请教过，奥列涅夫也感到束手无策，只是提出了采用所谓"固体运输"的临时办法。但这种"土"办法无法满足大庆油田的大规模开发要求。由石油工业部康世恩副部长专门请来的苏联油气集输专家维舍夫，提出采用国外成熟的"巴洛宁"流程，即油气集

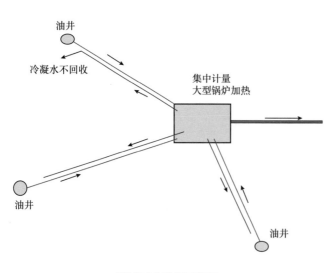

"巴洛宁"流程示意图

输管线加蒸汽伴热管线的双管流程方案。采用此流程虽然在技术上可以实现大庆原油集输，但在萨尔图油田中区 22 平方千米生产试验区内，建设此项工程就需要近百台锅炉和上千吨管材。当时国家正处于经济困难时期，资金短缺，物质匮乏，不可能满足要求，必须找到适合大庆特殊情况下的解决办法。

康世恩副部长指示设计组要走独创的路，就现有的材料、设备一定要把采出来的油收集起来并运出去，要涨中国人的志气。宁玉川与冯家潮带领设计组人员进行了大量的调查研究，集思广益，最终提出了即可利用油田现有条件，又能满足集输工艺要求的设想。设计组根据萨尔图试验区开发方案的行列式布井开发井网特点，提出沿井排敷设一条集油管线，再把井排上的油井一个一个串联到管线上，油井采出来的油气在井场进行初步分离并计量加热后，油和气再次混合，通过这条管线输送到输油站。该方案不用蒸汽伴热，可以节省大量的钢材，同时能够充分利用油井的剩余能量，将油气输送出去。这个设想打破了传统思维方式，在当时特殊条件下，创造了中国石油人自己的油气集输模式。设计组给该流程方案起了一个很形象的名字："挂灯笼"式集油流程。

在 1960 年松辽石油会战指挥部召开的"五级三结合"座谈会上，石油工业部余秋里部长和康世恩副部长，以及李德生、童宪章、秦同洛、张英等专家听取了冯家潮代表设计组所做的集输流程方案汇报。领导和专家们针对方案提出了许多尖锐的问题，如：该集输管线压力是否会造成沿途油井井口回压升高，以致影响到油井出油量；原油温度加热到多少，才能保证流到输油站等等。冯家潮对专家的问题，一一进行了解答，并与苏联的"巴洛宁"流程进行了优劣对比分析。会上，余秋里部长充分肯定了方案的技术可行性和设计组的创新精神，同时强调必须通过生产试验，不断总结经验，切实解决设计、施工和材料问题，尽快投入生产。还鼓励他们不要迷信教材，要从实际出发，灵活运用，在实践中求真知。晚上 24 点，康世恩把冯家潮叫到办公室，张文彬、焦力人等领导也在场，对方案设计连夜进行了再次审查。康世恩副部长问冯家潮，你提的这个方案，有没有实践依据？冯家潮回答：在新疆克拉玛依油田小范围使用过，当时十多口油井串在一条管线上，对井口回压和油井产量没有产生太大的影响。康副部长一个问题接着一个问题地询问，冯家潮一一做了详尽的回答。直到凌晨 3 点多，康副部长最后拍板决定：先在试验区的中三排和中七排油井上开展试验，对设计参数进行测试验证，再在整个试验区进行推广。康副部长最后讲，"挂灯笼"这个名称太"土"了，要起一个响亮的名字。你们独创的这个流程首先要在萨尔图油田生产试验区进行试验，我看就叫"萨尔图流程"吧。从此，大庆人在特殊条件下发明的"萨尔图流程"，作为"单管密闭油气混输流程"的专有名称载入中国石油地面建设史册。

冯家潮

　　"萨尔图流程"设计方案确定后，有关单位按照指挥部的部署，立即组织进行流程详细设计和集输试验管线的施工。科研人员开始了在 8 千米长的集输试验管线上对流程设计中的有关数据进行验证和确定工作。

　　爬冰卧雪，万点测温。总传热系数 K 是油气集输管线设计热力计算中用于确定集输原油进入集输管线时，所需加热温度必须用到的设计参数。K 选高了，会造成不必要的热量损失；如果选低了，则容易造成管线凝管事故。设计院工程师谭学陵、技术员陈大昌等 5 名技术人员承担了试验现场数据测试工作。"任凭零下四十摄氏度，石油工人无冬天"，在滴水成冰的寒冬，测试组人员冒着凛厉的北风，进行现场测温。茫茫草原上，他们在集油管线旁每隔 50~100 米挖一个深达两米的土坑，人蹲在坑里，每十分钟测一次温度，一蹲就是十几个小时。1960—1961 年，历时十个月，累计步行 6000 千米，观测了 1600 个点，取得了不同环境温度、不同地温条件下的 5 万多个数据，进行了 1100 多次分析对比和反复测算，搞清了集输管线沿线各点的温降规律和管线周边土壤温度变化规律，为总传热系数的确定提供了可靠依据。

谭学陵

触类旁通，土洋结合。准确获取油井产量数据，是开发和管理油田的重要手段。开发试验区采用玻璃管液位计来计量单井产量，进入玻璃管中乌黑的原油往往将管壁糊死，看不到原油液面升降情况，无法准确计量油井产量。设计组人员受到汽车防冻液的启发，提出了采用盐水作隔离液的办法，既可以防冻，又简便易行。设计组在萨37井进行了试验，取得很好的效果，解决了计量问题。后来，这种原油计量方法被取名为"水垫式玻璃管量油法"。

不畏艰辛，现场验证。为确保所设计的油井允许回压数值的可靠性，从1960年冬季开始，石油工业部第五设计院的吴增才带领测试组，在试验现场进行了实测验证。测试组对试验区两个井排15口油井的运行参数进行了长达6个月的监测，搞清了回压与产量的关系，绘出了关系曲线，获得了当管线回压与油井井口油压之比不大于0.5小时，不会对油井产出液量造成影响的结论。集输试验和测试结果证明，当初进行流程方案设计时所确定的回压最大值是合理的。

敢为人先，突破禁锢。会战初期，在井口采用盘管炉为产出的原油加热，"长烟道热风吹"装置为井口采油装置保温，值班房采用小锅炉取暖，这就是当时被称为"井场三把火"的原油加热保温方案。运行一段时间后，发现了加热炉管内壁严重结焦，部分炉管甚至快全堵死了，给生产试验带来安全隐患。时任集输保温攻关队小队长的北京石油学院任英老师急于找到解决的办法。正当冥思苦想，无计可施之时，他在日常生活中发现，烙饼容易糊，但蒸馒头却不容易糊的现象，突然灵机一动，顿开茅塞，如果在原油的加热温度和加热方式上想想办法，不就可以解决炉管结焦和损坏的问题了吗。任英首先测定了原油的结焦温度值，并结合传热学中沸腾和冷凝的理论，设计了一种可避免产生结焦、采用水为热媒的"水套加热炉"设计方案。在技术讨论会上，任英提出了这个设计方案。但由于有人提出，该加热炉酷似锅炉，具有产生爆炸的安全隐患，因此该方案没有获得通过。会后，任英向当时没有参加会议的顶头上司——集输保温攻关队大队长张英副教授进行了汇报。张英听后，坚决支持进行"水套加热炉"的试验。由于有张英大队长的支持，水套加热炉的研制和现场试验得以进行。攻关队首先在中 4-16 井进行了加热炉样机的运行试验，测试结果表明，加热效果良好，达到了生产工艺要求。水套加热炉的试验成功，既解决了集输原油加热问题，又可同时带动散热片为井口房和值班房供暖，将原来的"三把火"，变成了"一把火"，消除了设备等方面的安全隐患。随着水套加热炉在试验区的推广应用，攻关队针对运行中暴露的问题，进行了不断改进与完善，最后定型批量生产，在萨尔图油田全面应用。

"萨尔图流程"全面推广到整个萨尔图油田和杏树岗油田，在 110 个井排 2339 口油井上得到使用。该流程在油田开发初期，较好地适应了行列井网的开发需要，保证了在当时较困难的条件下，能够用较少的投资，以较快的速度建成一个新油田。该流程比苏联的"巴洛宁"流程节约钢材 33%，节省投资 13.5%。

"单管密闭油气混输流程"和"水套式加热炉"成果在 1965 年获得国家科学技术委员会技术发明奖。

源于瞬间灵感的原油纳米降凝技术

一个含蜡原油纳米降凝剂研究成果，解决了困扰中国东部原油管道几十年之久的高含蜡原油输送的技术难题，成为提升管道公司核心竞争力的关键技术。很难有人想到，这个成果的初始，源于管道研究院科研人员张冬敏的一个瞬间的念头。

早在 1986 年的时候，张冬敏在管道研究院参加了高含蜡原油降凝技术的研究项目。项目组研究人员采用了上百种国内外降凝剂，进行以降低大庆原油凝固点为目的室内实验。但实验结果都无法达到大庆原油输送管线冷投产和低温安全运行的生产要求。随着时间的推移，项目组人员有的退休了，有的转向其他研究方向了，但张冬敏始终没有放弃这一研究。

2006 年的一天，张冬敏在国外一直做纳米研究的外甥女在与张冬敏闲聊中提到"纳米有很多特殊性，它可以改变物质的结晶温度"。这句话点亮了正在为这个问题苦恼的张冬敏，一个念头在她脑中闪过：含蜡原油中的石蜡开始结晶析出的温度就是原油析蜡点，如果在降凝剂成分中加入纳米材料，可以降低含蜡原油的析蜡点，原油凝点肯定就能降下来了。纳米降凝剂的研究工作就因这灵光一闪的思想火花开始了。

当时，石油储运专业毕业的张冬敏对"纳米"一词还非常陌生。在查阅了大量资料后，她确认这个思路可行，便立即与中科院化学所研究人员取得联系，开始试验研究。她和项目组整天泡在实验室里做试验，虽然步伐不慢，但也一波三折。起初试验的落脚点是单纯的纳米材料，难以达到需要的降凝、降黏幅度。面对久攻不下的难关，几近崩溃的张冬敏不想就此放弃，20 年原油降凝剂研究的经验使她的思路非常广阔，她决定在纳米材料中加入一些复配剂以改变降凝效果。她结合多年的经验，确定了复配剂的类型及计量，连续进行了多次试验后，终于获得了决定性的突破。在一次实验中，当张冬敏将 0.01 克白色粉末的纳米降凝剂加入 100 克高含蜡的大庆原油中，经充分搅拌降温后，在随后的实验过程中发现了一个惊人的现象：刚刚还黏稠乌黑的原油慢慢稀释，渐渐变得像糖水一样。实验油样在显微镜放大了 630 倍之后发现，大庆原油中石蜡的结晶形貌发生了巨大变化：由之前的致密网状结晶变成游离在液态空间的细小晶粒，原油内部结构已经发生了质的转变，这是含蜡原油纳米降凝剂作用的一个瞬间。无机纳米材料的加入，成功突破了大庆原油对有机高分子聚合物的抑制作用。这一突破，使大庆含蜡原油低温运行成为现实迈出了关键的一步，解决了困扰东部原油管道几十年之久的高含蜡原油输送的技术难题。

张冬敏及其团队首次确定了以经济型的基于有机／无机纳米杂化材料为基材，采用表面改性的纳米粒子设计和调控方法与高分子聚合物协同复配技术，研制出有效改善含蜡原油低温流动性的纳米降凝剂；通过对蜡晶 Zeta 电位的原位表征，建立了蜡晶表面电荷性质、大小与降黏降凝效果之间的关系，解决了调控纳米降凝剂结构的关键技术问题；取得了降凝机理研究的技术突破，阐明了纳米降凝剂对石蜡结晶的诱导作用、石蜡的晶体结构及加剂处理温度与石蜡含量及碳数分布的相关性。

攻克这个几十年的研究都未攻克的技术难题后，张冬敏自己却表现得很淡然，她说，"这个成果其实没什么，我最大的感触就是有想法就一定要去行动，功夫不负有心人。攻克下这个难题使我更坚信，起到决定性作用的除了积累的经验，就是无论如何都不能轻易放弃的坚持"。

小试成功后，张冬敏和项目组成员乘势而下，一气完成了纳米降凝剂在秦京线迁安—宝坻—宝坻环道、中朝线、石兰线的工业先导性试验；首创建成了纳米降凝剂的中试示范生产线，并在任京线、中朝线、石兰线，以及铁秦线葫芦岛段和秦京线丰润段改线工程冷投产中，成功地进行了现场生产应用，并编制完成了原油管道添加纳米降凝剂输送工艺技术规范，为进一步在东部原油管道上的应用推广打下了良好的基础。

在 2013 年第九届国际管道会议上，管道公司自主研发的"含蜡原油纳米降凝剂制备与配套工艺应用技术研究"获得 ASME（美国机械工程师学会）全球管道奖；在 2014 年，获得中国石油天然气集团公司科技进步二等奖。

实现酸性天然气净化技术国产化的过程

川渝地区拥有丰富的天然气资源，是我国最早、也是国内规模较大的天然气生产基地之一，多年来一直作为中国陆上天然气主产区，其产量逐年增加。川渝地区的天然气绝大部分为含硫天然气，必须经净化处理后才能达到管道输送标准。

制约川渝地区酸性天然气净化生产的主要问题：一是新气田开发面临着复杂气质的挑战，如 H_2S 含量高、CO_2 含量高，以及有机硫含量高，净化难度大；二是老气田压力递减，导致能耗大幅度增加；三是净化装置如何安全、稳定和高效运行。这些问题的凸现对川渝地区天然气生产，特别是中国石油西南油气田分公司建设 300 亿立方米大气区和一流天然气工业基地提出了严峻挑战，同时也暴露了我国在酸性天然气净化技术方面仍存在较多不足和空白，亟须开发针对性的净化工艺方法和相应的配套技术。

从 2005 年开始，中国石油西南油气田分公司开始了川渝地区酸性天然气净化系统工程技术研究，研究涵盖了川渝地区酸性天然气净化的全部关键技术，在国内首次对酸性天然气，特别是高含硫、高酸性天然气净化技术进行系统技术攻关和集成。研究的核心技术路线是针对川渝地区酸性天然气净化过程中暴露出的特殊问题和气田开发的技术需求，紧密结合生产实际，开展净化新工艺、相关软件、系列脱硫脱碳溶剂、硫黄回收催化剂等方面的专项攻关。

（1）实现选择性氧化制硫工艺专用催化剂和高强度钛基催化剂的国产化和工业化。

1989 年初，刚从中国石油大学毕业的温崇荣在老专家郑子文的指导下，在全国率先开始了选择性氧化催化剂的研究。1994 年，在武汉炼油厂首次完成第一代选择性氧化制硫催化剂 CT6-6 的侧线试验，因国内没有引进 SuperClaus（超级克劳斯法）等选择性氧化制硫工艺装置，故未进入工业应用。

随着 SuperClaus 等选择性氧化制硫工艺的不断完善、发展，国内也在陆续引进该类装置。但国外已研制出第 4 代 SuperClaus 工艺专用催化剂，而国内还在依赖进口。2006 年，科研人员陈昌介直面挑战，承担了新一代选择性氧化制硫工艺催化剂的研究。根据选择性氧化制硫工艺特点，专用的催化剂要采用惰性载体，而在惰性载体上负载足够量的扩散性能好的活性组分是一个大难题。在项目研发的 4 年间，陈昌介从未休过一次假，他总是坚定又不失幽默地说道："羌笛何须怨杨柳，搞不出来不准走。放假哪里也不去，一心研究催化剂"。这一经典台词，至今仍在研究人员间流传。研究期间，陈昌介筛选了近 30 组配方，设计了 100 余组正交实验。在研究过程中，发现通过改变活性组分状态，采用有机络合的方式制备催化剂是个突破口，于是，他打破常规，另辟蹊径，最终实现了活性组分在惰性载体上的良好活性。新开发的选择性氧化制硫催化剂 CT6-9，较 CT6-6 硫回收率从 70% 大幅提高到了 85%，直接将催化剂性能大跨步提升到了国外第四代的国际先进水平。

在研发选择性氧化催化剂工艺专用催化剂的同时，高强度钛基催化剂的研究也在紧锣密鼓地进行着。钛基催化剂因其独特的高克劳斯活性、高有机硫水解活性受到硫黄回收领域的高度重视。2002 年，在何金龙研发团队中，温崇荣同志承担了第一轮的攻关工作。经过一轮又一轮滚动的制备研究，研发团队虽然能够做到保证催化剂的高活性，但是强度指标始终难以大幅度的提高。新一轮的课题经理廖晓东说："我一定要将我的名字镌刻在天然气研究院的历史长河中，让我研发的催化剂发扬光大！"在这"难啃"的骨头面前，大家都以为廖晓东只是说句玩笑话，没有放在心上。但是经过 6 年实验室持续攻关，进行了 80 多个配方筛选，经过 300 多组正交实验设计，廖晓东团队发明了氧化钛、活性氧化铝和特殊助剂组成的三元黏结剂，终于圆满解决了这一技术难题。研发的催化剂有机硫水解率超过 90％，最高强度甚至能达到 200 牛／厘米以上，与国外相同类型的催化剂相比强度提高 1 倍以上，达到国际领先水平，完全满足了工业化要求，获得广泛的推广应用。

（2）成功开发甲基二乙醇胺—环丁砜—水溶液脱硫工艺模拟计算软件，填补了国内空白。

过去，针对常规醇胺脱硫溶剂，主要使用国外提供的醇胺脱硫工艺模拟计算软件。但是该软件对某些特殊溶液体系无法进行计算，特别是中国石油西南油气田分公司自主研发的溶液体系更是无能为力。为突破这种局限，天然气研究院持续组织对胺法脱硫脱碳体系的理论研究。老院长陈赓良等同志从 20 世纪 80 年代初，便开始利用大量实验数据对胺法脱硫脱碳体系的经验热力学模型进行了研究。1987 年，常宏岗等人通过实验数据关联了醇胺溶液的热力学模型参数，这些基础理论研究为天然气研究院在胺法脱硫脱碳体系的进一步研究打下了坚实基础，提供了宝贵经验。

2007 年，天然气研究院与清华大学化工系组建联合项目组，共同开发甲基二乙醇胺—环丁砜—水溶液脱硫工艺模拟计算软件。砜胺溶液脱硫脱碳工艺计算模型的基础是建立可靠的热力学模型及动力学模型。为确保所研发出的模型能准确地对实际工况进行模拟，项目组查阅、翻译了大量国内外文献资料，最终确定了适用于该体系的 NRTL 电解质模型，以及采用实验数据关联表观动力学参数的思路。

无论是热力学模型参数的确定还是吸收动力学参数的回归，都需要大量准确的基础数据作为支撑。项目组利用普通反应釜，通过改造控制系统，成功建立了一套可用于测定多组分热力学参数的实验装置。净化分析领域的老专家和技术骨干，利用自主设计的玻璃瓶，自己加工制作的密封螺帽、密封垫等简陋配件，解决了取样装置的问题。通过对数据的反复校正比对，不断改进取样方法，调整吸收溶液配方，最终建立起了可靠的取样分析方法，有效解决了液相组分极不稳定、极易分解的问题，确保了实验数据的准确性及可靠性。历时 160 余天，项目组克服了重重难关，最终完成了砜胺溶液体系热力学模型的建立，并对模型参数进行了关联、修正。

项目组人员又马不停蹄地赶往北京，开始了动力学参数的测定工作，在清华大学国家重点实验室一待就是两个月。研究人员白天进行不同条件下基础数据的测定，晚上整理当天的实验数据，并讨论确定第二天的实验内容。面对枯燥无味、需要绞尽脑汁的热力学和动力学模型，项目负责人鹿涛的青丝日渐稀疏，但眼见目标逐渐达成，他内心充满了欣喜。经过不懈的努力与付出，最终建立了砜胺溶液脱硫脱碳体系工艺计算模型，并实现了全流程的模拟计算。

为验证模型的准确性，项目组又连续两个月在川西北高含硫试验基地完成了不同条件下脱硫脱碳工艺数据的测定，利用中试数据及工厂实际运行数据对模型参数进行反复的修正，对计算程序进行了优化，模拟计算结果与实际运行数据间的误差不大于 10%，比国外同类软件更接近实际情况。2010 年，研发软件获得了国家软件著作版权，在净化厂工艺调整、新厂设计等项目中得到了广泛应用，填补了国内空白，极大地提高了中国石油在此领域的技术实力。

（3）成功研发具有自主知识产权的、具有工程实用性的环保节能 CPS 硫黄回收工艺，摆脱对国际大型工程公司的技术依赖。

过去，我国天然气净化厂长期依靠引进国际大型工程公司的专利硫黄回收技术提高硫回收率，尽可能减少天然气处理外排废气二氧化硫排放量。随着天然气上产实施力度的加大，需要处理的高含硫天然气气源日益增多，若完全依靠国外工程公司的技术，则需要支付高昂的专利费及设计费。

1989 年，四川石油管理局在川西北净化厂引进了我国第一套 MCRC 低温硫黄回收装置；2006 年，中国石油西南油气田分公司引进了两套冷床吸附 CBA 硫黄回收装置。肖秋涛科研团队通过长期跟踪引进的 MCRC 和 CBA 装置，收集分析工艺运行数据，充分消化吸收低温硫黄回收工艺的属性，发现了原有低温硫黄回收装置的不足：一是该工艺再生和吸附没有中间过渡状态，造成收率不稳定；二是该工艺的再生气含有硫黄，造成硫回收率偏低。科研团队经过 2 年的不懈努力，通过在流程上增加再生态切换前的预冷工艺，降低了催化剂反应温度；增加了再生前的冷凝去硫工艺，降低了单质硫分压值；回收焚烧炉排放烟气废热用于催化剂再生工艺，确保再生温度稳定，最终形成了具有自主知识产权的 CPS 硫黄回收工艺。

2009 年，CPS 硫黄回收工艺首次应用于万州天然气净化厂。应用过程中，遭遇了不少困难，如工艺配管需进一步优化、酸气负荷低于设计值，导致人员操作困难，还有燃烧炉和灼烧炉熄火后再次点火困难等。科研团队坚持在现场指导运行，不断改进完善运行参数，保证了装置的安全平稳运行。与国外同类工艺相比，CPS 硫黄回收工艺的收率、能耗均优于国外同类技术，填补了国内空白，实现了脱硫、脱水及硫黄回收工艺技术的全面国产化，提升了国内中高含硫气田天然气净化工艺的水平，为中高含硫气田净化厂的设计、建设、运行、管理提供了保障。CPS 硫黄回收工艺在龙王庙天然气净化厂、重庆天然气净化总厂引进分厂、重庆天然气净化总厂万州分厂的 8 套装置上使用，取得了良好效果。

"酸性天然气净化技术研究及应用" 项目研究成果在川渝气田得到广泛应用，每年处理的含硫酸性天然气已超过 100 亿立方米。同时，在胜利炼油厂、大庆石化公司、兰州石化公司和大连石化公司，以及在巴基斯坦、印度尼西亚、土库曼斯坦、乍得等海外也得到广泛应用，市场占有率超过 85%。

"酸性天然气净化技术研究及应用" 连续获得殊荣：2010 年获中国石油天然气集团公司科技进步一等奖，2015 年获中国石油天然气集团公司技术发明一等奖。

国内长输油气管道完整性管理技术发展之路

2013 年 10 月的一天，中国石油天然气管道公司（简称管道公司）完整性管理中心主任冯庆善收到的一封邮件打破了中心的宁静："尊敬的冯庆善先生，我代表国际标准组织 ISO 非常高兴地通知你……"，这是一封来自 ISO 国际标准委员会的标准投票结果通知，明确由中国石油申请的组织编写管道完整性管理技术规范的项目已经投票通过，通知冯庆善本人作为项目负责人开展工作。

万里管道上的输油站场

标准是经济贸易活动和产业合作最重要的技术基础和技术规则。标准之争被经济学家称作"赢者通吃"。谁把住了标准，往往就把住了产业，把住了市场竞争主动权。管道公司一直致力于科研成果向标准转化，致力于标准的国际化，通过标准的领先引领行业的发展。管道完整性标准正是在这种时代背景下应运而生，成为我国承担的第一个油气管道行业的ISO标准，同时也是ISO在管道完整性管理领域的第一个纲领性标准。这部标准的编写，意味着管道公司的完整性管理水平已经达到了引领世界发展的水平。为了这一天的到来，管道公司完整性管理团队付出了十余年的艰辛和努力。

2003年，管道公司决定成立专门的管道完整性管理研究团队，当时团队只有两个人，冯庆善任团队负责人。2005年，中国石油天然气集团公司正式将"长输油气管道完整性管理体系研究"的科研计划下达到管道公司。该课题旨在构建长输管道完整性管理框架，为日后管道完整性发展指明道路。管道公司经过研究，决定将这副重担交到了这个不满"一周岁"的团队手上。当时，课题面临着国内从事管道完整性的人员稀缺、完整性管理经验不足等诸多困难，冯庆善接到任务后团队面临的第一个难题是技术路线的选择，是依靠管道公司在管道业40多年的发展经验自主研究，还是全面复制国外的管理模式，抑或有其他更好的道路可走？这个问题困惑了这位年轻的项目管理人员好长一段时间。

路漫漫其修远兮，在这条求真道路上没有捷径。国外的能不能用，看了才知道，只有真正明白了国外管道完整性是怎么一回事，才知道是否适合目前我们的实际情况。坚定了这一点，下面的路自然也就知道该怎么走了，于是，冯庆善决定就从学习国外的经验入手，认认真真地做一次学生。从美国的API、ASME等一系列有关完整性的标准和49CFR192、195等一系列有关管道的法律法规，到加拿大的CSA-Z662，项目人员几乎翻遍了所有有关完整性的资料，每一份文件的全部内容都要吃透，甚至连标点符号也没有放过。这期间一批年轻的博士、硕士不断加入这支队伍中，为这支队伍不断补充新鲜的血液。从一开始找人翻译，后来自己动手翻译，到最后大家直接翻看英文资料，直到今天，完整性管理中心保持着一个习惯，就是与英语国家的外宾交流从来不用翻译人员。人们都说完整性管理部门的人员是最年轻、学历是最高、英语是最好的，这背后是这个年轻的团队上下求索所付出的努力和艰辛。

在分析国内外管理模式的差别后，年轻的科研团队并没有完全照搬国外现成的完整性管理模式，大胆提出了适合国内管道管理需求的以数据采集、高后果区识别、风险评价、完整性评价、维护维修、效能评价等六步循环为核心的完整性管理模式，并在六步循环的基础上提出了实现完整性管理所必需的五个层次——体系文件、标准规范、系统平台、支持技术和实施应用。

行路致远，砥砺前行。在完整性管理中数据是基础，所以数据采集是实现完整性管理的第一步。为了夯实完整性管理的基础，获取准确的一手数据（原始数据），完整性团队成员几乎是用自己的脚步丈量了兰成渝和庆铁线两个试点管道的每一寸土地。兰成渝管道地处黄土高原和川渝地区，这让小伙子们见识了一下什么叫"蜀道难，难于上青天"，而在庆铁线等待他们的是零下几十摄氏度的低温天气。这次不同寻常的踏线取得了珍贵的第一手资料，也为日后管道数据采集和数据恢复项目作业的标准化和规范化管理累积了足够的素材和经验。2008年，兰成渝管道途经的汶川地区发生世界震惊的大地震，地震引起的滑坡在管道附近形成了一个巨大的堰塞湖，这不仅给管道的安全带来了威胁，同时也给抗震抢险工作带来巨大难题。但由于缺少周边基础资料，抢险工作陷入僵局。此时，冯庆善带领他的团队一直奋战在管道抢险的第一线，凭借之前收集的管道沿线周边基础数据，向抢险指挥部提供了堰塞湖周边区域的详细地形图，这成为抗震抢险指挥部现场唯一的一张抢险指挥用地图，为管道抢险和当地抗震抢险发挥了重要作用，管道公司因此被授予抗震抢险先进单位。2008年，"长输油气管道完整性管理体系研究"获得中国石油天然气集团公司技术创新一等奖。

随着中俄原油管道的建设，大庆—铁岭原油管线（庆铁线）输送俄罗斯原油的方案提上日程。庆铁线是我国东部原油管网代表性管道，建于20世纪70年代初。与其同时期建设的管道还有大庆至抚顺、抚顺至鞍山、铁岭至秦皇岛、大庆至铁岭复线、铁岭至大连、丹东至朝鲜等多条输油管道，全长约2400千米。从投产至2015年，已累计输送原油10余亿吨，为国民经济做出了突出贡献，是我国首屈一指的功勋管道。此时的庆铁线已经运行了近40年，受20世纪70年代初我国制管工业水平的限制，管道本身焊缝缺陷严重，虽然历经多次维修和局部换管，仍然没有解决螺旋焊缝开裂的重大隐患。除了常规的腐蚀、老化等问题外，还有一个较为突出的问题就是东部管网焊接技术不高、检测率相对国际标准来说偏低导致的螺旋焊缝缺陷可确保东部管网的长期安全运行，必须找一条解决焊缝缺陷问题的方法。

为了解决这一问题，管道公司邀请了国外检测公司前来会诊，但与国外专家交流后，却发现他们的检测器和检测技术无法检测出焊缝缺陷。无法寄希望于别人，那就自己动手。凭着这股不认输的韧劲，完整性研究团队组织专家在进行技术比选后，认为选择国际上最先进的三轴漏磁技术还是有可能检测出螺旋焊缝缺陷的。2007年，研究团队和具有三轴漏磁设备的GEPII公司合作完成了现场检测试验后，国内外专家一致认为焊缝缺陷在检测信号异常中有所体现，但是异常信号不是造成开裂缺陷的主要原因，无法用于识别焊缝缺陷，这就等于是交了白卷，宣判了螺旋焊缝检测的"死刑"，这条路走不通。

那段时间，冯庆善面对这一现状，进行了冷静的思索，把国外检测数据、现场开挖数据不断地进行比对，从漏磁检测的原理结合各种数据进行正向推理和反向推理，终于在一天，他大胆地向公司提出采用人工制造缺陷，通过牵引试验进行信号识别的想法。管道公司姚伟总经理给了研究团队极大的鼓励，他说："不用担心，尽力就行，科研允许失败"。2008年，姚伟总经理给 GE PII 公司总裁写信，提出双方合作进行三轴漏磁检测技术合作的构想，管道公司副总经理崔涛专程到 GE PII 公司访问，双方进行了全面沟通。GE PII 公司在听取了冯庆善的理论和数据分析后，基本认可他的分析结论和所提出的下一步研究建议，同意配合开展试验。在此后的时间里，研究团队先后在英国和国内开展了3次大型牵引试验，加工缺陷样品近200个，实验管道长度近1千米，组织现场测试及取样多次，到国外联合研究攻关3次，在焊缝缺陷类型和缺陷尺寸的识别方面终于取得了实质性突破，提出了以冯庆善本人命名的冯庆善—Jeff Sutherland 螺旋焊缝缺陷识别模型，从而确保了东部管网在后期维修替代过程中的安全运行。

2012年9月28日，在加拿大卡尔加里，美国机械工程师协会（ASME）将当年的"全球管道奖"授予管道公司螺旋焊缝检测与评价项目。该奖项每年只颁发给全球管道行业中具有突出贡献的一个项目。美国机械工程师协会（ASME）在颁奖词中这样写道："作为该重要奖项的获得者，中国石油管道公司是管道行业技术革新的领导者。这是 ASME 将全球管道奖第一次授予中国的公司，以表彰其卓越成就"。该奖项的获得，标志着管道公司在国际管道技术创新的高地上已占有一席之地。

2017年12月6日是一个值得管道公司铭记的时间。这一天，已经运行44年的我国东部管网中的铁大线停用，标志着我国东部管网更新替换工作结束，高悬的"达摩克利斯之剑"——东部老管道焊缝开裂事故风险已经从本质上得以排除，老管网的高风险运行在管道完整性技术的保驾护航下，走完了其光荣而艰巨的最后一程！

困难面前显担当。"11·22"中国石化东黄输油管道泄漏爆炸事故震惊全国，也再一次惊醒了管道企业同仁和政府监管层，油气长输管道的高后果区管理和管道强制性检测评价工作到了刻不容缓的地步。冯庆善带领完整性管理团队勇挑重担，以中国石油近10年的技术研发和应用经验为基础，结合国家和地方政府相关部门对管道监管的相关要求，主持编写了 GB 32167《油气输送管道完整性管理规范》。这是我国第一部管道完整性管理国家标准，也是一部强制性的国家标准。该标准将管道完整性管理这一管道管理的先进理念作为管道管理的最佳实践方法有形化、规范化，提供了可供国内各管道企业开展管道完整性管理的工作方法、内容、流程及技术要求。该标准不仅规范和提升了管道管理，而且还为这一技术在全国范围内的推广奠定了基础。

与国际先进水平相比，我国管道工业起步较晚，管道建设及运行管理水平参差不齐。在我国全面推行管道完整性管理既十分必要，又困难重重。《中华人民共和国石油天然气管道保护法》对开展完整性管理也无明确要求。在这种情况下，GB 32167《油气输送管道完整性管理规范》的颁布实施既为企业实施完整性管理指明了道路，同时又为政府的监管提供了一本全面的可操作性强的国家标准做支撑。该标准于 2015 年 10 月 13 日发布，2016 年 3 月 1 日实施。2016 年 10 月 18 日，国家发展和改革委员会、国家能源局、国务院国有资产监督管理委员会、国家质量监督检验检疫总局、国家安全生产监督管理总局等五部委联合发布文件，要求我国各管道企业按照 GB 32167—2015《油气输送管道完整性管理规范》全面推行油气管道全生命周期完整性管理。国家五部委联合发文推行一部国家标准，这在任何行业领域都是极为罕见的，标准一经发布就"受此殊荣"，其作用和地位可见一斑！

舟大者任重，马俊者远驰。如果说完整性管理国标的发布是管道公司完整性管理团队为国内油气管道行业做出的贡献，那么冯庆善主持编写的 ISO 标准《管道完整性管理规范》则是这支年轻的队伍为我国完整性管理走向世界搭建的最有利平台。中国石油管道局设计院、中国海油研究总院等专家，以及加拿大、澳大利亚、法国、巴西等国的专家共同参与了该标准的研究。该标准是我国承担的第一个油气管道行业的 ISO 标准，同时也是 ISO 在管道完整性管理领域的第一个纲领性标准。该标准将协调和解决世界各国在完整性管理理念、范围、流程、管理体系架构等方面，统一各国对管道完整性管理工作内容的认识，将为提升国际管道行业的完整性管理水平提供重要的技术支持。随着完整性管理 ISO 标准编写工作的不断推进，管道公司完整性管理的理念和实践方法正在被世界范围内的管道企业和国际组织所接受和认可。在由美国、加拿大、澳大利亚、英国、法国、德国、巴西等各国专家代表参加的标准工作组会议上，由管道公司提出的管道全生命周期完整性管理流程和管理要素结构图得到了各国专家的一致认可。

2016 年，管道公司承担的 ISO 标准《管道完整性管理规范》（ISO 编号为 19345）编制取得重要进展。2016 年 9 月 16 日，经过各方讨论达成一致确定 DIS 稿（国际标准草案）。2018 年 4 月，DIS 稿经 ISO 组织投票通过。2018 年 6 月，正式提交 FDIS 稿（最终国际标准草案）。作为工作组召集人，在 ISO 管道完整性领域充分得到国际各国的好评。

无独有偶，在 ISO 标准制定过程中，冯庆善牵头制定的另一个美国国际腐蚀工程师协会标准（NACE）《防腐涂层的耐划伤试验方法》经过近 5 年的艰辛工作，于 2015 年 9 月 30 日由美国国际腐蚀工程师协会（NACE）公开发布。该项标准是国内管道行业技术人员所承担编制完成的第一项 NACE 标准，标志着我国在管道防腐层检测领域的技术能力达到国际领先水平，为国际管道业的外防腐涂层耐划伤性能测试提供了一种可靠、科学的测试标准。

风雨过后是彩虹。经过十几年的发展，管道公司掌握了国际一流的完整性技术，建立了一个功能完备的数据管理与评价中心，形成了一支国内领先的专业化队伍。这只平均年龄只有 36 岁的队伍，先后负责起草了首部国内完整性管理的企业标准，首部完整性国家标准和首部完整性 ISO 标准，完成了从无到有，从企业领先到行业领先，从国内先进到国际先进的发展历程。

弄潮儿向涛头立。这只年轻的队伍从未停止过前进的步伐，随着我国油气管网的快速发展和在役管道服役年限的增长，管道完整性管理依然有诸多难题等待去化解。管道公司领导对他们也给予了新的希望："完整性管理发展时间并不长，包括在国外发展的时间也不长，冯庆善是这方面的专家。完整性管理不一定是目前的这种模式，我们要继续创新，形成更好的更适用的模式"。如今这支队伍正以管道完整性管理 ISO 标准、管道防腐层耐划伤 NACE 标准、管道环焊缝检测评价技术、针孔检测评价技术的 PRCI 研究项目等一批国际项目为契机，向着引领国际发展的道路大踏步前进。

塔克拉玛干沙漠公路建设的故事

1989 年 10 月 19 日，塔里木油田处于沙漠腹地的塔中 1 井喷出了高产油气流，预示着这一带蕴藏着丰富的油气资源，可能形成一个规模较大的油气田，修建一条通向塔中的沙漠公路建设工作提到了中国石油天然气总公司（简称总公司）的议事日程上来了。过去，从库尔勒到塔中作业区的交通，主要靠空运和沙漠车，运费昂贵，操作成本高，运输效率低，不能满足油田大规模开发的需要。因此，沙漠公路建设势在必行。总公司决定由科技发展部牵头，会同基建工程部和塔里木会战指挥部，共同组织实施。总公司成立了沙漠公路建设领导小组，由王炳诚任组长，科技发展部主任蒋其垲和基建工程部金燕凯任副组长，负责领导沙漠公路建设的科技攻关和现场试验工作。以科技为先导，以工程为依托，研究工作与解决石油会战对沙漠公路的迫切需要相结合，实行领导小组宏观决策下的甲乙方合同制管理和项目制管理。1991年 10 月，该项目确定为国家"八五"科技攻关项目。在项目下，设立了公路选线、防沙治沙、筑路材料、路面结构和路基稳定、施工与养护、沿线水文地质和工程地质调查、环境综合评价等研究专题，涉及了风沙、自然地理、水文地质、工程地质、气象、分析化学、土壤、生态等十几个方面的研究，汇集了中科院、交通部、铁道部、解放军总参谋部及高校等五个部委、六个行业、十四个单位 180 多位高层次专家，开始了跨专业、部门、学科的联合科学研究与技术攻关。

塔里木沙漠公路

1990 年 3 月 28 日，一支由 5 家科研院所 31 位科研人员组成的沙漠公路踏勘考察队从库尔勒出发，对塔中 1 井沿线的塔里木河沙漠的地质、地貌、水文、风沙、气象等进行综合考察。徒步穿越塔克拉玛干沙漠，历来被看成探险性的壮举。由队长徐新华率领的考察队出发前，做了周密的准备，利用十万分之一的塔里木地形图和六万分之一的沙漠航拍照片，对拟选的三条线路进行室内地貌景观航片制图和比较分析，制定踏勘线路的走向，并从图上测量出从塔中 1 井到轮南 16 井之间，有 33 个拐弯点，需翻越 9 座高大复合型沙垄。塔里木指挥部副总工程师陈希吾和王子江与新疆生物土壤沙漠研究所的研究员周兴佳等人，一起编写出踏勘选线大纲。

考察队配备了沙漠车、沙漠推土机、油罐车、水罐车、卫星定位仪、电台等设备，准备了 40 天的食品，包括足够的水、挂面和 580 个馕。考察队出发前三天，由范社稳和吴宝天等队员率先探路。为了减轻双脚在沙漠里行走的负担，专门定做了 80 双类似和尚步履的白筒布鞋，范社稳和吴宝天每天都要穿坏一双，他俩因此获得了"铁脚板"的美称。考察队一路消耗很大，不到一个星期就只剩下 50 个馕，徐新华决定，全部馕饼留给在前面探路的队员们。考察过程中，考察队员在白天要挖沙坑、看剖面、采集沙土标本，对照航拍图考察沙漠地形地貌，观测风向和流沙运动情况，用筛子，一个粒级、一个粒级地筛，然后称重、统计；晚上，在烛光下整理记录。考察队历时 12 天，完成了从塔中 1 井到塔里木河全程 340 公里的踏勘任务，共翻越大沙山 15 座，收集了大量的水文、地质的资料。这次考察的结果，为最终确定从轮南至肖塘到塔中的沙漠公路建设方案奠定了基础。

1991 年 9 月 5 日，在塔里木河以南 40.8 千米的沙漠边缘，树起了一个刻有"沙漠公路 0 公里"的路标牌，沙漠石油公路工程技术研究的先导试验段正式开工。

在塔克拉玛干修筑沙漠公路，就是要将路面修筑在起伏几十米的流动性沙漠上，而且还要保证 30~50 吨的载重车平稳地在上面行驶，修什么样的路基，用什么结构把路面稳定住？这些都没有现成的经验可借鉴。项目组首先优选出 8 种路面结构，进行了两千米的试验。专家对 8 种结构路面试验结果进行了分析和比较，但不是造价过高，就是在施工方面存在诸多问题。怎样才能找到一种相对造价比较低、施工简单、材料来源方便的路基路面结构方案呢？新疆交通科学研究所的同志提供了一条信息，他们曾在古尔班通古特沙漠进行过一种"编织布沙砾基层"的试验，证明在平整压实的沙质砾石上铺一层编织布可以提高路基的稳定性。长庆筑路公司也提出，他们在胡杨林区道路施工时，曾有过在土质路基上铺设编织布，再辅压砾石层，能够有效地防止砾石经重压钻入路基，从而可以避免路基下陷和开裂的施工经验。同时，天津大学通过对不同含水量的沙漠沙性质的实验分析，获得了"含水量为零的干沙，压实之后，耐压强度和密实度为最佳"的结论。石油工程技术研究院在唐海县临近渤海海边购买了数十卡车的近似塔克拉玛干沙漠的细沙，在一片空地上堆成 4 米宽、50 米长的小沙梁，模拟沙质路基，用东方红拖拉机进行自然压实试验。检测结果表明，碾压密实度达到了 90% 以上。长庆筑路公司也采用 16 吨振动压路机进行了沙基静压和振动压实试验。各家试验结果都证明，塔克拉玛干沙漠沙在含水量接近零的情况下，经过碾压，完全可以达到稳定的密实程度并形成强基。又经过多方试验，根据试验结果，最后形成了由干压实沙基层、编织布层、砾石层、沥青混凝土层和沥青砂面层构成的路面结构工业性试验方案。

1992 年，再次进行了 30 千米的工业性试验段。经过理论上的探索和大量的工程试验工作，一种符合沙漠供水困难、无便道施工现场实际情况，科学施用较薄砾石层、沥青层的强基薄面施工工艺和施工方法诞生了，实现了既科学又经济适用的沙漠公路施工技术和施工工艺的突破。真应了著名科学家华罗庚说过的那句话：大题小做（解）真本领，小题大做（解）假斯文。

塔中 4 井出油后，修筑沙漠公路的速度明显加快。1992 年 12 月，新疆油田设计院设计人员进入沙漠公路现场，进行定向踏勘、选线、测量及设计。长庆油田筑路公司是修筑沙漠公路的主力军，他们与中原油田筑路公司并肩作战。1993 年 2 月 13 日，长庆油田筑路公司经理文杰堂向路基队下了命令：100 千米的路基工程，一定要在 8 月底之前完成。在他们面前，横亘的是数十座高大的沙山，要他们一个一个地跨越过去。而在他们身后，每天有几百辆汽车，紧随其后，往路基队推成的路基上拉运料石。如果路基队不能保证平均每天两千米的速度，全线的料石拉运及辅压沥青的工作都要受到影响。

"困难再大，就是用手抠，也要把这条沙漠公路抠出来!" 号称开路先锋的筑路队队长陈建国立下军令状。"只要把党员发动起来，把军人的作风发挥出来，就没有过不去的火焰山"!

又一座高大的沙山巍巍地横在他们面前。陈建国打开一张 20 世纪 60 年代绘制的沙漠地貌图，看到地图与实际的沙漠差异很大，是不是因为沙山移动了？他登上沙山，环顾四周，发现左侧有一垭口。他来到垭口外仔细察看，一个改变原设计路线的大胆想法冒了出来：如果公路从这个垭口通过，比原设计至少可以减少一半以上的工作量。只要从原设计沙山下一两千米处稍稍向左改变一下方向，这个新的设计路线就可以实现。陈建国向筑路公司领导汇报了改变沙山路线的想法。公司领导与设计单位协商，经实地勘察，对这座沙山上的路线重新进行了设计。改变后的路线，路基队仅用了 12 天就打通了，节约了一半以上的时间。

1993 年 4 月 27 日，推土机按照测量队插在沙堆上的标志推出路基，还来不及平整压实，就被一场突如其来的沙暴卷得面目全非，只有折回头再推。可是，一夜过后，返工推出的路基又荡然无存。这场沙暴整整刮了三天三夜，路基队没有停工，没有懈怠，一边继续前进，一边修补被大风撕开口子的路基，始终按照合同的要求保持着每天前进两千米的施工速度。

路基队作为筑路施工的先头部队，总是远离营地，两辆连接起来的宿营车，孤零零地随着路基的延伸向前移动。一天夜里，炊事员在迷迷糊糊的梦境里，觉得床铺摇晃不止，一阵一阵地倾斜，他翻身坐起，几乎从歪斜的床铺上跌落下来，"莫非是闹地震了？"，原来是营房车外面风声像雷吼一样，夹杂着尖厉的呼啸，把营房车快要吹翻了。他们发动推土机，把营房车拖出沙窝，向前移动。可是，一个时辰以后，营房车又歪斜了。他们又拽着营房车向前移。这一夜，他们拽着营房车挪了三次窝。粮断了，水也断了，后方的补给都断了，职工们已经有一天一夜没有吃饭了，狂啸的风沙终于停息下来。文杰堂带着食物和矿泉水赶到路基队施工现场，看到职工们个个成了"土人"，饭菜里也掺杂着沙子，用水一涮，碗底有一层沙子，但职工们仍然斗志昂扬。

路面队与风沙的较量却是另一番情景。路基队以每天两千米的速度前进，路面队紧随其后。6 月 7 日，一炉沥青料石刚刚搅拌好，沙暴便席卷而来，风扑沙打，使工人们难以睁眼。倘若停工，不但影响进度，而且搅拌好的沥青原料就会凝固在料斗里。必须顶住风沙连续作业！风沙像一把无形的大扫帚，把浮沙卷上砾石路面。来了沥青料石，只能是扫一段，铺一段。有时狂风掀起铺路段上的编织布，工人们便趴在编织布上压住，压一段，铺一段。在沙漠，除了与风沙周旋，还要忍受难熬的热浪。白天，烈日如火，热浪灼人，刚出炉的沥青砂石料温度高达 160 摄氏度，运往摊铺的路段，卸车、摊铺、碾压，这一连串的作业，都是伴随着灼热的烘烤而进行。各种机械设备像炒栗子一样灼热发烫，一启动发动机，水箱就开锅。摊铺沥青的机械操作手为了降温，在驾驶室里放上浸了水的海绵、布袋，头上顶着湿毛巾，但不大工夫就成了干布条。他们的脊梁、屁股、大腿出现疹斑，有的甚至溃烂淌血。

筑路人曾自编自唱了一首充满西北风味的筑路歌："莽莽沙海宽个愣愣得大，美死个人的公路就通了天涯。自古的美梦咱给变成了个真，你走上一走就知道了咱。黑黑的公路黄澄澄的沙，铁脊梁挺在太阳下。筑路人自有筑路人的情，热血在手心攥上一把。风搅沙扑汗身上滚，路修到哪哒哪就是家。不是咱没有爹妈妻儿牵挂，为了这路可就顾不上她。一腔甘苦咱先洒，要争个中华豪情传天下。希望的大道通油海呀，塔克拉玛干快快把骏马跨。"

1994 年 6 月 14 日，筑路队员用他们的汗水和激情铸就的 219 千米沙漠公路，胜利抵达沙漠腹地的塔中 4 井。

沙漠公路以每天两千米的速度向沙漠深处延伸，风沙也像赛跑似的掩埋着黑色的路面，如果不采取措施来固定流沙，沙漠公路会很快被沙子覆盖。风沙几乎主宰着塔克拉玛干，差不多每 4 天就有一场风沙。由于风的作用，不同直径的沙粒便以悬移、跃移、蠕移的形态被风扬起、搬运，对交通造成极大的危害。

为了探索在塔克拉玛干沙漠里修筑沙漠公路防沙治沙办法，1990 年 10 月，有关专家聚集在宁夏中卫沙坡头沙漠科学研究站，详细考察了用麦草载成草方格固沙的经验，提出了塔里木沙漠公路的防沙治沙要 "因地制宜、就地取材、固阻结合、价廉耐久" 的防沙治沙原则。具体实施分两步走：第一步，建立以插埋阻沙栅栏及平铺机械沙障为手段的固、阻结合的防沙体系；第二步是通过滴灌和盐水灌溉试验，寻找和培育耐盐植物，以期在沙漠公路两旁形成绿色走廊，永久性地解决公路的防沙问题。

经过研究，决定用新疆博斯腾湖丰富的芦苇资源为原材料，用铡刀将芦苇截成 40 厘米的末节，栽埋成 181 平方米的芦苇资源。公路两侧各设 40~60 米宽的草方格带固沙，外侧各设一道 1.3 米高的尼龙网或芦苇栅栏，试验效果颇佳。在沙漠公路的数百千米沿线，芦苇草方格就像密实的大网，牢牢地紧固在公路两旁，成功地阻止了流沙掩埋公路，成为沙漠公路建设的组成部分。这是中国科技人员固沙防沙的又一成功范例。

1994 年 7 月 12 日，"塔里木盆地塔中 4 油田开工暨沙漠公路通车典礼仪式" 在塔中 4 油田的沙漠公路上隆重举行。国务院副总理邹家华代表国务院祝贺沙漠公路的通车。中国石油天然气总公司王涛总经理陪同邹家华副总理和全国政协副主席王恩茂为沙漠公路通车典礼剪彩。邹家华当场赋诗一首："降龙伏虎沙低头，艰苦奋斗石油流，人迹稀处创奇迹，日新月异功千秋。"

1995 年，国家计划委员会和国家科学技术委员会联合组织专家验收委员会，对塔里木沙漠公路工程技术课题进行现场考察验收。这天，强劲的风沙遮天蔽日，沙丘间，公路上，流沙像湍急的瀑布从地面飞泻而过。著名科学家秦大河说："我们考察沙漠公路，沙漠用这样恶劣的扬沙天气迎接我们，好像是老天有意安排。我们已经体验到了科技工作者、工人是怎样在这样恶劣的自然环境下，完成举世瞩目的沙漠公路！" 石油老专家王炳诚的发言更加充满激情，他说："新疆石油会战初期，我曾经和钟树德同志用了三天时间，才从库尔勒过了塔里木河。这次，我们从库尔勒到沙漠腹地的塔中前指，只用了 6 个半小时，沙漠公路的建成，实现了几代石油人的理想，圆了他们的梦"。

验收委员会评价：沙漠公路工程技术研究切实解决了在世界流动性沙漠中修建长距离

等级公路的难题，在多个学科领域填补了国内外空白，该项研究达到了国际领先水平。

塔克拉玛干沙漠公路工程是一篇宣言书，它向世界宣告，中国人能够依靠自己的智慧和力量完成世界领先的创举，征服流动性大沙漠。

获奖证书

"塔里木沙漠石油公路工程技术研究"获得1996年国家科技进步一等奖。

高钢级钢管现场焊接技术保障西气东输

早期到过西部油田的人都会发现，几乎每座油田内都有一种火炬常年不熄，这种火炬燃烧的是油田开采过程中伴生的天然气。我国西部地区的塔里木盆地、柴达木盆地、陕甘宁盆地和四川盆地蕴藏着丰富的天然气资源，而与其所对应的是东部能源的短缺，像天然气这样的洁净能源更为稀少。西气东输工程就是在资源和市场之间架起的一座桥梁。

2000 年 2 月，国务院批准启动 "西气东输" 工程，以促进我国能源结构和产业结构调整，带动东、西部地区经济共同发展。西气东输管道工程技术方案中，钢材等级为 X70 管线钢管，管径为 1016 毫米，壁厚 14.6~26.2 毫米，设计压力 10 兆帕，管型为螺旋缝埋弧焊管和直缝埋弧焊管。优质管线钢生产、大口径厚壁钢管制造和高强度钢管焊接一直是我国管道行业发展的瓶颈。由于西气东输工程全线对外开放，这对我国冶金、机械、焊接等相关行业既是机遇更是考验。

要完成这样一条大口径高压输气管线主体建设任务，过硬的焊接技术至关重要。2001年 4 月，经中国石油批准，"西气东输工程 X70 钢管焊接工艺研究" 课题立项，由管道局研究院隋永莉团队针对 X70 钢管进行现场焊接施工方案比选、焊接工艺评定、焊接材料优选等研究工作，为 X70 钢管在西气东输工程的应用做好技术支撑。

在我国管道建设中，这样高的强度等级、这样大的直径和壁厚的钢管，以及自动焊、内焊机、STT（Surface-Tension-Transfer，以表面张力溶滴为主要过渡力的熔化极气体保护焊）等焊接技术都是首次在实际施工中应用。面对这一现实，团队研究决定首先要做好充分的前期准备。国内没有相关的工艺设备可以借鉴，就想方设法从国外引进技术和设备。为此先后组织策划了林肯 STT 自动焊演示会、全自动超声检测演示会，引进了英国NOREAST 内焊机、外焊机及意大利 PWT 外焊机等焊接设备。工艺设备有了，接下来就是收集相关的技术材料，模拟在各种自然环境中进行焊接工艺的可行性试验。可是施工现场出现的问题往往是实验过程中遇不到的。

2001 年，"五一" 期间，人们都在享受着长假的悠闲和快乐，但是研究团队不敢有丝毫懈怠。为尽快摸索出各种焊接方法对焊接坡口型式、对口间隙和错边许可范围的要求及其对成型质量好坏的影响规律，以及确定各种方法在不同焊接位置的最佳规范参数，需要每天监控焊接过程和记录参数，评议成型质量，分析缺陷成因，划线下件，制取试样，分析试验数据，而后提出指导建议再焊接，天天如此。

距离西气东输一线工程开工不到半年，急需根据 X70 环焊工艺评定结果进行工程施工招标、焊接材料采购、焊工培训、焊接技术标准制定。但在此时，对焊接工艺评定工作信心十足的隋永莉拿到评定结果时却傻了眼。用她自己的话说："看完评定真傻眼了，满脑子都是问号，感觉就像在做梦，一点都想不出到底问题出在哪，试验段的评定结果一切正常，可一动真格的，完全不是那么回事，当时真的一筹莫展。"时隔多年后提起此事，从表情仍能让人感受到当时她的那种无奈。

2001 年夏天的这个夜晚仿佛是隋永莉有生以来最难熬的一夜，如果焊接工艺落实不了，这么大的工程就会受到影响，要是从头再来，想在开工前出结果是根本不可能完成的任务。

为了收集到更准确更全面的技术资料，团队成员进一步了解施工现场的环境要求和技术标准；走访管道施工单位，向有关专家咨询、请教，查阅了大量焊接技术资料，建立了丰富的信息资源库。在此基础上制订出研究的技术路线和技术关键，从而有了一个既科学又准确的定位。

研究工作再次进入试验阶段，由于任务工作量大、时间紧，研究团队成员加班加点，一直处于超负荷工作状态。在这个争分夺秒的关键时期，研究团队每一个成员以百分之二百的精力和热情全力以赴。为了一个目标，团队全体人员拧成一股绳，同心协力，没有午休，更谈不上节假日。没有一个人叫苦，没有一个人喊累，大家的脸部、手部常常被飞溅的焊花灼伤，鼓起一个个血泡，衣服也被烧出一个个小洞，皮肤的裸露部分开始脱皮。日子枯燥而艰苦，但他们乐在其中。国家花巨资引进了这么多种国外先进的焊接工艺设备，通过研究工作能够确保这些先进的工艺设备在西气东输工程中顺利推广应用，将是多么自豪和荣耀。在不到五个月的时间里，先后完成了焊接试验装备制作与安置、焊接试验手段的完善、X70 级钢管焊接性及其环焊接头焊接工艺、焊接工艺规程及支持的焊接工艺评定等多项工作。

研究团队很快攻克了试验难题，顺利通过了专家评审会。在接下来一年多的时间里，通过对不同管径、不同壁厚的钢管进行反复焊接试验，获得了丰富的焊接经验和成套的焊接参数，完成了整个焊接评定工作，取得了宝贵的第一手资料。

西气东输工程开工以后，由于自动焊技术和 STT 半自动根焊技术首次在国内管道工程中应用，再加上野外焊接施工的特殊性和焊接材料性能的不稳定性，不可避免地出现了一些技术问题。问题一经反馈，团队人员便第一时间赶赴施工现场，与各工程单位焊接技术人员一起对问题进行研究，制定解决方案。干工程就是要抢进度，抢时间，所以要求在最短的时间内排除问题，保证施工继续进行。研究团队人员常常为解决一个问题反复讨论、查看机器、对照参数，直至第二天清晨。工地的条件很艰苦，他们与工人们吃住在一处，为工程施工第一线服好务。记不清有多少个夜晚在空旷的戈壁，在僻静的深山，在幽静的河谷中度过，当工地上又响起机器的轰鸣声，当工人们的脸上又浮现出笑容，他们的疲劳便一扫而空。工人们都说研究人员是"救火队"，哪里有险情哪里就有他们。一个又一个现场施工问题的解决，为西气东输工程的顺利进行赢得了宝贵时间。

通过对我国长输油气管道建设用管线钢管及现场焊接技术的长期研究，研究团队深刻了解了高强度管线钢管的焊接技术难点和现场焊接技术特点。隋永莉告诉记者，"从焊接方法选择、管道自动焊技术应用和无损检测技术三方面，对比分析国内外管道现场焊接技术的差异后，可以看到自保护药芯焊丝半自动焊和低氢焊条手工焊工艺仍将是管道建设的可选择方法，但随着管道建设用钢管强度等级的不断提高，管径和壁厚的不断增大，管道自动焊技术的应用将会越来越广泛。"

大型管道所经之处，地形复杂多变，在某些地震、山体滑坡、泥石流等自然灾害频发地区，必须采用延伸性、塑性更好的管线钢，这样可以确保在灾害发生时钢管不破裂，把损失减小到最低。为了达到要求，提高管口的焊接强度势在必行。要使管道具备应变能力，就必须使焊口强度高于钢管强度，达到高强度匹配，必须找到比现有 X80 钢管焊材强度更大的焊接材料。然而，研发新型焊材，不仅有可能因为研发周期过长，造成工程的延误，还要投入大量的精力物力，"性价比"不高。

正在大家一筹莫展时，隋永莉大胆提出放弃研发新型焊材的思路，转而另辟蹊径，开创性地采用了"补强覆盖法"，即在原有焊口的基础上再进行 4 次焊材覆盖，使焊口整体强度高于母材。事实证明，这个"笨方法"是个好方法。这种应变设计方法也成为中国石油管道局工程有限公司宝贵的施工经验，被推广到后来建设的中缅管道等工程当中。

在解决了一系列技术难题之后，X80 管道焊接技术开始在工程中应用。然而，从美国传来的一个消息让所有人不由得出了一身冷汗：美国一条 X80 管道先后 7 道管口发生泄漏！这让本来就对采用 X80 钢管心存芥蒂的人更加疑惑，难道我们走出的这跨越式的一步真的是错的吗？

X80 螺旋埋弧焊管

为了验证 X80 管道的安全性和可靠性，隋永莉团队对事故管道原因进行分析。经过认真调查，最终认定了事故的主要原因是该公司在铺设 X80 管道时，使用的打底焊条是 X70 管道常用的纤维素焊条。得出这样的结论，技术人员放心了，因为国内 X80 管线钢采用了新的根焊工艺，以低氢型焊条作为打底焊条。当初提出改变根焊工艺的建议时，由于施工阻力大，技术人员反复向业主和工程单位说明利害，最终顶住压力，撤换了传统的纤维素焊条。

正是他们在关键时刻的科学决断，使国家"能源动脉"大大提高了安全等级。听到这样的结论，所有人松了一口气，也不禁为他们的远见卓识和科学精神感到钦佩。

"西气东输线路工程焊接工艺技术"获得中国石油天然气集团公司 2004 年技术创新二等奖；"X80 级高强管线钢焊接工艺技术"获得中国石油天然气集团公司 2011 年科技进步二等奖；"高钢级、大口径、高压力超长输气管道关键技术与应用"获得中国石油天然气集团公司 2012 年科技进步特等奖。

攻克高寒油田低温集输难关

大庆油田地处高寒带，所产原油含蜡高、凝固点高、黏度高，素有"三高原油"之称，集输处理难度大。自油田开发初期起，油井产物集输处理就不得不采用以伴生气为燃料的加热工艺，造成大量富含轻烃的伴生气资源被烧掉。进入 20 世纪 80 年代，大庆油田建设 30 万吨乙烯原料工程，开始利用伴生气生产轻烃化工原料，如何减少油田生产过程的耗热量，节省更多的伴生气用于发展天然气化工工业、增加油田生产收益，成为一个重大的科研攻关课题。

大庆油田设计院宋承毅科研团队先后开展了 4 轮以减少加热耗气量为目的的油井采出液低温集输处理技术的攻关研究，形成了一整套适于寒区油田不同开发期的"三高原油"采出液低温集输处理工艺技术，使大庆油田在油气集输处理领域的节能降耗技术水平和应用规模始终走在了全国各油田的前列。

首次进行不加热集油试验，最难以预料、最令人担心的问题就是发生井口回压超高事故。为了规避这一风险，宋承毅科研团队在试验井上专门修建了一条直径 65 毫米、长度 725 米、敷设在地面上的试验管线进行探索性试验。在该管线上安装了电热带，一旦出现管线凝堵趋势，可启动电热带加热解堵。所有的试验内容先在这条管线上进行初试，然后再在其他生产井上开展扩大试验。

现场试验开始后，项目组人员每天带饭进驻现场，在东北零下 32 摄氏度的严寒气候下，每 2 小时要去井口投一次球，观测井口回压变化 30 分钟，而后回站内收球操作 40 分钟。在最寒冷气温下持续试验的一个多月时间里，每天晚上他们只能在临时值班室的草垫子上穿着棉衣和衣而睡 3~4 小时，浑身上下都沾满了油污。在这次试验的初期，曾出现了投进管道里的化学球在末端收球筒收不到的怪现象。为查明原因，宋承毅和另一名伙伴采取在收球装置处放油收球的方式搜寻化学球，从下午一直干到傍晚，在站场上放出一大堆凝油。为了及时清除这堆凝油，他们冒着零下 30 多摄氏度的严寒用箩筐往站外抬凝油，整整干了一个晚上，直到第二天凌晨 4 点多钟才把凝油清理干净，累得筋疲力尽。最后终于查清：化学球在进入收球筒之前的三通挡条处被油流冲刷快速旋转磨损，前后液流压差降低，导致球得不到足够的推力继续移动而滞留在汇管中，无法进入收球筒。

经过整整 2 年的现场试验，宋承毅科研团队最终在 11 口试验井上取得一大批通化学球和橡胶球单管不加热集油的试验数据，首次获得了管输含气原油在凝固点以下的集油温度下仍具有流动性的重要认识；在不加热集油工况下，管壁以凝油附着为主，结蜡轻微，井口回压升高的主要原因不是管壁结蜡，而是原油在低温下黏度升高；连续出油且产液量 30 吨 / 天以上的油井在采取管线解堵保驾措施的前提下可实现单管不加热集油；通球清管集油工艺不适于寒区油田等 8 条重要结论，为后来大庆油田不加热集油技术的进一步发展和应用提供了可靠依据。

萨西五号站不加热集油试验项目刚一结束，宋承毅研究团队又承担了 "七五" 期间石油工业部 "十二" 项重大攻关项目之一的 "萨南油田低耗节能配套技术研究" 项目中的关键子课题 "不加热集油试验研究" 的攻关任务。这是一个以大规模应用为目标的科研项目，他们将面临更大的挑战：如何建立不加热集油工艺模式？如何规避油井出油管线凝堵、井口装置及埋地管线冬季冻害、井口回压超高等生产事故风险？在借鉴萨西五号站先导性试验成果并经过充分方案论证后，项目组确定以转油站系统为最大单元，以已建工程的双管掺水 / 掺油集油流程为基础开展不加热集油试验，最终形成了 4 个实施方案：一是对洗井周期 6 个月以上、产液量 100 吨 / 天以上的油井实行单管出油不加热集油，管输热力条件好，可实现冬季停运 4 小时后出油管线再次启动；二是对产液量 50 吨 / 天以上的油井实双管出油不加热集油，可随时切换至洗井流程；三是对产液量 30~50 吨 / 天的油井实行单管电解堵保驾不加热集油，洗井后扫空洗井管线；四是对产液量 30 吨 / 天以下的油井实行双管掺常温水不加热集油。转油站运行条件需满足：产液综合含水 75% 以上、电泵井总产液量占全站产液量的 50% 以上，掺水炉停运后，外输液温度不低于 40 摄氏度。

1988—1989 年冬春时节，宋承毅团队吃住在萨南油田 150 余天，每天上午、下午、傍晚 3 个时段连轴转，晚上 9 点以后才返回现场驻地休息，每天行车 140 千米，针对 5 个计量间、1 座转油站、49 口试验井，开展了出油管线和井站系统运行工况测试及技术界限试验、出油管线停输再启动试验、掺水 / 掺油管线扫空再投试验、抽油机井井口回压与产液量和耗电量关系测试、工频交流电集肤效应管线不同结线方式加热解堵试验、管线电热带不同敷设方式伴热保温特性试验等多项试验。总共测取了 14000 多个数据，试验成功了 4 种不加热集油工艺模式及配套技术，确定了一系列不加热集油的技术界限。其中，单井最低集油温度下降到了 25 摄氏度，低于原油凝固点 5 摄氏度，比加热工况降低了 15 摄氏度；试验研究出的工频电解堵辅助单管不加热集油技术、转油站系统掺常温水不加热集油技术为国内首创。

萨南油田不加热集油试验的成功，把大庆油田不加热集油的范围首次从单井扩大到了转油站系统，并在转油站系统内部采取了一站多制的灵活实施方式：单管出油、电解堵保驾单管出油、双管出油、双管掺常温水出油多种不加热集油工艺并存，或不加热集油工艺与加热集油工艺并存。1990年，不加热集油技术已推广应用至萨南油田的1117口油井，使集输吨油自耗气量由17立方米/吨降到了9.28立方米/吨，在国内首次实现高寒区油田"三高"原油的大规模整区块不加热集油，被中国石油天然气总公司专家组评价为"总体技术达到八十年代中期国外发达国家先进水平"。"高寒地区原油不加热集输技术试验研究"于1991年获中国石油天然气总公司科技进步二等奖。

到20世纪末期，大庆油田采出液综合含水上升到了85%左右，原油生产能耗和成本进一步上升。同时，乙烯工程扩大了生产规模，进一步增加了对油田轻烃原料的需求量。为了节约更多的油田伴生气，实现降本增效，满足乙烯工程需要，王德民院士提出了在采出液中添加原油流动改进剂，通过降低管输过程中的原油黏壁温度进而降低低温下的采出液流动阻力的方法，在油田油气集输处理生产系统的最大单元—联合站系统实施不加热或低温运行，力争将原油生产过程的节气量达到最大化。

宋承毅科研团队承担了针对联合站系统低温集输处理技术的试验研究任务。攻关任务十分艰巨：一是要实现原油流动改进剂国产化，使药剂成本比国外进口产品降低50%；二是实现转油站系统采出液在接近凝固点的温度下经离心泵输送至联合站；三是实现联合站内采出液在接近原油凝固点的温度下达标脱水和含油污水达标处理。与此同时，这个项目还面临重大生产风险：转油站因低温泵输失效引起的欠输、停输事故；联合站因采出液低温脱水或低温含油污水处理不达标导致的进入事故运行状态。

试验点选在了杏南油田管辖340多口油井、4座转油站的一座联合站系统—杏十五-1联合站。针对这样一个高生产风险的庞大试验系统，宋承毅团队编制出了一份详细的试验研究实施方案，确定了室内研究—中间试验—现场试验"三步走"的攻关技术路线。首先开展了4项关键技术的先导性试验，即进口原油流动改进剂配方解剖及国产化试验；加流动改进剂以降低采出液管输黏壁温度和流动阻力，改善低温油水分离特性的室内试验；离心泵加流改剂/破乳剂输送低温含水原油实液试验；含流动改进剂低温含油污水处理滤料再生小装置实液试验。

上述先导性试验成果为后续现场试验的顺利开展和规避生产事故风险起到了重要支撑作用，并因此取消了原定对转油站泵输失效和含油污水处理过滤失效所采取的技术改造保驾措施方案，避免了技术复杂性，节省了工程投资。

2000 年冬季，随着各个转油站加热炉的逐渐停运及气温和地温的逐渐降低，整个联合站系统的运行工况出现了恶化迹象。在寒冬腊月的一天夜里一股寒流过后，第二天早上就发现有 15 口油井的井口回压超高。驻守在现场的项目组人员立即查找原因，发现问题出在了生产现场管理人员高估了流动改进剂的降凝油粘壁作用，擅自将油井低温水的掺水量从实施方案确定的 0.8 立方米 / 小时降到了 0.5 立方米 / 小时。项目组随即召开紧急会议并下达了整改指令，迅速扭转了局面，化解了危机。

经过 3 年多攻关研究和近 700 多天漫长的现场试验，取得了丰硕研究成果。项目组完成了流动改进剂国产化开发和最优加入量试验；低温助洗剂开发及常压滤罐滤料再生试验；自力式井口恒流点滴加药装置研制；接近原油凝固点温度下采出液泵输试验；接近原油凝固点温度下游离水脱除和含油污水处理试验。首次实现了联合站系统采出液低温集输和处理，将油井的最低集油温度由加热工况时的 35 摄氏度降到 25 摄氏度；转油站泵输温度由40 摄氏度降为 35 摄氏度；联合站游离水脱除和含油污水处理温度由 43 摄氏度降到 33 摄氏度，仅高于原油凝固点 1 摄氏度；突破了油田采出液离心泵输送和处理温度不能低于或接近原油凝固点的一大技术禁区，取得了降低原油集输自耗气量 45% 的节气效果和可观的节气经济效益。杏十五 −1 联合站系统低温集输处理技术的试验成功，开创了在油田采出液集输处理系统最大生产单元实行低温运行的先河，具有里程碑意义。

对于进入特高含水开发期的区块油田，能否采取更少的技术措施、更低的成本，实现联合站系统以更高的节气效益低温运行？成为在宋承毅心中反复思考的一个新课题。经过深思熟虑，宋承毅团队在 2003 年向大庆油田公司提出了进行特高含水期采出液低温集输处理技术试验研究的立项申请。这个项目研究的主要目的是：充分利用特高含水原油采出液流动和油水分离性能好的特点，使更多的油井实现自然不加热集油；研究多分支并联掺水管路系统的单支管路定量掺水技术，通过恒定掺水量来控制井口回压，减少偏流损失和总掺水量及掺水能耗，实现低温集油；开发低温破乳剂，取代加药成本较高的原油流动改进剂，实现采出液低温输送和低温脱水；研究适于压力滤罐的低温运行工况滤料再生技术，以适应压力过滤含油污水处理工艺的应用发展趋势。

为使研究结论具有代表性，研究成果能够在全油田推广，现场试验点选在全油田原油物性最差的萨北油田所属北Ⅱ−2 联合站系统。该站采出液综合含水 92%，所产原油凝固点34 摄氏度，管辖油井 320 余口、转油站 3 座。

宋承毅科研团队经过 3 年坚持不懈的连续攻关，最终获得三项重大科研成果。一是研制成功定量掺水阀，制定了定量掺水工艺，使单井掺水量的波动幅度由 30%~50% 降到了 10%~20%，掺低温水工况下的井口回压普遍控制在了 0.6 兆帕以下，转油站系统总掺水量和掺水耗电量降低了 30%；二是开发出了低温破乳剂，具有降低采出液低温管输摩阻，提高低温破乳与低温油水分离效果的功能，使转油站采出液泵输温度最低降到了 32 摄氏度，低于原油凝固点 2 摄氏度，比加热工况降低 10 摄氏度左右；游离水脱除温度降到了原油凝固点温度的 34 摄氏度，比加热工况降低 7 摄氏度左右，脱后油水指标大幅度好于常规破乳剂，加药成本降低了 10%；三是建立了变强度反冲洗技术工艺，实现了在接近原油凝固点温度下压力滤罐的滤料再生，低温含油污水处理出水水质达标，运行温度比加热工况降低 7 摄氏度左右。该项研究成果在联合站系统应用后，集输吨油耗气量下降了 45% 左右，节气效益达到了最大化。形成的采出液低温集输处理模式，成为进入特高含水开发期的大庆主力油田——喇萨杏油田普遍适用的节能降耗运行模式，得到大规模推广应用，为建设绿色低碳油田提供了有力技术支撑，也成为中国石油低碳技术的应用样板。

"高寒地区高凝原油不加热集输处理工艺技术研究与应用" 于 2008 年获中国石油天然气集团公司技术创新二等奖。

攻克高清晰度管道漏磁检测技术

纵观中国管道检测发展史，从规模、领先性、工作业绩各方面来看，中国石油管道局工程有限公司管道检测技术公司（简称检测公司），始终扮演着"龙头老大"的角色。那么，检测公司的技术研究是如何开始？又经历了怎样的艰难历程呢？

自1989年起，检测公司陆续引进国外检测设备，从此拉开了中国管道检测事业的序幕。与此同时，检测公司清醒的认识到，如果不掌握核心技术，长期引进反而会成为扼制技术发展的绳索；中国需要自己的设备与技术，需要专业化队伍，更需要拥有自主研发的能力。

2001年，石油天然气管道局以建设西气东输大口径管道为契机，提出要进行高清晰度管道漏磁检测技术研究，研制出一套"40英寸高清晰度漏磁检测器"，这一艰巨的任务责无旁贷地落到了检测公司的肩上。

为了加快研发进度，提高检测技术水平，通过前期调研、沟通与交流，检测公司决定与英国ADVANTIC公司进行合作开发。2003年7月，检测公司负责人率领公司5名技术骨干组成科研先锋队远赴英国，与ADVANTIC公司共同开展"40英寸高清晰度漏磁检测器"整体设计。历时3个月，形成了设计大纲。40英寸高清晰度漏磁检测器吸纳了国际上各大公司高清晰度漏磁检测器的优点，科技含量在世界范围内属于领先水平。回国之后，检测公司组建了机械设计、电气设计、磁路设计及软件设计等四个技术攻关小组，从各个专业入手稳步推进。

要研制出如此精良的检测器，这对于检测公司来讲，无疑是巨大的挑战，但他们没有丝毫畏惧。机械系统作为"40英寸高清晰度漏磁检测器"的载体和依托，苛刻的设计要求就如同一座座连绵起伏又惊险万分的山峰，需要百折不挠的勇气才能翻山越岭。任务越艰巨，决心就越坚定，机械设计攻关小组开始以优化检测器动态性能为目标的机械系统开发。

首要攻克的难关就是支撑问题。机械设计攻关小组综合考虑检测器各部件的结构，决定采用支撑轮与钢刷部件作为主要支撑。他们围坐在设计台四周用最短的时间，将十余种机械结构呈现在图纸上。当他们像对待大师名画般欣赏着每一幅作品时，脸上的笑容却渐渐逝去，因为他们清醒的认识到，这仅仅是万里长城才迈出了第一步。支撑轮体、支撑轮臂、支撑轮转轴、钢刷刷毛、钢刷刷束、刷束密度等都要进行复杂的设计计算、分析受力，庞大的工作量考验着机械攻关小组的耐心与毅力。他们并没有被困难击溃，心中那看似平凡的"坚持"二字，是对科研事业孜孜不倦的探索。经过攻关小组全体成员的不懈努力，终于制定出了 3 组备选方案。

为验证备选方案的正确性，攻关小组决定编写仿真软件，即输入机械参数，通过软件判断检测器与管内壁的接触情况，得到优选方案。对于机械攻关小组来讲，软件编写，是一条探索之路。他们与经验丰富的软件专家进行了无数次技术交流，反复讨论；翻译分析了百余本相关书籍，悉心研究；进行了海量的仿真模拟，不断验证。历经数月奋战，软件终于编写完成。但是，结果是否具有可信度，担忧写在脸上。到了检验成果的时刻，大家屏住呼吸盯着电脑屏幕，将机械参数输入软件。在这短短的几分钟内，紧张空气似乎凝结到了极点。随着最后一下"Enter"键的有力敲击，结果呼之而出，"成功了"的欢呼声将寂静打破。自主研发的仿真软件终于实现了从 0 到 1 的突破。

检测器的速度需要严格控制，面对领先国际的设计要求，管道检测科研人员一时之间犯了难。出于对管道运行情况的充分考虑，机械攻关小组一致认为，检测器的运行应依靠管道内流动介质的推动。他们大胆设想、小心验证。由于磁铁节质量大、运行阻力大，决定将其设置为第一节，并利用磁铁节上的"皮碗"系统作为检测器运行的动力来源。皮碗结构和材质是切入点，两者需要相互协调，科研人员再次投入到机械结构设计与计算当中。键盘和鼠标在窸窣作响，跳跃式的思维凝结为一幅幅草图，复杂的计算过程化作一张又一张计算稿纸，将乒乓球案大小的设计台层层覆盖。他们对数据反复分析讨论，又将讨论结果进行模拟仿真，最终的设计结果完美精准地诠释了科研人员的技术水平。

与传统的检测器相比较，其电气系统主要的差别在于增大了数十倍的数据吞吐量。如此之大的吞吐量，需要与之适应的探头部件和电池监控系统。险峰座座矗立眼前，突破重围刻不容缓。

电气攻关小组提出探头部件平稳运行的设计目标，并与机械攻关小组共同攻关，发现保持平稳的关键就是探头部件中的支撑弹簧。由于聚氨酯材质各方面性能优良，其弹性具有可调节性，最终提出聚氨酯支撑弹簧方案。机械和电气攻关小组成员对不同配方组成下的聚氨酯支撑力、恢复力进行比对分析，确定了聚氨酯弹簧的配方。这短暂的成功是一种无形的鼓励，他们加快脚步继续进行聚氨酯支撑弹簧的形状研究，几块一平方米大小、七毫米厚的乳白色聚氨酯平板是画布，他们将预想的几何形状绘制在聚氨酯平板上，边画边分析受力，思路也逐渐清晰。方案汇总后，按照画线小心翼翼地进行裁剪，将6种形状依次装配在弹簧部件上，在高速摄影下观察探头部件通过缺陷时的姿态、贴合情况、弹跳高度、复位时间，每一种形状都经过上百次的试验。他们争分夺秒，将时间视作珍宝，盛夏季节，实验室闷热，豆大的汗珠始终悬挂在科研人员的脸上，啪嗒、啪嗒的滴落声仿佛是时钟在记录着消逝的时间，1天、2天、3天…终于在第9天，试验完成。其中，"桃心"形状的聚氨酯支撑弹簧在发挥缓冲作用的同时可以较快复位，为最优选择方案。

为完整识别管道缺陷，电气攻关小组将探头设置为圆周均布阵列方式，并且横向首尾相接，导致所用数据线增多。数据线接入电子包密封舱门，需要大面积的舱门作为接受载体，这为机械结构设计带来困难。冥思苦想后提出了设计信号集中器（SCM），将探头部件采集的数据分区进行集中处理后，用少量的数据线接入舱门即可。通过书籍查看、网络搜寻、国内外文献检索等方式，电气攻关小组对SCM所用各类电气元件的性能综合比较，多次模拟试验后，做出了择优选择。最终的SCM装配在密封舱外，使用模拟多路转换开关将数据选通，而选通的地址总线复用来减少数据线的数量，也方便了系统集成。

电气系统在供电情况下方可工作，采用的高能锂离子电池，在使用不当时会有爆炸风险。电气攻关小组在参阅国外设计标准后，形成了新的安全理念，增设了电池监控系统。通过跟踪监测，发现了突破口：检测器收发与运行时的压力存在很大的差别，通过压力开关控制供电是可行的。电气攻关小组对压差的变化过程多次进行实时监测，历经重重障碍，压力开关的设想得以实现，这也是他们在该领域内的设计首秀。小小的成功就像一块敲门砖，打开了新的大门。

高清晰度漏磁检测技术的基础是缺陷处漏磁场信号的拾取，检测器的磁化水平将会严重影响检测器的灵敏度和检测结果精度。要设计出具有国际领先水平的磁路系统，对于缺少相关设计经验、理论知识有待提升的磁路攻关小组来讲，就像被蒙住了双眼。但是，决心并没有被这短暂的迷失动摇，他们摒弃了旧式思维，以国内外先进理论为原点，学习磁物理学、凝态物理学、电动力学等知识，与国内外磁物理专家相互切磋，派遣多名队员前往英国牛津大学进行专题学习。过程中，磁路攻关小组被磁物理学的独特魅力深深吸引，办公室成为图书馆，每当其他同事看到小组成员学习的场景，总是忍不住放慢呼吸、停下脚步，不愿意让任何声响打破这份宁静，只是站在门口，向书海中的奋斗者投去敬佩的目光。在共同努力与拼搏下，磁路攻关小组针对薄弱环节进行改进，确定了设计方案：基于漏磁通原理，将永磁铁材料产生的强磁场通过导磁介质使铁磁性管道的管壁磁化到饱和程度后，在管壁圆周会产生一个磁回路场，当管壁上存在缺陷时，部分磁力线将穿出管壁产生漏磁，通过探头系统检测漏磁场就可以发现管道缺陷。

　　根据设计方案，检测器磁路的设计主要受到铁芯、钢刷、磁铁的影响，且三者要协调统一。其中，铁芯和钢刷既要满足机械要求又要满足磁路要求。磁路攻关小组按照铁芯和钢刷的预定机械尺寸进行了 ANSYS 软件的有限元仿真，其磁化效果虽然能够满足检测需求，但还有可提升空间。为了追求更好的磁化效果，机械与磁路攻关小组进行了联合设计，决定从材料、尺寸及刷毛密度出发，对磁路系统进行优化设计，并从各自领域展开了工作。磁路攻关小组从大量的书籍论文中找到了数十种可能性材料；机械攻关小组通过计算校核，精准确定了零件机械尺寸的变化范围。至此，距离成功仍然有遥远的路要走，他们需要将全部变量相互组合，逐一进行试验，但试验次数过多将会严重影响项目研发进度。办公室中，所有人都沉默了，正当大家困惑之时，一位科研人员突然拍桌而起，眼睛一亮，嘴角微微颤抖，激动的吐出了一个词"正交试验法"。话音刚落，在场同事的思路顿时豁然开朗，"正交试验法"可将上千次有限元仿真减少至百余次，将大大的减轻工作量，提高试验工作效率。研究团队利用正交试验法将代表性变量进行有限元仿真，不断优化改进，完成了试验，结果显示安全可靠，并达到了最优的磁化数据，为高水平的检测性能提供了重要保障。最终的实物获得了与仿真结果相一致的磁化效果。

　　数据分析软件系统可将检测器读取的数据进行分析，辨别管道缺陷类型与程度，是评判管道检测成功与否的最终环节。原有数据分析软件能够显示的数据量较小，为满足新技术要求，软件攻关小组结合国际化理念，将人文主义蕴含其中，提出了客户服务器结构，即所有分析人员均在同一网络环境下面向数据分析终端，数据库可供多数人同时访问数据并进行分析。新的设计思想结构颠覆了传统模式，如果研制成功，将大大简化数据分析过程，提升国内数据分析软件技术水平。面对这项异常艰难的任务，软件攻关小组毅然接受了重任，向技术制高点发起挑战！研究阶段前期，没有任何资料可供参考，他们针对数据分析终端和用户端之间的关联点进行了多次研究，反复讨论，不断改进，在认真分析各部分功用后，创新性地提出总体设计方案。随后，软件攻关小组立即开始了软件程序编写，屏幕上一字一行都是智慧的结晶。每当攻克一个难关时，他们总会自豪地扬起嘴角，相互点头表示鼓励，本是枯燥的工作却乐在其中。

　　在软件试用的过程中又发现了新问题：如果每一处管道特征都需要人工进行分析，复发的数据分析会导致工作进度缓慢。如果采用自动识别功能，将会提高效率，结果也会更加精准。为了实现高智能化目标，软件攻关小组进行模拟特征的采集，他们在实验管道上制作一定数量的人工缺陷，通过软件进行人工分析，将图谱中一个个特征点依次提取并连线，用"霍夫变换方法"描绘特征共同点。无数次挑灯夜战，无数个不眠之夜，电脑和灯光是仅有的陪伴，软件攻关小组被解决难题过程中所产生的诱惑深深吸引，他们不知疲倦的投入其中，近在十步之遥的休息室内空无一人。经过再次编程，具有明显规律的特征可以完美显示，自动识别功能开发成功，大大减轻了分析人员的工作强度，实现了软件的高智能化。

2007年6月7日，检测公司带着"40英寸高清晰度漏磁检测器"来到了西气东输冀宁联络线安平至泰安段285千米长的管线上进行检测。这是检测器研发出来后的首次应用，成功与否，大家心里都捏着一把汗。经过连续10天的艰苦奋战，检测器运行结束，科研人员立即取出电子包并连接至电脑观察数据情况，大家都紧绷着脸注视着，紧张情绪溢于言表。突然，屏幕上出现了"数据完整"的字样，"我们成功了"，狂喜从大家的心底迸发出来，他们在电脑前簇拥着、欢呼着、雀跃着。4年的风雨兼程，饱含了检测人期望的"40英寸高清晰度漏磁检测器"终于研制成功！

"高清晰度管道漏磁检测技术研究"于2007年获中国石油天然气集团公司技术创新一等奖。

油气管道的"腐蚀"技术

腐蚀是自然界普遍存在的现象，其危害遍及所有行业，除了材料和能源消耗、设备失效、产品漏失等直接损失外，通常还伴随着生产中断、产品污染、人员伤亡、环境污染等间接损失，甚至引发火灾、爆炸等重大事故。据统计，由于腐蚀造成的损失约占各国 GDP 的 3%~5%，远远大于自然灾害、各类事故损失的总和。2016 年 6 月 1 日，"我国腐蚀状况及控制战略研究"重大咨询项目在北京召开新闻发布会，2014 年，我国腐蚀损失约占当年 GDP 的 3.34%，价值超过 2.1 亿元人民币。

截至 2016 年底，我国油气管道总长度约 12.3 万千米，遍布全国 32 个省市区。到 2025 年，我国油气管道总里程将达到 24 万千米。油气管道大多埋地敷设，少量安装于地面或水下。除了不可避免遭受土壤、大气、水等的环境腐蚀外，还有来自高压输电线路、电气化铁路、地下电气设备等的杂散电流干扰腐蚀。腐蚀造成管道金属损失，管道强度降低，甚至穿孔、开裂。国内外调查显示，腐蚀是油气管道事故的主要原因之一。2013 年 11 月 22 日，青岛市黄岛区中国石化输油管道发生爆炸事故，共造成 62 人遇难，136 人受伤，直接经济损失 7.5 亿元。国务院重大事故调查组发表报告认定事故直接原因为"输油管道与排水暗渠交汇处管道腐蚀减薄、管道破裂"，引发爆炸。

采用防腐涂层进行物理隔离、施加阴极保护对涂层漏点或破损处补充保护、通过排流保护减缓杂散电流干扰是油气管道普遍采用的腐蚀控制措施。防腐涂层完整且持久黏结、阴极保护充分和杂散电流干扰减缓达标是腐蚀控制有效的关键，涉及设计、施工、运行、检测评价及修复等各个环节。

20 世纪 90 年代，针对油气管道站场工艺管道腐蚀严重，阴极保护在站场应用中面临干扰屏蔽突出、保护电流输出过大且保护极其不均衡等问题，中国石油管道公司管道科技中心刘玲莉项目团队开展了区域阴极保护技术研究，对阳极地床的安装形式及位置、与站外线路阴极保护系统相互干扰的控制及减缓技术、接地系统的更新改造等问题进行研究试验，并成功完成了示范工程。根据研究结果和示范站场应用情况，牵头制定了国内第一套相关的技术标准——中国石油天然气集团有限公司企业标准 Q/SY 0029—2002《区域性阴极保护技术规范》（设计、施工、运行维护），后续又主持了 2007 版、2012 版的修订。目前该标准主要内容已纳入行业标准 SY/T 6964—2013《石油天然气站场阴极保护技术规范》。

油气管道的检测评价对于其安全运行至关重要。在引入管道内检测技术之前，主要依靠腐蚀与防护状况的外检测评估油气管道的安全性，并作为维修维护的主要依据。而外检测需要沿管道逐点进行检测，工作条件较为艰苦。以格尔木—拉萨成品油管道和新疆南疆管道为例：1998 年运行多年的格尔木—拉萨成品油输送管道需要进行全线腐蚀检测评估，为后续升级改造做准备，该管线全长 1080 千米，其中 900 千米在海拔 4000 米以上，管线最高点海拔 5288.1 米，管线通过 560 千米的多年冻土区，气候严寒，冰冻期长达八个月。同年地处新疆南疆地区的沙漠油气双线并行管道、轮南—库尔勒输油复线和轮南—库尔勒输气管道也要进行防腐层检测评估。在这样环境下沿管道检测并沿线设点开挖进行外检测，现场工作条件之恶劣可想而知。刘玲莉团队接受了这两项艰巨的任务，先后奔赴青藏高原和塔卡拉玛干沙漠，分别开展了为期二十余天和半个月的现场调查、检测工作。在格拉管线现场检测中，项目组人员忍受着高原反应带来的头痛、气喘，在高寒低温、强紫外线照射、沿线生活条件极为不便的条件下，在中国人民解放军总后勤部管线团的帮助下，圆满完成了格—拉管线的检测任务，根据检测结果提交的检测报告成为该管线升级改造的主要依据之一，受到中国人民解放军总后勤部的充分肯定和高度赞赏，并受邀参加了后续改造方案的评审、改造工程评标及改造工程完成后的验收工作。在新疆南疆地区，刘玲莉团队于沙丘荒漠中顶着炎炎烈日经过半个月时间完成了沙漠管道 2 井中间站—轮南油气管道格155 千米，轮南—库尔勒输油复线 161 千米、输油支线 31 千米及轮库输气管道 192 千米共计 694 千米管道的防腐层全面调查检测，调查形成的结论及提出的建议为有效控制南疆地区的油气管道腐蚀起到了重要作用。

东北原油管网在连续高温高压满负荷运行三十年后，逐渐显现出老龄化迹象，防腐涂层老化、剥离，阴极保护不足，导致管道腐蚀甚至穿孔泄漏事故时有发生。刘玲莉团队针对东部热油管网不停输改造面临的热损失凝管及悬空弯曲变形等诸多安全和技术问题，研发了站间最大开挖暴露长度和最大悬空长度计算方法、旧涂层清除与修复、管体缺陷评估方法及修复等系列技术，为东部原油管网安全改造提供了有力的技术支持。"东部管道安全性改造配套技术研究"于 2008 年获中国石油天然气集团公司技术创新三等奖。

2014 年，根据中国工程院建议和国务院批示，中国石油首次启动了地磁暴灾害对油气管道干扰及防御技术研究工作，管道科技研究中心毕武喜防腐研究团队承担了这个项目。在研究过程中，研发了地磁暴干扰监测设备，建成了我国首个油气管道地磁暴灾害在线监测网络，覆盖西一线、西二线、西三线、陕京一线等国家重点管道，首次实现了我国油气管道地磁暴干扰在线监测和评估。依据地磁暴干扰现场监测数据和理论分析，首次全面获得地磁暴灾害对长输油气管道干扰规律，包括地磁暴灾害强度统计规律、管地电位和管中电流分布规律、阴极保护站响应规律和管体腐蚀影响规律等。该项目研究成功揭示了一些长期以来危害管道安全的一些疑难杂散电流干扰问题机理和规律，如新疆赛里木湖干扰、滨海管道杂散电流等，为科学防御地磁暴灾害和海岸效应干扰奠定了坚实基础，填补了我国油气管道地磁暴灾害预警、监测和防御技术空白，增强了我国油气管道地磁暴防御能力。

长期以来，因潮汐对管道干扰机理比较特殊，一度被称为"幽灵般"的干扰，国际管道腐蚀界并没有普遍认可这种干扰。防腐团队通过长期采集大量滨海管道、高原湖泊附近管道干扰数据，结合海洋涨落潮数据，利用频谱分析技术，首次在国际上精确分离出了周期为 12 小时潮汐干扰强特征峰，确切证实了潮汐对管道影响，并在国际上首次采用详实数据证明了潮汐干扰可对管道构成的腐蚀威胁，彻底颠覆了业界对潮汐干扰的传统认识。相关研究成果在国际上引起高度关注，在 2017 年 ISO 21857 起草工作会议上，来自 26 个国家的专家编委会一致同意将潮汐干扰纳入新起草的 ISO 标准。

腐蚀是自然界普遍存在的现象，无法避免但可控制。作为国家重要基础设施的油气管道，有效的腐蚀控制对于其安全运行至关重要。随着油气管网规模的日益扩大和环境的日益复杂，油气管道的腐蚀将会长期存在且控制腐蚀将会面临更多的挑战，需要防腐专业人员同心协力攻克更多的难关，需要更多的创新技术来支持，解决更为复杂的难题。防腐专业人员任重道远，技术创新永远在路上。

敢于"吃螃蟹"的裴红设计团队

2003 年，辽河油田勘察设计院总工程师裴红设计团队成功完成了国内陆上最大的整装凝析气田——牙哈凝析气田地面工程的研究和设计，各装置投产运转良好。该气田也是国内第一个采用循环注气保持地层压力的超高压、高产凝析气田，其油藏流体类型复杂、埋藏深达 5000 米以上、地层压力高达 56 兆帕，开发难度很大，地面工艺复杂，特别是超高压注气工艺，更是创国内外先例。以牙哈凝析气田地面工艺及配套技术为代表的成果，形成了高压常温不加热集输工艺、凝析油多级闪蒸和微正压分馏稳定相结合工艺、简易实用的高压注醇和 J-T 阀制冷工艺技术及大排量超高压循环注气工艺技术；研究了 DCS（DistributedControlSystem 分布式控制系统）及安全保护系统；采用了高效可靠的节能新设备和新材料；总体布局使功能分区明确、流程顺畅；研究了高压凝析油气水三相不分离计量、高压凝析油气集输的流型流态、超高压注气系统中的天然气密相输送及超高压密相计量等。在取得的牙哈凝析气田地面工程设计研究与实践成果的基础上，裴红和他的团队完成了石油天然气行业标准 SY/T 0605—2005《凝析气田地面工程设计施工及验收规范》的编制，为凝析气田的有效开发提供了依据。

1993 年的一天，裴红从报纸上读到了一个消息："塔里木油田发现了高压高产的牙哈凝析气田"。透过这条常人看来不太起眼的信息，他看到了一个踏破铁鞋无觅处的天大机遇。塔里木牙哈凝析气田是我国迄今为止投入开发的凝析气田中处理量最大的凝析气田，它的集气压力和循环注气压力是国内最高的，流体类型是国内最复杂的，称得上是国际上极其罕见的超高压凝析气田。牙哈凝析气田开发，对从事油田地面工艺设计的技术人员是一个极大的挑战。

裴红对于凝析气田并不陌生。1992 年，中国石油天然气总公司在塔西南发现了柯克亚凝析气田，并决定进行开采。在柯克亚凝析气田的开发设计连续被几家设计单位拒绝之后，中国石油天然气总公司想到了辽河油田勘察设计研究院，院领导接下这个任务后首先想到的最合适人选就是裴红。凝析气田的特点是压力极高、气液比极大、反凝析突出。在 20 世纪 90 年代初，开发处于刚刚起步阶段，在国内既没有经验可借鉴，又缺少标准规范可执行，地面工程设计工作难度之大更是难以想象。裴红毅然选择后者，勇敢接受挑战，做第一个吃"螃蟹"的人。他带领他的项目团队成为国内高压凝析气田地面工艺研究领域的首批拓荒者。裴红团队一次次走过山重水复，又一次次走进柳暗花明。石油系统没有这方面的经验，就去借鉴化工项目的经验。在查阅了大量资料的基础上，进行了多次的工艺模拟计算和理论论证工作，技术调查、综合分析、方案筛选、研究进程异常艰难，每个阶段工作都是脑力、体力、心力的持久战。终于完成柯克亚凝析气田循环注气工艺技术研究与设计工作，在大西北最西端建设成我国第一套完全拥有自主知识产权的凝析气田循环注气开发生产装置，并一次投产成功。

柯克亚凝析气田地面工艺设计项目的成功，使裴红团队拿下油藏压力更高、开发难度更大的牙哈凝析气田工程设计项目，充满了自信和底气。为了能够赢得这项工程设计，裴红作为新疆分院院长代表辽河油田设计院向塔里木石油勘探开发指挥部请示，愿意无偿为塔里木油田进行牙哈凝析气田地面建设工程的可行性研究工作。这个请求立即得到了塔里木油田领导的答复，同意裴红率领的团队开展项目的可研工作。

裴红团队抓住这难得的机遇，投入到项目可行性研究中。可行性研究分为技术方案对比和经济评价两部分。无论是作为重大工程项目设计的组织者，还是作为公司总工程师，裴红在项目策划中都会提出创造性的技术方案设想，并以实事求是的态度认真进行技术论证，从而得出先进可行的成果。针对设计中遇到的国际性难题，他们找出所有难点，提出解决问题路径，一个个试验、计算，直到问题得以解决。牙哈气田地面建设工程设计中存在流体常温输送、高压密相输送、高压循环注气、高压分离等技术难题。针对这些难题，裴红提出了许多原则性方案设想，并逐项进行科学论证，进行筛选。针对井流物分离状态的确定问题，他带领项目团队从气藏寿命到分离效率，从工程投资到投产后的生产成本进行了全面系统的研究。对于高压注气压缩机的总体布局，他们的分析几乎写满了一个厚厚的单行本。对于流体是否采用常温输送问题，他们针对牙哈凝析油气"三低两高"(低密度、低黏度、低含硫、高含蜡、高凝固点)特点，在布站方式、集中分散处理方面进行系统分析，最后从经济上、技术上、管理上和安全上进行系统比较后确定了常温输送方案为最优方案。对于物流输送和高压密相输送问题，分别就超高压密相模拟计算、高压凝析液段塞流、高压凝析油气水三相不分离计量技术、超高压密相计量技术进行了联合研究，从而解决了高压超高压物流的工程计算问题。对于高压循环注气，就注气压缩机的集中与分散布置、注气管网敷设方式、注气压缩机排出压力、注气压缩机排气量与数量的确定，以及压缩机的防振与减振做了大量深入细致的技术经济比较，最终确定了技术合理、制造经济的选型方案。对于高压分离问题，就分离的有效性、分离压力与整个工程效益的关系、分离压力与远期规划的衔接进行了充分论证，从而得出了正确的分离压力选择方案。

对可行性研究方案，中国石油集团公司组织了有史以来规模最大的技术审查，专家提出了数百个所担心的问题，裴红团队用大量的试验数据、论证报告和计算结果，给出了令人信服和放心的答复。裴红团队所完成的可行性研究报告成果，为塔里木油田牙哈凝析气田开发项目立项提供了决策依据，也为顺利拿下牙哈工程设计项目打下了牢固的基础。另外，为了顺利完成牙哈工程设计，裴红团队编制了指导设计、施工及验收的《高压注气工艺设计、施工及验收规定》企业标准，在牙哈工程建设中发挥了关键作用。

经过三年的前期工作，准备进入初步设计阶段时，却逢 1997 年亚洲金融危机爆发，油气价格大幅下跌，使本来效益前景很好的项目面临着"胎死腹中"的危险。为了使牙哈项目由不可行变为可行，唯一的办法就是进一步优化设计，降低工程投资，降低运行成本。裴红团队全体人员像计算机一样高速运转，在 5 个月的时间里，没有节假日，机房里的灯光彻夜通明，方便面就是工作餐，他们对工艺流程进一步进行了简化，缩短了流体流动距离；合理确定产品种类，确保循环注气工艺的可靠性；优化布局，减少建设用地；将工艺设施和辅助设施同区布置，减少流程交叉；大量采用先进设备、先进工艺模拟软件和先进控制系统；改进供电设计方案。几千张设计图纸记载着他们设计优化的辛勤努力。时间是金钱，效益是生命。在那 288 个日日夜夜里，为了尽快攻克难题，裴红团队用三天三夜不睡觉的拼命三郎精神和不放过一个错别字的严谨作风，最终把工程投资降了下来，降幅达 1.44 亿元。整个公司都在戏称这个项目团队是一群工作起来不要命的"疯子"。

在牙哈凝析气田地面建设工程初步设计过程中，裴红团队与有关人员就集中处理站内注气压缩机设置方案发生了争论。他们的方案是将循环注气压缩机放在集中处理站内集中布置，对方的意见是将循环注气压缩机一对一的布置在注气井井口，理由是国外大部分循环注气压缩机都是布置在注气井井口。裴红和他的团队通过定量定性分析认为，集中布置在经济上合算、在操作上容易、在维护管理上方便。在国外，油田业主一般采用租用压缩机的方式运作。经过经济分析，裴红提出在我国租借国外大型压缩机在经济上是很不合算的。在集团公司最终审查中裴红的观点得到了认可。

为了在现有条件下圆满完成任务，裴红团队采用了时间、范围和质量作为三角形约束条件，既保证了设计进度和范围控制，又提高了工程设计质量。牙哈工程设计经历过许多次审查，在每一次审查中，裴红团队都牢记"把业主的事当作自己的事来做"，认真吸取业主在类似工程中积累的经验，仔细讲解经过长期深思熟虑形成的技术观点。

塔里木牙哈凝析气田地面工程建设项目于 2003 年获得设计最高级别奖励——国家级优秀设计金奖。同年，围绕项目设计开展的"凝析气田地面工艺及配套技术研究"荣获中国石油天然气集团公司技术创新一等奖。辽河油田设计院被中国石油天然气集团公司誉为"在凝析气田开发建设方面的指导性设计院"。

光纤管道安全预警系统诞生记

截至 2019 年，我国已建成天然气管道 10 万千米，原油管道 2.6 万千米，成品油管道 2 万千米，总里程达到 14.6 万千米，形成了横跨东西、纵贯南北、连通海外的油气管网格局，成为推动我国经济发展和造福民生的能源动脉。但是随着管道老龄化问题的加重，管道事故呈上升趋势发展，安全生产形势日益严峻，管道泄漏事故呈多发趋势，由于监控手段多为人为巡检，无法对管道事故及时监测，成为制约管道安全运行的核心问题。

随着管道运行过程中的安全问题凸显，如何有效地监测第三方施工、地质灾害、人为偷盗事件的发生情况，并精确实现定位和事件识别已经成为管道安全监测的首要任务。2004 年，中国石油天然气管道通信电力工程有限公司张金权研究团队，率先提出了利用与管道同沟的通信光缆构建分布式振动传感器，实现对各类破坏事件的实时监测、有效预计和识别定位的技术方案。

该项目起点高、技术含量高、难度大，涉及通信、计算机、自动化、智能材料、声学、力学和软件等领域。光纤传感也只是 21 世纪刚刚起步的前沿技术领域，尤其长距离分布式光纤传感领域，没有成熟应用技术可供借鉴。张金权研究团队进行了广泛的调研，首先对可能应用的行业进行了充分的市场需求调查。同时，拜访了国内光学领域专家，足迹遍布相关大学和研究所。到北京大学图书馆、清华大学图书馆、国家图书馆、中国科学院文献情报中心及国际学术专有网站和国内外知识产权网站进行资料查询，共收集国际相关前沿论文 190 多篇、专业书籍 120 多部、相关专利 30 多项。拜访了国内多家科研机构，并向其寻求帮助，在固安搭建了 56 千米的预警试验场地；为解决制约传感长度的偏振和相位衰落问题，在试验现场连续奋战 7 天 7 夜，解决传感距离的难题。

研究团队分为硬件组、软件组、算法组和实验组。随着科研的深入进展，研究与应用过程中出现的技术难题越来越多，远远超过了预期估计的难度，检测长度、检测灵敏度、传感系统的偏振和相位衰落、定位精度、环境振动干扰等因素困扰着课题的进展。2008 年，苏浙沪工业化应用测试出现问题，王飞坚守在第一线，一面鼓励大家一面寻求解决问题的方法。他带领科研团队从早到晚通宵攻关，收集和分析试验数据，讨论技术方案，制定实验方案和实验计划,不断地进行各项试验,为后续系统应用提供了基础与依据。

硬件组负责原型机的设计、优化与定型工作。硬件组通过边学习边交流,确立了"产品引导研发"的新理念,即定型从研发设计开始,从纯研发向产品、向市场转变,从而改进技术的稳定性、降低成本、优化结构入手来确保制造的可实现性。其中,涉及电磁兼容、耐高低温、空气流通交换等多个领域的知识。在系统元器件选型过程中,为了有效控制系统的质量与成本,硬件组针对系统生产涉及的核心模块、电容电阻、芯片等 300 个器件进行反复选型与测试,实现了系统的可靠性与稳定性。在硬件开发过程中,硬件组从一知半解到精通,其中闫会朋在 2007 年独自完成了 14 层电路板开发,课题组称他为"神童"。

信号分析处理作为系统的核心,算法组需要不断分析不同环境下现场实时的振动信号。李刚十分清楚环境对系统的影响,为了收集准确的第一手数据,他总是去现场亲自模拟人工挖掘,曾经亲自挖过 1.8 米的深坑为系统检测的灵敏度提供依据;在西气东输武汉实验段,他为了采集管线沿线情况,在武汉冒着酷暑踏遍了 93 千米长的线路,有效地划分了地理环境,为系统参数设置提供了科学依据。李刚负责算法设计,杨文明负责算法实现,这对搭档一直紧密合作,共同承担着算法需要不断满足现场环境与用户需要的压力。2018 年,西气东输管道公司的业主提出了事件威胁度,需要引入大数据与人工智能等技术,从有效事件中对事件进行威胁度分析与评价,同时要加强数据分析与告警流程判断,这对整个课题组提出了新的挑战。杨文明为了解决该问题,在实验室一坐就是一天,开始了废寝忘食的攻关。由于长时间承受巨大的压力,他患上了心动过速,大伙劝他在家休息,他笑着说不要紧。为了不耽误进度,他随身携带实时心率检测仪继续工作。在他的努力下,事件威胁度判断取得初步的成果,已经在西气东输管道得到应用。

软件组负责系统实现与展示。从系统软件架构、软件界面、UI 设计、嵌入式、ARM 板等程序是完全自主开发,软件代码累积起来有几万行。由于系统面向用户,软件组不厌其烦地对系统功能进行完善与优化,以满足用户需要。代码维护是非常麻烦的事情,特别是在软件出现故障情况下,故障现象无法重现,他们需要在近万行代码中去找出 Bug(漏洞、故障)并解决。在乍得一期项目执行过程中,业主就系统的国际化问题提出界面与功能需求。乍得与北京相差七个小时,李维为了保持与前线及时沟通,经常晚上加班加点到凌晨两三点进行软件编程与完善。

实验组主要负责系统现场测试、需求收集与问题反馈。公司招聘的现场实验研发人员平均年龄不足 25 岁,大多数人员刚刚涉足科研工作,专业不对口,理论知识不足,缺乏经验,而且实验手段也不尽完善。曾科宏负责现场试验攻关的重任,经过苏浙沪、兰郑长、北京总参等项目的摸索,带领实验组不断深入分析、总结问题与经验,解决了一个又一个的工程应用问题，并编制了"预警系统操作手册与故障解决指南"，加强内部经验交流与培训，为实验团队的快速成长打下了基础。2010年"光纤管道安全预警系统"首次迈出国门走向非洲乍得，当时系统没有双语版本及系统国外应用标准，完全属于摸索阶段。曾科宏在孩子刚出生42天的情况下，带领团队奔赴乍得，克服条件差等困难，经过3个月的现场施工安装调测，预警系统实现了与油气管道同步投产。在3个月的时间内，他整整瘦了10斤，并曾患上了疟疾。为了节省往返时间，他就直接在温度为40多度的阀室内休息。2010—2012年，他先后3次赴乍得解决系统现场应用问题，最终获得EPC（工程项目承包方）和业主认可，为乍得二期项目的签订奠定了基础。

在系统应用推广期间，由于系统对环境的不适应及总是"狼来了"等问题，业主对光纤管道安全预警系统的认可度不是很高。2015年，中国石化在津燕线35千米长的管线上，组织对8个国内外管道安全预警系统进行技术评选。张金权团队为了保证应用效果，从试验前期踏勘、数据采集、距离标定、信号分析与优化等阶段全程参与，结合原油管道的特点，细化线路数据库的采集优化与现场干扰环境数据分析，通过3个月的模拟测试与实际效果验证，产品获得综合性能第一名，打消了国内业主对系统性能的疑惑，为系统应用推广奠定了扎实的基础。为了验证系统在各种不同复杂环境的应用，2016年5月，西气东输管道公司的业主邀请国内外3个知名厂家在武汉管理处武汉西到鄂州分输站93千米管线进行试验。武汉试验段线路环境复杂，公路纵横，水网密布，施工频繁，对系统性能验证提出了严重的挑战。张金权研究团队以"贴近用户需求、贴近现场应用"为宗旨，从实际出发，采取双通道滤波、数据统计分析、事件归类设计、事件筛选与优化等算法，将系统从初期的每天告警数据8348条降至100条左右，现场试验多次成功预警第三方施工事件，制止多次危及管道安全事件的发生。经过半年的模拟测试与实际效果验证，该预警系统获得了综合性能第一名。通过试验测试，张金权研究团队结合西气东输管道公司的管理流程，有效结合技防与人防，建立了预警事件处理流程与管理规定。

一分耕耘，一分收获。2017年5月"光纤管道安全预警系统"通过试验测试与演示汇报，终于得到西气东输管道公司业主认可，在武汉、银川、厦门管理处363千米长的管线上得到应用推广。在应用推广过程中，项目团队在西气东输银川管理处西一线中卫站到73井阀室间搭建了73.5千米的实际应用线路，为系统满足不同阀室、站间距的设备配置提供条件，创造了行业单套设备监控距离的记录。在应用过程中，项目团队结合业主需求与技术发展趋势，不断优化提升，系统有效告警准确率达到了75%以上，100千米复杂环境下告警记录控制在40条左右。

历经15年艰难的研发历程，项目团队相继攻克了系统检测灵敏度较低、系统易受偏振和相位衰落影响、系统定位及识别能力较差等 5 项技术难关，申报专利 30 项和软件著作权登记 4 项，形成 2 项专有技术，编制并修订完成行业标准 1 项和国家级工法 1 项。自 2008 年"光纤管道安全预警系统"产业化应用以来，先后在阿独线原油管道、兰郑长成品油管道、兰成管道、非洲乍得管道、大港埕海原油管道、抚鲅线原油管道、非洲乍得二期管道获得了商业化应用。监测距离总长度已达 5000 千米，销售收入达到 1.4 亿元。获得 14 项省部级及以上奖励，2008 年 11 月被科学技术部、环境保护部、商务部、国家质量检验检疫总局评为国家重点新产品，2009 年 8 月在第十八届全国发明展览会上荣获金奖，2009 年被列入中国石油 2009 年度自主创新重要产品目录。项目负责人、通信公司总工程师张金权同志受到时任国家主席胡锦涛同志的亲切接见和热情勉励。2011 年"基于光纤振动传感的油气管道安全预警技术与应用"获国家技术发明二等奖。

科学裁决直缝焊管与螺旋焊管选用之争

　　20世纪90年代初，随着我国西部油气藏获得重大发现，油气管道工业进入了快速发展阶段，陕京、涩宁兰、西气东输、中俄等高压大口径油气管道建设相继提上日程，蓄势待发。石油、天然气属易燃、易爆品，高压油气管道失效极易引发灾难性后果，因此高压大口径油气管道的安全可靠性至关重要、不容有失。而当时相较国外发达国家，我国油气长输管道建设起步晚，前期经验积累和研究认识不足。如何结合我国管材生产和应用技术、管道建设技术等的现状，合理选用管材以保障管道的安全可靠性和经济可行性，成为摆在我国重大油气管线建设面前的首要难题。

直缝焊管

螺旋焊管

由于无缝钢管和高频电阻焊管尺寸的限制，高压大口径管线主要采用直缝埋弧焊管和螺旋缝埋弧焊管。但是，国际上对于这两种焊管的选用一直有着截然不同的观点，分歧很大。美国、日本的一些研究和生产单位认为：螺旋缝埋弧焊管存在较大残余应力，成型质量亦不如直缝埋弧焊管，焊缝长，出现缺陷的极率高，焊缝质量难以保证，因此，螺旋缝埋弧焊管不能用于输气管道主干线。而俄罗斯和加拿大的一些研究和应用单位则认为：螺旋缝与管道轴线方向成一定角度，使焊缝缺陷的当量长度缩短，危险性因而较直缝管小，螺旋缝埋弧焊管完全可以用于主干线，甚至认为螺旋缝埋弧焊管完全可以和直缝埋弧焊管等同采用。整体而言，国际的主流意见是高压大口径输气管线应采用直缝埋弧焊管。

面对重大争议，我国的高压输气管线该如何抉择？

否定螺旋缝埋弧焊管，全部采用直缝埋弧焊管是最为简单和安全保守的做法。国内一些资深专家也明确反对螺旋缝埋弧焊管用于高压输气管。中国石油天然气集团公司管材研究所（石油管工程技术研究院前身）认识到：我国各个油气输送焊管生产厂都是清一色的螺旋管生产线，大口径直缝埋弧焊管生产线尚属空白。如果螺旋缝埋弧焊管不能用，就要从国外大量进口直缝埋弧焊管，就难以拉动国内冶金和制管行业的经济增长，并且有可能导致大部分制管企业破产。此话并非危言耸听。如果真是那样，不仅要花费巨额外汇从国外进口，听任别人摆布，而且国内众多已经具备相当规模的制管厂可能面临着守着金饭碗却没饭吃，其后果不堪想象。

能不能，抑或是敢不敢冲破这个禁区呢？又有谁能够拿出令人信服的合理解决方案呢？

此困局下，管材所研究团队挺身而出、勇挑重担，联合中国石油规划总院等单位开展了"中俄管线选用国产螺旋焊管的可行性研究"，力图通过科学研究给出客观公正的答案。

经反复讨论和分析完善，研究团队围绕目标设计了丰富的研究内容，主要包括国内外焊管失效事故的调查研究分析、国外油气长输管线用焊管技术标准调查分析、国产螺旋管与进口直缝管性能对比评价、内胀和外控两种成型工艺生产的螺旋管对比评价等。为确保评价结果的全面、准确，研究团队选择沙市（内胀成型）、沙市（外控成型）、宝津（内胀成型）和青县（外控成型）生产的螺旋缝埋弧焊管与美国 Napa（水压扩径）、日本 NKK（机械扩径）和住友（机械扩径）生产的直缝埋弧焊管进行对比分析，并考虑了可能影响焊管服役安全的各个性能指标，其中包括强度、断裂韧性、疲劳性能、残余应力、抗氢致开裂和应力腐蚀开裂、止裂性能及实物爆破性能等。

研究团队骨干成员各负其责，加班加点展开研究工作。当时，管材研究所人员数量有限，既要作研究分析人员，又要充当试验检测员的团队成员，任务非常繁重。以残余应力分布研究为例，焊管残余应力分布是一个非常复杂的问题，它不仅与成型方式、焊接工艺等有关，还与之后的扩径和水压试验等因素有关，其测试较为烦琐且周期很长。因当时没有专用钻切设备，研究人员便设计采用钻头沿画定的路线逐点钻进和连接的方法。此方法可行有效，却也大大增加了工作量，加之需要分析考虑的焊管类型和影响因素众多，工作难度可想而知。研究团队没有退缩，而是依靠坚韧的毅力，一个一个孔地钻穿，几个毫米、几个毫米地锯切，钻机烧坏更换后继续钻，锯齿没了更换继续来，消耗的钻头、锯条更是不计其数。功夫不负有心人，最终研究人员全面掌握了不同类型焊管的残余应力分布情况。工作固然辛苦，而研究人员对待科研的态度却是极其认真严谨的。例如，在应力腐蚀试验中，常规的做法是采用标准小试样在实验室完成，但小试样的尺寸、结构、表面状态和应力分布与焊管实物不同，应力腐蚀试验结果与实物结果存在一定的偏差。为得到真实、准确的结果，研究团队便自行设计了模拟焊管实物的应力腐蚀试验装置，经过几个月的奋战，试验、研究、改进、再试验，终于完成了此项艰巨又具有挑战性的研究工作。

正是凭借研究人员这种敢于担当、迎难而上、吃苦耐劳的精神，以及齐心协力、认真严谨的工作态度，研究获得了一系列重要结论。主要有：国产螺旋管在管材强度、韧性、疲劳性能、抗氢致开裂性能和实物爆破性能等方面，达到或超过进口的普通直缝埋弧焊管质量水平；国产螺旋焊管的残余拉应力比进口直缝埋弧焊管高，表面质量与尺寸精度也较直缝埋弧焊管差。经过严格质量控制的国产螺旋缝焊管可以用于油气输送主干线；建议一、二类地区采用螺旋缝埋弧焊管，三、四类地区采用直缝埋弧焊管；国产螺旋缝埋弧焊管若能采取相应措施，进一步降低残余应力，提高尺寸精度，其质量水平和安全可靠性可以全面达到进口直缝埋弧焊管水平。

这些结论为西气东输所需管材立足国内提供了技术依据，对于节省投资和确保工程尽快完成也具有积极的作用。李天相副部长高度评价了这项成果说："李鹤林和管材研究所立了头功！"

时任中国石油物资装备集团总公司副总经理兼总工程师黄志潜说，管材研究所做出了很好的研究成果，正是由于他们的出色工作，螺旋焊管和螺旋焊管厂有了希望，非常感谢管材研究所！

由苗承武、潘家华、黄志潜、冯力胜、王茂堂、陈希吾、高探贵等组成的验收评价委员会认为：该项成果具有重大工程意义，处于国内领先地位，达到国际先进水平。

2001年上半年，经过多次反复试制和批量生产，X70热轧板卷和管径1016毫米、壁厚14.6毫米的螺旋缝埋弧焊管质量达到了西气东输工程的技术标准。当年9月通过了国家经济贸易委员会组织的验收，宝鸡石油钢管有限责任公司等3个钢厂和6个焊管厂，开始正式为西气东输工程生产供应X70钢级热轧板卷和1016毫米管径的螺旋缝埋弧焊管。经过对工程使用的160万吨焊管质量检验数据的统计分析，螺旋缝埋弧焊管管体和焊缝、热影响区的力学性能指标与进口直缝埋弧焊管处于同一水平，而全尺寸水压爆破试验的爆破应力，国产螺旋缝埋弧焊管略优于进口直缝埋弧焊管。这说明，国产螺旋缝埋弧焊管的安全可靠性不亚于进口直缝埋弧焊管。工程应用结果进一步证实了管材研究所和规划总院研究团队的研究结论。

"大口径油气长输管线选用国产螺旋缝埋弧焊管的研究"于2004年获中国石油天然气集团公司科技创新二等奖。

中国石油重大科技成果中的

*创新*故事 >>

炼油化工 >>>

中国炼油技术奠基人、两院院士侯祥麟

2012 年 4 月 4 日，是我国著名战略科学家侯祥麟诞辰 100 周年。侯祥麟同志把自己全部的精力和心血都献给了党、献给了祖国、献给了人民。他是时代的先锋，他为祖国作出杰出的贡献，为我们留下了宝贵的精神财富——侯祥麟科学精神。

青年时代的侯祥麟

作为学术界的代表及侯老的"战友"，两院院士闵恩泽深情地回忆说："侯老的一句话'每天工作 8 小时，当不了科学家'，始终激励我奋发图强。"

2005 年 9 月，人民日报发表评论《大家风范党员风采——学习科技界的榜样侯祥麟》，中共中国工程院党组、中共中国科学院党组、中共中国石油天然气集团公司党组和中共中国石油化工集团公司党组联合发出《关于向侯祥麟同志学习的决定》。2006 年 9 月 16 日，侯祥麟同志先进事迹报告会在北京人民大会堂小礼堂举行。中共中央政治局常委、国务院总理温家宝以普通听众的身份在听众席上听取了侯祥麟同志先进事迹报告。2007 年，人民网通过科技专题以《科学界的榜样——为民献石油，为国献战略》为题，集中报道了侯祥麟的先进事迹和平凡人生的 44 个故事；同年，展现我国石油化工技术的开拓者之一、我国炼油技术的奠基人——侯祥麟院士华彩人生的大型人物传记纪录片《侯祥麟》，获第 12 届华表奖提名影片。

把黝黑的原油炼成清澈的、泛着金黄光泽的成品油，需要复杂的工艺和很多道工序的不断提纯。俗话说"十年树木，百年数人"，作为我国炼油技术奠基人之一、93 岁的两院院士侯祥麟说，人也要不停地"提炼"自己，才能向社会奉献更多的精品、纯品。让我们细细回忆"侯祥麟科学精神"如何百炼成钢。

救国：展所长结缘炼油

20 世纪 30 年代，日寇的铁蹄践踏锦绣的中华山河。就是在那救亡图存的时刻，侯祥麟与石油结下了一辈子的缘分。他回忆说："我曾经受中国共产党的委派参加国民党学兵队，希望能奔赴抗日最前线。但是，国民党的消极不抵抗政策，让我救国无门。而当时内地汽油、柴油奇缺，直接影响到抗战，用现在的术语来说，当时我们遭遇了极度紧迫的'能源危机'，唯一的出路就是发展可再生能源中的'生物质能'，发挥替代能源的作用。我是学化工的，我十分渴望用自己掌握的知识投身炼油事业，为抗日做一点实际工作。"就这样，经过中国共产党党组织批准，侯祥麟离开学兵队，投入到炼油生产中。

在重庆，他曾经用桐油、菜籽油作原料炼制汽油和柴油；在云南，他还曾经到一家煤炼油的公司工作。后来，这些炼油厂因为各种原因纷纷倒闭。当时已过而立之年的侯祥麟接受党组织的委派，到美国继续深造。他回忆说："当时离抗日战争胜利已经不远，我们必须有一批技术人才来建设国家。我们党正考虑派一些技术人员出国学习深造。而我所学的专业也非常合适，我十分渴望用自己掌握的知识投身炼油事业，为祖国建设做一点实际工作。"

1945 年 1 月，侯祥麟 33 岁，从印度加尔各答乘船去往美国留学。这一去就是 5 年。1950 年 6 月，侯祥麟再次踏上祖国的大地。"终于可以为祖国大干一场了，心情的那种痛快和兴奋真是难以形容！"回忆起那段往事，侯祥麟的声音还激动得有些颤抖。

报国：倾力育"五朵金花"

1963 年 12 月，人民大会堂，第二次全国人民代表大会第四次会议正在举行。周恩来总理庄严宣布：中国需要的石油，现在已经可以基本自给，中国人民使用"洋油"的时代，即将一去不复返了！台下掌声雷动。

可就在 3 年前，中国的石油化工工业还是举步维艰。侯祥麟清楚地记得，1960 年时任副总理的聂荣臻给石油工业部部长余秋里的一封信："……航空油料仍完全依赖进口，煤油的技术问题还未解决，汽油只能生产部分型号，润滑油也有不少问题。这些情况使人担心，一旦进口中断，飞机就可能被迫停飞，某些战斗车辆就可能被迫停驶。"

此时，担任石油科学研究院副院长的侯祥麟已经 52 岁了。可他请缨挂帅，组织起 6 个研究室的力量，亲自带领科研人员日夜苦干，甚至连除夕夜都是在实验室度过的。回忆起那段日子，一贯举重若轻的侯祥麟坦诚道："在这种形势下，我所承受的压力是前所未有的。"

功夫不负苦心人，他们不仅解决了航空煤油的技术问题，还研制出了氟油、硅油、脂类油等一系列高精尖特种润滑油品，满足了中国航空、航天、核工业发展的特殊需要。

老问题解决了，新问题又产生了。大庆原油虽然产量很高，但缺乏先进的炼制手段，不能加工成高质量的油品。为了解决这个问题，1962 年，石油工业部在香山召开了炼油工作会议。会议决定集中各方面的技术力量独立自主地开发炼油新工艺、新技术，焦点集中在五个项目上：流化催化裂化、铂重整、延迟焦化、尿素脱蜡及相关的催化剂、添加剂研制（称为五朵金花）。在石油工业部副部长刘放的提议下，他们给这五项技术起了个美丽的名字——"五朵金花"。

作为石油工业部石油科学研究院主管炼油科技工作的副院长，侯祥麟可以说是研制"五朵金花"的直接领导者。1965 年前后，"五朵金花"相继盛开。其中的四项工艺技术的工业化装置分别在大庆炼油厂、抚顺石油二厂、锦西石油

"五朵金花"之一的延迟焦化装置

五厂先后建成投产，各种催化剂、添加剂也投入生产和应用，使我国的炼油工业技术在 20 世纪 60 年代中期接近了当时的世界先进水平，并为后来的发展打下了坚实的基础。

为国：耄耋之年担重任

2003 年 5 月 25 日一早，刚刚过完 91 岁生日的侯祥麟迎来了一位特别的客人——国务院总理温家宝。在陈设简朴的客厅里，温家宝认真听取侯祥麟的建议，并就一些技术问题与老人进行讨论。温家宝说："随着中国经济的日益发展，石油消耗增长很快。我们一定要从中国的实际出发，做出详尽的战略规划"。他希望侯祥麟发挥自己的专长，在这方面多作贡献。就这样，侯祥麟又一次站到了国家需要的最前沿，担任中国工程院"可持续发展油气资源战略研究"咨询项目组组长。之后的一年时间里，侯祥麟把大部分精力都投入到总理交给的任务中。历经一年多的调查，侯祥麟和他的同事们科学地分析了我国和世界油气资源的现状及供需发展趋势，提出了我国油气可持续发展的总体战略、指导原则、战略措施和政策建议。

2004 年 6 月 25 日上午，中南海，温家宝总理主持召开国务院办公会议，听取"可持续发展油气资源战略研究"的汇报。作为课题的主要负责人，侯祥麟院士作了主要发言，实事求是地分析了我国油气可持续发展的历史、现状和未来，受到温家宝总理和与会者的赞扬。

然而，就在同一天下午，与侯祥麟相濡以沫近半个世纪的老伴李秀珍不幸与世长辞。听到老伴故去的消息，侯祥麟平生第一次对女儿大发雷霆。他的秘书回忆道："侯老一迭声地叫找车去医院，还未及出门就再也忍不住抱头痛哭。"亲人走了，可工作还要继续。一个月后，侯祥麟再次召集"可持续发展油气资源战略研究"的原班人马，开始了"油气可持续发展与替代战略研究"。他说："现在我最大的愿望就是能发挥余热，再为国家多做点事。"

他以一个普通共产党员的身份说道："我和祖国一起走过了 20 世纪几乎全部的历程，作为一个中国人，我为今天的祖国的成就感到骄傲；作为一个有着 60 多年党龄的共产党员，我对自己的政治信仰终身不悔；作为一个中国的科学家，我对科学的力量从不怀疑，我为自己一生所从事的科学工作感到欣慰。"

侯祥麟的科研成就

1957—1965 年，侯祥麟同志作为中国炼油技术的奠基人，解决了国产喷气燃料对镍铬合金火焰筒烧蚀的关键问题，国产航空煤油（−60℃）于 1964 年获国家工业新产品一等奖。侯祥麟领导研制出多种特殊润滑材料，满足了中国发展原子弹、导弹、卫星和新型喷气飞机的需要。侯祥麟还领导了流化催化裂化、催化重整、延迟焦化、尿素脱蜡及有关的催化剂、添加剂等"五朵金花"炼油新技术的成功开发，使中国炼油技术在 20 世纪 60 年代前期很快接近了当时的世界水平，结束了中国人使用"洋油"的历史，成功地突破了中国以外的封锁，推动和促进了中国炼油技术的成长和发展。侯祥麟大力支持石油科学研究院研制新型催化剂，最终形成减压馏分油催化裂解新工艺，并推动该技术的中国工业化进程，实现了技术出口。曾获得全国科学大会奖、国家自然科学奖等奖励。

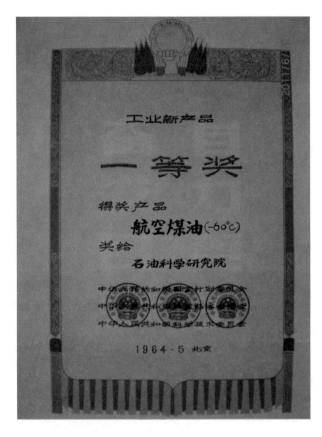

航空煤油（-60℃）获全国工业新产品一等奖证书

炼油催化应用科学奠基人两院院士闵恩泽

　　2008年1月8日上午10点，人民大会堂，国家主席胡锦涛把2007年度国家最高科学技术奖证书颁发给闵恩泽，台下镁光灯闪成一片。从电视到报纸，人们认识了这位总是乐乐呵呵的老先生，也知道了一个不熟悉的名词：炼油催化剂。在石油化工行业的人都知道，闵恩泽是我国著名石油化工专家，我国炼油催化应用科学的奠基人，中国科学院院士，中国工程院院士，第三世界科学院院士。他的催化人生体现在科技报国的拼搏与奉献的实践中。

闵恩泽院士

"第一个馒头"

研发炼油催化剂是闵恩泽事业的起点。催化剂技术是现代炼油工业的核心工序，被称作石化工艺的"芯片"。在高温高压下，石油的内部成分通过催化剂转化成不同产品。可以说现代催化剂技术决定了石化工业的发展，因此，多年来各国都对催化剂技术高度保密。

100多年前，美国人率先用催化剂加工石油，从此决定了全世界炼油技术的发展方向。20世纪50年代，中国完全没有研制催化剂的能力；60年代，中国跃升为能够生产各种炼油催化剂的少数国家之一；80年代，中国的催化剂超过国外水准；21世纪初，中国的绿色炼油工艺开始走向工业化。有人如下总结：这几次技术跨越，闵恩泽功不可没。他为国家创造的财富，可以用上百亿，甚至上千亿来计算。

闵恩泽院士获得国家科技最高奖时，得到了500万元奖金。在接受中央电视台专访时，记者说："很多人挺关心国家奖给您500万，您怎么花？听说您都要捐出去？"听记者问完，他歪着头，想了一下说："这500万不是全部给我的，其中50万给个人，其余450万给整个科学研究院做课题研究。哎，我告诉你我以前的事。"闵恩泽往前倾了倾身体，"我在美国念书时，挣钱只是为了生存，为了改善生活。后来回到祖国，我每月270块钱，加上我夫人的工资，俩人挣500多块呀！"

那个年代，普通人月收入能达到三四十元就很不错了，闵恩泽夫妇称得上"金领一族"。两人工作之余，一大乐事就是下馆子"狠撮一顿"。"那时北京吃饭的地方极少，下馆子要排队。"闵恩泽一脸幸福地回忆，"有一次在北京饭店吃饭，座位不够，我们和别人共用一桌，结果把别人的饭吃掉了，哈哈！"偶尔下馆子是闵恩泽生活中唯一的"挥霍"，他大部分节余的工资都资助给亲友生活、读书。

"现在国家把我'包'了，我还有钱，国家又给我奖励，怎么用？一句话，回报社会吧。我想再添点钱，奖励院里的创新课题研究；现在的奖励政策，都是科研成果工业化后才给奖。"闵恩泽院士又举三个馒头的例子：一个人，吃第一个馒头不饱，吃第二个馒头也不饱，吃第三个馒头才饱。在科研成果工业化后给的奖，就是最后一个馒头。在现实中，往往把第一个馒头忘掉了。现在需要激励原始创新，有必要设一个奖，奖给的就是第一个馒头。

"赶上了好时候"

获奖的消息传来，闵恩泽被学生们拉到饭馆"宰"了一顿，他冲着记者乐："得了奖高兴啊，不过也如释重负。"国家最高科技奖的评审过程差不多要10个月，历经层层申报与审核，这期间时不时就有人来打听："闵老，您这次应该会评上奖吧？"问得多了，闵恩泽就有压力。得知获奖那天，学生和同事起哄要闵恩泽请客，闵恩泽也十分开心："我很幸运！也赶上了好时候！"

闵恩泽说的好时候，始于20世纪50年代。那时，中国在炼油技术上几乎一片空白，炼油厂也都由苏联援建。但从1960年开始，苏联逐步减少对我国供应催化剂。特别是到了1964年初，苏联停止了对我国供应小球硅铝裂化催化剂。这是一种用于生产航空汽油的催化剂。如果没有航空汽油，飞机就上不了天。"当时，我国库存的这种催化剂只够用半年。石油工业部决定自己研发生产，部长下令让我负责解决这个问题。我当时的压力还是比较大的。"

在闵恩泽临危受命之时，国家也调拨了大批科研人员联合攻关。大家夜以继日地工作，通常在凌晨1点的时候，大家才抽空一起坐下来开个会。经过三个月异常辛劳的工作，小球硅铝裂化催化剂研发成功并顺利投产。当人们欢呼雀跃之时，病魔又向闵恩泽袭来。

1964年的秋天，闵恩泽鼻炎发作，去医院检查，结果发现得了肺癌。医生没有告诉他真相，只安慰他说是长了良性结核瘤，动个手术就没事了。对医生的话，闵恩泽既不多想，也不疑心。很快，在切去了两片肺叶后，闵恩泽又投入到紧张的工作中。直到4年后一次体检中，他翻看病历，才知道了真相。"这已经过了相当长一段时间，好像没什么事了，我也没有什么精神负担。"多年后，女儿评价父亲："脑子太单纯，只会想催化剂。"奇怪，就是这么单纯的一个人，每天开开心心地上班下班，有名有利的事总是让给别人，一边创造着生命的奇迹，一边创造科研的辉煌。

"没想到国家这么信任我"

认识闵恩泽的人，都知道他脾气好，不跟人争执，不固守己见，有些事放到别人身上非愁死不可，可他照样能乐颠乐颠地过日子。聊起从前的成就，他常常就一句话："我比较幸运嘛。"

其实，1955年从美国回到祖国时，闵恩泽并不幸运，连工作都找不到。"那时，大家不敢用我，有顾虑，因为我是从美国回来的人。我妻子是上海人，原本打算在那里工作，找了纺织工业部一个官员，他没敢要我。接着，我又到北京找了一些单位，他们也都不敢要我。不过，后来还是有单位要了我，做催化剂研究工作。"

此前，闵恩泽的专业和催化剂并无直接关系，但能在一个岗位上为国家效力，闵恩泽已然很知足。"后来，石油工业部把研制国产催化剂的重任交给我，我心里很感动！没想到国家这么信任我！"他说。

中科院院士何鸣元与闵恩泽共事多年，最推崇的就是闵恩泽这份不挑不拣的品性，"搞科研的人往往以兴趣为主，因为在自己有兴趣的领域才容易出成果。而闵先生则不同，他更强调社会需求，只要国家急需什么，他就研究什么，跨度再大也不回避。"

　　闵恩泽记忆力好，说到往事，很多细节都能回忆得一清二楚，而且常常是边说边笑，乐得自己有时候都停不下来。"我在美国时，特别喜欢一种甜点，南瓜做的，两毛钱一个。那时候没钱，舍不得吃，到现在还记得味道。回来以后，在兰州工作了一段时间，吃得不好，早上吃一种绿绿的东西，我现在也不知道叫什么名字。"他刚一皱眉，旋即又弯了弯眼睛："呵呵！其实，吃得差也有好处呀！不生病，心脏和血压都正常"。

　　1966—1976 年，闵恩泽的夫人陆婉珍被下放到外地，闵恩泽独自带着孩子留在北京，吃饭成了难题。"这没什么可怕的。我自己学做饭，我家里以前有个舅父开饭馆，他给我写了好多菜单，都是秘方呀，我都留着呢！"闵恩泽比画着背菜单的时候，只要旁边有自己的学生，语气中又多了一丝自豪与得意："他们也都吃过我做的菜！"

闵恩泽与妻子陆婉珍

　　晚年时的闵恩泽，屡受胆囊炎、胰腺炎、高血压等疾病的侵扰，现在还患有前列腺癌，"医生说我可以多喝咖啡。这我最喜欢的了！我现在每天早上都喝一杯。"闵恩泽吃东西也不忌口。到老家成都出差，他总要抽时间去武侯祠对面的老面馆吃上一碗面；路过街边的冷饮店，他也要进去买个冰淇凌出来，慢悠悠地边走路边吸吮着。这样一位老人，病魔恐怕也被他逗乐了。

爱工作，也爱"超女"

闵恩泽小时候家境优越，生活也算安宁富足。不料，上中学时却遭遇了抗日战争，他经常从屋里跑出去，躲避日军飞机轰炸。"那叫跑警报，日本鬼子搞疲劳轰炸，有时我们跑出去了，他又不炸，折腾人。有一次我干脆不跑了。想不到，他还真炸了。"闵恩泽用手比画着，嘴里还模仿着飞机扔炸弹的声音，"很快，'轰'地一声，我家的仓库炸没了。"外敌入侵的这段历史，让闵恩泽铭记在心，难以忘怀，也激励着他一辈子都在刻苦求学，勤奋工作，报效国家。

进入 21 世纪，随着石油紧缺和环境污染加重，很多国家都在开发清洁再生能源。闵恩泽也带着一个团队研发生物柴油生产工艺技术。"生物柴油目前还不能产生经济效益，因为我们使用的桐籽油之类的植物原料价格太贵了，一般都要 7000~9000 元 / 吨，而柴油才5000 元一吨。另外，政策也要求不能跟粮油争地。所以，我们现在尝试用海藻作原料。至于能否更便宜，现在还不好说。"谈及工作和科技问题，闵恩泽出言谨慎而谦虚。事实上，在他的带领下，我国在世界生物柴油的生产工艺技术领域里，已实现了后来居上……

闵恩泽有个习惯，不管谈论什么事情，最后都能把话题转回到工作上来。但他不是工作狂，对生活情趣的享受不比年轻人落伍。闵恩泽喜欢流行音乐，"超女"冠军李宇春的歌他能哼上两句；时间充裕的时候，他会系上围裙走进厨房，给家人和学生们露一手。2008年春天，中国石油学会和中国化工学会为获得国家最高科学技术奖的闵老联合举办了庆功会。为了答谢石油、石化行业的科学家祝贺，闵老与夫人共同兴致勃勃地唱起了最新版的《上海滩》。就像爱因斯坦着迷于小提琴，居里夫人操持家务一样，热爱事业的闵恩泽，永远跳动着他那颗热爱生活的心！

闵恩泽是中国炼油催化应用科学的奠基者，石油化工技术自主创新的先行者，绿色化学的开拓者，被誉为"中国催化剂之父"。他的报国之心、"催化"人生得到党和人民的认可。1978 年，在中国全国科学大会上被评为"在我国科学技术工作中作出重要贡献的先进工作者"。2008 年 2 月 17 日，入选"感动中国 2007 年度人物"。2011 年 5 月 3 日，闵恩泽小行星命名仪式在北京举行。2012 年 5 月 26 日，被东南大学评为"有突出贡献的杰出成就校友"。2013 年 3 月 29 日，被评为第一届"石化盈科杯""感动石化"人物……

闵恩泽的科研成就

20 世纪 60 年代初，闵恩泽参加并指导完成了移动床催化裂化小球硅铝催化剂、流化床催化裂化微球硅铝催化剂，铂重整催化剂和固定床烯烃叠合磷酸硅藻土催化剂制备技术的消化吸收再创新和产业化，打破了中国之外的其他国家技术封锁，满足了国家的急需，为中国炼油催化剂制造技术奠定了基础。

20 世纪 70 年代，由闵恩泽指导成功开发的 Y-7 型低成本半合成分子筛催化剂获 1985 年国家科技进步二等奖，还成功开发了渣油催化裂化催化剂及其重要活性组分超稳 Y 型分子筛、稀土 Y 型分子筛，以及钼镍磷加氢精制催化剂，使中国炼油催化剂迎头赶上世界先进水平，并在多套工业装置推广应用，实现了中国炼油催化剂跨越式发展。

20 世纪 80 年代后，闵恩泽从战略高度出发，重视基础研究，亲自组织指导了多项催化新材料、新反应工程和新反应的导向性基础研究工作，是中国石油化工技术创新的先行者。经过多年努力，在一些领域已取得了重大突破。其中，由他指导成功开发的 ZRP 分子筛被评为 1995 年中国十大科技成就之一，支撑了"重油裂解制取低碳烯烃新工艺（DCC）"的成功开发，满足了中国炼油工业的发展和油品升级换代的需要。

闵恩泽院士在中国及其他国家共出版专著 6 部，发表论文 233 篇，其中 SCI 收录 78 篇。闵恩泽院士在中国及其他国家共获授权专利 140 件（中国之外的国家授权 32 件）。截至 2008 年，闵恩泽共培养了博士、博士后 50 多人，有 20 多人已成为催化领域的科研骨干和学术带头人。

中国炼油催化裂化工程技术奠基人、中国科学院院士陈俊武

　　2016 年的三伏天，已经 90 岁高龄的一位老者接受了《经济日报》记者的采访，谈起现在风头正劲的石油替代能源战略，尤其是中国依靠科技攻关取得的成绩，他仍然滔滔不绝。前几年，因为石油短缺，国内又盛产煤炭，煤制烯烃成为大热门，其中最为关键的甲醇制烯烃的世界难题就是在他指导下攻克的。他还是我国炼油催化裂化工程技术的奠基人。20 世纪 60 年代，由他设计的我国首套自主设计、施工的流化催化裂化装置建成投产。他就是中国科学院院士陈俊武。不管时代风云如何变幻，他一直站在研究的前沿，站在国家最需要的地方。

工作中的陈俊武院士

20世纪60年代造出中国人自己的炼油装置

20世纪50年代，随着大庆油田的发现，发展中国自己的原油炼油工业条件已经具备。1961年，我国决定抽调科研、设计、制造等方面的骨干力量，自力更生开展炼油工艺技术攻关，力求尽快改变我国炼油工业的落后面貌。时年34岁的陈俊武，受命担任我国第一套流化催化裂化装置的设计师。

流化催化裂化是炼油的关键工艺技术。当时，这类装置在全世界只有几十套，技术被层层封锁。我国设计人员少有人见过真正的流化催化裂化装置。陈俊武和参加项目攻关的同事几乎每天都加班到深夜，夜以继日地进行技术对比、方案论证，最终完成了项目初步设计。之后，陈俊武利用赴古巴实地考察的机会，搜集国外最先进的技术资料，及时修改项目的相关设计参数。在为期半年多的时间里，他和考察组的几名中青年技术人员一起，利用一切可能的线索，通过各种渠道查找分散在炼油厂不同人手中的图纸、报告等，拍了400卷胶片，收集了几万页资料，笔记密密麻麻记满了20多个本子。回国后，陈俊武组织大家设计施工图。国外的资料仅能作为参考，大部分设备须由我国自行研制。一套催化装置，设备不下几十台，仪表上百套，大小阀门数千个，工艺管线近2万米。陈俊武和同事们百折不挠地进行攻关。

1965年5月，我国第一套自行设计、安装的60万吨/年流化催化裂化装置，终于在抚顺石油二厂建成投产。当时，人们把我国新掌握的5种炼油工艺技术比喻成"五朵金花"，这套装置是我国炼油工业技术开出的第一朵"金花"。

1982年，石油工业部成立炼油新技术攻关组，陈俊武担任了催化裂化技术攻关组组长，任务之一是完成国家"六五"攻关课题"大庆常压渣油催化裂化"技术开发，并实现产业化；任务之二是采用自主开发的技术，建设一套全新的催化裂化装置。攻关组通过不懈努力，先后取得了反应动力学、再生动力学、高效设备、内外取热等方面的一大批成果。

现在，我国已经成为世界第二大催化裂化大国，工艺技术达到国际先进水平，年加工能力接近1.5亿吨。在商品汽油构成中，催化裂化汽油约占70%，柴油占30%左右，而且30%以上的丙烯也来自催化裂化工艺。

20世纪90年代破解煤制烯烃的世界性难题

1990年，62岁的陈俊武从洛阳石化工程公司退休了。这一年，他当选为中国科学院学部委员，后来更名为院士。也正是从20世纪90年代开始，随着经济的发展，我国石油消费量剧增，石油对外依存度不断增大。

这个时候，陈俊武开始关注石油替代问题。他联合中国科学院其他院士和专家开展了中国中远期石油补充与替代领域的研究，与石油科学院、上海石化院的同行一起承担了中国石化《煤或天然气制低碳烯烃》的研究。

把煤转化为石油是令很多人兴奋的方案。作为国际咨询公司顾问和知名技术专家，陈俊武先后参加了神华集团、宁煤集团等多个煤制油项目成果鉴定和技术评审，促进了我国具有自主知识产权煤制油技术的开发。

烯烃中的乙烯和丙烯是基本有机化工原料，生产技术强烈依赖石油资源。煤制烯烃技术是连接煤化工与石油化工，实施石油替代战略、保障能源安全的重要战略方向。这是一个世界性难题，其中，甲醇制烯烃是煤制烯烃的关键核心技术，更是世界范围内具有挑战性的课题。

1997 年，中国科学院大连化学物理研究所专家来洛阳交流甲醇制烯烃中试技术成果，希望借鉴流化床技术经验开发甲醇制烯烃（DMTO）技术。陈俊武敏锐地觉察到，随着原油价格节节攀升，煤基甲醇制烯烃将具有广阔的市场前景，促进了洛阳石化工程公司与对方形成合作机制。

在陈俊武的指导下，该项目完成了从实验室、工业中试和工业示范装置的"两次一百倍"工程化技术开发，于 2010 年 8 月，在内蒙古自治区包头市建成了世界首套、全球规模最大的 DMTO 工业示范装置，在煤制烯烃领域形成了具有我国自主知识产权的核心技术。与此同时，陈俊武院士还指导完成了 DMTO-Ⅱ技术、具有自主知识产权的烯烃分离技术、DMTO 与烯烃分离一体化等新技术的开发。短短 5 年间，陈俊武和他的团队研发的 DMTO 技术已在国内近 20 家企业落地生根，开花结果，不仅成功开辟了烯烃生产的非油技术路线，还促进了我国甲醇制烯烃新产业的快速形成。

与此同时，陈俊武还把目光投向温室气体排放、碳减排等热点领域，并率先提出了我国二氧化碳排放峰值年不应该超过 2030 年、排放量 100 亿吨的科学论断。

陈俊武的科研成果

担任我国第一套 60 万吨 / 年流化催化裂化装置设计师，开创了国内首次大型流态化工业测试技术，1978 年获得全国科学大会奖。

指导设计了我国第一套同轴式催化裂化工业试验装置，1985 年获得国家科技进步一等奖。

1985 年获全国"五一"劳动奖章和"全国优秀科技工作者"称号。

开发了国家"六五"攻关重点项目"大庆常压渣油催化裂化"技术，1987 年获得国家科技进步一等奖。

1990 年，被授予中华人民共和国工程设计大师称号。

1995 年，获得何梁何利基金科学与技术进步奖。

2015 年 1 月，DMTO 技术荣获国家技术发明一等奖。

特色油出聚宝盆

克拉玛依石化公司是我国加工稠油、环烷基油的基地。在这里，熊春珠的科技贡献有目共睹。他不善言谈，但他的眼睛里却闪着一种光。与他交谈，和他熟识，方知这种光是一种因为思考而喜乐的光，一种因为求得真知而安心的光。这光，更是源自 35 年来，他对炼油研究那一份忠诚的热爱和执着的坚守。

国家科协授予其终身荣誉

从 1987 年参加工作至今，熊春珠一直在克拉玛依石化公司炼油化工研究院工作。在和石油炼化工艺朝夕相处的三十多年间，他先后完成重大研究项目 50 余项，获国家科技进步一等奖 1 项，省部级科技成果 10 项，授权发明专利 5 件，发表科技论文 20 余篇，并获评过克拉玛依市 "科技突出贡献奖"、中国石油天然气集团公司 "优秀科技工作者"。

2013 年 5 月，熊春珠又收获了 "全国优秀科技工作者" 称号。这是国家科协于 2001 年设立的终身荣誉奖，被授予者只授一次……作为一名科研人员，获得这个全国科研领域的最高奖项，也算是 "功成名就" 了，但已过天命之年的熊春珠，似乎仍不满足。

"石油炼化研究就像一个聚宝盆，尤其是克拉玛依的环烷基稠油，因其独一无二的 '基因'，从一开始就决定环烷基稠油炼化研究是一个难解而精深的课题。对她研究得越深入，获得的乐趣就会越多，但同时也会发现，未知的空间也越大，我又怎么能停步呢？" 熊春珠说，他没有什么人生信条，但很喜欢屈原的一句话，那就是 "路漫漫其修远兮，吾将上下而求索"。

系列特色油产品是其得意之作

1983 年，从小生长在四川省峨眉山下的一个农民家庭的熊春珠，被中国石油大学（华东）石油炼制专业录取。4 年寒窗苦读，他以优异的成绩毕业了。是留校当老师，还是回到人杰地灵的天府之城谋份职业？临近毕业，就在他犹豫不决时，新疆石油管理局重油加工研究所领导到学校作招生报告。在听了关于新疆克拉玛依油田的报告之后，他豁然开朗——到新疆去，到祖国最需要的地方去。

1987 年，熊春珠来到新疆石油管理局重油加工研究所，从事石油炼化科研工作，从那时起，他就和克拉玛依油田的环烷基油结下了不解之缘。

从 20 世纪末开始，克拉玛依石化公司就将研发特色产品、走特色发展之路，作为公司发展的一大定位，变压器油、冷冻机油、BS 光亮油、橡胶油、沥青、白油，甚至还有火箭煤油产品应运而生。这些产品不但是熊春珠最亲密的伙伴，也是这三十多年来他最得意的作品。然而，作为这些特色油品研发主要组织者和主要参与者，最让熊春珠感到欣慰和自豪的，还是解决了克拉玛依稠油深加工这个国际性的难题，啃下了一块最硬的"骨头"。

成功破解稠油深加工世界难题

克拉玛依九区及风城的环烷基稠油因其具有高酸、高钙、高黏的特质，不仅难采、难输、难炼，而且腐蚀性很强，普通碳钢设备在高温下很快就会被稠油"吃光"，且生产的石油产品性能达不到传统标准。稠油成了"愁油"，熊春珠也常常眉头紧锁，寝食难安。但他不逃避，更不畏惧，而是带领着院所的其他科研人员，一心一意搞起了研究。"只要是存在的，就是合理的，只要是合理的，就会有解决的办法。"他说，只要坚持，就一定能找到解码的"钥匙"。

"钥匙"真的被找到了。

克拉玛依石化公司"粗粮细作"，公司领导亲自部署、科技处组织了企业研究院和生产车间，联合新疆油田、中国石化石科院、中国石油石化院和润滑油公司，通过近三十年来的自主研发、长期攻关，凭借着"科技"这个催化剂，当年的"愁油"发生了"蝶变"，克拉玛依稠油深加工这个国际性难题最终被攻克了。熊春珠作为骨干参加的科研团队，找到的稠油增效的这把"钥匙"，也让克拉玛依石化公司稠油深加工技术达到了国际先进水平，实现了我国稠油深加工技术从空白到国际先进的历史性跨越。这项成果对中国石油炼化业务发展具有重要意义——中国石油因此拥有了国内最大的稠油集中加工基地，炼化产品种类增加了，中国石油炼化业务的赢利能力也增强了。

高压加氢技术研究获得突破

在石油炼化中，加氢工艺常被人形容是在"太岁头上动土"，熊春珠却偏不迷信，还就和这个"太岁"叫上板了。20 世纪末期，克拉玛依石化公司与南疆泽普石化厂合作"6 号溶剂油加氢脱芳烃"项目，熊春珠担任项目负责人。当时遇见的第一个难题是刚建成加氢装置，运行不平稳，经常出现结焦、堵塞，总之是气也不出了，油也不流了。经过严谨地分析和反复的讨论，熊春珠肯定方案是对的。那么，问题是不是出现在工艺上？后来他深入现场研究分析，发现了仪表显示不准确、氢气浓度不够等问题，他又和项目组开始了一系列的研究，最后终于解决了结焦的问题。"虽然看起来只解决了一个问题，但是，我们却收获了很多其他方面的认识，这大概就是科研工作的魅力和乐趣所在吧。"熊春珠说。

针对克拉玛依环烷基稠油高密度、高酸值、高黏度、低硫、低凝、低液体收率等特点，从 20 世纪 80 年代起，克拉玛依石化公司陆续开发了润滑油加工老三套传统工艺路线和中压加氢工艺路线。21 世纪初，又开发了高压加氢工艺路线和组合工艺路线，采用了当时国际上最先进的加工高档润滑油的主流工艺，熊春珠一直是加氢工艺研究项目的主要负责人。

后来，他又参与了一系列中国石油天然气股份有限公司级的科研项目，如 "第 II 套高压加氢先导性实验研究""环烷基油采用加氢法生产食品级白油的工艺研究" 等，并主持了中国石油天然气股份有限公司级科研课题 "中、高压加氢先导性试验" 项目。他带领着仅有 15 人的科研团队，克服了各种困难，历时三年，完成了实验室装置建设，在实验装置上进行了 40 多次反复实验证明后，再通过优化实验方案，并在工业上投产成功。在他的不断研究和努力攻关下，克拉玛依石化公司加氢技术研究终于获得了重大突破，并走在了同行的前列。

目前，依托稠油资源，克拉玛依石化公司逐步形成了橡胶油、电气用油、BS 光亮油等一大批环烷基特色系列产品，成为我国最大的环烷基润滑油基地和西北地区重交通道路沥青、低凝柴油生产基地，为新疆经济建设和满足我国高端油品实现自给作出了突出贡献。其中，克拉玛依石化公司依托环烷基稠油生产的主要产品——白色橡胶油和 BS 光亮油，市场占有率位居世界前茅，冷冻机油产量居世界第一，变压器油产量位居世界第二，橡胶油等多个产品获得 "全国用户满意产品" 称号。

熊春珠的科研成就

三十多年来，熊春珠长期专注稠油加工研究，是 2011 年国家科技进步一等奖——"环烷基稠油生产高端产品技术研究开发与工业化应用" 科研成果的主要负责人和参与者，使克拉玛依石化公司的稠油深加工技术达到国际先进水平，实现了我国稠油深加工技术从空白到国际先进的历史性跨越，对中国石油炼化业务发展具有重要意义。研究成果覆盖了环烷基稠油开发、储运、炼制、产品研制和市场开发全过程，实现了环烷基稠油加工成套技术的突破性进展，形成了具有自主知识产权的成套技术。克拉玛依石化公司建成了稠油深加工基地和环烷基油产品生产基地，获得授权专利 30 件（发明专利 28 件），形成国家行业标准 19 项，可生产高端产品 75 种。

国家科技进步一等奖证书

　　熊春珠长期从事加氢工艺研究，先后主持了环烷基中性油加氢脱臭工艺的研究、焦化柴油加氢精制的研究、环烷基润滑油中压加氢处理工艺的研究、中高压加氢先导性试验研究等，推动了石蜡基与环烷基基础油加工各用所长和优势互补的组合工艺路线，开发了具有环烷基特性的溶剂油、航天燃料、低凝柴油、食品级化妆品级白油等系列产品，引领了我国稠油特色深加工成套技术的发展，实现了稠油资源的综合高效利用。

　　三十多年来，熊春珠先后担任并完成重大研究项目50余项，获国家科技进步一等奖1项，省部级科技成果10项，授权发明专利5件，发表科技论文20余篇，并先后获评过"克拉玛依市科技突出贡献奖""中国石油天然气集团公司优秀科技工作者""全国优秀科技工作者"等荣誉。

翻山越岭探"催化"

新一代降烯烃催化剂的诞生，填补了中国石油在炼油催化剂研究领域的空白；原位晶化重油高效转化催化剂的开发，使中国石油成为世界上第二家掌握该技术的公司；降低柴汽比、增产低碳烯烃等系列催化剂的应用，助力中国石油进入国际高端市场……这些科研成果成为现实离不开作出突出贡献的高雄厚。他和油品升级较劲 29 年，只干了一件事：催化裂化装置的催化剂研究开发。

实验室中的高雄厚

他主持完成了国家"973"计划等 40 余项重大科技项目，申请国内外发明专利 77 项，获国家科技进步二等奖 3 项。高雄厚和他率领的团队采用自主研发技术，为支撑中国石油催化裂化技术进步和持续保持国际竞争力作出重要贡献。

机遇总是留给有准备的人

1988 年，催化专业研究生毕业后，高雄厚被分配到兰州石化。在很长一段时间里，他没有直接参与催化剂研发，而是做分析和评价的"配角"工作。"人总要有点追求！"工作之余，高雄厚潜心钻研 300 多种炼油催化剂专利技术，十年的积累，他等待爆发的机会。

1999 年，机会来了。国家颁布新的汽油质量标准，车用汽油烯烃含量必须降到 35% 以下。彼时，国内大部分炼油企业面临烯烃含量超标、产品不能出厂的困境。生产企业急切找到兰州石化研究院寻求合作。研讨会上，级别最低的高雄厚差点没有发言机会。"汽油生产过程中烯烃的生成不可避免；烯烃的反应活性最高，应该能用化学方法解决；打破常规，用'源头控制＋末端治理'手段"。凭这三句话，会上当即确定高雄厚为降烯烃催化剂攻关项目负责人。

"三流的装备、二流的人才、一流的技术"，最能概括当时研发团队的境况。高雄厚和同事们全力以赴，在连续失败 11 次的情况下不气馁，第 12 次终于迎来了成功。

17 年来，降烯烃 LBO 系列催化剂累计产销几十万吨，创国内单牌号催化剂销售纪录。降烯烃技术为国 Ⅱ 到国 Ⅴ 汽油质量升级作出重要贡献，达到国际领先水平，创造了催化剂研发史上的一次奇迹。"降烯烃催化剂系列"于 2004 年获得国家科技进步二等奖。

在随后短短 5 年时间里，高雄厚和他的团队创造性地开发形成五大系列 14 个牌号催化剂工业化产品。

从填补空白到积累经验，从自主创新到先行一步，高雄厚保持科研工作者的本色。"原位晶化型多功能重油高效转化催化剂开发"这 19 个字，读起来有些拗口，整个研发过程同样充满不易。

世纪之交，中国的炼油工业遇到很多问题，重质原油相对密度越来越大是其中之一。如何提高炼油综合利用水平，改良炼油催化剂技术成为当务之急。高雄厚在前人研究的基础上，带领他的团队以高岭土原位晶化工艺为基础，开发出拥有自主知识产权、符合炼油工业发展要求的新型原位晶化催化剂及成套工程化技术，有效提高了重油转化和抗重金属能力，在国内外几十套装置上成功应用。"原位晶化型多功能重油高效转化催化剂开发"于 2008 年获国家科技进步二等奖。这个结合原始创新和继承创新的项目带给高雄厚很多启示，"最重要的，是提振了信心。产品性能达到国际先进，这说明我们有能力自主创新"。

坚持才能看到最美的风景

20 世纪 90 年代，高雄厚读博期间开始接触介孔催化剂。介孔催化剂能大幅提高重油转化率和汽柴油产率，为大分子高效转化带来曙光。这是个前景广阔的领域，当时很多科研人员像潮水一样涌进来。十年过去了，因为看不到进展，很多人又像潮水一样退了下去。高雄厚选择了坚持。最终，高雄厚团队通过加厚催化剂孔间距离、改变材料结构等措施，使介孔技术取得突破性进展。在研发过程中企业的支持十分重要。"技术成果能够快速转化成生产力，中国石油的配套条件和鼓励政策，让科研工作者们更坚定信心，全力以赴。"他说。

从业 29 年来，高雄厚从未停止前进的脚步，即便后来走上管理岗位，也依然坚守前沿，与科研人员共同奋斗。在他看来，一个人，一辈子，能把喜欢的工作和企业发展、社会进步联系在一起，是幸运，也是幸福。科研实践像是翻山越岭，既想看到这座山后面的样子，又深知这上坡下坡间，注定不会一帆风顺。他更愿意把每一次"失败"看作"未达预期"，每一次不成功，都使他变得更加坚韧，更加执着。

山的后面是什么？"是更精彩的风景！"高雄厚笑着说。

中国石油十大科技"金花"兰玲

近年来，随着国民经济的快速发展，环境污染问题日益严重，各地纷纷出现雾霾天气。为应对环境问题，汽柴油质量持续升级是大势所趋。2012年初，中国石油天然气集团公司设立重大推广专项"国Ⅳ汽油质量升级重大专项"，目标是使中国石油的全部炼化企业在2013年底具备国Ⅳ汽油生产能力。作为中国石油唯一直属下游炼化业务研究院，做好油品质量升级技术的推广应用责无旁贷。中国石油高级技术专家，中国石油天然气集团公司清洁燃料重点实验室主任，国Ⅳ、国Ⅴ汽油质量升级重大专项带头人，PHG技术（汽油选择性加氢脱流技术）研发者兰玲勇担重任，开始了汽油质量升级技术的推广转化工作。

为了保证中国石油汽油质量升级任务保质保量按时完成，2012年元旦，在大部分人还沉浸在喜迎新年的时候，兰玲就带领她的团队忙碌起来了。为工业装置设计基础数据是技术转化的基础，更是工业装置建设好、运行好、发挥出技术特点的关键。为了做好这项工作，兰玲带领大家没日没夜地奋战在实验室，做评价实验，整理数据，总结规律，分析问题，根据各个企业的实际，组织编制设计基础数据，保障了各套装置的顺利建设及按期投运。

2013年元旦，开始组织工业装置所需催化剂大规模生产，这次催化剂生产是中国石油石油化工研究院第一次进行大批量汽油加氢催化剂生产，时间紧，任务重。如何在短时间内完成生产任务，给项目组带来了前所未有的考验。作为项目负责人，兰玲利用多年的加氢催化剂生产经验，制订详细的催化剂生产计划，并亲自上阵长期与催化剂生产人员驻扎在催化剂生产现场，对整个催化剂生产过程进行全方位质量监控，合理安排生产进度，并建立了中国石油石油化工研究院第一个汽油加氢催化剂生产监控体系，大大减少了人力、物力的投入。

她常常说，细节决定成败，催化剂的每个生产步骤都关系到催化剂生产质量，关系到国Ⅳ汽油生产技术能否应用成功，必须严把催化剂生产质量关。经过近7个月紧锣密鼓的生产，完成了3个系列340多吨催化剂的生产。催化剂产品质量稳定，性能符合指标要求，评价实验累计有7000多小时，取得分析、评价数据上万个，为自主技术成功应用打下坚实基础。

汽油加氢装置操作对炼厂操作人员来说从未经历、没有经验，为保证装置顺利开工运行，2013年上半年，兰玲带领课题组编写教程，制订培训计划，一家家炼厂走访、培训，保障了所有汽油加氢装置的顺利投运。7月至12月，PHG技术进入5家企业汽油加氢工业装置开工阶段，兰玲带领汽柴油加氢室开工队，踏上了工业装置开工之路。7月至8月，庆阳石化开车；10月，哈尔滨石化、大庆炼化、玉门炼化同时开车；11月，长庆石化开车。6个月内，5家企业汽油加氢装置连续开工，工作量巨大，加氢室全体员工都憋着一股劲，上下一条心，拧成一股绳，全力做好开工工作。从催化剂装填、气密、干燥、硫化到进油，兰玲对各个环节进行全程跟踪。

催化剂装填过程中，克服了间歇性降雨、降雪、大风、高原气候等困难，兰玲废寝忘食、夜以继日坚守在催化剂装填现场，对装填重量、装填高度、催化剂堆比等各项指标精心测量计算，保证装填符合方案要求，凭借着超强的工作责任心和意志力圆满完成了各家企业催化剂装填任务。在每个装置开工进油的关键时刻，兰玲都盯在现场指挥开工，直到出合格产品后再辗转去下一个战场。整个开工过程中，她带领开工队员工坚守现场，没有休过一个节假日，甚至连续两个月在几个炼厂参加开工。在装置现场、DCS（分布式控制系统）操控室和分析检测中心，到处都留下了她的身影。

回想这几年走过的路，面对人员不足、队伍年轻无经验、装备不全等诸多困难，她从零开始建立实验室、培养新人、培育新技术，一干就是十年。从催化剂实验室研究、评价、催化剂生产、工业试验，到大规模推广，兰玲带领她的团队凝心聚力，助推中国石油首次采用自主技术生产国Ⅳ清洁汽油，圆满完成了汽油质量生产任务，有力保证了国Ⅳ汽油质量升级工作。"满足国家第四阶段汽车排放标准的清洁汽油生产成套技术开发与应用"于2015年获得国家科技进步二等奖。

为了满足国Ⅴ、国Ⅵ标准汽油质量升级的迫切需求，兰玲持续发挥领头羊的作用，自2015年起带领团队积极进行国Ⅴ、国Ⅵ汽油质量升级技术攻关。她充分利用多年科研工作经验，对工作方案进行周密部署、认真实施，深刻总结国Ⅳ汽油加氢技术工业应用经验，深入分析技术升级主要矛盾，进一步升级完善国Ⅴ、国Ⅵ技术。作为负责人，领衔完成了PHG（Pri Hydrodesulfuriaztiong Gasoline-FCC汽油选择性加氢脱硫技术）、M-PHG（Middle-FCC汽油加氢改质技术）的国Ⅴ汽油调和组分稳定生产工业试验，做好应用企业现场技术服务工作，指导大庆炼化、哈尔滨石化等企业完成国Ⅴ汽油调和组分试生产，助力云南石化提前进入国Ⅵ时代，为中国石油国Ⅴ、国Ⅵ汽油质量顺利升级作出突出贡献。目前，PHG、M-PHG技术已在国内11套装置许可应用，支撑了汽油质量升级的需求，并在浙江石化200万吨/年催化汽油加氢装置全球招标中成功中标。

　　这么多年，兰玲有一半的时间是在外地度过的，不是在催化剂的生产现场，就是在石化企业的开工现场。她把所有的心思都扑在了工作上，忽略了家庭。由于长期出差，80岁的老母亲照顾不上。一次母亲休克住院，她在现场开工关键时刻回不去，心里难过，打完电话回到操作室眼圈都红了。她告诉妹妹忙完就回去，但几套装置接连上开工，她分身无术，一忙就是几个月。面对照顾母亲的妹妹，她自己非常惭愧，这件事成了她心里的痛。爱人急性腰间盘突出，躺在家里不能动。她出差回不去，心里急，但她不能丢下工作回家。她常愧疚地说她不是一个合格的女儿、妻子、母亲。她把所有的精力和重心都放在了工作上，放在培养新人、培育新技术上。

　　面对工作，面对困难，兰玲总是当仁不让，但面对赞扬和荣誉，她却谦虚而腼腆。每每有领导或同行赞扬兰玲做出的巨大成绩时，她总是把这一切归功于团队。中国石油石油化工研究院年轻员工居多，对于这些刚刚走上工作岗位的博士、硕士们，无论认识与否，只要向她请教技术问题，她总是循循善诱、知无不言、言无不尽，耐心帮助。当有人追问她带队伍的秘诀时，她总是谦逊地说："在带队伍上，我是没什么诀窍的，更多的是关心年轻人的成长、成才，所以他们才更加努力。"

润滑油国家发明奖获得者伏喜胜

世界第一桶润滑油发明者是谁？美国约翰·艾力斯。

中国润滑油国家发明奖获得者第一人为谁？中国石油伏喜胜。

我们有理由为伏喜胜骄傲，我们有理由为他喝彩，他的成功，虽不能说是开天辟地，但绝对非同凡响。

54岁的伏喜胜还有两个愿望。一是希望能集合高校、科研院所、企业等各领域顶级的科研力量，"用15年的时间实现我国在润滑油领域的国际领先水平。"二是希望自己一直在一线干，"将一生都献给实验室。"

一辈子就干这个事，要把国家的润滑油技术解决了。早年立下的誓言，依然响彻耳畔。

伏喜胜

北京，那辉煌一幕

2010年1月11日上午，人民大会堂里镁灯闪烁，掌声雷动，气氛庄严而热烈，2009年度国家科学技术奖励大会在这里隆重举行。由伏喜胜代表的中国石油兰州润滑油研发中心研发团队，接受了中央领导颁发的获奖证书。手捧"齿轮油极压抗磨添加剂、复合剂制备技术与工业化应用"国家科技发明二等奖证书，聆听着温家宝总理的殷殷寄语："我们必须因势利导，奋起直追，在世界新科技革命的浪潮中走在前面，推动我国经济发展尽快走上创新驱动、内生增长的轨道。"伏喜胜精神振奋，心潮澎湃，他知道这枚证书的价值，也知道它所标示的意义：这个奖项，不仅是润滑油行业第一个国家级奖项，也是一项国际上独一无二的专利技术，证明了中国润滑油已经实现从"中国制造"走向了"中国创造"。

北京人民大会堂那辉煌一幕永远地定格于伏喜胜心头，对他来说，道理极其简单："它是中国润滑油从应用性开发向原创性研发转变的标志，是成功实现自主创新的象征，是突破技术革新、振兴民族产业的明证。有了这样良好的起步，我们的事业将大有可为。"

兰州，铸就事业的基石

有人说，台上辉煌是台下艰辛和汗水换来的，对伏喜胜来说，事实就是如此。北京那辉煌一幕，是他积数十年的苦修得来的。

1987 年，年仅 19 岁的伏喜胜从兰州大学化学系金属有机专业毕业，来到兰州石化研究院（兰州润滑油研究开发中心前身）从事润滑油和添加剂研发工作。从那时起，他在这个行业一干就是三十年。

工作之初，伏喜胜豪情万丈，信心满怀。但与其他年轻人不同的是，伏喜胜对自己面临的事业有着明晰的设想，对自己即将面对的困难有着清醒的认识。他知道成功与付出之间的关系，也懂得收获与汗水之间的比例。他坚信，默默的付出必定会换取丰硕的收获。

从此，实验室中留下了他辛勤耕耘的汗水，实验设备前留下了他永不言败的坚毅，资料室图书馆中留下了他勤奋苦读的记忆。其时，正是中国润滑油行业即将起步的前夜，百废待举，许多工作几乎都要从零开始，尤其是高端润滑油，大多只能使用国外复合剂，核心添加剂合成技术、添加剂复配技术两大关键核心技术掌握在国外公司手中，中国润滑油在国际上没有发言权和话语权，严重制约了中国润滑油的发展。齿轮油领域国内更是完全处于空白，中国润滑油企业要做齿轮油，便要向国外购买天价的齿轮油复合剂。

"中国润滑油必须拥有自己的关键核心技术。"这是他当时经常听到前辈们的一句话，也是他暗自为自己树立的奋斗目标。为打破国外对齿轮油复合剂的垄断、建立民族自有完整产业链，从"七五"开始，国家就把齿轮油添加剂的研发列入科技攻关重点。伏喜胜大学毕业后被分配到这个技术攻关组做助手，开始了艰苦卓绝的研究工作。到"八五"时，伏喜胜接任课题组组长，一同接过来的还有前辈们从 1 万多个化学分子结构中筛选出的最有希望的 200 个分子。最终，在伏喜胜的带领下，课题组攻克了一道道难关，合成了含磷、硫磷、硫磷氮、硫磷氮硼四类不同化学组成结构的齿轮油极压抗磨添加剂。自主技术一经问世，就打破了长期以来"洋油"的垄断，使润滑油添加剂国际品牌无一例外出现价格跳水。从此，这支堪称"国家队"的润滑油研发队伍登上了国际舞台。

坚持，团队的力量战胜一切

领奖后伏喜胜曾说过这样一句话：这个奖绝非一朝一夕一己之功，是三代人心血的积累，是我们幸运地"站在前人肩膀上取得的"。这句话虽然是他的谦虚之词，但却是他历经艰辛后的真实感受。当时课题攻关数十年，历经几代人的艰辛努力，最终能够在他的手中顺利开花结果，自然与他矢志不渝地创新和探索有直接关系。

坚守是他走向成功的优秀素质，执着是他终获成功的前提条件。在齿轮油复合剂的研发阶段，没有几个人能够坚守得了那份寂寞。身边的同事走了一茬又一茬，昔时的战友离开了一拨又一拨。在研发难度极大、继续坚持的前景异常渺茫、不少人知难而退之时，伏喜胜没有退缩，而是选择了坚守。这一坚持就是三十年，对他来说，他喜欢科研，科研就是他的生命。他说："搞科研，好比爬山。很多人在快到山顶的时候停止了，只有少部分人坚持了下来。没有持久的毅力，就无法取得大的成功。""搞科研就要耐得住内心的煎熬。"伏喜胜这轻飘飘的一句话，背后隐含着怎样的坎坷，只有他自己最清楚。

条件艰苦，设备简陋，没有任何防护措施；生活枯燥又艰辛，实验室里经常充满刺鼻味道，怎么通风也无法消除掉；采油现场油桶温度高达 70 多摄氏度，热得都能把路上的沥青化掉；室外温度即使降到零下十几摄氏度，也必须到室外洗烧杯、玻璃瓶，没有手套，"风刮着，手像刀割一样疼"，经常一干就是一整天。这就是伏喜胜和他的团队当时工作时所面对的工作条件，而实际情况比这要复杂得多、艰苦得多，根本无法用笔墨描述。

但就是在这样的条件和环境下，伏喜胜带领大家毅然决然、义无反顾地投身科研事业。他们中有人连续 36 个小时泡在实验室，有人为了上台架实验，整宿整宿地不睡觉，还有人夫妻双双留在了西北，组成科研夫妻档。

伏喜胜说："我只是把大家的智慧集中起来了，虽然发明者中我排名第一，思路是我想的，专利报告是我写的，但具体工作是大家干的"。

伏喜胜平生最自豪的一件事就是把一个团队留在西部，大家一起奋战在兰州，坚持不懈，毫不放弃，终于为中国的润滑油事业作出卓越的贡献。

继续，只为了更大梦想

在伏喜胜看来，科研还必须有超前意识。在人民大会堂载誉归来后，他和自己的研发团队敏锐地将目光锁定在新能源车、燃气、高铁、风力发电等新领域和方向，为研发环保型、低排放、长寿命的国产化油品开始了新的探索征程。

心有多大，舞台就有多大。对于一名具有崇高理想和坚定信念的人来说，他的事业永远是一项传承与接力的延续。数十年间，伏喜胜带领他的团队潜心于润滑油的研发，锲而不舍地追赶着外国同行的脚步，矢志不渝地创新和探索、打破技术垄断，并在世界润滑油领域逐渐有了自己的发言权，成为我国润滑油研发的"国家队"。

为了产业化应用，伏喜胜将他们的研制成果通过产业链上下游协同创新，迅速达到转化。齿轮润滑油及其添加剂的成功转化与工业化应用就证明了这一点。这项创造发明助力中国石油昆仑润滑油实现飞跃，成功解决了汽车、钢铁、水泥、风力发电等领域齿轮箱的润滑难题，根据当时的昆仑润滑油研发现状，伏喜胜适时提出了"2212"研发战略：打通汽油机油和柴油机油两大产品线，建设添加剂和特殊油品两大转化基地，做好一个重点实验室，进军金属加工业、润滑脂两个新领域。成功研制出拥有自主知识产权的添加剂配方体系，实现研发、生产、销售、技术服务一条龙，全面推动中国润滑油从"中国制造"向"中国创造"迈进。

伏喜胜负责研发的新产品在昆仑润滑油实现了工业化应用，每年创造纯利润高达 1.5 亿元；研发的自主技术，满足了国防需求，保障了国家润滑安全；中国润滑油产品标准制定和升级换代，引领了中国润滑油市场，整体提高了国家用油水平；掌握润滑油关键核心技术，为高端装备量身定做出了新型润滑油产品，全面助力中国制造 2025。

成就，可车载斗量

三十余年的积累、沉淀、升华和再创新，他发现和提出了四大润滑机理：惰性极压润滑沉积膜机理；启动、特高速、制动企面润滑保护机理；润滑油添加剂的自修复机理；工业润滑油阶梯氧化机理。形成了 13 类核心添加剂合成技术、三大添加剂复配技术和 26 种新型润滑油产品开发，满足中国制造高端装备的润滑需求，并在轨道交通、电力装备、海洋工程、新能源汽车、工业机器人、农用机械、航天航空七大领域成功应用。

在他的整体策划和带领下，与东风汽车紧密合作，共同制定标准、共同开发产品、共同促进产品的升级换代，全面引领中国市场。昆仑润滑油在东风汽车的占有率高达 70%，开创了润滑油公司和汽车生产厂家的合作典范。他负责与军队合作，共同制定国家军车用油标准、共同开发军队急需产品、共同推广应用，全面替代进口，实现了海、陆、空用油的一体化和全覆盖，成为国庆 50 周年、60 周年唯一指定润滑油，并在国际上首次实现了直升机、装甲装备、高铁油的通用化，国防战略意义重大。与钢铁行业顶尖企业宝钢合作，他作为第一负责人组织制定了中国工业齿轮油国家标准，并根据宝钢实际工况，量身定做世界上最高水平的宝钢专用 KG 工业齿轮油，全面替代"美嘉壳"高端产品，实际使用五年，应用效果良好，得到了钢铁行业的一致好评，并已在钢铁行业全面推广应用。

正因为能耐得住寂寞，挡得住诱惑，经得起考验，并永远坚守一颗不变的心，才成就了今天的伏喜胜。今天的他，作为中国石油科学技术杰出成就获得者、润滑油公司首席科学家，国家技术发明二等奖第一发明人，还获得了中国专利优秀奖、省部级科技奖 9 项，发表论文 63 篇、专著 6 部，其中 SCI 论文 9 篇；授权专利 30 件，其中美国授权发明专利 3 件，中国授权发明专利 27 件，成就可谓车载斗量。

"古今之成大事业者，非惟有超世之才，亦必有坚韧不拔之志。"这正是伏喜胜取得诸多成就的根本原因。在一次面对媒体的采访中，他豪情万丈地谈到："新一代信息技术产业、高档数控机床和机器人、航空航天装备、海洋工程装备及高技术船舶、先进轨道交通装备、节能与新能源汽车、电力装备、农机装备、新材料、生物医药及高性能医疗器械，这十大领域的高技术含量、高附加值和拥有核心竞争力的高端装备急需拥有关键核心技术的新型润滑油和添加剂，为润滑油行业提供了前所未有的发展新机遇和新挑战。这也是润滑油的优势所在，昆仑润滑助力中国制造 2025 和中国制造一起走向世界。"

创新乙稀成套生产技术的寰球精英

乙烯是石油化工基础性原料，乙烯生产技术体现了一个国家的石化技术水平。尤其是乙烯生产装置的大型化发展趋势，更是对工程设计、装备制造和建设生产形成了多元挑战。中国石油寰球工程公司完成了"大型乙烯装置成套工艺技术、关键装备与工业应用"项目并获得国家科学技术进步一等奖，集中了众多专家的智慧和力量。这里展现了记述的三位科技创新人物，则是其中的典型代表。

乙烯装置设计专家杨庆兰

提起杨庆兰，人们面前就会闪过她自信的微笑、合体的着装、俏丽的短发和睿智的眼眸。她曾担任中国寰球工程公司副总工程师，是大型乙烯工业化成套技术开发项目和大庆石化 120 万吨 / 年乙烯改扩建工程、60 万吨 / 年乙烯装置 EPC 项目的项目经理兼工艺技术负责人。作为有着近 40 年工艺工程设计和项目管理经验的杨庆兰，曾参加过多个大型石油化工项目的规划研究、技术谈判、总体设计、基础设计、详细设计和现场技术服务工作。由她担任主要负责人的项目曾荣获"中华人民共和国国务院国家科学技术进步二等奖""中国施工企业管理协会国家优质工程奖""中国勘察设计协会工程总承包金钥匙奖""中国石油工程建设协会石油工程优秀设计一等奖"。她个人也先后被授予"中央企业劳动模范""中央企业知识型先进职工""中国石油天然气集团公司优秀设计师"等多项荣誉称号，并获得"五一劳动奖章"，享受中华人民共和国国务院政府特殊津贴。这些骄人的荣誉，向我们诠释了一名优秀管理者、一名共产党员的精神风貌。

长期以来，我国乙烯和下游产品供不应求，2008 年我国乙烯产能 998.5 万吨，当量消费量 2627 万吨，当量自给率 38%，60% 以上的乙烯下游产品靠进口。随着人民生活水平的日益提高，对乙烯的需求量逐年增加，国家要拿出大量的外汇购买国外的乙烯衍生产品，而我们自建的乙烯装置，其核心技术全部由国外提供，国外专利技术价格昂贵不算，还要随技术搭配投资更高的专利设备，使乙烯建设成本居高不下。国内技术人员无法掌握乙烯装置的技术内涵，即便有部分自己的技术，也很难在新建装置中采用，乙烯成套技术国产化一直是空白，乙烯产业长期受制于人。面对这种局面，杨庆兰经常说："国家花费那么多钱进口乙烯、购买国外的乙烯专利技术，心疼啊！作为石化工业战线上的知识分子不能改变这种状况，心有不甘！"

当中国石油决定自主研发乙烯成套技术时，激动与高兴的心情难以言表的她表示绝不辜负各级领导和同事们的委托与信任。怀着实现梦想的激情，作为大型乙烯装置技术开发项目的技术负责人，她积极推进项目各课题的工作，不怕繁琐，不怕辛苦，经常与团队的同志们一道讨论技术方案，从项目一盘棋的角度出发，协调各课题遇到的问题，定方向、做计划、赶进度，将技术开发与工程项目建设有机结合。当裂解炉技术开发遇到"瓶颈"时，她动员各专业把工作做深做细，尽可能多地解决问题，而同一问题尽可能拿出多种解决方案进行研讨，经过多专业合作，集思广益，最终取得突破性进展，解决了乙烯重大核心装备的技术难题，为装置成套技术的突破奠定了坚实的基础，如期完成了课题研发目标。经过一年多的技术攻关，她带领项目团队完成了国内首套裂解和分离全流程的大型乙烯装置工艺包。该成果应用于大庆石化 120 万吨 / 年乙烯改扩建工程。2012 年 10 月 5 日，大庆石化传来首套国产乙烯装置的喜报，装置一次投料成功，产出合格乙烯，各项技术指标达到国内领先水平，部分达到国际先进。标志着中国从此有了自己的乙烯技术，打破了长期以来国外专利商在乙烯领域的垄断。

大庆乙烯装置开车成功后的 2014 年，与两家国外公司竞标，中国寰球工程公司以综合经济效益最高的技术优势，中标神华宁煤 100 万吨 / 年烯烃装置，实现中国石油天然气集团公司外乙烯技术的推广应用。该项目是世界首套 400 万吨 / 年煤制油的下游配套项目，采用煤基合成的石脑油和液化气为原料生产乙烯和丙烯。在煤制油项目执行两年后，要求烯烃项目与煤制油项目同时具备开车条件，全新的、甚至有些未知的原料条件再加上紧张的工期，给杨庆兰领导的项目团队提出了高难度的挑战。她们发扬以往敢创新、能吃苦、能战斗的拼搏精神，设计了针对煤基合成原料特点的新型乙烯裂解炉和分离工艺流程，解决了液化气原料中含有有氧化合物的问题。该装置是自主创新乙烯成套装置的升级版，于 2017 年 9 月顺利开车。

目前，该乙烯技术已成功应用于国内 7 套（大庆、宁煤、玉皇、鲁清、塔里木、长庆和揭阳）新建乙烯装置的工程建设，其中 2 套开车运行，5 套处在不同的建设阶段；为独山子、大庆、吉林、抚顺、四川、兰州、北方华锦等现有乙烯装置提供了扩能改造、问题诊断等技术服务；完成了浙江石化、盛虹石化、广东石化、白俄罗斯、山东万华、新浦烯烃、京博石化、乌兹别克斯坦乙烷制乙烯、塔里木乙烷制乙烯、长庆乙烷制乙烯等乙烯装置的可研报告等前期技术工作，为企业节省了大量的技术引进费和专利设备费，提高了石化工业的核心竞争力。

专利发明家孙长庚

2004 年，孙长庚同志研究生毕业后来到了中国寰球工程公司，所参加的第一个项目就是兰州石化 45 万吨／年乙烯改扩建工程，总投资 21 亿元，国外乙烯技术专利费就占 4% 以上，这让他深受触动。

2006 年，他从兰州项目现场返回后，又毅然放弃休假，主动加入华锦乙烯项目，顶住项目周期短、工作负荷高带来的巨大压力，顺利完成了总体设计任务。经过两个乙烯项目的高强度锻炼，他快速构建起乙烯工艺专业知识体系，看到纸面上的设计图变成现场令人震撼的装置实体，一种职业自豪感和成就感让他深深爱上了这个行业。同时，他也切身体会到，工艺技术完全依赖国外专利，严重制约了乙烯工业发展，不仅增加了建设成本，还延长了建设周期。

掌握乙烯技术并实施工业化应用，让中国人用上完全意义上的自主开发的乙烯制品，是几代石化人魂牵梦绕的理想和追求！2008 年，大庆石化 60 万吨／年乙烯装置亟须推进，为增强石化领域话语权，中国石油从全局战略角度出发，决定打破乙烯技术引进惯例，设立中国石油天然气集团公司重大科技专项，由中国寰球工程公司负责完成大型乙烯成套工艺技术开发。孙长庚作为核心技术人员和副课题长，参与负责课题开发工作。乙烯装置处于石化工业的"金字塔尖"，工艺复杂，参数众多，难度堪称世界级，当时全球只有美、德、法 3 个国家的 5 家公司能够驾驭。承担如此重大的科研任务，他的内心十分忐忑，压力重重。开发过程中，仅一项模拟计算就需要建立多达 800 个模块的计算模型及上万次的反复迭代，全部模型一次计算生成的完整报告超过 8000 页。以乙烯装置核心设备裂解炉为例，仅关键参数就多达百项，每一项参数都必须通过大量的对比分析、验证优化达到最优，否则难以得到满意的装置模型。对于设备数量多达上千的乙烯装置设备来说，任何一项问题得不到彻底解决，都会成为开发过程的制约瓶颈，还可能带来巨大的安全隐患。为保障重大专项顺利完成，孙长庚与团队的同事们上下齐心，把全部的精力和热情都投入技术研发工作中，基本上都是"5+2""白加黑"，先后突破四十多项重大技术难点。这期间，他毅然放弃了中国寰球工程公司选派优秀青年赴意大利脱产培训的机会。

经过五年的不懈努力和辛勤付出，2012 年 10 月，大庆石化乙烯示范装置提前一年开车成功，各项指标均达到国际先进水平，多项核心技术填补国内空白，宣告了半个世纪翘首以盼的大型乙烯成套技术开发取得圆满成功，使我国一跃成为世界上第四个掌握乙烯技术的国家，揭开了中国化工自主创新的崭新篇章。

技术创新的核心目标在于实现成果转化，创造实实在在的经济效益和社会效益。"酒香不怕巷子深"并不适用于残酷的市场竞争环境。在乙烯技术研发成功并实现工程化后，孙长庚和团队乘势而上，迅速行动，狠抓技术产品的升级迭代，逐步形成了乙烯技术规模序列。2013年，他开发完成了由天然气分离乙烷，再由乙烷制乙烯的全套工艺流程设计，其中乙烷制乙烯采用前脱乙烷前加氢工艺流程。2014年，他作为工艺负责人，再次对乙烯技术方案进行创新优化，助力中国寰球工程公司击败多家国际专利商，顺利中标神华百万吨/年煤基烯烃装置，创收转让费近3千万元，实现中国石油天然气集团公司外乙烯市场的重大突破。2015年，国产乙烯成套技术获得中国石油科学技术进步特等奖。

孙长庚作为我国第一套自主乙烯成套技术的主要完成人，同时参加了裂解炉和分离技术开发，采用该成套技术建设的大庆石化60万吨/年乙烯装置已经在2012年10月顺利开车，打破了中华人民共和国成立后近60年乙烯技术长期依赖引进的局面，大大提高了我国在国际石化领域的话语权。

2014年，作为工艺负责人的孙长庚完成了世界上第一套以煤基费托合成石脑油为原料的乙烯装置的技术方案及工程设计。这套装置在第一套乙烯成套技术的基础上又大胆针对裂解原料的特点对裂解炉和分离工艺都做了重大创新，该装置在2017年9月已经顺利建成并投产运行。

裂解炉匠李锦辉

李锦辉同志1992年进入中国寰球工程公司从事工业炉设计工作，二十多年的工作中，先后参与和负责了兰州45万吨乙烯、华锦45万吨乙烯、独山子100万吨乙烯、抚顺四川80万吨乙烯，以及大庆60万吨乙烯等多个项目，对乙烯裂解炉有着深入的学习、了解，进行了大量的裂解炉设计、开发研究，对国际几大知名专利商KBR、LINDE、SW等炉型都进行了深入的比较和研究，经过制造厂、施工现场、开车现场的多次锻炼，掌握各家炉型的关键技术和优缺点。在这些经验的基础上，于2008年承担了中国石油重大科技专项"大型乙烯装置工业化成套技术开发项目"中的课题二"具有新型辐射段炉管的乙烯裂解炉和相关技术开发"的副课题长工作。

随着乙烯技术的发展，各家专利商都在追求"高温、短停留时间、低烃分压"上做文章，辐射段炉管作为完成该任务的核心部件，是各家炉型技术的代表。为了开发出具有自主知识产权技术的辐射段炉管，李锦辉带领着开发小组成员在现有专利商技术的基础上，针对裂解反应及传热原理、结焦原理等进行管内流体的研究，针对如何在保证强吸热反应的前提下，降低管壁温度、延长清焦周期、减小管子应力、延长炉管寿命。辐射管内壁通过增加强化传热元件，可以有效改善管内流体的流动状态，增加管内壁对管内流体的给热系数和管壁热通量，降低管壁温度，延长清焦周期。

每一个强化传热方案的设计，都会经过大量的计算机流体模拟计算和试验炉的验证，收集大量数据进行比选，最终综合考虑效果，才能确定最终方案。然而如何在如此小的裂解管内增加大量的强化传热元件，并保证长期稳定运行不出现脱落等问题，是实际制造的大难题。李锦辉通过与制造厂合作开发，不断摸索制造工艺，并请第三方进行大量的材料检测，在制造不降低原有炉管材料性能的同时，保证元件与炉管有相同的材料性能，且元件连接稳定、坚固，不会脱落等。管内强化传热元件技术及其制造工艺获得 2 项国家发明专利，3 项实用新型专利，目前该技术已经在大庆 7 号炉平稳运行六年，效果良好，获得业主的好评。

对于裂解炉的高温烟气的热量回收，如何做好各组炉管的布置，综合考虑合理选择炉管尺寸、换热管长度、管内外阻力降、炉管选材、引风机功率等多方面因素，达到安全可靠的前提下，最大可能回收热量，提高裂解炉热效率。各大乙烯专利商在对流段传热计算、管板强度计算等都作为自己的专有技术进行保密，为了解决这项技术，李锦辉和开发小组成员进行不同计算软件二次开发并对比计算，针对已有的炉子数据进行大量核算，不断调整计算中的各项参数和余量，计算结果与各专利商的设计参数进行对比、调整、优化。功夫不负有心人，最终 7 号裂解炉的热效率优于同装置的国外专利商的裂解炉热效率，为乙烯成套技术的形成奠定了基础。

大庆 120 万吨乙烯及下游生产联合装置

　　裂解炉的其他方面技术研究还很多，辐射段炉膛的烟气温度场、流动场的模拟计算、燃烧器燃烧模型的计算、炉管温度分布的研究、辐射段衬里的研究、炉子烟风道的研究、引风机选型研究等，开发小组作为头一次自己设计裂解炉，都进行了各方案的比选研究。各种计算、设计、方案优化、开发创新，带来的结果是在大庆建成一台 15 万吨 / 年的大型乙烯裂解炉，各项指标达到国际先进水平，真正实现大型乙烯裂解炉的国产化，也完成了大型乙烯成套技术开发。

　　2013 年的 7 月，屋外骄阳似火，大庆乙烯控制室内更是热火朝天，所有人的目光都集中在中国石油自己开发的 7 号乙烯裂解炉的投料开车上。随着 "投料" 的一声命令，四台原料阀开启，石脑油汩汩流入裂解炉管线。加大火力，提高炉温，观察流量表、温度计、压力计，所有人都把心提到嗓子眼。随着时间的流逝，原料投油量逐渐向设计值接近，裂解炉运行趋于平稳，各项指标向设计值靠拢，裂解气中的乙烯、丙烯收率达到设计值，自主开发的裂解炉开车一次成功！经过性能考核，各项考核结果达到或优于立项时的保证值，大型乙烯裂解炉的开发工作获得圆满成功，以李锦辉为主的裂解炉自主研发课题组获得大家的肯定。该项技术于 2016 年获得国家科学技术进步二等奖，获得中国石油科技进步特等奖。

搏击在橡塑科技海洋的陆书来

吉林石化合成树脂厂总工程师陆书来始终将一枚铁人奖章放在书柜的盒子里，经常会在工作学习到深夜的时候打开来看一看。每次拿起奖章，他都会想起在获得中国石油"铁人奖章"后，记者采访他时自己所说的话："佩戴着铁人奖章，更加坚定了我担当实干、忠诚尽责的决心和意志。"

生产车间中的陆书来

2016 年，他组织并参与的"ABS 成套技术开发及工业应用项目"获得了中国石油天然气集团公司的科技进步一等奖，身为总工程师的他，与研究开发、工程设计建设和生产运行的十多位伙伴分享了获得创新成果的喜悦。

2017 年 4 月，从事科研工作 26 年的陆书来，被中国石油天然气集团公司授予"铁人奖章"荣誉称号。这份荣誉，是对他 26 年潜心科研工作，将国际先进的高分子理论知识和企业生产实践完美结合，依靠自主创新，主持研发新技术、新产品，为国家高分子科技创新作出贡献的褒奖和肯定。

漫漫求索路，坚守石油化工梦

出生在北国边陲的陆书来，寒冷的气候和艰苦的环境造就了他刚毅、率直、永不服输的性格。学生时代，他就非常勤奋。1987 年，他以优异的成绩考取了天津大学高分子化工专业，开始了追随铁人、传承前辈的石油化工梦想。

1991 年大学毕业后，怀着憧憬、带着梦想，陆书来被分配到吉林石化公司研究院合成橡胶研究所，从事化工部重点攻关项目"高浸丁苯吡胶乳技术开发"研究。从此在吉林石化安了家，一干就是 26 年。

科研工作需要有扎实的理论功底作为基础。为了进一步丰实自己的知识结构，1993 年，他脱产攻读了哈尔滨工程大学应用化学专业硕士学位。三年后，他圆满完成学业回到吉林石化公司，继续从事合成橡胶研发事业，先后完成了"高浸丁苯吡胶乳技术开发""丁腈橡胶乳化体系的改进""大粒径丁苯胶乳的合成研究"等几个项目的研发工作。

2000 年，他又开始攻读天津大学材料学高分子材料方向的博士学位。凭着勤奋刻苦的精神，仅用了两年半的时间，就以优异的成绩提前半年取得了博士学位。

有一分耕耘就有一分收获，孜孜不倦的求索给予他强大的力量源泉，深厚的理论功底和长期一线研究的实践使他在高分子合成领域崭露锋芒。他在国内外期刊上发表了大量有关乳液聚合理论和实践的论文，引起了国外同领域专家学者的注意。2004 年 10 月，西班牙巴斯克大学 POLYMAT 研究所向他发出了去该机构进行博士后研究的邀请。POLYMAT 研究所是一所世界知名的乳液聚合研究专业机构，领导着乳液聚合研究的前沿技术，代表着当今乳液聚合技术研究的最高水平。为了开阔眼界、开阔思路，更好地为吉林石化公司科研和技术进步服务，他于同年 12 月踏上了去西班牙深造的征程。在西班牙巴斯克大学 POLYMAT 研究所深造期间，他承担了西班牙政府资助的"细乳液聚合制备生物医用磁性纳米微球研究"课题。他克服了语言和生活上的诸多困难，凭着渊博的学识和严、细、实、快的作风，仅短短数月，研究课题就有了突破性进展，得到国外导师和专家的高度赞扬。一年的时间很快就过去了，他不仅出色地完成了所承担的研究课题，而且还在国外著名期刊《Langmuir》和《Journal of Polymer Science, Part A: Polymer Chemistry》上发表了两篇高水平论文。

深造结束后，他的导师希望他能留在国外继续工作，德国 Bayer 公司总部研发中心也为他提供了工作的机会。他知道，国外的科研条件和工作环境对于从事科研和自身发展大有裨益，但他始终没有忘记最初的石油化工梦想，毅然踏上归国的旅途。

专注搞科研，墙里开花墙外香

陆书来的床头始终放着一个硬板夹着的本子，硬板上拴着一支笔，有了好想法就马上写下来。有时深夜突然来了灵感，担心灵感稍纵即逝，就摸黑在本子上写下来。字大又潦草，第二天一大早整理的时候，还要反复琢磨确认。他因此受益匪浅："很多关键性举措和打通工艺的转折就是靠的这种突发的灵感找到了突破口。"正是凭着这种对科研工作的执着劲头，使他成为吉林石化自主创新的领军式人物。

丁苯橡胶是吉林石化的主导产品，原有转化率只有 62%。陆书来认为，如果能够将转化率提高到 70%，将会增加丁苯橡胶的产量，效益相当可观。

"提高转化率肯定不行！这要影响产品质量，还会降低生产效率！"一开始就有人提出了质疑。陆书来有股子犟劲儿，他坚信，提高聚合转化率是可行的，不会影响产品质量，也不会降低生产效率。提高聚合转化率的关键和难点是如何提高反应速度，特别是反应后期高转化率时降速期的反应速度。

白天，他查找大量的技术资料，认真研究试验方案，带领团队人员开展试验；晚上回到家里将白天的数据和材料进行整理，撰写成研究报告和学术论文。经过一年半艰苦的努力，终于成功开发了"快速高转化率"乳聚丁苯橡胶聚合新技术，并在吉林石化实现了工业化应用，使吉林石化丁苯橡胶产量由 14 万吨 / 年提高到 16 万吨 / 年以上。令人称奇的是，此技术实现工业化应用，未增加聚合釜、泵等任何大型设备，只增加了部分管线、计量系统，仅以 100 万元的投入，就使吉林石化丁苯橡胶产量每年增加 2 万吨。同时，单体回收处理量和装置能耗显著降低，助剂消耗量减少，减轻了主要设备的运行压力，减少了污水排放。

随后，他又主持开发了以"快速高转化率"聚合新技术为核心技术，以环保型丁苯橡胶为主导产品，具有中国石油自主知识产权的"20 万吨 / 年乳聚丁苯橡胶成套技术"，并于抚顺石化成功建成 20 万吨 / 年丁苯橡胶生产装置。

2007 年，中国石油下达了开发"20 万吨 / 年 ABS 成套技术"重点攻关项目，要研究开发中国石油自有的 ABS 技术。当时，国内 ABS 生产装置工艺采用的全部都是国外技术，具有自主知识产权 ABS 成套技术在国内尚属空白。这项技术研发的重任落在了陆书来肩上。

经过查阅大量的资料，反复试验，陆书来创新性地提出了采用橡胶相粒子双峰分布结构解决 ABS 性能受平衡性制约的难题，成功开发了"双峰分布 ABS 合成技术"，实现了既提高抗冲击强度、又不使刚性指标明显下降的理想效果，并完成工业化试验。2010 年 9 月，这项技术顺利通过了中国石油科技成果鉴定。"双峰分布 ABS 合成技术"是"20 万吨 / 年 ABS 成套技术"的核心技术，为吉林石化 20 万吨 / 年 ABS 通用料装置建设奠定了基础。

陆书来凭借勇攀高峰、百折不挠的精神，加上深厚的理论功底和丰富的实践经验，从事科研工作 26 年，主持完成省部级、局级科研项目 25 项，成功开发"20 万吨 / 年 ABS 成套技术"和"20 万吨 / 年乳聚丁苯橡胶成套技术"两项具有中国自主知识产权的成套技术，7 项成果实现工业化，申请专利 23 项，已授权 18 项。

攻关不懈怠，坚定做中国最好

2010 年 9 月，陆书来从吉林石化研究院调到吉林石化合成树脂厂任总工程师，与 ABS 树脂结下了不解之缘。

2013 年，随着国内多套 ABS 装置的陆续投产，市场竞争变得异常激烈。终端用户对 ABS 树脂的质量要求越来越高、越来越严。他们用"仪器加肉眼"的方法来鉴定 ABS 的质量。吉林石化主打市场的 ABS 老牌号 0215A 产品，就因为 0.1 毫米的黑点，被迫退出了国内高端家电市场。甚至有人下了断言：吉林石化的 ABS，只能做伞把子！

产品卖不上价、卖不出去，被迫降负荷生产，甚至有人提出关停一套装置的想法。这 0.1 毫米的黑点儿，像一块大石头一样压在陆书来的心头。

为查清黑点来源，陆书来每天都到现场采集样品，用流程倒推法排查。生产装置 24 小时连续运行，他也跟着在现场连轴转。在查找黑点来源的三个多月里，他组织进行了 150 余组 ABS 胶乳凝聚模拟实验、聚合混炼小试实验，获得 3000 多个宝贵数据。搞清杂质来源以后，工厂经过 1200 多次工艺调优，实施 22 项技术改造，解决影响质量的问题 108 项，终于取得了令人振奋的成果。

然而，陆书来没有想到，就在质量攻关初战告捷的时候，小黑点儿又出现了。粉料、SAN 料、化学品，这些可能导致产品杂质的因素都已经一一找到并得到了有效控制，这些黑点儿到底从哪里来的？陆书来又一次深深地陷入思考。

早春的风裹携着沙尘，让原本心情沉重的陆书来更加觉得沉闷。他抬头望了一眼昏暗的天空，就在收回目光的瞬间，"雾霾"两字脱口而出，"对，粉料、SAN 料和成品都是靠风力传输，风中的尘埃会不会就是黑点的罪魁祸首？"

他组织人员开展环境因素影响产品质量的评价，最终判定这个因素是客观存在的。为此，工厂完善了 100 多项风送系统设备设施，彻底隔离了外部杂质进入系统。

之后，他又组织进行工艺参数及配方调整1200余次；优化抗氧剂加料条件、聚合温度、凝聚条件、闪蒸罐液位、挤出机筒体温度等工艺条件90项；规范助剂配制罐清理、挤出机模头清理、真空系统排液、酸系统排酸泥、过滤器清理、粉料系统周期清洗等定期操作53项，改进蒸汽、脱盐水等工艺流程31项；进行凝聚搅拌器、SAN破碎等设备技术改进20项，彻底根治了ABS的黑点儿问题。

接着，他又围绕产品的色差、白度、麻点等问题开展实验研究，组织实验1000余次，突破技术瓶颈18项，进一步解决了ABS深层次质量问题，吉林石化ABS树脂的质量持续提高，达到国内一流水平，重新进入国内白色家电高端市场，为吉林石化赢得了荣誉，塑造了中国石油良好形象。

带队跑市场，创出产销研模式

2012—2013年，吉林石化连续投产了两个20万吨/年ABS装置，产能提高后，销售成了当务之急。

吉林石化ABS装置图

ABS是中国石油的统销产品，以往工厂只是闷头生产，不关心市场，也不接触用户，生产与市场脱节。如今，单靠销售公司跑市场已经远远不够。陆书来带队跑市场，作产品推介报告，为用户提供技术服务。"哪有博士亲自跑市场的？搞科研、保生产，他是内行，但搞营销、跑市场，他能行吗？"有人替他捏了一把汗。陆书来说："如果市场需求不明，销售渠道不畅，产品卖不出去，我们新建的产能就得不到释放，装置或许会被迫停产，我们没有退路，必须主动出击。"一段时间里，走访用户成了陆书来的主攻项目，少则三四天，多则半个月。五年来，他带队走访华东、华南、华北、西南等销售区域60多次，走访用户和经销商600多次，作推介报告50多场，反复向用户推荐产品并提供相关样品。

市场开发是很辛苦的事儿。有一次，陆书来和工厂分析车间主任带了40多斤ABS样品到用户那里进行技术对标，由于对方不信任吉林石化的产品，他们在工厂门外足足等了三个多小时。当天30多摄氏度的高温，比天气的燥热更让人难以平静的是内心的焦急。临近中午，用户一位采购人员才接待他们，但没说上两句话，就说："该吃中午饭了，你们下午再来吧！"他们简单地在附近吃了口饭，就赶紧回到厂门口，执着地在厂门外等了一中午。下午一点多，他们背着物料来到用户的生产车间，又等到设备闲置下来才进行分析测试，最终查清了双方标准的差异。

热忱为客户服务，耐心帮助解决问题，换回的是用户对吉林石化ABS产品的信任。在奔赴重庆开发PT151新牌号的市场时，有一家客户生产摩托车护条，注塑成型后技术人员提出吉林石化的PT151产品密度大，成型制品比进口产品重5克，增加了他们的成本。陆书来看了看制件，信心十足地说："材料的密度是材料的属性决定的，单纯的ABS树脂密度相差不会很大，是成型工艺造成的差异。"他当场帮助厂家调整了注塑工艺，成型后的制件质量比进口产品还轻5克。博士现场服务，解决问题，让用户彻底信服了。

为了更好地满足用户差异化、定制化需求，陆书来组织开展了ABS专用料新产品开发，先后成功研制出ABS喷涂料、高光黑色料、摩配专用料、打火机SAN树脂等10个专用料新产品。

如今，吉林石化的ABS产品由过去亏损最多到减亏幅度最大，再到账面盈利，已经成为中国石油化工板块盈利能力最强的产品，也为吉林石化步入持续盈利和稳健发展轨道提供了重要支撑。由陆书来带头开创的"市场引领科研，科研指导生产，生产推动科研"的"产销研"协同创新机制被吉林石化命名为"陆书来模式"。

科研永无止境，创新永不停歇。陆书来用自己潜心钻研、勇于创新的科研精神，爱岗敬业、甘于奉献的职业操守，心系企业、敢为人先的优秀品质，诠释了一名优秀科研工作者的责任与担当。

搭起催化剂理论与实践的桥梁

2018 年 7 月 3 日，福建长汀 5 万吨／年催化剂项目开始土建打桩，身为项目经理的秦松格外激动。因为这个项目是落实习近平主席帮助革命老区发展经济重要批示的具体行动，也是秦松在催化裂化催化剂生产技术研究实践生涯中的又一次挑战。

催化剂理论研究是炼油领域的热点，各个企业和科研院所获得的专利和论文数不胜数。而催化剂产品需要进行工业生产，才能发挥科技创新的效果。秦松，是国内 FCC 催化剂制备的知名专家、全国优秀科技工作者，专注于催化裂化催化剂生产技术、装备升级、技术改造及新工艺的开发，搭起了催化剂理论与实践的桥梁。他多次承担中国石油重大科技专项和科技部的科研任务，通过与产学研用的同伴合作，他三次获得国家科技进步二等奖。在他和开发团队的共同努力下，兰州石化催化剂厂不断成功试验系列新产品，走出国门，进入高端市场，在全球炼油和工程设计行业叫响了中国催化剂的品牌。

排解生产中的"疑难杂症"

1986 年，秦松从西北轻工业学院硅酸盐工程系毕业，被分配到了兰州石化公司催化剂厂小球车间。这里曾产生了中国炼油行业"五朵金花"之一的硅铝小球催化剂。

秦松从操作工干起，虚心向师傅请教，刻苦钻研岗位技术。8 个月后，因解决生产疑难问题出众，调到兰州石化分子筛车间任工艺技术员。当时，车间生产的分子筛产品满足不了催化剂生产需要，秦松和其他技术人员提出了优化分子筛交换和过滤工序、回收预处理分子筛物料等合理化建议。这些合理化建议付诸实施，分子筛装置产量由年产 1.5 吨提高到了 2 吨以上。

分子筛车间的立式压滤机是国内引进芬兰技术合资生产的第一批全自动立式压滤机。外籍安装调试人员离开后，新设备在旧工艺中的水土不服显现出来。秦松和其他技术人员查文献、啃外文、做研究，试验、论证、调试，新设备逐渐进入了平稳运行状态。

有一年，厂里引进了中国石化石油化工科学研究院获国家发明奖的 ZRP 分子筛技术。

试生产过程中，产品 5 次检测不合格。秦松认真对比新老产品指标，认为问题出现在新老产品指标差距太大，新产品中混入了老产品。他建议把装置内部彻底清扫一遍。于是，整个装置停工 10 天，清扫设备。重新组织生产后，产品完全达到指标要求，新产品 ZRP 分子筛生产成功了。

一个周末下班前，秦松例行巡检，发现分子筛焙烧炉向外冒粉尘，当班员工难以处理。他仔细分析，认为是风机入口防腐管道内衬堵塞。这时已是晚上 7 点多，联系施工单位处理得花几个小时。干脆自己干吧！秦松与另一位设备技术员密切合作，单段 2 米、总长 10 多米的 DN300 管线被一节节拆卸，倒链升降、拆螺栓，他俩在弥漫的粉尘中忙碌着。1 个小时后，故障解决了，两人全身落满了白色物料，成了"白人"，只有两个眼珠是黑色的。

在秦松等技术人员的努力下，技术攻关的"金点子"不断落到实处，制约催化剂生产的瓶颈一个个被攻破，生产面貌焕然一新。秦松连续被评选为兰州石化公司"青年科技标兵"。

勇攀催化剂科技高峰

20 世纪 90 年代初，国内炼油技术的发展对催化剂的性能、质量、产能提出了新要求，高端催化剂主要依靠外国"供给"。加入世贸组织后，进口催化剂价格和性能优势使国产催化剂面临生存的危险。国家科委组织了"新型催化裂化催化剂工业化开发"项目，在兰州石化催化剂厂开展技术攻关，以迎接入关后与国外催化剂企业在国内外市场的竞争，确保国产催化裂化催化剂核心技术掌握在自己手中。

中国石化专门成立了催化剂攻关组，秦松同志作为技术骨干参与其中。由于国外企业对催化剂技术的严密封锁，秦松和其他技术人员查不到文献资料，只能通过工业试验找数据，分析、总结、整理，形成第一手资料。经过无数次的摸索、分析、试验，实现了预期的目标。

"新型催化裂化催化剂工业化开发"项目应用了 22 项新技术，实现了大型化、集约化生产，使国内催化裂化催化剂产业具备了全面抗衡国外催化剂公司的技术实力。著名的母液回收 NaY 分子筛硅全循环工艺、NaY 分子筛合成大型化成套技术开发等都是在秦松的主持下完成的。1997 年，"新型催化裂化催化剂工业化开发"获国家科学技术进步二等奖。

为减少环境污染，加快与国际燃料标准接轨，从 2000 年 7 月 1 日起，国家要求北京、上海等城市率先禁用含高烯烃汽油。国外某些催化剂制造商跃跃欲试，意图利用本次环保排放升级的机遇，一举打开国内催化剂市场，把中国催化裂化催化剂产业挤压下去。

秦松带领兰州石化催化剂技术团队，担当起了降低汽油烯烃含量、制造中国绿色环保催化剂的重任。面对国外技术的封锁，他组织技术人员积极配合兰州石化研究院课题组攻关，相继工业化生产了具有降烯烃能力突出、抗重金属污染能力强的 LBO-12 催化剂、增加柴油产率的 LBO-16 催化剂和提高汽油辛烷值的 LBO-A 助剂，标志着中国石油具备了独立研发半合成催化裂化催化剂能力，并完全拥有自主知识产权。

由于采用了与国内外其他公司不同的专利技术，在许多技术方面有明显的优势，降烯烃催化剂性能超过了国内外同类产品，在激烈的市场竞争中取得了主动，产品供不应求。从 2000 年至今累计生产销售 24 万吨，在国内 30 余家炼厂 50 多套装置上实现了工业化应用，市场占有率达到 70% 以上，成为换代主导催化剂，为国家落实"蓝天计划"贡献了力量。

FCC 系列催化剂的研发和生产，解决了中国石油汽油烯烃含量小于 35% 的主要指标。世界知名的催化剂制造公司曾多次来催化剂厂进行技术交流，谋求进一步的协作。2004 年，"新型 FCC 汽油降烯烃系列催化剂"获国家科学技术进步二等奖。

兰州石化公司的原位晶化催化剂具有优良的重油深度转化能力和广泛的适应性，是国内独有的技术。从 1987 年实验装置投产到 1997 年的 10 年间，该工艺一直存在着污染高、高成本、效率低的问题，形不成规模生产能力，产生不了规模效益。

秦松带领催化剂厂工程技术人员对生产线进行了二次大规模的改造，将一套老实验装置彻底盘活，原位晶化催化剂年产量由 1500 吨突破 7000 吨，收率由 30% 提高到 80% 以上，成本由近 10 万元降低到 1.5 万元以内，技术的提升最终产生了显著的规模效益，形成了万吨级具有自主知识产权的原位晶化催化剂成套技术，是我国的催化裂化催化剂整体技术达到国际先进水平的重要标志之一。2008 年，"原位晶化型重油高效转化催化裂化催化剂及其工程化成套技术"获国家科学技术进步二等奖。

做强国内催化剂产业

进入 21 世纪，催化剂市场竞争空前激烈，为了做强国内催化剂产业，中国石油天然气集团公司经过研究，决定在兰州石化公司新建一套具有国内先进水平的 6000 吨 / 年超稳分子筛装置。

2001 年底，6000 吨 / 年超稳分子筛装置建设破土动工，秦松是项目技术总负责人；他说："就算拼上命，也要把开工的事做好。"在装置开工期间，他胆囊炎发作。医生要他做手术，他说过一段时间吧。他强忍剧痛，坚守在开工现场，指挥各项工作。"他把全部精力都放在工作上，从来不知道疲倦，脑海里没有下班的概念。"曾经参与过 6000 吨 / 年超稳分子筛装置建设的尹九冬眼睛湿润了。从项目立项到投产，秦松什么活都干，技术谈判、工程设计、工艺计算、DCS 编程组态，一个小时前还坐在谈判桌前和老外讨价还价，一个小时后就卷起袖子出现在工地上。

秦松坚持用新的成套技术武装新装置。在 6000 吨/年分子筛装置的工艺方案的选择上，秦松选择了喷雾干燥、旋转闪蒸干燥等新技术和主体建设同步实施。这两套新技术在国内其他企业有单批引进过，效果不理想。秦松认为，喷雾干燥、旋转闪蒸干燥技术虽然在国内应用不佳，但在国外应用效果很好，说明技术是可靠的。兰州石化的 6000 吨/年分子筛装置是一体化技术，只要配套设施和技术跟上，可以顺利开工并提升生产效率。秦松的建议落实后，6000 吨/年分子筛装置开工后达到了预期效果。

2003 年，眼看装置就要进入开工阶段了，一场突如其来的"非典"袭击了大半个中国。负责喷雾干燥系统的外商预定了机票，准备回国。很多新技术、新设备都是"进口货"，外商退出，很可能使前期心血付之东流。秦松心急如焚，他抓住外商临走前的几天，吃住在车间，白天和外商在现场调试设备，晚上研究图纸资料，实在困极了，趴在桌子上打个盹，接着看图纸、记数据。几天下来，他眼睛布满了血丝。终于在外商离开前，单体设备试车等一系列工作全部完成，为工序投料试车铺平了道路。美国 SDS 公司董事长 R.Bayliss 先生向秦松竖起大拇指，称赞道："中国人，真是不可思议！"同年 4 月 9 日，6000 吨/年分子筛装置顺利生产出合格的 RDY 分子筛，实现开工一次成功；当年 10 月，装置达到设计能力，实现当年开工、当年创效。这在国内催化剂行业中是罕见的。

在秦松的带领下，自 20 世纪 90 年代初起，兰州石化公司催化剂厂在国内催化剂行业中担当了"领头羊"，技术和产品达到国际一流水平。催化剂生产能力由 20 世纪 90 年代初的年产 10000 吨，发展到 2012 年的 50000 吨；催化剂产品达九大系列 40 多个品种，在满足国民经济发展需要的同时，远销非洲、东南亚、欧洲、美国等国家和地区，产品供不应求。

2012 年 5 月，福建长汀催化剂项目正式启动。秦松同志担任项目经理，当时他已年近半百。在工业基础薄弱的闽西老区，建一座投资近 10 亿的现代企业，可谓困难重重。秦松面临的第一个难题就是如何给废水"除盐"。化工企业生产需要排水，汀江是项目唯一的排水地。汀江要求水中盐含量非常低，而催化剂建设项目排出的水恰恰是高盐水，当地环保部门非常重视这个问题。

当时国内还无成功的废水除盐案例。秦松带领团队查文献、调研、交流、取经，在短短半年里，确定了第一版废水处理方案，环评于 2013 年底获得福建省批复。秦松再次投入"除盐"研究，一次次实验、一次次建立方案，一次次优化、一次次否定，又一次次建立。有一段日子，他平均每月两次出差，头发白了，人也憔悴了，出差期间腿部受工伤卧床 3 个月的时间里，他依然每天过问项目动态。2015 年 8 月，第二版方案确定，该方案完成了盐硝分离，生产符合国家质量标准的盐、硝，解决了基础设计阶段混盐难以利用的难题。

2015 年以来，国家新的环保标准颁布，对废水排放盐含量提出了新标准，全国化工污水排放都面临除盐的要求，秦松在"除盐"研究上成为第一个吃螃蟹的人。

中国石油重大科技成果中的
创新故事 >>

综　合 >>>

"天然气价格理论与实证研究"修成正果记

西南油气田天然气经济研究所成立于1988年，是国内唯一以天然气经济为对象和特色的研究机构。经过30多年的积累，依托川渝地区天然气产运储销一体化独特优势，形成天然气市场与价格、战略与规划、综合评价等方面的特色技术与方法，对我国天然气价格历次改革、川渝天然气市场快速发展起到重要支撑作用。2016年，由姜子昂、何春蕾、王良锦、段言志等组成的研发团队，构建了天然气价格理论体系，填补了国内空白，并获得中国石油科技进步一等奖，同时，"天然气价格市场化理论与实证研究"获国家能源局2016年度能源软科学研究优秀成果一等奖。在价格理论探索与实践中，有许多感人的故事，有几例值得分享。

研究所部分研究成果

价格中心挂牌，激发对创建天然气价格理论的探究

2012年9月，中国石油决定依托西南油气田分公司天然气经济研究所（下称经研所）组建中国石油天然气价格研究中心（简称价格中心）（中油财〔2012〕408号文，《关于组建天然气价格研究中心的通知》），明确价格中心的主要任务是：建立跟踪研究天然气价格及配套政策的长效机制，深入开展天然气价格及配套政策的研究工作，为政府部门及公司管理层提供决策支持。9月中旬，国家发展改革委副主任胡祖才在中国石油天然气股份有限公司财务总监周明春陪同下赴四川进行调研，并参加中国石油天然气价格研究中心成立揭牌仪式，四川省发改委、能源局，重庆市物价局，西南管道公司等单位的相关领导出席。周明春对价格中心提出要求：定位要准、视野要宽、起点要高、选题要实，努力把价格中心打造成为中国石油天然气集团公司（简称集团公司）管理层决策参谋的智囊团、政府相关部门的政策研究支持部和人力资源的储备库。

价格中心的挂牌成立，是经研所发展的重要里程碑，为天然气价格研究搭建了更高的平台。经研所科技工作者深受鼓舞，更感责任重大、压力大。价格中心揭牌仪式完成后，经研所领导和骨干研究人员召开了座谈会，畅谈价格研究与实践的艰苦历程。在欢庆的氛围下，大家也冷静地认识到，价格中心挂牌，源于经研所多年的积累和殊为不易的长期研究探索，是经研所的金名片，但面对更大的平台、新的起点和更高的要求，需付出更多艰辛，才能不负集团公司、政府决策部门的殷切期望。由此，经研所提出一个关键问题：天然气价格研究与实践必须有理论支撑，目前价格理论有形化状态怎样，我们的贡献咋样？

价格中心研究从哪里着手？在后来一段时期内，经研所所长姜子昂向长期从事天然气改革方案设计的所长助理何春蕾提出：您认为经研所是否存在天然气价格理论？您对天然气价格理论的贡献有哪方面？相同的问题，向借调到国家发展和改革委员会价格司从事价格改革研究的段言志博士、参加过国家统计局主持的天然气绿色低碳统计指标体系研究的周娟硕士、长期从事天然气经济信息情报和价格机制研究的胡奥林高级经济师提出了咨询。他们谦逊而几乎相同的答案是：好像还没有，即使有，我的贡献也不大。有一些集团公司总部、规划总院、经济技术研究院、部分高校及研究机构的专家学者的相关论著，但未有系统阐述天然气价格理论的文献。最后，就相同问题向中国天然气经济理论的重要奠基人、著名天然气经济学家、经研所原所长白兰君先生请益，他深思后严肃地讲：肯定有，只是较为离散，你们应加快集成研究，形成具有中国特色的天然气价格理论体系，这是经研人的责任与使命。白兰君老所长简明扼要的一席话，既为经研所在价格中心挂牌后确定首战课题指出了入手的方向，更提出寄予了深切希望和期待的重托。

舌战群儒，成功申报 2013 年集团公司科研课题

肩负着为价格中心加快发展奠定理论基础的使命和老所长白兰君的重托，姜子昂组建了以四位博士为骨干的科研团队，安排王良锦博士进行"天然气价格理论与实证研究"开题设计，设计了天然气价值体系与评估、天然气价格体系与监管、天然气价格水平与波动、天然气价格机制与运行、天然气价格方案设计理论、天然气价格方案推进策略、天然气产业价格政策体系、天然气价格市场改革发展探索等八个方面的研究任务与内容。通过积极研究、吸收和集成国内外相关成果，理清天然气价格理论体系的关键要素并建立理论框架，为我国天然气价格形成、市场化改革决策提供支持和参考。

在经研所内对开题设计的初步论证中，部分同事认为，以经研所的现状做这么大的课题研究有点力不从心，十分担心即使申报成功，估计也难以很好地完成研究任务，建议把研究内容、考核指标降低一些。在西南油气田分公司组织的开题论证过程中，部分专家认为，经研所应把研究工作的主要精力放在直接为公司生产经营实践服务上，对这些纯理论方面的研究，尽管十分必要，还是让中国石油总部直属研究机构或高校完成为好。

这些意见和建议，使团队对课题研究的困难与挑战有了充分的认识，更加激发了价格研究团队的斗志和使命感。

集团公司开题论证，变"质询"为汲取智慧。2013年5月，在中国石油总部举行由科技管理部领导主持的"天然气价格理论与实证研究"开题论证，来自中国石油总部机关、专业公司、科研单位、高等院校的领导和知名专家学者组成专家组。一看这个专家阵容，王良锦博士感慨，今天的论证答辩过关很难。

30分钟的开题汇报还算顺利。主持人宣布专家提问，话音刚落，来自高校的一位教授便带着几分理论自傲的神情发出第一问：贵单位的隶属关系？贵单位的科研人员结构？贵单位承担了哪些重大科研项目？贵单位与哪些单位合作过？第二问来自国务院国有资产监督委员会下属研究机构的专家：我们长期以来十分关注能源价格理论问题，但现有文献和成果很少，加之目前市场化改革是进行式，课题选题很好，研究任务太重，值得你们注意。第三位来自专业公司的专家指出：你们西南经研所有很高的知名度，价格研究是你们的强项，但要注意，川渝区域研究和整个行业研究差别很大，这个课题对你们难度太大，希望明年能见到好的成果。第四位来自集团公司的专家非常关切地讲：选题很具有前沿性和挑战性，意义重大，你们所实力很强，相信能完成好。

轮到课题组陈述时，姜子昂用浓重的四川泸州口音，自信而充满激情地感谢领导和专家的关怀、指导和提出的意见、建议。姜子昂指出，川渝天然气市场是我国历史最悠久最成熟的地区，我们敢于选题并有信心完成，得益于四点依据：一是西南油气田具有两支科研队伍，一支冷研究队伍，就是经研所，还有一支热研究与实践队伍，主要由西南油气田公司领导和经营管理业务处室专家构成，目前已经成为我国综合实力最强的天然气经济研究团队，更重要的是，尽管我们身处巴蜀，但西南油气田人是开放的，我们会向在座的各位专家教授请教，会向已在能源价格理论研究方面有建树的前辈讨教。二是理论来源于实践，是实践的升华，天然气价格理论的形成和发展也应如此，没有理论指导的天然气价格实践具有一定盲目性，既然中国石油已经把价格中心放在我所，我们有责任和义务去扮演理论先行者、实践探索者。三是真理具有相对性与绝对性，天然气价格理论是我国天然气市场改革实践的产物，是对一定时期实践的阶段总结，具有动态性、相对性。四是我们深知，集团公司层面课题研究的定位是面向集团公司生产经营实践中的重大决策支持和理论方法问题，难度肯定是很高的，借用马克思的话，在科学上没有平坦的大道，只有不畏劳苦、沿着陡峭山路攀登的人，才有希望达到光辉的顶点。

2013 年 9 月，集团公司科技管理部向经研所下达"天然气价格理论与实证研究"课题任务（编号：2013D-5001-22）。2014 年 9 月，就在与开题答辩的相同会议室里，成果验收获得优秀成果好评。

激吻狂醉，分享学术成果难抑内心喜悦

荣获我国价格研究领域最高奖项——薛暮桥价格研究奖，激情女士给证书加盖唇印。2014 年 4 月 13 日，依托课题研究成果形成的论文《川渝地区天然气综合门站价格机制研究》荣获"薛暮桥价格研究奖"，这是中国石油在此次评选中的唯一获奖成果。薛暮桥价格研究奖设于 1996 年，是由中国价格协会设立并得到监察部、国家发展和改革委员会等九部委认可的我国价格学术研究的最高奖项，每三年一届，奖励对我国价格理论、价格政策以及价格管理工作的研究有重要贡献的论著。当证书送到其中一位获奖女士手上时，她抑制不住内心激动，抱着证书狂吻，身旁另一位女士拿过来一看，啊！多了一个抖动的唇印。

成果刊发价格研究领域最高学术杂志，独自醉饮，和衣而眠。凝练课题研究成果，形成了论文《我国天然气价格理论体系构建的思考》，以期为天然气价格市场化改革提供理论支撑，促进市场对天然气资源配置发挥决定性作用。论文受到中国价格协会副会长兼能源供水价格专业委员会会长韩慧芳的高度评价，推荐发表在《价格理论与实践杂志》2016 年第 9 期上。该论文从探索构建天然气价格理论体系，即天然气多元价值、天然气价格结构、天然气价格机制和天然气价格市场化改革方案设计理论等几个方面，提出了创新性的思路及加快天然气价格理论体系建设的若干建议。2016 年 10 月，姜子昂收到来自《价格理论与实践》编辑部通过特快专递邮来的第九期现刊，凝视着自己团队的杰作，激动万分。这是经研所第一次在我国价格研究最高的学术杂志刊登论文，又是天然气价格理论方面的作品。拘于基层领导要注意情绪管理和形象，白天上班时，姜子昂难以尽情抒发愉悦心情。当天晚餐，本计划独自加酌三两家乡白酒以突破自己饮酒历史最高纪录，但颇为嘲讽的是，身为来自中国酒城的泸州人，居然仅一两多酒下肚，便深入醉乡，和衣而眠到清晨。

荣获集团公司科技进步一等奖证书，自费 K 歌醉歌。2016 年 10 月，"天然气价格理论与实证研究"课题获得集团公司科技进步一等奖。获奖理由是：首次提出和构建了包括天然气多元价值、天然气价格结构、天然气价格机制、天然气价格改革方案设计、天然气价格管理等内容的天然气价格理论体系，填补了国内天然气价格研究和管理的理论空白；建立了天然气价格优化的系列模型和技术方法；提出了进一步推进天然气价格理论体系建设的途径，研究成果为"十二五"期间国家发展和改革委员会、川渝政府在天然气价格改革方案形成、实施与管理创新提供了强力决策支持。得此消息，价格理论研究团队欣喜若狂，自费 K 歌，在《少年壮志不言愁》《朋友》《难忘今宵》等的畅歌中，掌声、欢笑声，热泪盈眶……挥去了过去的辛苦，抒发成功的喜悦。

价格杠杆，撬动市场主体敏感的利益神经

理论与实践结合，兼顾市场主体利益是价改基调。获奖后，段言志博士感慨地说："亲身参与了国家发改委组织的天然气价格改革研究，又在 2010 年底到发改委价格司参加了几个月的研究工作，还参加了几次价格改革深化研究的讨论。回过头来看，政府对天然气价格的管理确实是有规律可循，我们研究的理论是在实践中得出的理论。"段博士切身体会到，天然气价格理论研究既是理论问题，更是实践问题，国家发展和改革委员会在制订价格改革方案时，非常精细测算，评估政策将对市场相关方产生的影响。

三分方案，七分实践，是价格研究团队的最切身体会。长期以来，经研所（价格中心）与西南油气田营销处、财务处等机关业务处室共同参与国家发改委天然气价格改革方案编制工作。例如，研究编制的"2013 年天然气价格安排方案"，直接促成我国 2013 年"市场净回值"天然气价格改革方案在两广试点和全国推广。四川省和重庆市发展和改革委员会采纳核心研究成果推进天然气价格机制改革，在全国示范作用显著。

需要突出强调的是，天然气价改方案要转化为现实的市场价值，政策落地是一项多省市协调、多部门协同的艰辛、应用创新工作。从外购气顺价工作推进实践可见一斑：首先要取得政府部门支持，西南油气田与川渝云贵、成都市政府相关部门先后进行了 20 多次沟通，最终在四川省和重庆市取得了同意，出台了建立外购天然气顺价机制的文件《四川省发展和改革委员会关于核定中石油西南油气田分公司外购天然气销售价格及有关问题的通知》（川发改价格〔2011〕745 号）和《重庆市物价局关于中国石油西南油气田分公司外购气销售价格有关问题的通知》（渝价〔2011〕309 号），使外购气进入川渝顺价销售获得了地方政府政策上的支持。再就是营销部门的强有力组织领导，逐级层层传达了外购气顺价的相关政策，制定了周密的顺价策略，取得了较好的效果。还有就是领导负责分片包干制为外购气顺价方案的落实及顺利收款提供了组织保障，各供气单位向每个片区派驻多名营销人员加强指导，成立顺价和收款小组，半个月内分片召开 10 余次用户座谈会，通过电话或主动上门等方式与用户沟通达 3000 余次。

抚今追昔，经研所已经稳健地行走在天然气价格理论研究与成果转化的大道上。我们可以自豪地宣称，我们已经切实地承担起了中国石油天然气价格研究中心的重任，无论前路还有多少挑战和险阻，我们都会持续攻坚克难，不断向中国石油、向党和政府奉献高质量的理论研究成果和高质量的实践方案。

大庆油田地面工程建设的领导人
——李杰训

时光荏苒，如梭如歌。1959 年发现、已开发 60 多年的大庆油田，创造了举世瞩目的历史成就：建成了我国最大的石油生产基地，累计生产原油 23.4 亿吨，上缴税费及各种资金 2.8 万亿元，孕育形成了大庆精神铁人精神，为保障国家石油供给安全、国民经济发展作出重大历史贡献，成为我国工业战线的一面旗帜。曾经四野荒芜的土地，已建设成一座现代化的百湖之城、油化之都，如今的繁华背后，凝结着许多科学家、各行业专家和以"三代铁人"为代表的建设者们的心血和汗水。他们有油田的发现者李四光、黄汲清、谢家荣，油田开发建设者王德民、王启民、杨育芝，在大庆油田历史陈列馆的功勋柱上留下了他们熠熠生辉的名字，李杰训的名字也位列其中。

作为当今大庆油田地面建设规划设计的技术领军人物，"十一五"以来，李杰训积极组织和带领地面规划设计人员，通过"三优一简"技术措施的大规模应用，为大庆油田设计建成原油生产能力 3500 多万吨节省建设投资 60 多亿元。为了满足油田开发建设需要、解决生产管理存在的困扰，他带领科研技术人员刻苦攻关，殚精竭虑，完成了科研试验项目 180 多项，为大庆油田的开发生产提供了强有力的技术支撑，对全国石油工程建设的技术发展作出重要贡献。年余 50 岁的他服从于祖国的召唤，服务于石油事业的需求，用心血研发创新，用人生规划设计油田的以往、现在和未来，在大庆油田这面旗帜上闪烁着耀眼的光芒。

年少初心逐油梦，满羽正是扬帆时

1968 年出生的李杰训，少年时代就对大庆这座英雄城市充满向往，大学时期，曾组织两名同学骑自行车从胜利油田出发，行程四千里路，考察祖国东部六大油田，最终抵达大庆油田。他们在铁人王进喜钻的第一口井附近的一个钻井井场参加了一周的实践活动。那时，他被铁人王进喜的事迹深深地打动了，在大庆精神铁人精神的激励下，青春年少的他就已经立志为祖国的石油事业奋斗终生了。

1991 年，李杰训从中国石油大学（华东）毕业后分配到大庆油田，他扎根基层，虚心向工人师傅学习，向实践学习，从参加油田联合站的倒班生产开启职业生涯，逐步成长为基层规划设计研究所的工程师、室主任、副所长、所长，到担纲全国石油行业地面建设综合性设计院——大庆油田勘察设计研究院的副总设计师、总体规划室主任、副董事长，成为国内最大陆上油田——大庆油田的副总设计师、副总经理。

在近30年的职业生涯中，为了让技术更精、布局更优、效益更好，他总结推广了"三级布站"、大站集油和含油污水"资源化处理利用"的大型整装油田建设模式，研究应用了"集中配制、分散注入"的聚合物驱配注系统工艺，攻关配套了"低压三元、高压二元"的三元复合驱配注工艺技术，研发应用了"挖潜利旧、盘活资产"的老油田已建地面设施利用技术，策划创新了"四优三化"的低产低渗透油田建设模式，创建我国"特大型储罐"设计建造技术的示范工程，为大庆油田的可持续发展作出突出贡献，为我国石油工程建设行业树立了典范。

专家以一专为长，师者以解惑相彰

如何让老油田的开发建设突围？如何带领规划设计人员取得技术突破？李杰训暗暗下定决心，一定要充分结合油田实际，坚持规划设计效益最大化原则，满足开发生产需要，满足效益提升需要。为了解决油田生产建设的难题和矛盾、突破瓶颈和困扰，李杰训带领规划设计人员深入现场踏勘，了解生产实际情况，进井站、到现场、踏荒原，不怕夏季蚊虫叮咬，不顾冬天顶风踏雪，精心优化简化方案，积极推进标准化设计。

科学研究与技术开发是创新发展的灵魂，李杰训高度关注重大科研项目的组织实施。在大庆萨北与喇嘛甸油田不加热集油现场试验初期，他多次指导科研人员深入开展前期理论研究、停输再启动等极端现场试验，确定集油及处理的各种界限，为低温集油技术的推广应用提供可借鉴的依据。当时，很多人对开展停输再启动这样的极端试验有异议，不敢进行挑战。李杰训说："我们做低温集油，做不加热单管集油，就是要节能降耗，没有经过极端现场试验就不会知道停输时间的安全界限，如果生产现场出现了停井的情况，一旦实施停输作业就可能会加大现场管理难度。我们就是要做别人不敢想也不敢做的事。"为此，他不仅在决策上给了项目组莫大支持，还积极协调现场试验涉及的各方力量和各项工作，全力保证不加热集油现场试验的顺利开展。依据900多天现场试验提供的有力数据和结果，开展了10项研究，取得了5项关键技术、6项创新成果及20项新认识，有力地促进了大庆油田低温集输与处理工艺技术的推广应用。

一路艰辛，一路凯歌，每一项地面系统指标的完成，都凝聚着李杰训和地面科研人员的辛劳和智慧。老油田"高效低耗、节能减排"是实现"百年油田"目标和中国石油天然气集团公司"绿色发展、清洁发展"理念的重要举措和保证。在油田的不同发展时期，就会相应地出现不同的地面工程问题，需要不断摸索并创新解决，所以说创业是艰难的，守住油气田的稳产高产同样极不容易。这成为他在地面工程领域孜孜不倦学习求新的动力。"十一五"以来，大庆油田超额完成了中国石油天然气集团公司制订的节能减排指标，但要达到"十二五"期间实现"万元企业增加值能耗降 20%，用水量降 30%，污染物排放达标率100%，主要污染物减排 10%"的节能减排目标，李杰训深感责任重大、使命光荣，大庆油田的节能减排任务依然艰巨、时不我待。

2011 年，李杰训亲自挂帅承担了重大科技专项"中国石油低碳关键技术研究"项目所列的重点课题"高含水油田节能节水关键技术研究"，啃硬骨头，涉险滩，带头攻克难关。虽然他多次承担国家级、中国石油天然气集团公司级的重大科技专项攻关，他将每一次的担当都当成义不容辞的责任和使命。从项目顶层设计开始，李杰训都殚精竭虑地思索着如何把重大专项的实施与油田的总体规划有机地结合起来。经过多少个不眠之夜，一个将注水系统、机采系统、集输及处理系统集成应用的大胆构想跳跃在李杰训的脑海，预想构建一种新的高含水油田注入、集输及处理一体化节能低碳生产模式，从而实现节能效果的最大化，一个个规划方案就像星星一样闪烁在大庆油田的规划图上。宏图浮现在眼前，紧锁的眉头终于舒展开来。接下来，他统揽全局，带着专家组和技术人员一次次地论证实施，优化节能减排、调整，解决了一个个难题，取得了一项项成果。

储运专业出身的李杰训明白，低温集油不仅仅是解决输油系统降温降掺的问题，而且是一个需要研发专门的低温破乳剂、低温污水处理等配套技术的系统工程。每当承担科研攻关任务时，他都会亲自把握整个课题推进的脉络，指导每项配套技术的研发、试验与实施。当整个聚合物驱联合站系统达到低温低能耗的运行模式，油系统生产运行正常，污水系统处理运行正常时，会心的笑容才浮现在他的脸庞。长期的紧密结合生产搞研发、搞创新、搞规划设计，他得了职业"病"；每到夏季，只要他经过转油站，都会远远地看一眼加热炉是否冒烟；到了站上，会顺手摸一下集油管线，感受一下集油温度。当冬季的严寒笼罩大庆油田这片皑皑白雪覆盖的神奇土地时，沿着低温集油的脉络，从油井到计量间，从转油站到联合站，都留下了他和科研、规划设计人员的深深脚印。

有心人天不负，有志者事竟成

秉持崇尚完美精神和严谨的科学态度，长年践行大庆油田稳健发展的责任与担当，恪尽职守，勤耕不辍。他深知"一人行走得快，众人行走得远"的哲理，主持组建了包括中国石油大学、东北石油大学等国内知名石油高校共同组成的石油行业地面工程技术试验基地，攻克了一个又一个行业甚至世界级难题，不断取得国内领先、国际先进水平的创新成果，推动中国在油田地面工程领域科技进步和创新水平的整体提升。作为技术负责人或主管总工程师，主持完成的重大工程技术项目连获全国优秀工程勘察设计金奖、国家科学技术进步二等奖、全国优秀工程咨询一等奖、省部级优秀工程设计和科技进步二等奖及以上奖励34项，由中国科学技术出版社、石油工业出版社等出版《聚合物驱油地面工程技术》《三元复合驱地面工程技术试验进展》等学术著作8部，在SPE国际会议、《Environ Mental Earth Sciences》（德国《环境地球科学》杂志）《石油学报》《石油规划设计》等杂志发表学术论文40余篇，主编国家标准和行业标准设计5项，获得发明专利3项。

在取得一系列重要学术技术建树和成就的同时，李杰训成长为大庆油田地面建设规划设计的领军人物，其表现受到国内业界的高度评价和褒奖——享受国务院政府特殊津贴工程技术专家、全国优秀科技工作者、中国石油与化学工业青年科技突出贡献奖、中国石油工程建设行业勘察设计大师、黑龙江省优秀中青年专家，连续三届获聘中国石油天然气集团公司高级技术专家。

沧桑岁月不曾休，栉风沐雨劲正道。李杰训始终牢记：是大庆油田这片热土培育了自己，是大庆精神铁人精神熏陶和鞭策了自己，是铁人王进喜、新时期铁人王启民为代表的先进模范人物影响和引领了自己，是大庆油田与他共同战斗的科技人员的支持成就了自己。他认为，一切的成就均成为过去，一串串数字、一行行脚印、一座座工程、一项项荣誉，即是他悟真求实、犁耕人生的执着轨迹，更是他一如既往地沿着攻关和奉献的道路砥砺前行的新动力、新起点。正如他创作的歌词所言：

阳光照耀大地，清风吹拂胸襟。

北方的原野上遍布着我们的脚印。

顶风雨，冒暑寒，运筹谋划，排井布站。

我们是总体规划人，用智慧和心血继承着大庆精神。